晶体管原理(第2版)

郭 澎 张福海 刘 永 编著

国防工业出版社
·北京·

内 容 简 介

本书主要讲述双极型晶体管和场效应晶体管的基本工作原理及其频率特性、功率特性、开关特性，并描述这些特性的相关参数。讲述了新型半导体器件包括最新发明的石墨烯场效应晶体管和常温单电子晶体管的结构和特性。为适应计算机辅助设计仿真的需求，书中介绍了半导体器件特别是国产军品器件创建模型的方法。

本书适合作为"微电子科学与工程""集成电路设计与集成系统"等专业的本科教材，也适用于"光电子（信息）工程"等相关专业的研究生教材，以及从事微电子、光电子（信息）专业相关工作的科研与工程技术人员阅读参考。

图书在版编目（CIP）数据

晶体管原理 / 郭澎，张福海，刘永编著. — 2 版. — 北京：国防工业出版社，2024.9（重印）
ISBN 978 – 7 – 118 – 10771 – 5

Ⅰ. ①晶… Ⅱ. ①郭… ②张… ③刘… Ⅲ. ①晶体管—理论 Ⅳ. ①TN320.1

中国版本图书馆 CIP 数据核字（2016）第 071255 号

※

国防工业出版社 出版发行
（北京市海淀区紫竹院南路23号　邮政编码100048）
北京凌奇印刷有限责任公司印刷
新华书店经售

*

开本 787×960　1/16　印张 23¾　字数 473 千字
2024 年 9 月第 2 版第 2 次印刷　印数 3001—3300 册　定价 58.00 元

（本书如有印装错误，我社负责调换）

国防书店：(010)88540777　　发行邮购：(010)88540776
发行传真：(010)88540755　　发行业务：(010)88540717

再 版 前 言

本书根据 2002 年第 1 版修订而成，更正了第 1 版中的个别文字与符号错误，并增加了石墨烯场效应晶体管和常温石墨烯单电子晶体管以及新型半导体器件模型章节。

本书主要介绍双极型晶体管和 MOS 场效应晶体管两类器件，二者是目前集成电路中的核心器件，也是各种新型分立器件的基础。本书重点阐述这两类器件的基本原理及其各种特性和参数。第 1 章的固体与半导体物理、器件工艺知识，作为后续章节的基础，进行了简明扼要的介绍。

全书保持了第 1 版"少而精"的特点，着重阐述晶体管中载流子在各种不同工作条件下运动的物理过程，突出物理图像，强调基本概念。除了一些必需的数学推导外，尽量避免冗长的数学公式，有助于学生抓住重点，对器件基本原理和特性有清晰、完整的理解。

本书增加了最新发明的石墨烯场效应晶体管和常温石墨烯单电子晶体管的结构和特性内容。为适应计算机辅助设计仿真的需求，并注意到军品半导体器件优选目录中的大多数是国产半导体器件，国产半导体器件特别是军工器件普遍缺乏仿真模型，在民用电路仿真过程中，通常采用查找替代模型来解决这个问题。在军用电路仿真中，发现军品电子元器件虽能找到替代器件，但国外厂商也不提供它的仿真模型，因此添加了半导体器件模型章节。

在本书编写和再版修订过程中，参阅了国外以及兄弟院校的相关图书和论文，从中汲取了许多有益的内容，在此向这些资料的作者表示感谢。参加编写的人员有郭澎、张福海、刘永。郭澎编写第 1、7、8、9 章，张福海编写第 2、3、5 章，刘永编写第 4、6 章，贺劲松编写了半导体器件模型程序，郭澎负责本教材编写的统稿工作。

本书适用于"微电子科学与工程""集成电路设计与集成系统"等本科专业的主干专业课"半导体器件物理"等相关专业课程，参考学时为 54~72，可视具体学时数有选择地讲授。本书也适用于"光电子(信息)工程"等相关专业的研究生课程教材，以及从事微电子、光电子(信息)专业相关工作的科研与工程技术人员参考。

由于编者水平有限，书中难免存在一些缺点和错误，殷切希望广大读者批评指正。

编著者
2016 年于南开园

目 录

第1章 半导体物理与工艺概要 ... 1

1.1 晶体结构和能带结构 ... 1
1.1.1 理想晶体的结构 ... 1
1.1.2 理想晶体的能带结构 ... 5
1.1.3 晶格振动和杂质原子对半导体性质的影响 ... 8

1.2 半导体中的载流子 ... 10
1.2.1 平衡载流子的统计 ... 10
1.2.2 半导体中的非平衡载流子 ... 18

1.3 载流子的运动 ... 25
1.3.1 漂移运动 ... 26
1.3.2 扩散运动 ... 29

1.4 半导体中的基本控制方程组 ... 30
1.4.1 电流密度方程 ... 30
1.4.2 连续性方程 ... 31

1.5 PN结的电学特性 ... 32
1.5.1 PN结直流伏安特性 ... 32
1.5.2 势垒电容和扩散电容 ... 33
1.5.3 击穿特性 ... 34

1.6 基本器件工艺 ... 36
1.6.1 衬底制备和外延生长 ... 36
1.6.2 氧化和光刻 ... 37
1.6.3 扩散与离子注入 ... 38

习题 ... 41

参考文献 ... 41

第2章 晶体管的直流特性 ... 42

2.1 晶体管的基本结构及其杂质分布 ... 42

2.1.1 基本结构 ··· 42
2.1.2 晶体管工艺与杂质分布 ··· 43
2.1.3 均匀基区晶体管和缓变基区晶体管 ··································· 44
2.2 晶体管的放大机理 ·· 45
2.2.1 晶体管的电流传输作用 ··· 45
2.2.2 晶体管端电流的组成 ·· 47
2.2.3 描述晶体管电流传输作用和放大性能的参数 ······················· 48
2.2.4 晶体管的放大能力 ··· 50
2.3 晶体管的直流伏安特性 ·· 52
2.3.1 均匀基区晶体管的伏安特性 ··· 52
2.3.2 缓变基区晶体管有源放大区的伏安特性 ····························· 58
2.4 直流电流增益 ··· 66
2.4.1 理想晶体管的直流增益 ··· 66
2.4.2 影响直流增益的一些因素 ·· 71
2.5 反向电流和击穿电压 ·· 81
2.5.1 反向电流 ·· 81
2.5.2 击穿电压 ·· 84
2.5.3 穿通电压 ·· 88
2.6 基极电阻 ·· 90
2.6.1 梳状晶体管 ··· 90
2.6.2 圆形晶体管 ··· 94
2.7 特性曲线 ·· 95
2.7.1 输入特性曲线 ·· 96
2.7.2 输出特性曲线 ·· 97
2.7.3 晶体管的直流小信号 h 参数 ·· 98
2.8 晶体管模型 ··· 102
2.8.1 埃伯斯-莫尔模型 ·· 102
2.8.2 晶体管各工作区的模型 ··· 104
习题 ·· 106
参考文献 ·· 107

第3章 晶体管的频率特性 ·· 108
3.1 基本概念 ·· 108

         3.1.1 晶体管的交流小信号电流增益 ·· 108
         3.1.2 描述晶体管频率特性的参数 ·· 109
   3.2 电流增益的频率变化关系——截止频率和特征频率 ·· 111
         3.2.1 交流小信号电流的传输过程 ·· 111
         3.2.2 共基极电流增益和 α 截止频率 ··· 114
         3.2.3 共射极电流增益 β 截止频率和特征频率 ·· 123
   3.3 高频功率增益和最高振荡频率 ··· 128
         3.3.1 晶体管的功率增益 ·· 129
         3.3.2 晶体管的高频功率增益 ··· 131
   3.4 双极型晶体管的噪声特性 ·· 136
         3.4.1 晶体管的噪声和噪声系数 ··· 136
         3.4.2 晶体管的噪声来源 ·· 138
         3.4.3 晶体管的噪声频谱特性 ··· 140
   习题 ·· 141
   参考文献 ··· 142

第4章 双极型晶体管的功率特性 143

   4.1 基区大注入效应对电流放大系数的影响 ·· 143
         4.1.1 大注入下基区少数载流子分布 ··· 143
         4.1.2 基区电导调制效应 ·· 147
         4.1.3 基区大注入对电流放大系数的影响 ·· 147
         4.1.4 大注入对基区渡越时间的影响 ··· 149
   4.2 基区扩散效应 ··· 150
         4.2.1 注入电流对集电结空间电荷区电场分布的影响 ······························· 150
         4.2.2 基区扩展效应 ··· 152
   4.3 发射极电流集边效应 ·· 155
         4.3.1 发射极电流的分布 ·· 155
         4.3.2 发射极有效条宽 ·· 156
         4.3.3 发射极有效长度 ·· 158
   4.4 发射极单位周长电流容量 ·· 159
         4.4.1 集电极最大允许工作电流 I_{CM} ··· 159
         4.4.2 线电流密度 ··· 159
   4.5 晶体管最大耗散功率 P_{CM} ··· 161

    4.5.1 耗散功率和最高结温 ·········· 161
    4.5.2 热阻 ···················· 162
    4.5.3 晶体管的最大耗散功率 ·········· 164
  4.6 二次击穿和安全工作区 ·············· 164
    4.6.1 二次击穿现象 ·············· 165
    4.6.2 二次击穿机理及改进措施 ········ 166
    4.6.3 安全工作区 ··············· 170
  习题 ···························· 171
  参考文献 ·························· 172

第5章　开关特性 ···························· 173

  5.1 晶体管的开关作用 ················· 173
    5.1.1 晶体管开关作用的定性分析 ······· 173
    5.1.2 截止区和饱和区的电荷分布 ······· 174
  5.2 晶体管的开关过程和开关时间 ············ 179
    5.2.1 几个开关时间的定义 ··········· 179
    5.2.2 电荷控制理论 ·············· 180
    5.2.3 延迟过程和延迟时间 ··········· 183
    5.2.4 上升过程与上升时间 ··········· 185
    5.2.5 电荷储存效应与储存时间 ········ 188
    5.2.6 下降过程与下降时间 ··········· 195
    5.2.7 提高开关速度的措施 ··········· 197
  5.3 开关管正向压降和饱和压降 ············· 198
    5.3.1 正向压降 ················· 198
    5.3.2 饱和压降 ················· 199
  习题 ···························· 202
  参考文献 ·························· 203

第6章　结型场效应晶体管 ······················ 204

  6.1 结型场效应晶体管(JFET)的基本工作原理 ····· 204
    6.1.1 JFET的基本结构 ············ 204
    6.1.2 JFET的基本工作原理 ·········· 204
    6.1.3 JFET的输出特性和转移特性 ······ 205

  6.1.4 肖特基栅场效应晶体管(MESFET) ·············· 208
  6.1.5 器件的类型和代表符号 ·············· 208
 6.2 JFET 的直流参数和低频小信号交流参数 ·············· 209
  6.2.1 JFET 的直流电流—电压特性 ·············· 209
  6.2.2 JFET 的直流参数 ·············· 212
  6.2.3 JFET 交流小信号参数 ·············· 214
  6.2.4 沟道杂质任意分布时器件的伏安特性 ·············· 216
  6.2.5 高场迁移率的影响 ·············· 218
 6.3 结型场效应晶体管的频率特性 ·············· 219
  6.3.1 交流小信号等效电路 ·············· 219
  6.3.2 JFET 的频率参数 ·············· 222
 6.4 结型场效应晶体管结构举例 ·············· 223
  6.4.1 MESFET ·············· 223
  6.4.2 JFET ·············· 226
  6.4.3 V 形槽 JFET ·············· 226
 习题 ·············· 227
 参考文献 ·············· 227

第 7 章 MOS 场效应晶体管 ·············· 228

 7.1 MOSFET 的基本工作原理和分类 ·············· 228
  7.1.1 MOSFET 的基本结构 ·············· 228
  7.1.2 MOSFET 的基本工作原理 ·············· 229
  7.1.3 MOSFET 的分类 ·············· 230
 7.2 MOSFET 的阈值电压 ·············· 230
  7.2.1 MOSFET 阈值电压表达式 ·············· 231
  7.2.2 影响 MOSFET 阈值电压的诸因素分析 ·············· 233
 7.3 MOSFET 的直流特性 ·············· 239
  7.3.1 MOSFET 的电流—电压特性 ·············· 239
  7.3.2 弱反型(亚阈值)区的伏安特性 ·············· 243
  7.3.3 MOSFET 的特性曲线 ·············· 244
  7.3.4 MOSFET 的直流参数 ·············· 247
 7.4 MOSFET 的频率特性 ·············· 248
  7.4.1 低频小信号参数 ·············· 248

IX

  7.4.2 交流小信号等效电路 ··· 252
  7.4.3 MOSFET 的高频特性 ·· 255
  7.4.4 提高 MOSFET 频率特性的途径 ································· 258
 7.5 MOSFET 的击穿特性 ·· 259
  7.5.1 漏源击穿 ·· 259
  7.5.2 MOSFET 的栅击穿 ··· 262
 7.6 MOSFET 的功率特性和功率 MOSFET 的结构 ······················ 263
  7.6.1 MOSFET 的功率特性 ·· 264
  7.6.2 功率 MOSFET 的结构介绍 ······································· 265
 7.7 MOSFET 的开关特性 ·· 268
  7.7.1 开关作用 ·· 268
  7.7.2 开关时间 ·· 271
 7.8 MOSFET 的温度特性 ·· 275
  7.8.1 迁移率随温度的变化 ··· 275
  7.8.2 阈值电压与温度的关系 ·· 275
  7.8.3 MOSFET 几个主要参数的温度关系 ··························· 277
 7.9 MOSFET 的噪声特性 ·· 279
  7.9.1 沟道热噪声 ·· 279
  7.9.2 诱生栅极噪声 ·· 280
  7.9.3 $\frac{1}{f}$ 噪声 ·· 280
  7.9.4 MOSFET 的高频噪声系数 ······································· 281
 7.10 MOSFET 的短沟道和窄沟道效应 ······································ 281
  7.10.1 阈值电压的变化 ·· 282
  7.10.2 漏特性及跨导的变化 ·· 284
  7.10.3 弱反型区的亚阈值电流 ······································ 286
  7.10.4 长沟道器件的最小沟道长度限制 ························· 287
  7.10.5 短沟道高性能器件结构举例 ································ 288
 习题 ··· 291
 参考文献 ·· 292

第 8 章 石墨烯场效应晶体管 ·· 293
 8.1 石墨烯场效应管 ··· 293
  8.1.1 石墨烯材料 ·· 293

- 8.1.2 石墨烯场效应晶体管 ………………………………………… 294
- 8.1.3 石墨烯场效应晶体管的结构 …………………………………… 295
- 8.1.4 石墨烯中载流子浓度的统计分布 ……………………………… 298
- 8.1.5 石墨烯场效应晶体管的电流–电压特征 ……………………… 300
- 8.1.6 石墨烯场效应晶体管频率特性 ………………………………… 305

8.2 单电子晶体管 ………………………………………………………… 307
- 8.2.1 单电子晶体管概述 ……………………………………………… 307
- 8.2.2 单电子晶体管结构 ……………………………………………… 308
- 8.2.3 库仑阻塞现象 …………………………………………………… 309
- 8.2.4 遂穿概率的分析 ………………………………………………… 310
- 8.2.5 单电子晶体管的 $I-U$ 特性 …………………………………… 311
- 8.2.6 单电子晶体管的跨导 …………………………………………… 314
- 8.2.7 单电子晶体管的频率特性 ……………………………………… 315

参考文献 ……………………………………………………………………… 316

第 9 章 新型半导体器件的仿真模型 …………………………………… 318

9.1 仿真模型的研究 ……………………………………………………… 318

9.2 半导体器件的 SPICE 模型 …………………………………………… 319
- 9.2.1 SPICE 的 MOSEFT 器件模型 ………………………………… 319
- 9.2.2 SPICE 的 MOS 器件的模型算法 ……………………………… 323
- 9.2.3 理想的 MOSFET 的模型 ……………………………………… 328

9.3 新型半导体器件的建模 ……………………………………………… 330
- 9.3.1 模型的建立 ……………………………………………………… 330
- 9.3.2 确定模型参数 …………………………………………………… 330
- 9.3.3 模型参数计算优化提取 ………………………………………… 330
- 9.3.4 MOS(FET)器件模型参数的提取 ……………………………… 331

9.4 砷化镓场效应管模型 ………………………………………………… 333
- 9.4.1 砷化镓场效应管模型的建立 …………………………………… 333
- 9.4.2 砷化镓场效应管的仿真 ………………………………………… 336

9.5 离子敏感场效应管模型 ……………………………………………… 339

9.6 功率 MOSFET 模型 …………………………………………………… 342
- 9.6.1 等效电路结构 …………………………………………………… 342
- 9.6.2 各部分的建模思路和参数提取 ………………………………… 343

9.7 单电子晶体管的模型 …………………………………………… 346
9.8 Multisim 器件模型向 PSPICE 的转化 …………………………… 348
  9.8.1 Multisim 与 PSPICE 元件库的比较 ………………………… 348
  9.8.2 利用 Multisim 扩展 PSPICE 元件模型库 …………………… 349
  9.8.3 Multisim 器件模型向 PSPICE 的转化 ……………………… 350
9.9 从生产厂下载相似 PSPICE 模型 ………………………………… 355
9.10 国产军品半导体器件建模 ………………………………………… 359
  9.10.1 软件机器人 ISIGHT …………………………………………… 359
  9.10.2 军工半导体器件建模 ………………………………………… 360
  9.10.3 建模实例 ……………………………………………………… 362
参考文献 ……………………………………………………………………… 366

第1章 半导体物理与工艺概要

半导体物理学是半导体器件工作的物理基础。为此本章简要回顾半导体物理的基本内容,且着重介绍与器件工作有关的概念与结论。另一方面,半导体器件的特性在很大程度上又依赖于其制备工艺,所以,基本的器件制造工艺也将在本章扼要介绍。

1.1 晶体结构和能带结构

本节简要讨论有关晶体结构和能带理论的基本知识。首先介绍理想晶体及其能带,讲述几种在器件制造中最重要的半导体晶体的结构及其电子态的能带结构;然后分析实际晶体偏离理想晶体的一些因素以及它们对半导体性质所产生的影响。

1.1.1 理想晶体的结构

1. 半导体单晶

固体按照其导电性质分为金属(导体)、绝缘体和半导体三大类。按照其微观的原子(这里"原子"泛指原子、离子、分子或基团,即基元)排列情况,则划分为晶体和非晶体两大类。原子规则排列,即所有原子的位置在空间形成一个周期点阵(又称周期格子)的固体,称为晶体。金属、半导体及部分绝缘体(如 NaCl、石英、方解石、各种宝石等)都是晶体。原子排列没有规则性的固体,则称为非晶体(也称无定形体)。玻璃、松香、石蜡、橡胶、塑料等为非晶体。虽然也有非晶态的半导体材料,如非晶硅,但只用来制造廉价的非晶硅太阳电池和开关器件(如 TFT),目前尚不能制造出用于信号放大与处理的半导体器件。

晶体又分为单晶体和多晶体。在单晶体中,原子排列的规则周期性在整个晶体中出现。而在多晶体中,原子排列的规则性只在一个个被称为晶粒的很小的区域内出现,各个晶粒之间则由原子排列没有规则性的边界区域(称为晶粒间界,简称晶界)分隔开。多晶体可以看成是由许多微小的单晶体集合在一起构成的,而非晶体则连多晶体这种局部周期性也没有,整个原子的排列完全是杂乱无章的。常见的金属多为多晶体,烧结而成的陶瓷半导体也是多晶体,用提拉法和区熔法以及外延工艺生长的 Si、Ge、GaAs、GaP、CdS 等半导体晶体都是单晶体。由于多晶体中存在大量的晶界,而晶界处的性质与单晶体内部有很大不同。因此,一般来说也不能用多晶体材料制作半导体器件。半导体材料今天能得到如此广泛的应用,主要归功于现在能够制备纯净和完美的各种半导体单晶体。

在宏观物理性质上,晶体(以下均指单晶体)表现出几个主要特征[1]:具有固定的熔点、规则的几何外形、各向异性等。晶体之所以具有这些特点,是由于晶体在结晶时,原子是按一定的规则排列的。也就是说,这些性质反映了晶体内部原子的有序排列。非晶体在凝固时不经过结晶(即有序化)的阶段,因此完全不具备上述性质。纯净的半导体单晶锗(Ge)、硅(Si)和砷化镓(GaAs)的熔点(亦是其结晶点)分别为937℃、1415℃、1238℃,当其中混有不同比例的杂质时,其熔点将发生变化。晶体的各向异性是指在不同方向上,其力学、热学及光学等性质是不同的,如热导率、光折射系数等参数沿不同晶向而有差异。此外,单晶体还有沿某些确定方位的晶面容易劈裂(称为解理)的性质,这是力学性质的各向异性。对 Ge 和 Si,解理面为{111}面,而对具有类似晶格结构的 GaAs 则为{110}面,其原因将在后面说明。半导体单晶的各向异性还表现在沿不同晶向其腐蚀速率不同,称为各向异性腐蚀。正是利用这一性质发展起来的 VMOS 工艺,使 MOS 晶体管开始进入大功率器件领域。

2. 重要半导体的晶体结构

3 种最重要的半导体是 Ge、Si 和 GaAs,它们的性质已得到广泛和深入的研究。在半导体器件中,Si 是应用最多的材料,这是因为 Si 的本征载流子浓度比 Ge 小 3 个数量级,所以 Si 器件的参数如反向漏电流等比 Ge 器件好得多。Ge 材料的性质最早得到研究,因而它较多地用于早期的半导体器件中。GaAs 有与 Ge、Si 不同的性质,主要用于微波器件和光电器件中。

Ge、Si、GaAs 单晶体都属于立方晶系,晶胞为立方体。Ge 和 Si 晶体为金刚石结构,如图 1-1 所示,在一个面心立方晶胞内还有 4 个原子,这 4 个原子分别位于 4 个体对角线的 1/4 处。它是一个复式格子,可以看做是由两个 Ge 或 Si 原子组成的两个面心立方子晶格沿体对角线位移 1/4 的长度套构而成。GaAs 晶体为闪锌矿晶格(图 1-2),其结构与金刚石类似,只不过组成闪锌矿晶格的两个面心立方子晶格是由两种原子组成,即 Ga 原子的面心立方子晶格和 As 原子的面心立方子晶格沿体对角线平移 1/4 套构而成。除 GaAs 之外的大多数Ⅲ-Ⅴ族化合物半导体单晶体也是闪锌矿结构。

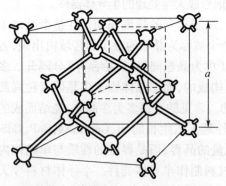 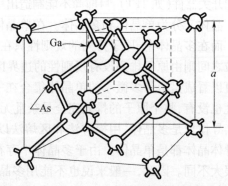

图 1-1 金刚石晶格(C、Ge、Si 等)　　图 1-2 闪锌矿晶格(GaAs、GaP 等)

除金刚石结构和闪锌矿结构外,有许多半导体(包括部分Ⅲ-Ⅴ族化合物半导体)有纤锌矿或 NaCl 晶体结构。图 1-3 示意出纤锌矿结构,它可以看成是由两个 6 角密积晶格(例如,对于 CdS,为 Cd 的子晶格和 S 的子晶格)套构而成。在上述金刚石结构、闪锌矿结构和纤锌矿 3 种晶体结构中,每个原子(或离子)都有 4 个最近邻的原子(或离子)。以任一个原子为中心,它的 4 个最近邻原子分别位于一个四面体的 4 个顶角上。

图 1-4 所示为 NaCl 型晶体结构,是由两个简立方晶格(例如,对于 PbS,为 Pd 的子晶格和 S 的子晶格)沿 <100> 方向位移 1/2 套构而成,每个原子有 6 个最近邻原子。

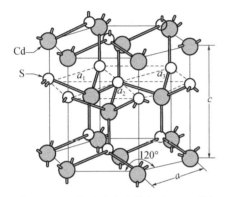 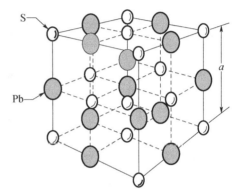

图 1-3 纤锌矿晶体结构(CdS、ZnS 等)　　　图 1-4 NaCl 晶格(PbS、PbTe 等)

表 1-1 列出了重要半导体的晶体结构及晶格常数[2]。注意,有一些化合物半导体,如 ZnS 和 CdS,可以兼有闪锌矿和纤锌矿两种晶体结构。

3. 半导体晶体中原子间的结合力

半导体晶体的基本结合方式有两种,即共价键和离子键。Ⅳ族元素半导体 C(金刚石)、Si、Ge、Sn(灰锡)是共价键结合的典型代表。共价键即相邻的两个原子各出一个电子相互共用,这两个电子的自旋方向彼此相反,从而在最外层形成公用的封闭电子壳层,这类晶体称为原子晶体,也称为共价晶体。在上述 4 个元素半导体中,每个原子最外层有 4 个电子,而这 4 种晶体均具有金刚石结构,因此每个原子都有 4 个同样的原子作为其最近邻。所以每个原子能够与周围其他 4 个原子组成共价键而各自形成封闭壳层的结构,其平面图如图 1-5(a)所示。离子键又叫极性键,可以在许多化合物半导体中找到。以Ⅱ-Ⅵ族化合物半导体 ZnS 为例,Zn 原子的最外层电子有两个,而 S 原子的最外层电子则有 6 个。当二者结合时,Zn 原子失去两个电子转移到 S 原子上,形成具有封闭壳层的正负两种离子 Zn^{2+}、S^{2-},成为稳定的结构。在 ZnS 晶体的纤锌矿结构中,两个 6 角密积子晶格分别由 Zn^{2+} 和 S^{2-} 所占据。它们彼此之间,则主要依靠离子间的静电库仑力结合在一起,因此一种离子的最近邻离子必为异号离子,其平面图如图 1-5(b)所示,对 ZnS 晶体(纤锌矿结构),与金刚石和闪锌矿结构类似,一个 Zn^{2+}(或 S^{2-})与 4 个最近邻的 S^{2-}

（或 Zn^{2+}）组成正四面体，即配位数是 4。离子键比共价键结合力强，即拆散离子键需要较大的能量。

表 1-1 重要半导体的晶格结构

	元素或化合物	名 称	晶体结构	300K 的晶格常数/Å
元素半导体	C	碳、金刚石	金刚石	3.56679
	Ge	锗	金刚石	5.6748
	Si	硅	金刚石	5.43086
	Sn	灰锡	金刚石	6.4892
Ⅳ-Ⅳ	SiC	碳化硅	闪锌矿	4.358
Ⅲ-Ⅴ	AlSb	锑化铝	闪锌矿	6.1355
	BN	氮化硼	闪锌矿	3.615
	BP	磷化硼	闪锌矿	4.538
	GaN	氮化镓	纤维锌矿	$a=3.186, c=5.176$
	GaSb	锑化镓	闪锌矿	6.0055
	GaAs	砷化镓	闪锌矿	5.6534
	GaP	磷化镓	闪锌矿	5.4505
	InSb	锑化铟	闪锌矿	6.4788
	InAs	砷化铟	闪锌矿	6.0585
	InP	磷化铟	闪锌矿	5.8688
Ⅱ-Ⅵ	CdS	硫化镉	闪锌矿	5.832
	CdS	硫化镉	纤维锌矿	$a=4.16, c=6.756$
	CdSe	硒化镉	闪锌矿	6.05
	ZnO	氧化锌	立方	4.58
	ZnS	硫化锌	闪锌矿	5.42
	ZnS	硫化锌	纤维锌矿	$a=3.82, c=6.26$
Ⅳ-Ⅵ	PbS	硫化铅	立方	5.935
	PbTe	碲化铅	立方	6.45

在大多数半导体晶体中，原子间的结合力是介乎离子键与共价键之间的形式。一般来说，元素在周期表中的位置越靠近上部和左右两侧，形成的键越接近于离子键；反之，元素在周期表中的位置越靠近下部和中间，形成的价键越接近于共价键。Ⅳ族元素半导体 C、Ge、Si、Sw 为纯粹的共价键，Ⅲ-Ⅴ族化合物半导体 GaAs、InSb 等以共价键为主，但兼有一些离子键的成分；以离子键为主的半导体可以 ZnS、PbS 为例，但都兼有共价键的成分；许多Ⅱ-Ⅵ族化合物半导体也是如此。以离子键为主的半导体，常称为极性半导体，

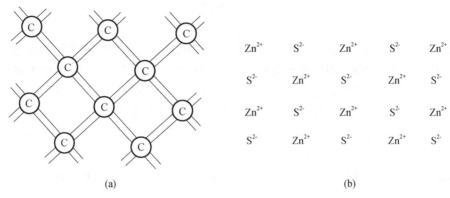

图 1-5 共价键和离子键的平面示意图

其中一部分取 NaCl 晶格结构。以共价键为主的半导体,则常称为非极性半导体。

除晶格结构决定晶体的性质外,原子(或离子)间的结合力对晶体的性质亦有影响。以Ⅲ-Ⅴ族具有闪锌矿结构的 GaAs 为例,其(110)面就具有容易解理的性质。我们知道,对于金刚石结构(可以看做闪锌矿结构的特例)的 Ge、Si 晶体,(111)面之间有最大面间距,因此(111)面是解理面。但对 GaAs 单晶来说,虽然(111)面的面间距 $\frac{\sqrt{3}}{4}a$ 大于(110)面间的面间距 $\frac{\sqrt{2}}{4}a$,但在(111)面的两侧一边全是 Ga 原子,一边全是 As 原子。由于 Ga 与 As 之间具有离子键的成分使(111)面之间存在较强的库仑引力,而(110)面是由相同数目的 Ga、As 原子组成的,两相邻的(110)面间除 Ga、As 原子键合时的库仑引力外,在相同原子之间还存在一定的库仑斥力。因此,GaAs 晶体的(110)面更容易解理。

1.1.2 理想晶体的能带结构

1. 能带理论

在晶体中由于原子间的相互作用,电子(尤其是价电子)不再专属某个原子,而是可以在整个晶体中运动,这称为电子的共有化。描述电子能量与电子在晶体中做共有化运动的波矢 k 之间的关系 $E(k)$ 称为能带结构,它表明电子在晶体中,其能量可能具有哪些值。

由于晶体中复杂的相互作用,使 $E(k)$ 关系极为复杂。于是采用绝热近似、静态近似和单电子近似等近似处理,将晶体中电子系统这一多体问题简化为单电子问题。再用现代计算方法和高速电子计算机,采用适当的势函数,求解薛定谔方程。确定本征波函数和本征能量值 $E(k)$,其问题的实质是只需要考虑一个电子在固定的原子实势场及其他电子的平均势场中的运动。由于晶体中原子是规则排列的,所以电子是在周期性的势场中运动。这种周期性势函数下电子的能量状态(许可能量值),既不是像孤立原子中分立的电子能级,也不是像无限空间中自由电子具有连续能级,而是在一定能量范围内准连续分布的能级,称为能带。因此,用单电子近似研究晶体中电子能量状态的理论又称为能带论。

计算固体的能带结构只需要在波矢空间(或称 k 空间)的一个区域内进行,而不需要像标志自由电子运动状态那样需要整个 k 空间。由于晶体的周期性和对称性,可以证明为表示晶体中电子的状态,只需要利用围绕原点的一个有限区域,称这一区域为第一布里渊区或简约布里渊区(通常说到布里渊区就是指第一布里渊区)。电子的所有可能的状态 k 都包含在这个区域里了,在布里渊区表面,能量发生跃变。波矢 k 和能量在布里渊区内分布的重要性质如下:

① E 是 k 的多值函数,即对于某一个状态 k, E 可以有许多值,它们分别对应于不同的能带。

② 在任何一个能带内,波矢 k 和波矢 $-k$ 的状态具有相同的能量,即 $E(k) = E(-k)$。

③ 在 k 空间也具有与晶体结构完全相同的对称性,即 $E_n(k) = E_n(Rk)$,其中 R 代表晶体的任何对称操作。如果 R 代表平移操作,则有 $E_n(k) = E_n(k + k_h)$,k_h 为倒格矢,此式代表了 k 空间中的周期性。

进一步分析知道,k 空间就是晶格的倒格子空间,而布里渊区就是倒格子空间中的维格纳-赛茨原胞。金刚石和闪锌矿晶格的布里渊区与面心立方晶格的布里渊区相同,如图1-6所示,它是一个十四面体。图中还表示出最重要的对称和对称线,如布里渊区中心点 $\Gamma = \frac{2\pi}{a}(0,0,0)$,$\langle 111 \rangle$ 轴 Λ 及其与布里渊区边界的交点 $L = \frac{2\pi}{a}\left(\frac{1}{2}, \frac{1}{2}, \frac{1}{2}\right)$,$\langle 100 \rangle$ 轴及其交点 $X = \frac{2\pi}{a}(0,0,1)$,$\langle 110 \rangle$ 轴及其交点 $K = \frac{2\pi}{a}\left(\frac{3}{4}, \frac{3}{4}, 0\right)$。

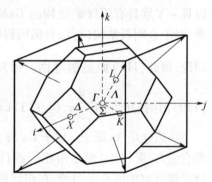

图1-6 面心立方格子的布氏区

2. Si、Ge、GaAs 的能带结构

计算固体能带的方法有多种,对半导体来说,最常用的3种方法是正交化平面波法、赝势法和 $k-p$ 微扰法。图1-7示出 Ge、Si 和 GaAs 的能带结构[2]。能带结构图中下部的顶点向上,即具有峰值的那些类似抛物线的曲线是描述晶体中外层价电子的能带,称为价带。而上部那些顶点向下具有谷值的那些类似抛物线的曲线是描述受到激发后参与导电的电子能态的,称为导带。价带顶与导带底之间是电子所不能具有其能量值的禁带,其宽度称为禁带宽度或带隙宽度，通常以 E_g 表示，单位为电子伏特（eV）。导带底和价带顶在布里渊区中的同一位置上（即具有同 $-k$ 值）的称为直接带隙半导体；不在同一个位置上（即具有不同 k 值）的则称为间接带隙半导体。Ge、Si 能带结构是间接带隙型，GaAs 则为直接带隙型，因此 GaAs 也是良好的发光材料。此外，GsAs 的导带有两个间隔很小的能谷且低能谷有较小的有效质量（即较大 d^2E/dk^2 的较窄能带）而高能谷有较大的有效质量（较小 d^2E/dk^2 的较宽能带），因而低能谷中的电子只要接受很小的能量（0.31eV）就能转移到高能谷中产生负阻效应，所以 GaAs 也常用于制作微波振荡器。

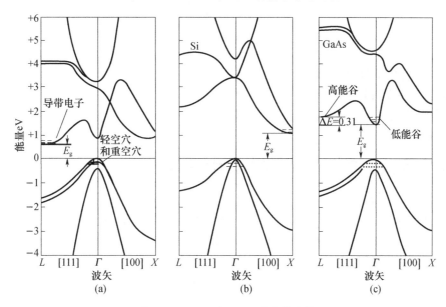

图 1-7　Ge、Si 和 GaAs 的能带结构

E_g—带隙；正号（+）—价带内的空穴；负号（-）—导带内的电子。
（a）Ge 的能带结构；（b）Si 的能带结构；（c）GaAs 的能带结构。

在只考虑电导现象时，常采用简化的能带结构图，如图 1-8 所示。在图中，导带底（导带中电子的最小能量）记为 E_c，价带顶（价带中电子的最大能量或空穴的最低能量）记为 E_v。带隙 $E_g = E_c - E_v$。向上方向为电子能量增加，向下方向为空穴能量增加。

带隙宽度 E_g 是半导体的一个重要参数，它与下列因素有关：

① 温度。试验结果表明，大多数半导体的带隙随温度升高而减小，Ge、Si 和 GaAs 就是这样，即温度系数 dE_g/dT 为负。但也有少数半导体（如 PbS），其温度系数 dE_g/dT 为正，带隙随温度升高而增大。

② 压力。压力增加时，有的半导体的带隙 E_g 随之增加（dE_g/dP 为正），如 Ge、GaAs。有的半导体其 E_g 却反而减小，如 Si。

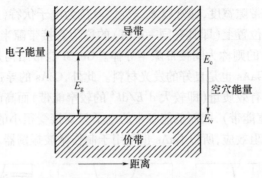

图 1-8 半导体的简化能带图

③ 对于重掺杂材料,带隙变窄。在双极晶体管中,必须考虑发射区重掺杂使禁带变窄的效应,它使发射效率降低。

在常温和常压下,高纯 Ge、Si 和 GaAs 材料的能隙值分别为 0.66eV、1.12eV 和 1.42eV。

1.1.3 晶格振动和杂质原子对半导体性质的影响

前面两部分讨论了理想晶体的结构和能带。理想晶体是指原子(或离子)严格地规则排列在晶格格点上的晶体,也称为完整晶体。在实际晶体中,原子(或离子)不停地在平衡位置附近做迅速的热振动,常不能保持在格点上而有所偏离。此外,实际晶体中还有各种缺陷,如替位杂质原子、空格点、间隙原子、位错等。这些因素都破坏了晶格的严格周期性,使实际晶体与理想晶体有差别。这里主要讨论晶格热振动和杂质原子对半导体性质的影响。

1. 晶格振动产生的影响

晶格热振动主要产生两方面的影响。

(1) 热激发,即热振动能量使施主或受主杂质电离,或者使处于晶格上的半导体原子的价键破裂,从而在半导体中产生自由电子和自由空穴,如图 1-9 所示。后一过程称为本征激发,它总是同时产生一个电子和一个空穴,即电子—空穴对。在杂质半导体中,自由载流子通常主要来自杂质的电离,本征激发可以忽略;而在本征(即不含杂质的)半导体中,自由载流子主要源自本征激发,因而自由电子和自由空穴数目相等。

(2) 对自由电子和自由空穴产生散射,即阻碍它们在晶体中的运动。在严格的理想周期势场中,自由电子和自由空穴在外电场作用下运动时是不受任何阻碍的,结果这些自由载流子的速度将持续增加,动能也会无限制地增加。但实际晶体中的晶格振动使理想周期势场遭到破坏,当载流子运动时将会与晶格交换动量和能量,即受到声子的散射,所以其速度不会无限制增加下去。当然除晶格振动外,其他任何破坏严格晶格周期性的因

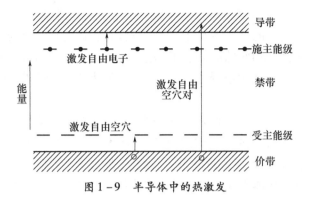

图 1-9 半导体中的热激发

素(各种缺陷)也都会对载流子产生散射。

2. 杂质原子产生的影响

杂质原子对半导体性质的影响也主要表现在两个方面。

1) 在晶体中产生附加能级

在理想半导体晶体的能带中有一个禁带,在这个能量区域内没有允许的能量状态存在。但如果半导体晶体中含有杂质原子(主要指替位型杂质),则由于其电离能很小,通常由晶格热振动提供的能量就足以使其电离而产生自由电子或自由空穴。这相当于在禁带中产生了附加能级,称为杂质能级。电离后提供自由电子的杂质称为施主,提供自由空穴的杂质称为受主。图 1-10 示出了 Ge、Si 和 GaAs 中各种杂质能级的实测值。从图中可见,一种杂质原子可能有好几个能级,有的还可以兼有施主和受主能级。有的杂质能级靠近导带底 E_c 和价带顶 E_v,有的则靠近禁带中央部分(禁带深处),前一种情况称为浅能级,后者称为深能级。情况是多种多样的。

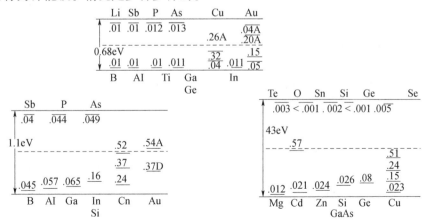

图 1-10 Ge、Si 和 GaAs 中的各种杂质能级($T=300K$)

除了替位型杂质原子能够在半导体的禁带中产生附加能级外,间隙型杂质原子和其他晶格缺陷都能产生附加能级。例如,极性半导体,仅仅因为化学比的偏离也会产生施主或受主能级。像 PbS,如果 Pb 的成分多了(化学式为 $P_{1+\delta}S$,通常 $\delta < 10^{-3}$),就得到浅施主。空格点有时也能成为施主或受主。此外,晶体的表面也能产生附加能级,称为表面能级。

各种附加能级对半导体性质的影响是不同的。施主或受主能级可以产生自由电子或自由空穴,特别是浅施主和浅受主杂质原子对半导体的影响特别大。因为它们在温度不高时,就几乎全部电离而提供了大量的自由载流子,增加了半导体的电导。N 型和 P 型半导体通常就是在本征半导体中掺入适量浅施主或浅受主杂质而得到的。深能级则通常起陷阱和复合中心的作用,前者能俘获自由载流子,减小电导,后者则增加了电子和空穴的复合机会,缩短了载流子的寿命。

2) 对自由载流子产生散射

杂质原子的这个影响与晶格振动相同。晶格振动对载流子的散射机制是声子与载流子碰撞(或称散射)使其动量和能量改变,交给晶格一部分。杂质原子的散射机制则是电离后带电杂质原子对自由载流子的库仑散射。二者的效果是相同的,都使自由载流子的运动受到阻碍,从而影响迁移率。

1.2 半导体中的载流子

1.1 节讨论了理想半导体的晶体结构和能带结构(电子在半导体中的许可能量状态),以及实际晶体中晶格振动和杂质原子对半导体性质的影响。在此基础上,可以进一步讨论半导体的电学性质。为此,首先要了解半导体中可供给传导电流的载流子的性质,包括其数量、产生与消失等方面。本节就简要讨论半导体中载流子的特性。

1.2.1 平衡载流子的统计

首先讨论处于热力学平衡状态下,半导体中自由载流子的数目。在绝对零度下,晶格热振动能量为零,不存在本征激发和杂质电离(材料中含有杂质),因为没有所需能量的供给。因此,能够导电的自由电子和自由空穴数量为零。在高于 0K 的某一温度下,晶格热振动在半导体中产生本征激发和杂质电离过程,在半导体中有了一定数量的自由电子和自由空穴。但同时也存在相反的过程,即自由电子返回价带(相当于一个电子与一个空穴复合)和自由载流子返回被杂质原子束缚的位置,这一过程又使自由载流子数量减少。在某一温度下,上述两个过程达到平衡时,在半导体中就存在数量一定的自由电子和自由空穴。下面计算平衡态下自由载流子的数目。把单位体积内的自由载流子数目称为其浓度,即密度,自由电子和自由空穴的浓度分别以 n_0、p_0 表示。

1. 自由电子和自由空穴浓度的基本公式

已经知道,处于导带内的电子为自由电子,处于价带内的空穴为自由空穴。因此只要知道了导带内和价带内的能带结构(允许的能级)和电子占据这些能级的概率,就可以计算出自由电子和自由空穴浓度。以 $N_c(E)dE$、$N_v(E)dE$ 表示单位半导体体积中导带和价带内能量在 $E \sim E+dE$ 区间内的量子态数目,$f(E)$ 表示能量为 E 的量子态被一个电子占据的概率,$1-f(E)$ 则为该量子态被一个空穴占据(即没有电子占据它)的概率。于是,n_0 和 p_0 可以表示成为

$$n_0 = \int_{E_c}^{E_{top}} N_c(E)f(E)dE \tag{1-1}$$

$$p_0 = \int_{E_b}^{E_v} N_v(E)[1-f(E)]dE \tag{1-2}$$

式中 E_c,E_{top}——导带底和导带顶能量;

E_b,E_v——价带底和价带顶能量。

通常情况下,导带电子(即自由电子)都位于导带底附近。因此 $N_c(E)$ 可用导带底附近的量子态密度近似,对许多半导体,其表达式为

$$N_c(E) = 4\pi \left(\frac{2m_{de}^*}{h^2}\right)^{\frac{3}{2}} (E-E_c)^{\frac{1}{2}} \tag{1-3}$$

式中 m_{de}^*——电子的态密度有效质量。

对于 Si 和 Ge,有

$$(m_{de}^*)^{3/2} = (m_l^* m_t^{*2})^{1/2} M_c$$

式中 m_l^*,m_t^*——纵向、横向有效质量;

M_c——导带内的等效极小值数目。

Ge 的 $M_c=8$,Si 的 $M_c=6$。类似地,价带空穴(即自由空穴)都位于价带顶附近。因此,$N_v(E)$ 可用价带顶附近的态密度近似,其表达式为

$$N_v(E) = 4\pi \left(\frac{2m_{dh}^*}{h^2}\right)^{\frac{3}{2}} (E_v-E)^{\frac{1}{2}} \tag{1-4}$$

式中 m_{dh}^*——空穴的态密度有效质量。

对于 Ge、Si 和 GaAs,$m_{dh}^{*3/2} = m_{lh}^{*3/2} m_{hh}^{*3/2}$,下标 l 和 h 分别指轻、重空穴。

由于电子是费米子,研究由许多电子组成的热力学系统的统计性质应使用费米 - 狄拉克(F - D)统计。按照 F - D 统计,一个能量为 E 的量子态被一个电子占据的概率为

$$f(E) = \frac{1}{1+e^{\frac{E-E_F}{kT}}} \tag{1-5}$$

这个量子态被一个空穴占据,即没有电子占据该量子态的概率则为

$$1 - f(E) = \frac{1}{1 + e^{-\frac{E-E_F}{kT}}} \tag{1-6}$$

式中 $f(E)$——F-D 分布函数,它与 E 的关系如图 1-11(a)所示。

从图中及式(1-5)可见,在任何温度下,能量越低的能级被电子占据的概率越大。占据能量等于 E_F(费米能级,在热力学中称为化学势)的一个量子态的概率为 1/2,即 $f(E_F) = 1/2$。$1 - f(E)$ 与 E 的关系如图 1-11(b)所示。

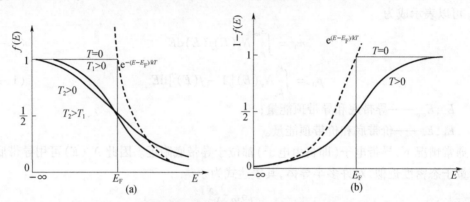

图 1-11　F-D 分布函数 $f(E)$
(a)$f(E)$ 与 E 的关系;(b)$1-f(E)$ 与 E 的关系。

在非简并半导体中,E_F 位于禁带内。只要 E_F 低于 E_c 几个 kT 的情形,F-D 分布式(1-5)退化为

$$f(E) \approx e^{-\frac{E-E_F}{kT}} \tag{1-7}$$

式(1-7)右端是经典的玻耳兹曼统计。这表明,在非简并半导体中,电子的统计性质可近似用经典的玻耳兹曼分布来描述(图 1-11 中虚线所示)。

将式(1-3)和式(1-7)代入式(1-1)就可以得到自由电子的浓度。由于 E 增加时 $f(E)$ 迅速减小,所以式(1-1)中主要是能量 E 较小的那一段区间(即导带底附近的区间)对积分有贡献,能量较高的区间对积分贡献很少。这也是 $N_c(E)$ 可由导带底附近态密度近似的原因,同时积分上限 E_{top} 不妨改为 $+\infty$,积分结果不会引起太大的误差,故

$$n_0 = \int_{E_c}^{+\infty} N_c(E) f(E) dE = N_c e^{-\frac{E_c - E_F}{kT}} \tag{1-8}$$

这就是半导体中自由电子浓度的一般表达式。右端指数项代表能量为 E_c 的状态被一个电子占据的概率,见式(1-7),故 $N_c = 2\left(\dfrac{2\pi m_{de}^* kT}{h^2}\right)^{3/2}$ 可视为导带底 E_c 的量子态密度,称

为导带的量子态有效密度。

同样的计算可以得到半导体中自由空穴浓度 p_0 的基本公式。由于 E 减小时，$1-f(E)$ 迅速减小，所以积分式(1-2)中主要是能量 E 较大的那段区间(即价带顶附近的区间)对积分有贡献，能量较低的区间对积分贡献很小。因此，利用价带顶附近 $N_v(E)$ 的表达式(1-4)和经典近似的 $f(E)$ 进行积分，同时积分下限不妨改为 $-\infty$。计算结果为

$$p_0 = \int_{-\infty}^{E_v} N_v(E)[1-f(E)]dE = N_v e^{-\frac{E_F - E_v}{kT}} \tag{1-9}$$

式中 $E_v = 2\left(\dfrac{2\pi m_{dh}^* kT}{h^2}\right)^{3/2}$ ——价带的量子态有效密度。

从式(1-8)和式(1-9)可见，半导体中自由电子的密度 n_0 决定于 N_c 及 $E_c - E_F$，其中 N_c 和 E_c 由半导体材料决定，与是否掺杂无关；而 E_F 则与是否掺杂、掺杂多少以及温度高低有密切关系。同样，在决定自由空穴密度 p_0 的几个参数 N_v 及 $E_F - E_v$ 中，N_v 和 E_v 决定于半导体材料，与是否掺杂无关；而 E_F 则与掺杂量及温度有密切关系。

将决定自由电子和自由空穴浓度的式(1-8)和式(1-9)相乘，可得到

$$n_0 p_0 = N_c N_v e^{-\frac{E_c - E_v}{kT}} = N_c N_v e^{-\frac{E_g}{kT}} = f(T) \tag{1-10}$$

式(1-10)表示，半导体中自由电子和自由空穴浓度之积决定于半导体材料参数 N_c、N_v、E_g 及温度 T，而与费米能级无关。因而也就与半导体的导电类型(是否掺杂、掺何种杂质)以及电子、空穴各自的浓度无关。这是一个非常重要的公式，只要半导体处于热平衡状态，这个公式总是成立的。因此，可以把它作为半导体是否处于平衡态的判据。

在 F-D 分布函数 $f(E)$ 中，包含有费米能级 E_F，它是一个未定的参数。所以根据它计算出来的自由载流子浓度 n_0 和 p_0 中，也包含有参数 E_F。只有先确定 E_F 之后，n_0 和 p_0 中的 E_F 才可以消去而得到不包含 E_F 的 n_0 和 p_0 的表达式。这才是所要求的自由载流子浓度的公式。根据统计理论[3]，E_F 的数值是由系统中电子总数 N 决定的，即

$$\sum_s f(E_s) = N \tag{1-11}$$

式(1-11)表示对系统的所有量子态求和，它表明在所涉及的整个能量范围内，被电子占据的量子态数目必定等于电子总数。若应用状态密度函数 $N(E)$，式(1-11)也可写为

$$\sum_E f(E)N(E) = N \tag{1-12}$$

显然由式(1-12)所确定的 E_F 与电子总数、状态密度函数 $N(E)$ 以及温度 T 这几个因素有关。对于半导体来说，前两个因素是由材料本身结构以及所含杂质决定的。因此，E_F 与半导体中所含杂质密切相关。对于掺杂一定的特定半导体材料，费米能级 E_F 就只是温度 T 的函数了。

在实际工作中，常常利用半导体的电中性条件来计算 E_F。这是因为在半导体内部，

总是保持着电中性状态。一定的半导体材料,在电中性条件下,电子总数是一定的。所以,决定费米能级的条件式(1-11)或式(1-12)总是与一定的电中性条件相对应,二者是等效的。这样,为确定 E_F 并不需要涉及电子总数,而只要利用电中性条件就可以了,且很方便。下面就通过电中性的条件决定公式中的费米能级 E_F。因为 E_F 与掺杂与否和温度高低有关,所以分开本征半导体和掺杂半导体两种情况来讨论 E_F 的确定问题,以得到自由载流子的计算公式。

2. 本征半导体

把本征半导体的自由电子浓度、自由空穴浓度和费米能级分别记为 n_i、p_i 和 E_i,则从式(1-8)和式(1-9),有

$$n_i = N_c e^{-\frac{E_c - E_i}{kT}} \tag{1-13}$$

$$p_i = N_v e^{-\frac{E_i - E_v}{kT}} \tag{1-14}$$

在本征半导体中,自由载流子来源于本征激发,即电子和空穴总是成对产生,因此电中性条件为

$$n_i = p_i \tag{1-15}$$

将式(1-13)、式(1-14)代入式(1-15),并利用 N_c 和 N_v 的表达式,可解出本征费米能级 E_i 为

$$E_i = \frac{E_c + E_v}{2} + \frac{kT}{2} \ln \frac{N_v}{N_c} = \frac{E_c + E_v}{2} + \frac{3kT}{4} \ln \frac{m_{dh}^*}{m_{de}^*} \tag{1-16}$$

等式右边第二项常比第一项小,所以在大多数情况下,可以把本征费米能级看做就在禁带中间。

确定了费米能级 E_i,就可以从式(1-13)和式(1-14)计算 n_i 和 p_i 的值。将式(1-16)代入式(1-13)或式(1-14),得本征载流子浓度为

$$n_i = p_i = \sqrt{N_c N_v} e^{-\frac{E_g}{2kT}} = 4.9 \times 10^{15} \left(\frac{m_{dh}^* m_{de}^*}{m_0^2}\right)^{\frac{3}{4}} T^{\frac{3}{2}} e^{-\frac{E_g}{2kT}} \tag{1-17}$$

式中 m_0——真空中电子的静止质量。

对于 Ge、Si 和 GaAs,n_i 的温度关系示于图 1-12 中。可见,n_i 随温度迅速增加,对 Si 而言,温度每增加 11℃,n_i 增加 1 倍;n_i 还与半导体材料有关,在同一温度下,带隙越大的半导体,其本征载流子密度越低。所以 n_i 是半导体的重要参数之一。

利用 n_i 和 E_i 可将自由载流子浓度的基本式(1-8)和式(1-9)写成数学形式对称的另一组形式,即

$$n_0 = n_i e^{\frac{E_F - E_i}{kT}} \tag{1-18}$$

$$p_0 = n_i e^{\frac{E_i - E_F}{kT}} \tag{1-19}$$

以及
$$n_0 p_0 = n_i^2 \tag{1-20}$$

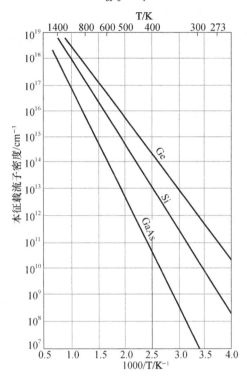

图 1-12 Ge、Si、GaAs 中本征载流子浓度与温度的关系

3. 杂质半导体

决定掺杂半导体费米能级 E_F 的问题比较复杂,这里不准备详细讨论,只是稍加详细地分析对半导体器件工作有意义的杂质全部电离的情形。我们分为只掺有一种杂质(施主或受主)和同时掺有施主和受主两种杂质这两类半导体来讨论。

1) 只掺有施主(或受主)的半导体

为简单起见,限于讨论单价施主(只能给出一个自由电子的施主,如 P)和单价受主(只能接受一个电子或提供一个空穴,如 B),并主要以单价施主即 N 型半导体为例分析。

为了对半导体中自由电子浓度随温度的变化有一个概括的了解,先来看一个典型的例子(图 1-13),图中画出了 n_0 与温度倒数的关系。在较低温度下,绝大多数杂质尚未电离(或称凝固),自由电子浓度随温度升高急剧增加。当温度升高到一定值,进入饱和区,在这一区域内,杂质全部电离。自由电子主要由杂质电离提供(掺杂浓度≫本征载流子浓度条件下),故而电子浓度实质上保持恒定,与温度关系很小。这个区域是半导体器件的工作温度范围,因为自由载流子浓度保持稳定的数值,器件工作于稳定状态。当温度升至更高时,本征激发产生的电子数目超过杂质电离提供的电子数目,半导体表现出本征半导体的性质,n_0 随温度按式(1-17)的关系急剧增加。本征激发产生的载流子浓度与本底浓度(掺杂浓度)相等时的温度,即饱和区与本征区的转折温度称为本征温度 T_i,它是半导体的一个重要参数。

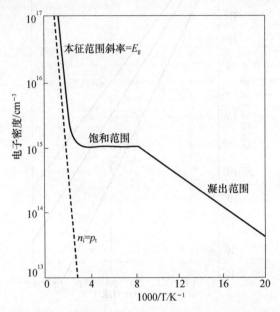

图 1-13 施主杂质浓度 N_D 为 $10^{15}\,\mathrm{cm}^{-3}$ 的 Si 样品中的电子密度与温度的函数关系

在饱和区域,电中性条件为

$$n_N^0 = p_N^0 + N_D \tag{1-21}$$

把式(1-21)和式(1-20)联立,得到 N 型半导体内电子和空穴浓度为(注意 $N_D \gg n_i$)

$$n_N^0 = \frac{1}{2}(N_D + \sqrt{N_D^2 + 4n_i^2}) \approx N_D$$

$$p_N^0 = \frac{n_i^2}{n_N^0} \approx \frac{n_i^2}{N_D} \tag{1-22}$$

对只掺有受主杂质的 P 型半导体,类似地可得到

$$p_P^0 = \frac{1}{2}(N_A + \sqrt{N_A^2 + 4n_i^2}) \approx N_A$$

$$n_P^0 = \frac{n_i^2}{p_P^0} \approx \frac{n_i^2}{N_A} \tag{1-23}$$

在上列各式中,下标 N 和 P 指半导体类型,上标 0 指平衡状态。

图1-14示出了只含有施主或受主的Si的费米能级与温度和杂质浓度的关系。图中还表示出导带底E_c和价带顶E_v随温度的微弱变化。

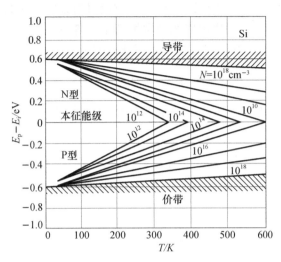

图1-14　Si的E_F与温度T和杂质浓度N的关系

2) 同时掺有施主和受主杂质的半导体

通常在N型半导体中,都存在少量的受主杂质。例如,在双扩散平面晶体管中通过在P型基区扩散掺入N型杂质得到的N^+发射区中,情况就是这样。初看起来,似乎这些受主在N型半导体中产生自由空穴,使半导体的电导增大。但实际情况恰好相反,在N型半导体中存在少量受主会使半导体的电导减小。这是因为N型半导体中少量受主电离时,所俘获的不是价带电子而是导带电子(即自由电子)。因此,这些受主事实上并不能产生自由空穴而只是减少自由电子。同样在P型半导体中,也常存在少量的施主,它们使P型半导体中的自由空穴浓度下降而又并不提供自由电子,结果使半导体电导下降。上述结论可以定量分析如下。

这里只讨论半导体器件工作的饱和区,即施主和受主全部电离的情况。此时电中性条件为

$$n_0 + N_D = p_0 + N_A \tag{1-24}$$

将式(1-24)与式(1-20)联立,消去p_0有

$$n_0 = \frac{1}{2}[(N_D - N_A) + \sqrt{(N_D - N_A)^2 + 4n_i^2}]$$

对N型半导体,$N_D \gg N_A$,$N_D - N_A \gg n_i$,可以得到

$$n_N^0 \approx (N_D - N_A)$$

$$p_N^0 = \frac{n_i^2}{n_N^0} \approx \frac{n_i^2}{(N_D - N_A)} \approx 0 \qquad (1-25)$$

由此式可见，在 N 型半导体中掺入少量受主，一方面显著地降低了自由电子浓度，同时又并不产生多少自由空穴。总的作用好像受主抵消了一部分施主，所以这种情况称为杂质补偿。由 $n_{N0} = N_D - N_A$ 及式(1-8)，可以求得此时费米能级 E_F 为

$$E_c - E_F = kT\ln\frac{N_c}{N_D - N_A} \qquad (1-26)$$

类似地，可以讨论 P 型半导体中的杂质补偿。从式(1-24)和式(1-20)中消去 n_0，有

$$p_0 = \frac{1}{2}\left[(N_A - N_D) + \sqrt{(N_A - N_D)^2 + 4n_i^2}\right]$$

对 P 型半导体，$N_A \gg N_D$，$N_A - N_D \gg n_i$，故

$$p_P^0 \approx (N_A - N_D)$$

$$n_P^0 = \frac{n_i^2}{p_P^0} = \frac{n_i^2}{(N_A - N_D)} \approx 0 \qquad (1-27)$$

式(1-27)即表示 P 型半导体中杂质补偿的情况。从 $p_P^0 \approx N_A - N_D$ 及式(1-9)，可求得此时的费米能级 E_F 为

$$E_F - E_v = kT\ln\frac{N_v}{N_A - N_D} \qquad (1-28)$$

N 型半导体中的电子和 P 型半导体中的空穴称为多数载流子(简称多子)，N 型半导体中的空穴和 P 型半导体中的电子称为少数载流子(简称少子)。在热平衡条件下，多子和少子浓度的乘积只是温度的函数，见式(1-20)。所以多子浓度越大，少子浓度就越小。通常，除了近似本征的半导体以外，多子浓度远远超过少子浓度。但少数载流子仍是很重要的，因为少子浓度虽小，却容易改变和控制。半导体中的许多电学过程，常常是通过改变少子浓度(使少子浓度超过热平衡值)来加以控制。

1.2.2 半导体中的非平衡载流子

大多数半导体器件是在非平衡条件下使用的，亦即在载流子浓度显著偏离了热平衡值(通常是超过了热平衡值)的情况下使用，这些器件的工作取决于其恢复平衡的过程。因此必须了解这些非平衡载流子产生、输运和复合机制，这些性质在决定大多数半导体器件的特性中(主要是少子器件)具有重要意义。本小节主要讨论非平衡载流子的产生与复合过程，输运过程将在下节介绍。

1. 非平衡载流子的注入

在半导体中引入超过热平衡数值的载流子的过程称为载流子注入，超过热平衡值的

那部分载流子称为非平衡载流子。用光照的方法或电学方法都能实现载流子的注入。前者是利用光照使半导体内产生本征激发,使自由电子和自由空穴成对增加,因此光子能量 $h\nu$ 要超过禁带宽度 E_g;后者通常是利用 PN 结加上正向偏压,导致结内漂移电流与扩散电流的平衡遭到破坏,结果 N 区向 P 区注入电子,P 区向 N 区注入空穴。前一种方法称为光注入或光激发,后一种方法称为电注入。无论哪一种注入方法,在半导体中为了保持电中性,非平衡电子和空穴数目应该是相等的(在 PN 结注入中,另一种载流子由外部电源通过电极注入半导体),即 $\Delta n = \Delta p$。但是在半导体内常存在陷阱中心,一种非平衡载流子往往被其俘获,因此(自由的)非平衡电子和非平衡空穴数目并不总是相等的。

当注入的非平衡载流子密度与半导体中已经存在的多子浓度相比很小时,则多子密度基本不变,而少子密度等于注入载流子密度。这种情况称为小注入。如果注入载流子密度与多子浓度可比拟或更大时,则称为大注入。在半导体器件工作时经常遇到大注入情况,尤其是在功率器件中。大注入往往使数学分析格外复杂,但由于它对器件的性能并不提供更多的物理理解。因此,一般以小注入情况下的分析为主,在这一基础上再考虑大注入的影响。

在半导体中注入非平衡载流子后,(自由)载流子总密度等于平衡载流子密度与非平衡载流子密度之和,即

$$n = n_0 + \Delta n \quad (1-29)$$

$$p = p_0 + \Delta p \quad (1-30)$$

由于自由电子和自由空穴浓度同时增加,因而其乘积将大于平衡时的 $n_0 p_0$ 积,即

$$np > n_i^2 \quad (1-31)$$

有时在半导体中存在另一种偏离平衡态的情况,即载流子数目少于平衡值,如在加反偏压的 PN 结的势垒区内。这种情况称为载流子的抽取,此时

$$np < n_i^2 \quad (1-32)$$

而在平衡态下 $np = n_0 p_0 = n_i^2$,因此,把 $np = n_i^2$ 作为半导体是否处于热平衡态的判断依据。

2. 复合与寿命

当注入突然停止时,非平衡载流子将逐渐减少直至最后消失,载流子浓度恢复到热平衡值。下面简要讨论这个恢复到热平衡的过程,这对于许多半导体器件将是很重要的问题。

非平衡载流子之所以逐渐减少,是因为少子与多子不断复合的缘故。复合得快慢用复合率表征,即单位体积中单位时间内非平衡载流子减少的数量。在恢复平衡的过程中,非平衡载流子浓度 Δn 随时间变化的规律为

$$\frac{d\Delta n}{dt} = -U \quad (1-33)$$

式中 U——复合率。

为求解这个方程,在 U 与少子浓度之间需要有一个关系。当注入使得半导体偏离热力学平衡状态程度较弱(即小注入条件下)时,可以假定一个最简单的关系,即 U 正比于非平衡少子浓度,即

$$U \equiv \frac{n_P - n_P^0}{\tau_n} = \frac{\Delta n}{\tau_n} \tag{1-34}$$

式中 n_P, n_P^0——P 型半导体中非平衡状态和平衡状态的电子浓度。

这个假定正确反映了平衡时 $U=0$ 这一要求。比例常数 $1/\tau_n$ 须由复合过程的具体机构加以确定。常数 τ_n(对 N 型半导体则为 τ_p)称为非平衡少子寿命,其意义稍后说明。式(1-34)的形式与许多过程中所用的其他公式的形式(如玻耳兹曼方程的弛豫时间近似)是类似的。在所有这些过程中,都是假定某个速率正比于一个驱动力——偏离平衡程度的一种量度。

将式(1-34)代入式(1-33)即得到描述复合过程中半导体内少子浓度与时间的函数关系的方程,即

$$\frac{d\Delta n}{dt} = -\frac{\Delta n}{\tau_n} \tag{1-35}$$

其解为

$$\Delta n = (\Delta n)_0 e^{-\frac{t}{\tau_n}} \tag{1-36}$$

式中 $(\Delta n)_0$——$t=0$ 时刻的非平衡少子浓度。

式(1-36)表明,注入停止后,非平衡载流子以指数规律衰减。可见,τ_n 是非平衡载流子浓度减小到初始值的 $1/e$ 所经历的时间。

τ_n 的另一个意义是代表非平衡载流子的平均存在时间。也就是说,当注入停止后,非平衡载流子不是立即消失,而是能存在一段时间。在 $t \to t+dt$ 时间间隔内,单位体积内复合掉的少子数目是

$$-d\Delta n = (\Delta n)_0 e^{-\frac{t}{\tau_n}} \frac{1}{\tau_n} dt = \Delta n \cdot dt$$

这些载流子的生存时间是 t。因此一个少子复合前的平均生存时间为

$$\bar{t} = \frac{\int_0^\infty t(-d\Delta n)}{\int_0^\infty (-d\Delta n)} = \frac{\int_0^\infty \frac{t}{\tau_n}(\Delta n)_0 e^{-\frac{t}{\tau_n}} dt}{\int_0^\infty \frac{1}{\tau_n}(\Delta n)_0 e^{-\frac{t}{\tau_n}} dt} = \tau_n \tag{1-37}$$

可见 $\bar{t}$ 恰好就是 τ_n,所以 τ_n 常称为少子的寿命。它是半导体的重要参数之一,其值由半导体中的具体复合机构决定。

在半导体内的复合,按照跃迁方式的不同,有直接复合和间接复合两种。直接复合

就是一个电子-空穴对的复合,在能带图中表现为电子从导带跃迁到价带(图1-15),故又称带间复合。由于是从高能态跃迁到低能态,因此复合总是伴随有能量放出。直接复合放出的能量可能以光子形式释放,也可能把能量交给另一自由电子或空穴。前一过程称为辐射复合,后一过程称为俄歇复合,它是一种非辐射复合。间接复合是指通过禁带中附加能级的复合,即电子从导带跃迁到附加能级,空穴从价带跃迁到附加能级,电子和空穴在附加能级上复合,如图

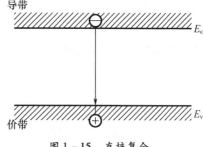

图1-15 直接复合

1-16所示。能够起显著复合作用的附加能级称为复合中心。复合中心可以是施主型的,也可以是受主型的。但是这些附加能级通常位于禁带深处(禁带中央附近),距导带或价带较远,因而不起显著的施主或受主作用。复合中心可以只有一个能级,也可以有几个能级。它们分别引起单能级复合和多能级复合。图1-16所示为单能级复合,图1-17所示为多能级复合,它们都属于间接复合。下面简要分析直接复合和间接复合这两种复合机制。

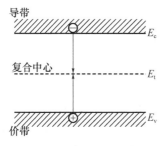

图1-16 单能级间接复合

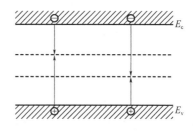

图1-17 多能级间接复合

1)直接复合

由于直接复合是自由电子-空穴对的复合,故直接复合引起的复合率(每秒内载流子的减少)应正比于自由电子和自由空穴的浓度,即

$$R = \gamma np \qquad (1-38)$$

式中,比例系数 γ 在非简并半导体中与 n、p 无关。载流子一方面不断复合,另一方面又不断产生(由热辐射、晶格振动和电子碰撞引起)。将产生率记为 G,可以认为它与 n、p 无关。在热平衡情况下产生率应等于复合率,即

$$G = \gamma n_0 p_0 = \gamma n_i^2 \qquad (1-39)$$

R 与 G 之差为非平衡载流子的复合率 U,即

$$U = R - G = \gamma (np - n_i^2) \qquad (1-40)$$

将式(1-29)和式(1-30)代入上式即得

$$U = R - G = \gamma[n_0 \Delta p + p_0 \Delta n + \Delta p \Delta n] \quad (1-41)$$

如果陷阱中心上电荷变化可以忽略,则

$$\Delta n = \Delta p \quad (1-42)$$

于是式(1-41)变成为

$$U = R - G = \gamma[\Delta p(n_0 + p_0) + (\Delta p)^2]$$

U 为非平衡载流子的净复合率,它同时也就是非平衡载流子浓度 Δp(或 Δn)的减小率,即 $-\mathrm{d}(\Delta p)/\mathrm{d}t$。因此

$$-\frac{\mathrm{d}(\Delta p)}{\mathrm{d}t} = R - G = \gamma[\Delta p(n_0 + p_0) + (\Delta p)^2] \equiv \frac{\Delta p}{\tau} \quad (1-43)$$

式中

$$\tau = \frac{1}{(n_0 + p_0) + \Delta p} \cdot \frac{1}{\gamma} \quad (1-44)$$

两种极端情况特别简单,分别讨论如下。

(1) $\Delta p \ll n_0 + p_0$,这是常见的小注入情况。此时

$$\tau = \frac{1}{n_0 + p_0} \cdot \frac{1}{\gamma} \quad (1-45)$$

是与 Δp 和 Δn 无关的常数。因此,式(1-43)的积分为

$$\Delta p = (\Delta p)_0 \mathrm{e}^{-\frac{t}{\tau_n}} \quad (1-46)$$

式中 $(\Delta p)_0$——$t=0$ 时刻的非平衡载流子浓度。

由式(1-46)可见,由于直接复合,非平衡载流子浓度按指数规律衰减。浓度下降到初始值 $(\Delta p)_0$ 的 $1/\mathrm{e}$ 的时间即为 τ。这个时间,如前所述,称为载流子的寿命。式(1-45)即为小注入下直接复合的载流子寿命的表达式。这个寿命对本征半导体、N 型半导体和 P 型半导体分别为

$$\tau_\mathrm{i} = \frac{1}{2n_\mathrm{i}} \cdot \frac{1}{\gamma} = \frac{n_\mathrm{i}}{2G}(\text{本征半导体}) \quad (1-47)$$

$$\tau_\mathrm{p} = \frac{1}{n_0} \cdot \frac{1}{\gamma} = \frac{n_\mathrm{i}^2}{Gn_0} = \frac{p_0}{G}(\text{N 型半导体}) \quad (1-48)$$

$$\tau_\mathrm{n} = \frac{1}{p_0} \cdot \frac{1}{\gamma} = \frac{n_\mathrm{i}^2}{Gp_0} = \frac{n_0}{G}(\text{P 型半导体}) \quad (1-49)$$

式中 τ_i——本征寿命;

$\tau_\mathrm{p}, \tau_\mathrm{n}$——少子寿命。

(2) $\Delta p \gg n_0 + p_0$ 的情况。例如,低温下,n_0 和 p_0 较小,而注入的非平衡载流子温度 Δp 又较大的情况。此时有

$$\tau = \frac{1}{\Delta p} \cdot \frac{1}{\gamma} \qquad (1-50)$$

将式(1-43)积分则为

$$\Delta p = \frac{(\Delta p)_0}{1 + \gamma (\Delta p)_0 t} \qquad (1-51)$$

非平衡载流子的衰减不再按照小注入时的指数规律式(1-46)进行,而是按照式(1-51)的双曲线形式。式(1-50)定义的 τ 由于与 Δp 有关,不再是常数,因而也就没有特别的意义。

在 Si、Ge 等绝大多数半导体中,载流子的寿命不是由直接复合决定的,而主要由下面将讨论的间接复合决定。也就是说,通常在 Si、Ge 等绝大多数半导体中,直接复合并不重要。但是当半导体中掺杂浓度很高时,如在双极型晶体管的发射区中,直接复合将变得十分显著(主要是非辐射的俄歇复合),因为这种复合的复合率正比于载流子浓度,见式(1-38)或式(1-40)。它将导致晶体管的发射效率减小,因而增益降低。

2) 间接复合

单能级间接复合的理论由霍尔(Hall)、肖克莱(Shockley)和里德(Read)建立,称为 SRH 理论。这个理论非常成功地解释了许多半导体和半导体器件中的各种现象。单能级复合可用 4 种过程描述(图 1-18):电子俘获、电子产生、空穴俘获和空穴产生。从细致平衡原理可得到非平衡载流子的净复合率为[4]

$$U = \frac{\sigma_p \sigma_n N_t (pn - n_i^2)}{\sigma_n \left[n + n_i \exp\left(\frac{E_t - E_i}{kT}\right) \right] + \sigma_p \left[p + n_i \exp\left(-\frac{E_t - E_i}{kT}\right) \right]} \qquad (1-52)$$

式中 σ_p,σ_n——空穴和电子的俘获系数;

N_t——复合中心浓度;

E_t——复合中心能级;

E_i——本征费米能级;

n_i——本征载流子浓度。

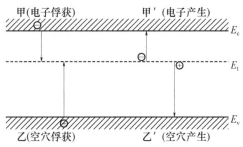

图 1-18 单能级间接复合的 4 个过程

式(1-52)是单能级间接复合的复合率的基本公式。与直接复合率的式(1-40)相对照,两者差别仅在于直接复合系数 γ 换为与 n、p 有关的间接复合系数 γ'

$$\gamma' = \frac{\sigma_p \sigma_n N_t}{\sigma_n \left[n + n_i \exp\left(\frac{E_t - E_i}{kT}\right) \right] + \sigma_p \left[p + n_i \exp\left(-\frac{E_t - E_i}{kT}\right) \right]}$$

显然,热平衡时,$pn = n_i^2$,因而 $U = 0$。而且,在简化条件 $\sigma_n = \sigma_p = \sigma$ 下,式(1-52)简化为

$$U = \frac{\sigma N_t (pn - n_i^2)}{n + p + 2n_i ch\left(\frac{E_t - E_i}{kT}\right)} \tag{1-53}$$

式(1-53)表明,当复合中心能级趋近于禁带中央(即 $E_t \approx E_i$ 时),复合率达到最大。因此,最有效的复合中心是位于禁带中央附近的那些能级。

在 N 型半导体中,$n = n_N \approx n_N^0$ 并且 $n \gg n_i, p_N$,其中 $n_N、p_N$ 为 N 型材料中非平衡状态的电子、空穴浓度;n_N^0 则为平衡状态的电子浓度,式(1-52)变为

$$U = \sigma_p N_t \Delta p \equiv \frac{\Delta p}{\tau_p} \tag{1-54}$$

由此得到 N 型半导体内的间接复合所决定的少子(空穴)寿命为

$$\tau_p = \frac{1}{\sigma_p N_t} \tag{1-55}$$

同样,可得到 P 型半导体内少子寿命为

$$\tau_n = \frac{1}{\sigma_n N_t} \tag{1-56}$$

从上述分析可知,最有效的复合中心是靠近禁带中央的附加能级。从图 1-10 中可以看到,许多杂质的能级靠近禁带中央,这些杂质是有效的复合中心。一个典型的例子是在 Si 中扩散 Au:当 Au 浓度在 $10^{14} \sim 10^{17}\ cm^{-3}$ 范围内时,少子寿命随 Au 浓度线性减小,τ 从约 2×10^{-7} s 减少到 2×10^{-10} s。这种效应对于要求短寿命的开关器件是非常重要的。减小少子寿命的另一种方法是用高能粒子(电子、中子等)照射半导体。这种高能粒子辐照可以造成半导体晶格上的原子位移,产生各种晶格缺陷。这些缺陷能在禁带中产生附加能级,有时可能是有效的复合中心。高能粒子辐照与固态杂质扩散不同之处是辐照引起的复合中心可以在比较低的温度下,用退火的方法消除掉。

以上分析了单能级复合。对多能级复合,复合过程的粗略定性特点类似于单能级过程。但是,复合过程性质的细节却有所不同。在大注入下尤其如此。这里不再讨论。

3) 表面复合

前面讨论的直接复合和间接复合都发生在半导体体内,所以叫做体内复合。在半导

体表面(或界面),除非经过恰当的处理,一般都含有大量的复合中心。这些复合中心造成载流子在表面的复合,称为表面复合,有时显著影响半导体中的少子寿命。它也是一种重要的复合机构。

试验证明,单位表面、单位时间内在表面处复合掉的电子-空穴对数,即表面复合率,与表面附近的非平衡载流子浓度成正比,即

$$表面复合率 = s\Delta p \qquad (1-57)$$

表面复合率的单位为 cm^{-2}/s,而 Δp 的单位为 cm^{-3},故 s 的单位为 cm/s,相当于一个速度量。因此,s 称为表面复合速度,它表征表面复合作用的强弱。式(1-57)可形象地理解为,在单位面积表面,每秒内有 $s\Delta p$ 个非平衡载流子垂直于表面流出。

由表面复合决定的载流子寿命,称为表面复合寿命,以 τ_s 表示。τ_s 决定于表面复合速度以及样品的形状和尺寸。由体内复合决定的寿命,称为体内复合寿命,以 τ_v 表示。当表面复合和体内复合两种机构共同起作用时,载流子的寿命 τ 与 τ_s 和 τ_v 有以下关系,即

$$\frac{1}{\tau} = \frac{1}{\tau_v} + \frac{1}{\tau_s} \qquad (1-58)$$

表面复合对半导体器件的特性有一定影响。例如,在双极型晶体管中,如果基区表面复合过大,将使基区输运系数减小,从而导致增益的下降。因此,在半导体器件制造中,为减少表面复合的影响,必须十分注意表面的清洁。

1.3 载流子的运动

在前面两节中,讨论了电子在半导体中的许可能级(导带、价带、施主和受主能级),又讨论了热平衡下,在这些能级上的电子浓度(导带中的自由电子浓度和价带中的自由空穴浓度),还讨论了非平衡载流子的性质。现在进一步讨论电子和空穴在半导体内进行的各种运动,这些运动使半导体具有各种物理性质。正是根据这些物理性质,才能利用半导体制成各种器件。

半导体中的自由载流子在热平衡状态下,不停地做无规则的热运动。这种热运动,既不会产生宏观的电流,也不会改变载流子的平衡浓度。如果对半导体加上外电场,那么自由载流子除了做无规则热运动外,还产生一个定向的漂移运动。空穴沿电场方向漂移,电子则沿电场反方向漂移,结果引起宏观电流。如果在半导体的某一局部区域,用光照或注入载流子等方法,使自由载流子浓度超过热平衡值,那么,这部分非平衡载流子就要逐渐向附近扩散,这种扩散也能引起宏观电流。

漂移和扩散都是载流子的输运现象,又叫输运过程。但产生这两种输运过程的原因(驱动力)是不同的,前者是外加电场引起载流子做漂移运动,后者则是由于有浓度梯度

引起载流子做扩散运动。表征半导体中自由载流子这两种运动所用的物理量也是不同的。漂移的难易程度用电子迁移率 μ_n 和空穴迁移率 μ_p 表示,扩散的难易程度用电子扩散系数 D_n 和空穴扩散系数 D_p 表示。

漂移和扩散这两种运动又是互相有联系的。越容易漂移的载流子,必定越容易扩散。事实上,在非简并半导体中,迁移率与扩散系数之间有下述关系,即

$$\begin{cases} D_n = \dfrac{kT}{q}\mu_n \\ D_p = \dfrac{kT}{q}\mu_p \end{cases} \tag{1-59}$$

这个关系叫做爱因斯坦关系。

下面简要讨论漂移和扩散这两种基本的运动形式。

1.3.1 漂移运动

1. 漂移速度和迁移率

众所周知,对真空中一个自由电荷施加电场,则该电荷将按照牛顿定律确定的规律 $F = ma$ 持续地被加速。然而在半导体晶格中,由于能带结构不同于真空中自由电荷的 $E = \dfrac{\hbar^2 k^2}{2m}$ 关系,载流子在外电场作用下,其漂移速度 $v(k) = \dfrac{1}{\hbar}\dfrac{dE(k)}{dk}$ 不会无限制地增加。在低电场下,漂移速度正比于电场强度 E,即

$$\begin{cases} v_{dn} = \mu_n E \\ v_{dp} = \mu_p E \end{cases} \tag{1-60}$$

式中 v_{dn}, v_{dp}——电子和空穴的漂移速度;

μ_n, μ_p——比例系数,电子和空穴的漂移迁移率,简称漂移迁移率,$cm^2/V \cdot s$。

在半导体中,因有晶格热振动(声子)和电离杂质的存在,会使载流子的运动受到散射,这对迁移率有很大影响。

对于 Si、Ge 这类非极性半导体,声学声子和电离杂质两种散射机构起主要作用。声学声子散射决定的迁移率为

$$\mu_l \sim (m^*)^{-\frac{5}{2}} T^{-\frac{3}{2}} \tag{1-61}$$

式中 m^*——电导率有效质量。

因此,声学声子迁移率随有效质量增加而减小,与温度也有类似的关系。电离杂质迁移率为

$$\mu_i \sim (m^*)^{-\frac{1}{2}} N_I T^{\frac{3}{2}} \tag{1-62}$$

式中 N_I——电离杂质浓度。

可见，μ_i 随 m^* 减小，而随温度则增加。

当上述两种机构同时起作用时，迁移率 μ 由式(1-63)决定，即

$$\frac{1}{\mu} = \frac{1}{\mu_I} + \frac{1}{\mu_i} \qquad (1-63)$$

对于 GaAs 这类极性半导体，主要是光学声子和电离杂质散射并且前一种机构较显著。总的迁移率近似为

$$\mu \sim (m^*)^{-\frac{3}{2}} T^{\frac{1}{2}} \qquad (1-64)$$

从上面几个方程可知，迁移率与有效质量、掺杂浓度和温度这几个量有关。室温下 Ge、Si 和 GaAs 的实测迁移率与杂质浓度的关系示于图 1-19 中。在较低的杂质浓度下，声子(晶格)散射机构起主要作用，迁移率较大。随着杂质浓度的增加(室温下大部分杂质是电离的)，电离杂质散射机构变得愈加显著，如式(1-62)所示的那样，迁移率逐渐减小。此外，对于给定的杂质浓度，由于这些半导体的电子有效质量小于空穴，因此，电子迁移率大于空穴迁移率。图 1-20 是 N 型和 P 型 Si 的载流子迁移率随温度的变化关系。低温下，杂质散射起决定性作用，因此对于不同掺杂浓度观察到分开的曲线，并且 μ 随温度上升而增大；高温下，晶格(声子)散射起决定性作用，杂质浓度对 μ 的影响减弱，因此几条曲线在高温时几近重合。此外，当杂质浓度较低(图中 N_A，$N_D \leq 10^{12} \text{cm}^{-3}$)时，无论是

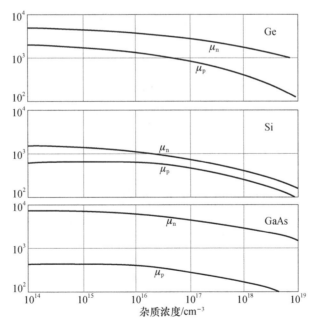

图 1-19 $T=300K$ 时 Ge 和 Si 的漂移迁移率及 GaAs 的霍尔迁移率与杂质浓度的关系(迁移率单位：$\text{cm}^2/(\text{V} \cdot \text{s})^{-1}$)

高温还是低温,迁移率主要由声学声子散射决定。所以,在图示温度范围内,迁移率始终是下降的趋势。但由于还有其他次要的散射机构存在,实测的斜率不是式(1-61)预言的(-3/2),实测值如图1-20所示。

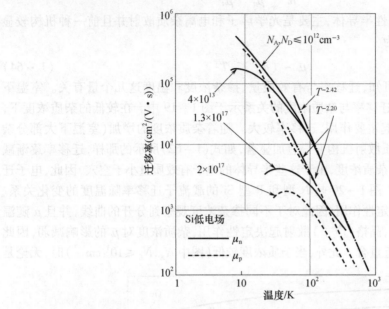

图1-20 Si中电子和空穴迁移率与温度的关系

在强电场下,载流子的漂移速度不再遵循式(1-60)的比例关系。随电场E增强,漂移速度的增加变得缓慢,以至最终变成饱和速度v_s,不再随E而增加。

2. 漂移电流和电导率

由于载流子是荷电的,它们在电场下的运动将产生宏观电流,称为漂移电流。虽然在同一电场作用下,空穴与电子的漂移方向相反(空穴沿电场方向运动,而电子逆着电场方向运动),但对电流的贡献是相同的。所以,漂移电流为

$$J = J_{n,E} + J_{p,E} = nqv_{dn} + pqv_{dp} = (nq\mu_n + pq\mu_p)E \equiv \sigma E \quad (1-65)$$

式中 $J_{n,E}, J_{p,E}$——电子漂移电流和空穴漂移电流。

$$J_{n,E} = nq\mu_n E$$
$$J_{p,E} = pq\mu_p E \quad (1-66)$$

从式(1-65)得到半导体的电导率为

$$\sigma = nq\mu_n + pq\mu_p \quad (1-67)$$

对于N型、P型和本征半导体,σ可分别表示为

$$\sigma_n = nq\mu_n$$

$$\sigma_p = pq\mu_p$$
$$\sigma_i = n_i q(\mu_n + \mu_p) \tag{1-68}$$

由于本征载流子浓度 n_i 与温度的指数关系，σ_i 随温度剧烈变化。对于杂质半导体，电导率取决于掺杂浓度。不过由于迁移率随杂质浓度改变，所以 N 型和 P 型半导体的电导率并非完全正比于施主或受主的浓度。图 1-21 表示 300K 时 Ge、Si 和 GaAs 的电阻率（电导率的倒数）与杂质浓度的关系。

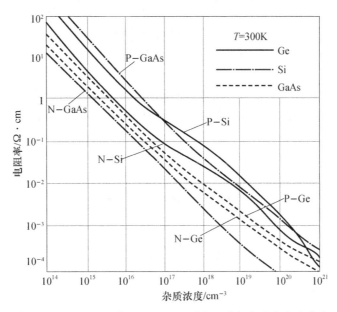

图 1-21 $T=300K$ 时 Ge、Si、GaAs 的电阻率与杂质浓度的关系

1.3.2 扩散运动

1. 扩散流密度和扩散系数

在半导体的局部引入非平衡载流子（通过光照和注入）时，将产生载流子浓度梯度，因此会发生扩散运动。扩散流密度，即每秒钟通过单位截面的载流子数，由菲克（Fick）定律描述，对空穴和电子分别为

$$f_p = -D_p \frac{\mathrm{d}p}{\mathrm{d}x}$$
$$f_n = -D_n \frac{\mathrm{d}n}{\mathrm{d}x} \tag{1-69}$$

式中　负号——扩散流沿浓度梯度方向；

D_p、D_n——空穴和电子的扩散系数，其大小与材料、温度、掺杂浓度等有关。

由于 D_n、D_p 与 μ_n、μ_p 具有式(1-59)所示的关系,因此,在确定的温度下,扩散系数与杂质浓度之间具有与图 1-19 类似的关系,并且一般有

$$D_n > D_p$$

在均匀半导体中,平衡载流子浓度 p_0 和 n_0 是不随位置 x 变化的。因此,扩散流密度完全由非平衡载流子引起,f_p 和 f_n 可由 Δp 或 Δn 表示为

$$f_p = -D_p \frac{dp}{dx} = -D_p \frac{d(p_0 + \Delta p)}{dx} = -D_p \frac{d\Delta p}{dx}$$

$$f_n = -D_n \frac{dn}{dx} = -D_n \frac{d(n_0 + \Delta n)}{dx} = -D_n \frac{d\Delta n}{dx} \quad (1-70)$$

2. 扩散电流

带电粒子的运动会产生电流。因此正如载流子在电场中的漂移产生漂移电流一样,载流子在梯度作用下的扩散也将产生电流,称为扩散电流。在半导体中,空穴和电子的扩散电流密度分别为

$$\begin{cases} J_{p,d} = qf_p = -qD_p \dfrac{d\Delta p}{dx} \\ J_{n,d} = -qf_n = qD_n \dfrac{d\Delta n}{dx} \end{cases} \quad (1-71)$$

1.4 半导体中的基本控制方程组

半导体中的基本控制方程,是指载流子在电磁场中运动的基本方程,同时也就是各种半导体器件理论的基础。这些基本方程一般分为 3 组,即电流密度方程、连续性方程和电磁场(麦克斯韦)方程。最后一组方程描述电流、电荷与电场、磁场之间的变化关系。在半导体中最常用到的是泊松方程,常被用来求解耗尽区中的电场、电位分布。由于这组方程是电磁场理论讨论的内容,此处不做讨论。下面依次叙述电流密度方程和连续性方程。

1.4.1 电流密度方程

电流密度方程是指自由电子(或自由空穴)的漂移和扩散所产生的电子(或空穴)电流密度的表达式。它们分别由式(1-66)和式(1-71)表达,现重写如下:

对于电子漂移电流,有

$$J_{n,E} = nq\mu_n E \quad (1-72)$$

对于空穴漂移电流,有

$$J_{p,E} = pq\mu_p E \quad (1-73)$$

对于电子扩散电流,有

$$J_{n,d} = qD_n \frac{d\Delta n}{dx} = qD_n \frac{dn}{dx} \tag{1-74}$$

对于空穴扩散电流,有

$$J_{p,d} = -qD_p \frac{d\Delta p}{dx} = -qD_p \frac{dp}{dx} \tag{1-75}$$

漂移和扩散所产生的总电子电流密度为式(1-72)与式(1-74)之和,即

$$J_n = J_{n,E} + J_{n,d} = nq\mu_n E + qD_n \frac{dn}{dx} \tag{1-76}$$

漂移和扩散所产生的总空穴电流密度为式(1-73)与式(1-75)之和,即

$$J_p = J_{p,E} + J_{p,d} = nq\mu_p E - qD_p \frac{dp}{dx} \tag{1-77}$$

以上两式就是一维情况下的电流密度方程组。对于非简单半导体,载流子扩散系数 D_n 和 D_p 与迁移率 μ_n 和 μ_p,由爱因斯坦关系式(1-59)相联系。在三维情况下,则分别为

$$\boldsymbol{J}_n = nq\mu_n \boldsymbol{E} + qD_n \nabla n \tag{1-78}$$

$$\boldsymbol{J}_p = pq\mu_p \boldsymbol{E} - qD_p \nabla p \tag{1-79}$$

半导体中总电流密度为二者之和,即

$$\boldsymbol{J} = \boldsymbol{J}_n + \boldsymbol{J}_p \tag{1-80}$$

上面几个方程没有考虑外加磁场引起的影响。如果有外界磁场 B,则式(1-78)右边应添加 $-\mu_n \boldsymbol{J}_n \times \boldsymbol{B}$,式(1-79)右边应添加 $+\mu_p \boldsymbol{J}_p \times \boldsymbol{B}$。

1.4.2 连续性方程

连续性方程描述的是在漂移、扩散、产生与复合同时存在的情况下,自由载流子浓度(n 和 p)随这些过程而改变的关系式。

半导体中某处空穴浓度的增加率 $\frac{\partial p}{\partial t}$ 应该等于该处空穴的产生率 g_p 减去空穴复合率 U_p 和由于空穴电流从此点向四处流散引起的空穴浓度的减小 $\frac{1}{q}\nabla \cdot \boldsymbol{J}_p$,其中 $\nabla \cdot \boldsymbol{J}_p$ 是空穴电流密度的散度。于是有

$$\frac{\partial p}{\partial t} = g_p - U_p - \frac{1}{q}\nabla \cdot \boldsymbol{J}_p \tag{1-81}$$

类似地,半导体中电子浓度的改变率为

$$\frac{\partial n}{\partial t} = g_n - U_n + \frac{1}{q}\nabla \cdot \boldsymbol{J}_n \tag{1-82}$$

其中,最后一项为正,是由于电子电流由该处向外流出,实际是电子流入该处,因为电子带负电荷,电子电流方向与电子流动方向相反。以上两式就是三维情况下半导体中的连续

性方程,其物理意义实质上是电荷守恒定律的表述。式中复合率 U_p 和 U_n 在小注入状态下(即当注入的载流子浓度远小于平衡多数载流子浓度时),可用式 $(n_p - n_p^0)/\tau_p$ 和 $(p_n - p_n^0)/\tau_n$ 近似。

将电流密度方程式(1-76)和方程式(1-77)代入方程式(1-81)和式(1-82),可得小注入状态下一维情形的连续性方程为

$$\frac{\partial p_N}{\partial t} = g_p - \frac{p_N - p_N^0}{\tau_p} - p_N \mu_p \frac{\partial E}{\partial x} - \mu_p E \frac{\partial p_N}{\partial x} + D_p \frac{\partial^2 p_N}{\partial x^2} \quad (1-83)$$

$$\frac{\partial n_P}{\partial t} = g_n - \frac{n_P - n_P^0}{\tau_n} + n_P \mu_n \frac{\partial E}{\partial x} + \mu_n E \frac{\partial n_P}{\partial x} + D_n \frac{\partial^2 n_P}{\partial x^2} \quad (1-84)$$

式中,下标 N 和 P 代表 N 型和 P 型半导体;n 和 p 代表电子和空穴;上标 0 表示平衡态。

电流密度方程、连续性方程和电磁学方程合称为半导体的基本方程组,运用它们可以解决各种具体问题。基本方程组是半导体器件理论的基础。

1.5 PN 结的电学特性

PN 结是许多半导体器件,特别是结型器件如双极型晶体管和 JFET 的基础。为此,本节简要讨论其电学性质。

1.5.1 PN 结直流伏安特性

PN 结的制造方法有很多种,如合金法、固态扩散法、离子注入法等。依 PN 结制造方法的不同分别称为合金结、扩散结和注入结。不同方法制造的 PN 结两侧杂质分布不同,则其电学特性也不尽相同。在理论分析上,为方便起见,常采用突变结和线性缓变结两种近似。以突变结为例,其直流 I-U 方程为

$$I = I_S(e^{\frac{qU}{kT}} - 1) \quad (1-85)$$

其中

$$I_S = \left(\frac{qD_n n_P^0}{L_n} + \frac{qD_p p_N^0}{L_p}\right) A \quad (1-86)$$

式中 I_S——反向饱和电流;
  A——PN 结面积。

方程式(1-85)就是理想 PN 结模型的电流与电压方程式,又称为肖克莱方程。理想 PN 结模型是指 PN 结满足小注入、突变耗尽层假设、势垒区无产生复合、玻耳兹曼边界条件等条件,这时 PN 结的电流完全是由扩散电流组成。当流过 PN 结的电流很小时,势垒区复合电流变得显著起来;而在大电流时,外加电压在 P、N 区体电阻上的压降也不可忽

略并且伴随着大注入效应发生。因此,式(1-85)只适合中等电流的情况,一般地,PN 结的正向电流可表示为

$$I_F \propto e^{\frac{qU}{mkT}} \qquad (1-87)$$

式中,m 在 1~2 之间变化,随外加正向偏压而定。在很低的正向偏压下,$m=2$,势垒区复合电流起主要作用,在图 1-22 中为曲线的 a 段;正偏压较大时,$m=1$,扩散电流起主要作用,为曲线的 b 段;发生大注入时,$m=2$,为曲线的 c 段;在大电流时,必须计及体电阻上的压降,这时落在 PN 结势垒区的实际压降更小,正向电流增加更缓慢,为曲线的 d 段。在反向偏压下,PN 结势垒区存在产生电流,这一电流成分使得实际 PN 结的反向电流比理想方程的计算值大且不饱和。

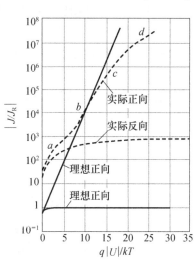

图 1-22 硅 PN 结的电流与电压特性

1.5.2 势垒电容和扩散电容

当加于 PN 结上的偏压改变时,势垒区宽度将随之变化,因而空间电荷数量随外加偏压的变化而改变。由于空间电荷是由不能移动的杂质离子组成,所以空间电荷的变化是由电子和空穴流入或流出势垒区所造成的,这相当于电流给势垒区充放电。所以,势垒区呈现出一个电容效应,称为势垒电容,用 C_T 表示。在反偏情况下,采用耗尽近似,可以得到突变结和线性缓变结的势垒电容分别为

$$C_T = \sqrt{\frac{\varepsilon_s \varepsilon_0 q N_A N_D}{2(N_A + N_D)(U_D - U)}} \qquad (1-88)$$

和

$$C_T = \sqrt[3]{\frac{qa\varepsilon_s^2 \varepsilon_0^2}{12(U_D - U)}} \qquad (1-89)$$

式中　C_T——单位结面积的势垒电容;
　　　N_A, N_D——突变结两侧受主和施主杂质浓度;
　　　a——线性缓变结杂质浓度梯度;
　　　U_D——自建电势;
　　　U——外加负偏压;
　　　ε_s 和 ε_0——半导体和真空介电常数。

对于单边突变结,式(1-88)可简化为

$$C_T = \sqrt{\frac{\varepsilon_s\varepsilon_0 q N_B}{2(U_D - U)}} \qquad (1-90)$$

式中 N_B——轻掺杂一侧杂质浓度。

在 PN 结正偏情况下,势垒区很窄,势垒电容比反偏压时大。但有大量载流子流过势垒区,耗尽近似不再成立,因此上述公式不适用于计算正偏时的势垒电容。一般近似认为正向偏压时的势垒电容为零偏压时势垒电容的 4 倍,即

$$C_T = 4C_T(0) \qquad (1-91)$$

对单边突变结和线性缓变结分别为

$$C_T = 4\sqrt{\frac{\varepsilon_s\varepsilon_0 q N_B}{2U_D}} \qquad (1-92)$$

$$C_T = 4\sqrt[3]{\frac{qa\varepsilon_s^2\varepsilon_0^2}{12U_D}} \qquad (1-93)$$

当 PN 结处于正向偏压时,正向注入使得在势垒区两侧的 N 型和 P 型中性区内,有稳定的少子分布,因而有一定的电荷存储在中性区中,这称为 PN 结的电荷存储效应。如果正向偏压有改变,存储电荷量也随之改变,所以也表现出电容效应。由电荷存储造成的电容称为扩散电容,以 C_D 表示。在低频时,突变结的扩散电容为

$$C_D = \frac{q^2(n_P^0 L_n + p_n^0 L_p)}{kT} e^{\frac{qU}{kT}} \qquad (1-94)$$

式中 n_P^0, L_n—— PN 结 P 区一侧电子平衡态浓度和电子扩散长度;

p_n^0, L_p—— P 区一侧空穴平衡态浓度和空穴扩散长度。

由于扩散电容随正向偏压 U 按指数关系增加,所以在大的正向偏压时,扩散电容便起主要作用。

1.5.3 击穿特性

对 PN 结施加的反向偏压增大到某一数值时,反向电流突然开始迅速增大,这种现象称为 PN 结击穿。发生击穿时的反向偏压称为击穿电压,以 U_B 表示。击穿现象中,电流增大的基本原因不是由于迁移率的增大,而是由于载流子数目的增加。到目前为止,基本上有 3 种击穿机构:热电击穿、雪崩击穿和隧道击穿。从击穿的后果来看,可以分为物理上可恢复的和不可恢复的击穿两类。热电击穿属于后一类情况,它将造成 PN 结的永久性损坏,在器件应用时应尽量避免发生此类击穿。雪崩击穿和隧道击穿属于可恢复性的,即撤掉电压后,在 PN 结内没有物理损伤。下面简要讨论这两种击穿机构的特点。

1. 雪崩击穿

雪崩击穿的实质是载流子与晶格原子碰撞使之电离。当 PN 结外加反向偏压足够高

使得势垒区内场强超过临界电场时,载流子受到加速并获得足够大的动能,它们与晶格原子发生碰撞,把电子从共价键中"打"出来(从能带图看就是一个价带电子被激发到导带),于是产生一个电子-空穴对。新产生的载流子也被电场加速,并与晶格原子连续碰撞产生第三代、第四代的 e-h 对,形成连锁反应,从而造成载流子雪崩般地剧增。这个雪崩倍增过程使 PN 结反向电流骤然增加,产生击穿。显然,雪崩击穿与电场强度和势垒区宽度有关。如果电场不够强,载流子在与晶格的碰撞之前,不能获得为使原子电离所需的功能;其次,载流子的加速需要一个过程,若势垒区太薄,则载流子在势垒区内的加速过程也达不到碰撞电离所需的动能。

在一维 PN 结模型下,从半导体理论可以得到雪崩击穿电压的表达式。对单边突变结和线性缓变结,分别为

$$U_B = \frac{\varepsilon_s \varepsilon_0 E_c^2}{2qN_B} \tag{1-95}$$

和

$$U_B = \frac{4}{3}\sqrt{\frac{2\varepsilon_s \varepsilon_0 E_c^3}{qa}} \tag{1-96}$$

式中 E_c——临界场强。

由此可见,对单边突变结,击穿电压与轻掺杂一侧杂质浓度成反比,N_B 越低,U_B 越高。对线性缓变结,则是浓度梯度越小,U_B 越高。

当 N_B 和 a 一定时,击穿电压 U_B 随材料带隙宽度 E_g 的增大而升高。这里因为雪崩过程需要把电子从价带激发到导带,因此 E_g 越大,所需能量(即电离能)越大,故 U_B 增大。人们比较详细地研究了各种 PN 结的雪崩电压之后得到一个近似的普遍适用的雪崩击穿电压公式。对于单边突变结,有

$$U_B \approx 60 \left(\frac{E_g}{1.1}\right)^{3/2} \cdot \left(\frac{10^{16}}{N_B}\right)^{3/4} \text{ V} \tag{1-97}$$

对于线性缓变结,有

$$U_B \approx 60 \left(\frac{E_g}{1.1}\right)^{6/5} \cdot \left(\frac{3 \times 10^{20}}{a}\right)^{2/5} \text{ V} \tag{1-98}$$

式中 E_g 以 eV 为单位;N_B 以 cm^{-3} 为单位;a 则以 cm^{-4} 表示。

当温度变化时,PN 结的击穿电压也有变化。对于雪崩击穿,其击穿电压随温度升高而提高,即 U_B 具有正温度系数。这是因为温度越高,半导体内的晶格振动越剧烈,载流子平均自由程减小,所以为了达到碰撞电离所需动能,要求在势垒区有更高的加速电场,从而 U_B 增大。

最后,对于平面结,有一个应予考虑的重要效应——结曲率效应,它通常使击穿电压显著降低,这一点在下一节做简要说明。

雪崩倍增或称碰撞电离是最重要的结击穿机构,这是因为雪崩击穿电压确定了大多数二极管反偏压的上限,也确定了双极型晶体管集电极电压以及 MOSFET 漏电压的上限。另外,雪崩电离机构也有许多应用,如制造稳压管、产生微波功率和用于光电探测器等。

2. 隧道击穿

隧道击穿也称齐纳击穿,是一种量子效应。它通常发生在 PN 结两侧掺杂浓度较高的情况下,并且隧道击穿电压较低。对 Si、Ge 来说,当击穿电压小于约 $4E_g/q$ 时,击穿机构来自隧道效应;对于击穿电压超过 $6E_g/q$ 的 PN 结,击穿机构来自雪崩倍增效应。当击穿电压介于 $4E_g/q \sim 6E_g/q$ 之间时,两种击穿机构同时存在。此外,隧道击穿电压的温度系数为负,即击穿电压随温度升高而减小。通常可以利用这种温度效应把有正温度系数的雪崩机构与隧道机构区别开来。

1.6 基本器件工艺

半导体器件的特性受到其制造工艺的极大影响,因此有必要先了解一下基本的器件工艺。由于早期的器件工艺,如生长结和合金结工艺,在器件尺寸和杂质浓度等控制方面有局限性,因此现代半导体(主要是硅)器件和集成电路的制造都采用基于固态扩散技术的平面工艺。

平面工艺包括外延、氧化、光刻、杂质扩散及金属化,图 1-23 以 PN 结二极管的制造为例,示意出了工艺过程的梗概。以 N^+ 型 Si 作为原始衬底,经过外延工艺生长一薄层 N 型 Si。随后,通过热氧化形成 SiO_2 层。然后用光刻工艺在氧化层上开窗口形成确定的图形,并让 P 型杂质通过裸露的 Si 表面进行固态扩散,在氧化物窗口形成 PN 结。最后淀积一层金属薄膜并进行腐蚀以获得接触电极。由于扩散、外延和氧化步骤控制着器件的特性,下面将详细地讨论这 3 种工艺。

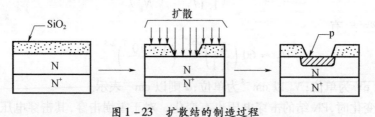

图 1-23 扩散结的制造过程

1.6.1 衬底制备和外延生长

元素 Si 是通过硅的化合物(如 $SiCl_4$ 和 $SiHCl_3$)进行化学分解或是通过碳在炉内对 SiO_2(普通砂粒)进行还原而获得的。在元素 Si 被分离出之后,就要进行提纯、熔融及铸锭。这样得到的 Si 是多晶的形态并且纯度相当差,为了使它变成高质量器件级的单晶硅,需要把多晶硅放在单晶炉内进行单晶硅制备。最普遍采用的方法是提拉法,即首先使多晶硅熔融成为液态,然后将一块作过精确定向的单晶硅(称为籽晶)浸入熔融硅中,旋转粒晶并同时十分缓慢地从熔融液中拉起,这样熔融硅在籽晶上按原晶向结晶,就拉出柱状单晶硅棒。如果在熔融硅中事先掺入杂质原子,就可以得到 P 型或 N 型单晶。单晶硅棒经过切割,得到硅片,然后经过研磨、抛光工序,得到抛光片。以抛光片作为衬底,在它上面进行以后的工艺步骤以制造半导体器件或集成电路。

在硅单晶的生长中,(111)的取向比(100)取向更容易生长出无缺陷的晶体。由于这一原因,(111)硅片较为便宜,并在大多数器件和集成电路制造中用作衬底。但(111)晶向单晶的缺点是在其表面存在的表面态电荷高于(100)晶向,这使得用(111)硅片制作的 MOSFET 的阈值电压受到较大影响,并且也加剧了双极型晶体管的基区表面复合。不过,现在的工艺技术已使这一影响降到很小。

现代硅晶体管和集成电路都在外延片上制造。外延是一种采取化学反应法的晶体生长技术,用以在硅片(衬底)表面生长一层半导体薄膜,新生长薄膜的晶格结构与衬底的相同,称为外延层。采用外延生长技术的重要原因是外延层厚度、导电类型、掺杂浓度等均是易于控制的。通常是在重掺杂的低阻衬底上生长轻掺杂的高阻外延层,如在 N^+ 型上生长一层 N 型层,并以衬底为依托,来保证所要求的电学性质和机械强度。目前在器件制造中采用三类外延生长工艺:汽相外延(VPE)、液相外延(LPE)和分子束外延。汽相外延是通常采用的工艺,其基本过程:将经过抛光的单晶硅片放在大块石墨或硅的支架上,利用高频感应方法将支架加热到 1200℃ 左右,通以含有 $SiCl_4$ 的氢气,经过反应 $SiCl_4 + 2H_2 \rightarrow Si$(固相)$+ 4HCl$(气相),$SiCl_4$ 中的硅被还原,沉积在硅片上,就得到硅外延片。如果气体中还含有少量的磷化氢(PH_3)或乙硼烷(B_6H_6)气体时,外延层中就含有磷或硼,便得到 N 型或 P 型外延层。液相外延在化合物半导体如 GaAs 和 GaP 方面得到广泛应用,这一方法对于在同一衬底上淀积不同层次的材料是方便的,而汽相外延很少用于一层以上的生长。分子束外延法则能把半导体组分精确控制到原子尺寸。

除了在硅衬底上制作外延层外,也可以在绝缘层衬底上进行外延生长,如蓝宝石上外延硅(SOS)。这种外延片在制造高速 MOS 器件和集成电路中得到应用。

1.6.2 氧化和光刻

在制造硅器件时,常需要在硅表面生长一层氧化层。它是 SiO_2 的无定形态,又称玻璃态,有几个方面的作用:保护器件表面使器件性能稳定;通过光刻工艺为多数杂质的选择扩散提供掩蔽体;用作 MOS 晶体管的栅绝缘层等。

形成 SiO_2 膜的最常用方法是硅通过下述化学反应的热氧化法,即

$$\text{Si}(\text{固相}) + \text{O}_2(\text{干氧}) \rightarrow \text{SiO}_2(\text{固相})$$

$$\text{Si}(\text{固相}) + 2\text{H}_2\text{O}(\text{水汽}) \rightarrow \text{SiO}_2(\text{固相}) + 2\text{H}_2(\text{气相})$$

前一反应称为干氧氧化,能生长出高质量的SiO_2膜;后一反应称为湿氧氧化,其SiO_2膜生长速率较快。通过对氧化过程的动力学分析可以得知,当反应时间很短时,SiO_2厚度随时间线性增加;当氧化时间延长时,SiO_2厚度随时间的平方根变化(抛物线关系)。此外,在生长氧化物薄膜时,要消耗一些硅。由硅和SiO_2的密度和分子量可以得出,生长厚度为d的氧化膜,要消耗厚度为$0.45d$的一层硅。

在生产硅器件时,常常只需要在一定的区域内扩散杂质。采用光刻工艺可去除硅片上某些部位的氧化层,以便在这些部位进行选择扩散(或称定域扩散)。光刻的基本过程:首先在有SiO_2的一面涂覆光刻胶,再在上面覆盖一块光刻掩膜板,然后在紫外线下曝光。在光刻板的透光部分,光刻胶受到光照而变成不溶于某种显影液的膜(这种光刻胶称为光致抗蚀剂或负胶)。不透光部分的光刻胶则可在显影液中溶去,于是在SiO_2表面形成图形。将氧化片放在含HF的溶液中,把无抗蚀剂保护的那部分SiO_2腐蚀掉,并去除抗蚀剂,就得到含有"窗口"的SiO_2膜。某些杂质就可通过窗口进入硅中,而其他地方因有SiO_2覆盖,杂质就难以进入硅中。

光刻能达到的最小线条宽度受曝光波长的限制,因为当线条宽度小到可与光波长相比拟时,将由于衍射效应很难或根本不能得到边缘清晰的光刻图形。因此,传统的紫外线曝光技术只适用到 μm 量级工艺。随着集成电路工艺向亚微米和深亚微米技术的发展,必须使用电子束曝光技术。

1.6.3 扩散与离子注入

为了在半导体的特定区域内掺入某种杂质,工艺上最广泛使用的是固态扩散技术。在气体和液体中,如果某种分子的浓度分布不均匀,则由于热运动,分子就会从高浓度处向低浓度处运动,这种现象称为扩散。在高温固体中,原子也可以扩散。杂质原子的扩散遵循菲克第一定律,即杂质扩散流密度正比于杂质浓度梯度,有

$$f = -D\frac{\partial N}{\partial x} \qquad (1-99)$$

比例常数称为扩散系数,D遵守

$$D = D_0 \text{e}^{-E_a/kT} \qquad (1-100)$$

式中 E_a——激活能;
D_0——常数。

因此,扩散系数随温度的增加而剧烈增大。在室温下,杂质的扩散可忽略不计,即杂质原子基本上固定不动。

关于杂质扩散的机制[5],有替位式扩散和间隙式扩散两种。替位式扩散是硼、磷以及

大多数杂质在硅中的扩散机制。但金不同,它基本上是以间隙的机制扩散。不管是哪一种扩散机制,当扩散之后晶体冷却时,杂质原子均到达晶格位置固定下来(替位式杂质)。

采用求载流子连续性方程的方法,便会得到单位体积内杂质浓度的改变率等于杂质流入量与流出量之间的差(注意此处没有杂质原子的产生与复合)。因而有

$$\frac{\partial N}{\partial t} = -\frac{\partial f}{\partial x} \qquad (1-101)$$

将式(1-99)代入式(1-101)得到

$$\frac{\partial N}{\partial t} = D\frac{\partial^2 N}{\partial x^2} \qquad (1-102)$$

此式称为扩散方程。如果边界条件和初始条件已知,则解此方程可得到杂质分布。

为了改进对杂质分布的可控性,扩散常分两步进行。第一步称为预淀积,即在高温下,将含有所需杂质的气体通过硅片表面,使杂质从化合物中分解出来,引入硅内。硅晶体中所接纳的杂质原子数与杂质气体分压成线性关系,并且在给定温度下有一个能为固体所容纳的最大杂质浓度,这个浓度称为固溶度。在大多数生产工艺中,杂质分压大得足以使硅表面内的杂质浓度为固溶度所决定。由于表面处固溶度的限制,在预淀积中,硅表面处边界条件为在 $x=0$, $N(0)=N_0$,这里 N_0 表示杂质在预淀积温度下的固溶度。另一个边界条件为在 $x=\infty$, $N=0$,这个边界条件在杂质原子没有扩散穿透硅片以前都是成立的。在这些条件下,扩散方程的解为

$$N(x,t) = N_0 \operatorname{erfc} \frac{x}{2\sqrt{Dt}} \qquad (1-103)$$

式中 erfc——余误差函数;

$\sqrt{Dt}$ ——扩散长度。

经预淀积后,单位表面杂质原子总量 Q 可由式(1-103)积分,得

$$Q = \frac{2}{\sqrt{\pi}}\sqrt{Dt}N_0 \qquad (1-104)$$

这些杂质集中在表面极薄的一层中。

扩散的第二步是推进扩散,也称主扩散,其目的是使预淀积所获得的杂质推向硅片体内。在实际工艺中,硅片表面被一薄层 SiO_2 密闭住,它阻挡杂质通过表面逃逸。因而杂质的边界条件可表示为

$$x = 0, \frac{\partial N}{\partial x}\Big|_{(0,t')} = 0$$

$$x = \infty, N(\infty,t') = 0$$

此外,假定预淀积的全部杂质 Q 完全集中在表面,它是初始条件。这些条件下扩散方程的解为

$$N(x,t') = \frac{Q}{\sqrt{\pi D't'}} e^{-x^2/4D't'} \qquad (1-105)$$

这种分布称为高斯分布。如果推进步骤的扩散长度 $\sqrt{D't'}$ 至少超过预淀积扩散长度的 3 倍，则高斯分布是两步扩散后杂质分布的一个好的近似。

在预淀积过程中，硅片表面杂质浓度始终保持恒定，因而称为恒定源扩散；在推进扩散中，硅片中杂质总量保持不变，因而称为限定源扩散。两步扩散的归一化的杂质分布如图 1-24 所示。

在扩散工艺中有一重要效应需要考虑。当通过绝缘层上的窗口向半导体本底扩散形成 PN 结时，杂质要向下扩散，同时也要向侧向扩散。因此，扩散结由平坦区和近似柱面的边缘组成，如图 1-25 所示。此外，当扩散掩膜包含尖角时，角附近的结就大致呈球形，如图 1-26 所示。这些球形和柱形区域对结有重大影响，尤其是对雪崩增击穿过程的影响更甚。因为电场常常在这些区域集中，造成此处首先发生雪崩，使得扩散结的击穿电压比平面结模型所预料的低。

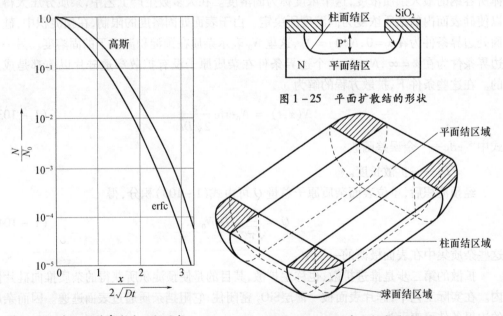

图 1-24 归一化的高斯和 erfc 函数

图 1-25 平面扩散结的形状

图 1-26 矩形窗口扩散结的形状

在大多数情况下，杂质扩散是用来实现一种具体的掺杂分布，但有时却期望它只改变少子复合寿命而不变更掺杂分布。典型例子是在开关管中的掺金工艺，掺金后其开关速度得到大大改善。由于金在硅中扩散得非常迅速，它的分布可以假设为均匀的，金杂质浓度通常也就是在相应温度下金在硅中的固溶度。

扩散工艺所得杂质分布总是表面浓度高、体内浓度低,而且对某些扩散系数太低的杂质难以得到要求的杂质浓度。为改变这种状况,可使用另一种掺杂工艺——离子注入。这种方法是在真空中,由 100000V 左右或更高的电压使杂质离子加速,射向硅表面。由于离子动能高,可以进入硅中。杂质分布特点是,在离开表面一定距离处杂质浓度最高,在其附近呈高斯分布。离子注入的主要优点有:能精确控制总剂量、深度分布和面均匀性;是一种低温工艺,防止了原有杂质的再扩散及其他问题;注入结能与掩膜边缘自对准。受离子轰击后,硅中会留下一些缺陷(即晶格排列不完整),可用低温退火或激光退火消除。

除了用于掺杂外,离子注入还常用于 MOS 晶体管阈值电压的调整等场合。

习　题

1-1　在立方晶胞中,画出下列晶面族的方位:$(1\bar{1}0)$,(110),$(\bar{1}1\bar{1})$,$(11\bar{1})$,$(11\bar{1})$,$(00\bar{1})$。

1-2　硅的晶格常数为 5.43Å。计算其(100)面和(110)面的原子面密度,以及原子的体密度。

1-3　① 一块半无限的 N 型硅片受到产生率为 G_L 的均匀光照。求在此条件下的空穴连续方程。产生率 G_L 即单位体积中单位时间内产生的空穴数目。

② 若在 $x=0$ 处表面复合速度为 s,解新的连续方程以证明稳定态的空穴分布可用下式表示,即

$$P_N(x) = P_N^0 + \tau_p G_L \left(1 - \frac{\tau_p s e^{-x/L_p}}{L_p + s\tau_p}\right)$$

1-4　试推导二极管的电流方程式(1-85)。

1-5　① PN 结的空穴注入效率定义为在 $x=0$ 处的 I_p/I。证明此效率可写成

$$\gamma = \frac{I_p}{I} = \frac{1}{1 + \sigma_N L_p / \sigma_P L_n}$$

② 在实际的二极管中怎样才能使 γ 接近 1? 其中 σ_N、σ_P 为 N 区和 P 区的电导率。

参 考 文 献

[1] 方俊鑫,陆栋. 固体物理学. 上海:上海科学技术出版社,1993.
[2] (美)施敏. 半导体器件物理. 黄振岗,译. 北京:电子工业出版社,1987.
[3] 马本堃,高尚惠,孙煜. 热力学与统计物理学. 北京:高等教育出版社,1994.
[4] 刘恩科,朱秉升,罗晋生,等. 半导体物理学. 西安:西安交通大学出版社,1998.
[5] (美)爱德华.S.杨. 半导体器件基础. 卢纪,译. 北京:人民教育出版社,1981.

第2章 晶体管的直流特性

晶体管是分立半导体器件家族中最为重要的成员之一,同时也是双极型模拟和数字集成电路的核心器件。因此,对晶体管原理的透彻了解是十分重要的。从本章起,开始详细分析晶体管各方面的性能及表征这些性能优劣的各种参数。通过对器件结构和器件工作时载流子运动过程的分析,把晶体管的外部电学特性与内部结构和材料、工艺参数联系起来,为晶体管的设计提供重要的理论依据。

本章讨论晶体管最基本的特性——直流特性,包括放大机制、直流伏安特性、各种直流参数(直流增益、反向电流、击穿电压、基极电阻)以及用于计算机辅助分析和设计(CAA/CAD)的器件模型。

2.1 晶体管的基本结构及其杂质分布

2.1.1 基本结构

要分析晶体管的工作原理,首先要了解其结构。虽然晶体管的品种是繁多的,譬如按用途划分为低频管和高频管、小功率管和大功率管、低噪声管及开关管等,按制造工艺和管芯结构分别划分为合金管、扩散管、离子注入管和台面管、平面管,但各种晶体管的基本结构是相同的,即由两层同种导电类型的材料夹——相反导电类型的薄层构成,中间夹层的厚度必须远小于该层材料中少数载流子的扩散长度(这一点很重要)。这样的组合有两种情况,即 P-N-P 和 N-P-N 结构,分别称为 PNP 和 NPN 晶体管。图 2-1 示出了两种晶体管的结构和符号,其中箭头表示发射结电流方向。

从基本结构来看,晶体管实质上是两个彼此十分靠近的背靠背的 PN 结,分别称为发射结和集电结。两个 PN 结隔离开的 3 个区域分别称为发射区、基区和集电区。从 3 个区引出的电极则称发射极、基极和集电极,用符号 E、B、C 表示。

在实际的晶体管中,在发射结和集电结边沿还有弯曲的二维部分,不过所占比例很小,图 2-1 所示的一维结构代表着晶体管内的主要部分,因此称其为晶体管的一维模型。

第2章 晶体管的直流特性

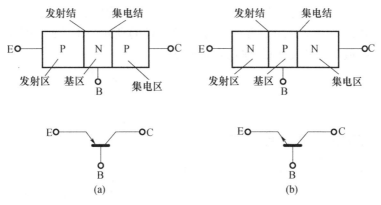

图 2-1 晶体管的基本结构和符号

2.1.2 晶体管工艺与杂质分布

下面来考察一下晶体管的实际制作工艺。不同工艺制造出的晶体管,其基区杂质分布有很大不同,而此分布形式将对晶体管的性能产生重大影响。

晶体管的制造工艺有很多种,这里只介绍两种典型实例。图 2-2(a)是早期采用的合金工艺制造的晶体管,称为合金管。它是在 N 型锗片两边分别放上受主杂质铟镓球和铟球,加热至金属球与锗的共溶温度(此温度远低于锗的溶解温度)后形成液态合金,然后慢慢冷却。在冷却过程中,锗在金属球中的溶解度降低,析出的锗在晶片上沿原晶向再结晶。再结晶区中含大量的铟镓而形成 P 型半导体,从而形成 PNP 结构。图 2-2(b)是合金管的杂质分布,其中 W_B 为基区宽度,x_{jE} 和 x_{jC} 分别为发射结和集电结的结深。杂质分布特点是:3 个区内杂质均匀分布,发射结和集电结为突变结。

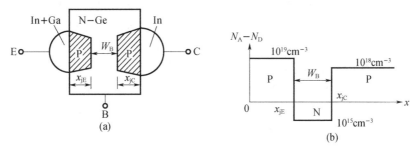

图 2-2 合金管结构及杂质分布
(a) 早期合金工艺晶体管;(b) 合金管的杂质分布。

现代晶体管大多采用平面工艺制造(这是集成电路的标准制造工艺)。它是在硅单晶片上采用氧化、光刻、扩散等工艺,进行受主杂质扩散以获得 P 型基区。再在 P 型层上

43

进行高浓度施主杂质扩散得到 N^+ 型发射区,并制作电极而成,其结构如图 2-3(a) 所示。根据杂质补偿原理可获得其净杂质分布,如图 2-3(b) 所示。由于此晶体管的基区和发射区是由两次扩散工艺形成,因此称其为双扩散管。

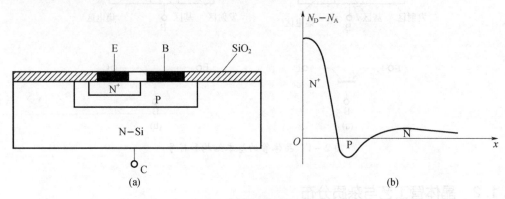

图 2-3 硅平面管结构与杂质分布示意图
(a)硅平面管结构;(b)杂质分布。

合金工艺中由于结深难以精确控制,因此合金管基区较宽,一般只能做到 $10\mu m$ 左右。后面会看到,这将导致晶体管增益较低、频率特性较差。而由于固态扩散工艺能精确控制结深,基区宽度 W_B 可以做到很薄($0.5 \sim 1.5\mu m$),并且平面工艺使晶体管管芯可做到很小,所以增益和频率特性显著改善、性能大大提高。

2.1.3 均匀基区晶体管和缓变基区晶体管

在晶体管内部,载流子在基区中的传输过程是决定晶体管许多性能(如增益、频率特性等)的重要环节。而在几何参数(基区宽度)确定后,基区杂质分布是影响载流子基区输运过程的关键因素。因此,这里特别关注一下晶体管基区的杂质分布情况。

尽管晶体管有很多制造工艺,但在理论上分析其性能时,为方便起见,往往将晶体管分成两大类。一类是基区杂质均匀分布的,称为均匀基区晶体管。典型的例子是前面列举的合金管和全离子注入管。这类晶体管中,载流子在基区内的传输主要靠扩散机构进行,所以又称为扩散型晶体管。另一类是基区杂质缓变分布的,如各种扩散管,称为缓变基区晶体管。这类晶体管的基区存在自建电场,载流子在基区除了扩散运动外,还存在漂移运动且往往以漂移运动为主,故也称漂移晶体管。

值得指出的是,在进行晶体管的理论分析时,常以合金管和外延平面管为典型例子。因此均匀基区晶体管和缓变基区晶体管实际上往往是合金管和双扩散外延平面管的代名词。前者3个区域均为均匀杂质分布,后者则除基区为缓变杂质分布外,发射区杂质分布也是缓变的。

2.2 晶体管的放大机理

本节来考察晶体管被偏置在有源放大区工作时,其内部发生的物理过程。通过对晶体管内部载流子运动的分析,阐明晶体管放大作用的微观机制。为简便起见,将以均匀基区 NPN 结构为例来讨论。

2.2.1 晶体管的电流传输作用

众所周知,在电子电路应用中,晶体管有共基、共射和共集(射随器)3 种基本电路组态。分析晶体管内部过程时,共基组态最能清晰地体现晶体管内部图像,因此在器件物理中多以此种组态来分析内部载流子的运动。图 2-4(a)示意出共基组态的偏置情况,在晶体管的有源放大区,发射结被正向偏置,集电结被反向偏置。电流 I_E、I_C、I_B 正方向规定如图 2-4(b)所示。

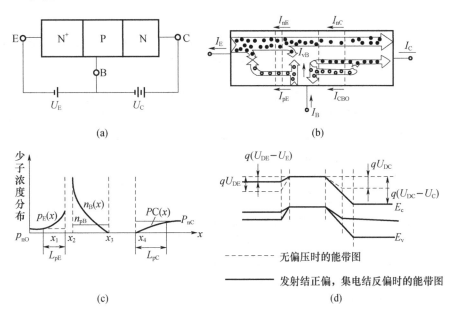

图 2-4 偏置于有源放大区的 NPN 晶体管的电流传输、少子浓度分布和能带图
(a)共基极组态的偏置;(b)晶体管的电流传输;(c)晶体管各区的少子分布;(d)晶体管的能带图。

发射结的正向偏置造成电子向基区和空穴向发射区的注入,前者称为正向注入,后者称为反向注入,它们分别形成正向注入电子电流 I_{nE} 和反向注入空穴电流 I_{pE},脚标 E 表示流过发射结。由基区反向注入到发射区的空穴一边向发射极扩散一边与电子复合,不断转化为电子电流而构成发射极电流的一部分。由发射区正向注入到基区的电子流,由于发射区掺杂浓度大大高于基区,而远大于反向注入的空穴流。同时这一电子流在基区形成很高的浓度梯度,在此梯度作用下,它将向集电结方向扩散。

如果基区很厚(基区宽度 $W_B \gg$ 基区的电子扩散长度 L_{nB}),那么集电结距发射结很远,则注入基区的电子流在向集电极扩散过程中逐步与基区中多子复合而转化为空穴流,在它们到达集电结边缘之前已经全部复合掉了。这种情况下的 NPN 结构相当于两个 P 极相连接的互无影响的二极管(图 2-5),在发射结中流过正向电流 $I_E = I_F = I_{S1}(e^{\frac{qU_E}{kT}}-1)$,在集电结中流过反向电流 $I_E = I_F = I_{S2}$,晶体管的作用消失。

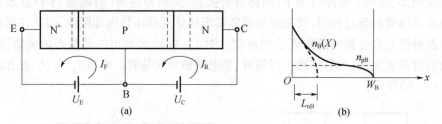

图 2-5 当 $W_B \gg L_{nB}$ 时,晶体管的电流传输及基区少子浓度分布,此时相当于两个正极相连的二极管
(a)晶体管的电流传输;(b)基区少子浓度分布。

然而在实际的晶体管中,基区很薄($W_B \ll L_{nB}$),这时注入基区的电子流的运动情况就大大不同了。由于集电结非常靠近发射结,注入基区的电子除极少量与多子复合形成基极电流的一部分 I_{vB} 外,几乎全部在未来得及复合之前就扩散到集电结势垒区基区一侧的边缘。而在集电结上施加的高的反向偏压使集电结势垒区内存在有从集电区指向基区方向的强电场,它将扩散运动到集电结边缘的电子全部扫过集电结,收集到集电区形成电流 I_{nC},如图 2-4(b)所示。可以看出,适当偏置下的晶体管能把几乎全部载流子或电流从发射极传输到集电极。正是晶体管的这种电流传输作用才使其具有了放大能力。

在发射结注入的载流子使反偏的集电结流过大电流的同时,集电结的抽取作用反过来使得发射结电流也比一个孤立的 PN 结的正向电流有所增大。这是由于集电结的抽取使注入基区的电子的浓度梯度变大,从而正向注入电子电流增大,因而 I_E 也增加。所以,流过两个 PN 结的电流相互影响,与单个 PN 结由其结上电压唯一确定的关系不同,即流过一个结的电流不仅与该结上的电压有关,还与另一个结上的电压有关。下一节将推导两个结电流与结电压的数学关系。

在晶体管中,除了上面的 I_{nE}、I_{pE} 电流外,在反偏的集电结还有反向饱和电流 I_{CBO},也示意在图 2-4(b)中。

下面考察一下处于有源放大区时,晶体管中的少数载流子分布和晶体管的能带图。图 2-4(c)中定性示意出了各个区域的少子分布。由于发射结正偏,其边缘浓度高于平衡状态的浓度值;集电结反偏,则结边缘浓度低于平衡状态的浓度。当晶体管在电路中的直流工作点确定(U_E,U_C 恒定)时,少子分布达到稳定状态,由少子梯度确定的扩散电流也恒定。图中虚线为晶体管未加偏压时的少子分布,此时少子分布是均匀的。

图 2-4(d)是晶体管的能带图。与未加偏压的平衡状态能带图(虚线所示)相比,发射结势垒高度降低了 qU_E,集电结势垒高度升高了 $q|U_C|$,图中 U_{DE} 和 U_{DC} 分别为发射结和集电结的自建电势。发射结势垒的降低使发射区的电子跃过势垒到达基区(对应正向注入 I_{nE})、基区的空穴则跃过势垒到达发射区(对应反向注入 I_{pE})。进入基区的电子流除极少数与价带中空穴复合外(对应 I_{VB}),几乎全部穿过极薄的基区到达集电结边缘,在集电结大的势垒落差作用下落入集电区(对应 I_{nC})。此外,即使没有发射结流过来的 I_{nC},集电结的势垒落差也使结两侧的电子和空穴分别从基区落入集电区和从集电区落入基区(对应 I_{CBO} 分量)。

从上面的讨论可以看到,对于 NPN 晶体管,电子电流是晶体管中流动的主要电流成分。电子从发射极出发,通过发射区到达发射结,由发射结发射到基区,再由基区输运到集电结边缘,然后由集电结收集,流过集电区,到达集电极,成为集电极电流。这就是晶体管内部的电流(载流子)传输过程。在电子电流从发射极传输到集电极过程中有两次损失:一是在发射区与从基区反向注入到发射区的空穴复合损失;二是在基区体内与多子空穴复合损失。故有 $I_{nC} < I_{nE} < I_E$。在实际的晶体管中还有发射结势垒区的复合损失、基区输运过程中在基区表面的复合损失等,将在后面讨论。

2.2.2 晶体管端电流的组成

从对晶体管内部载流子运动的分析可以看到,在晶体管内部存在着多股电流成分。为了明确表示出这些电流成分,把图 2-4(b)改画成图 2-6 的形式。图中用虚线代表电子流,实线代表空穴流,箭头表示载流子的运动方向(注意电子电流的方向与电子运动方向相反)。各电流成分为:I_{pE}——发射结反向注入电流;I_{nE}——发射结正向注入电流,它在向集电结运动过程中极小一部分与基区多子复合构成复合电流 I_{VB}(图中相对的箭头表示复合),绝大多数到达集电结被扫到集电区形成 I_{nC};I_{CBO}——集电结的反向饱和电流,由集电结反向扩散空穴流 I_{pCO} 和反向扩散电子流 I_{nCO} 组成。从图中关系可得到晶体管各极电流为

$$I_E = I_{nE} + I_{pE} \qquad (2-1)$$

$$I_C = I_{nC} + I_{CBO} \qquad (2-2)$$

$$I_B = I_{pE} + I_{VB} - I_{CBO} \qquad (2-3)$$

其中

$$I_{nE} = I_{nC} + I_{VB} \qquad (2-4)$$

显然 I_E、I_C、I_B 满足电流的连续性,即

$$I_E = I_C + I_B \tag{2-5}$$

式(2-1)~式(2-3)表明了晶体管端电流的内部组成。

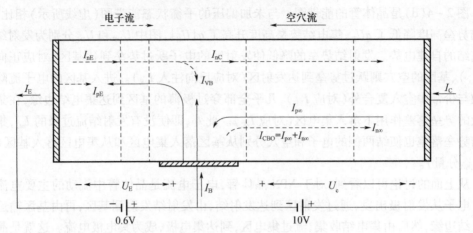

图 2-6 晶体管中的各种电流成分

2.2.3 描述晶体管电流传输作用和放大性能的参数

1. 传输系数和直流电流增益

从前面的分析中看到,晶体管的作用是将发射极电流(输入)尽可能地传输到集电极(输出)。为了描述其传输效果,定义参数 α_0(也常将 h 参数记做 h_{FB})

$$\alpha_0 = h_{FB} \equiv \frac{I_{nC}}{I_E} \tag{2-6}$$

α_0 的物理意义相当明确,代表从发射极输入的电流 I_E 中有多大比例传输到集电极。

将式(2-6)做一简单变换,可以看到 α_0 的另一个意义。将式(2-2)代入 α_0 的定义式,有

$$\alpha_0 = \frac{I_C - I_{CBO}}{I_E}$$

或

$$I_C = \alpha_0 I_E + I_{CBO} \tag{2-7}$$

它表明了晶体管在共基极应用中输出电流(集电极电流 I_C)与输入电流(发射极电流 I_E)之间的关系。因此 α_0 更经常地称为共基极直流电流增益。

不论在晶体管理论还是在晶体管应用中,α_0 都是描述晶体管性能的参数中最为重要的一个。性能优良的晶体管,其 α_0 应尽可能地接近于 1,但是由于 $I_{nC} < I_{nE} < I_E$,故 α_0 总

是小于 1。从式(2-7)也可看到 I_{CBO} 的另一个意义:若晶体管发射极开路,则 $I_E=0$,于是 $I_C=I_{CBO}$,故 I_{CBO} 是射极开路时流过集电结的电流。

在电路应用中,晶体管的共射极组态是最为常用的,即把发射极用作公共端,而分别以基极和集电极为输入端与输出端。这种情况下,将电流关系式(2-5)代入式(2-7),有

$$I_C = \alpha_0(I_B + I_C) + I_{CBO}$$

稍加整理便得到共射极组态的输出电流 I_C 与输入电流 I_B 之间的关系为

$$I_C = \frac{\alpha_0}{1-\alpha_0}I_B + \frac{I_{CBO}}{1-\alpha_0} = \beta_0 I_B + I_{CEO} \tag{2-8}$$

式中定义

$$\beta_0 = h_{FE} \equiv \frac{\alpha_0}{1-\alpha_0} \tag{2-9}$$

$$I_{CEO} \equiv \frac{I_{CBO}}{1-\alpha_0} \tag{2-10}$$

式中 $\beta_0(h_{FE})$——共射极直流电流增益。

在现代晶体管中,因为 α_0 非常接近 1,所以 β_0 通常远大于 1。例如,$\alpha_0=0.99$ 时,$\beta_0=99$,而 α_0 稍稍增大至 0.998 时,$\beta_0=499$。将 α_0 的定义式(2-6)代入式(2-9)并利用电流关系式(2-1)和式(2-4)可以得到

$$\beta_0 = \frac{I_{nC}}{I_{pE} + I_{VB}} \tag{2-11}$$

因此,β_0 也表示发射极电流中传输到集电结的部分与传输过程中损失掉的部分的比值。显然 β_0 越大,表明电流传输过程中的损失越小。I_{CEO} 的意义可以从式(2-8)看出,若晶体管基极开路,则 $I_B=0$,式(2-8)变为 $I_C=I_{CEO}$。因此,I_{CEO} 是基极开路时集电极与发射极流过的电流,故称为穿透电流。由于 α_0 接近于 1,所以 I_{CEO} 远大于 I_{CBO}。

2. 中间参量

可以把晶体管内电流的传输过程简单地概括为 3 个环节:发射结发射电流→基区输运→集电结收集。为了描述两个环节的效率大小,引入两个中间参量:发射效率 γ_0 和基区输运系数 β_0^*,即

$$\gamma_0 \equiv \frac{I_{nE}}{I_E} \tag{2-12}$$

$$\beta_0^* \equiv \frac{I_{nC}}{I_{pE}} \tag{2-13}$$

γ_0 为正向注入到基区的电子电流与发射极总的电流之比,反映了在发射极电流中有多少成分对电流放大作用是有效的。显然,γ_0 越接近 1 越好。β_0^* 为通过基区输运到集电

结的电子电流与注入到基区的电子电流之比,反映了由发射结注入到基区中的电子中有多少成分幸免于复合而被输运到集电结。β_0^* 也是越接近于 1 越好。晶体管的直流电流增益 α_0 为 γ_0 与 β_0^* 的乘积,即

$$\alpha_0 = \gamma_0 \beta_0^* \qquad (2-14)$$

当集电结反向偏压较高,接近雪崩击穿电压时,集电结势垒区将产生雪崩倍增过程,使通过集电结的电流增大。不过在晶体管的正常偏置条件下,不存在雪崩倍增效应。另外,当集电区电阻率较高,集电区体电阻不能忽略时,被集电结收集到集电区的电流 I_{nC} 流过集电区将产生欧姆压降,从而在集电区内形成电场。这个电场使集电区少子空穴漂移到集电结,形成集电区空穴漂移电流[1],它也使得集电结的电流增大,但在集电区电阻率不太高的情况下,可以不考虑这一因素。因此,集电极收集过程中,可以认为电流没有变化,放电流增益 α_0 由发射效率 γ_0 和基区输运系数 β_0^* 之积决定。

3. 提高直流电流增益的一般原则

晶体管的作用是将发射极电流最大限度地传输到集电极。因此为了提高传输效率(即增大直流增益 α_0),就要尽可能地减小输运过程中的损失,包括减小基区向发射区的反向注入空穴电流和基区体内的复合电流,这就是提高晶体管直流增益的一般原则。这一点从 γ_0 和 β_0^* 的定义中也可看出。

将式(2-1)和式(2-4)分别代入发射效率 γ_0 和基区输运系数 β_0^* 的定义式(2-12)和式(2-13),有

$$\gamma_0 = \frac{I_{nE}}{I_{nE} + I_{pE}} = \left(1 + \frac{I_{pE}}{I_{nE}}\right)^{-1} \qquad (2-15)$$

$$\beta_0^* = \frac{I_{nE} - I_{VB}}{I_{nE}} = 1 - \frac{I_{VB}}{I_{nE}} \qquad (2-16)$$

因此反向注入电流 I_{pE} 的减小可以提高发射效率,基区复合电流的减小则提高了基区输运系数。

在 2.4 节中将推导 γ 和 β^* 的数学表达式,把二者与器件的材料、结构和工艺参数联系起来,可以找到提高晶体管直流增益的具体措施。

2.2.4 晶体管的放大能力

既然经过晶体管的输运,电流基本上保持了原有的水平($I_C \approx I_E$),为什么说晶体管具有了放大能力呢?

为了说明这一点,考察图 2-7(a)所示电路,它表示接有负载 R_L 的共基极晶体管。在输入回路,由于发射结正偏($U_E > 0$),产生正向电流 I_E,其正向电阻 r_E 很小。因此输入回路等效于一个有电流 I_E 和电阻 r_E 的电路。在输出回路,由于集电结反偏($U_C < 0$),结

电阻 r_C 很大,集电极电流主要是从发射极传输过来的电流 $\alpha_0 I_E$ ($I_{CBO} \ll I_E$,可忽略),这样输出回路等效于电阻 r_C 和电流源 $\alpha_0 I_E$ 相并联的电路。所以晶体管的输入电压和输入功率分别为

$$U_i = I_E r_E$$
$$p_i = I_E^2 r_E$$

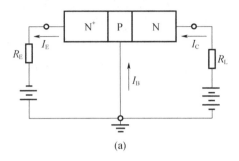
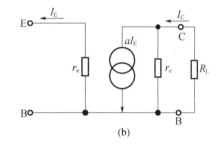

图 2-7 晶体管的放大作用
(a)电路连接;(b)等效电路。

晶体管的输出电压和输出功率则为

$$U_o = I_C R_L$$
$$p_o = I_C^2 R_L$$

由此得到晶体管的电压和功率增益为

$$G_v = \frac{I_C R_L}{I_E r_E} = \alpha_0 \frac{R_L}{r_E} \qquad (2-17)$$

$$G_p = \frac{I_C^2 R_L}{I_E^2 r_E} = \alpha_0^2 \frac{R_L}{r_E} \qquad (2-18)$$

因为晶体管的集电极电阻 r_C 很大(在理想情况下为无限大),因此在集电极上可以接很大的负载 R_L,而发射极电阻 r_E 又很小,即 $r_C \gg R_L \gg r_E$,所以晶体管的电压增益 G_v 和功率增益 G_p 都远大于1。也就是说,共基极组态的晶体管,虽然得不到电流放大($\alpha_0 < 1$),但可得到电压和功率放大。

假若晶体管失去电流传输作用,即 $\alpha_0 = 0$,则在它的负载上将得不到任何电流、电压和功率(G_v、$G_p = 0$)。因此说晶体管的电流传输作用是晶体管具有放大能力的基础。为了实现晶体管对电流的传输(即得到放大作用),从内部来说,发射结与集电结要相距很近($W_B \ll L_{nB}$);从外部条件来说必须发射结正偏、集电结反偏,这样才会发生电流传输过程,在此偏置状态下,称晶体管工作在有源放大区。

2.3 晶体管的直流伏安特性

晶体管基本的外部特性表现在它的 $I-U$ 方程,本节将从理论上推导这组方程。分析过程:先由连续性方程得出各区内的少子分布,然后从电流密度方程导出晶体管内部流动的各电流分量,最后由这些电流成分构造出晶体管的伏安特性方程。为了抓住本质,将在图 2-8 所示的晶体管一维模型基础上并忽略一些次要因素的情况下进行分析,然后再考虑这些因素对 $I-U$ 方程予以修正。首先讨论均匀基区晶体管(这种晶体管的分析比较简单)。在对晶体管内部载流子运动的规律有一个比较详细了解的基础上,再来分析现代大多数晶体管(缓变基区)的情况。

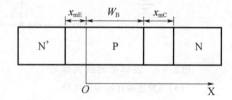

图 2-8 晶体管的一维模型及坐标系

2.3.1 均匀基区晶体管的伏安特性

1. 晶体管内部的少数载流子分布

为简化分析起见,首先假设外加电压全部降落在势垒区,因而发射区、基区、集电区和电极接触处没有外电场;其次假设两个结的注入为小注入,因而各区域也没有大注入自建电场。在这两个条件下,注入各区域的少子只做纯扩散运动,因而在均匀基区晶体管中,发射区、基区和集电区内只有扩散电流流动。当发射结和集电结加上偏压 U_E 和 U_C 时,两个 PN 结隔开的区域分别向对方注入载流子(偏压为负时是抽取),注入载流子的分布可由连续性方程求解。坐标系选择如图 2-8 所示,其中 x_{mE} 和 x_{mC} 为发射结和集电结势垒区宽度,W_B 为基区宽度。

在基区,直流情形的连续性方程为

$$\frac{\mathrm{d}^2 n_B(x)}{\mathrm{d}x^2} - \frac{n_B(x) - n_B^0}{L_{nB}^2} = 0 \qquad (2-19)$$

式中 $n_B(x)$ ——基区少子浓度分布函数;

n_B^0 ——平衡态基区少子浓度;

$L_{nB} = \sqrt{D_{nB} \tau_{nB}}$ ——基区少子扩散长度;

D_{nB}, τ_{nB} ——基区少子扩散系数和寿命。

方程式(2-19)的普遍解为

$$n_B(x) - n_B^0 = c_1 e^{-\frac{x}{L_{nB}}} + c_2 e^{\frac{x}{L_{nB}}} \quad (2-20)$$

式中,c_1 和 c_2 为常数,由边界条件决定。当发射结和集电结加有偏压 U_E 和 U_C 时,基区边界条件为

$$x = 0, n_B(0) = n_B^0 e^{\frac{qU_E}{kT}} \text{ 或 } \Delta n_B(0) = n_B(0) - n_B^0 = n_B^0 (e^{\frac{qU_E}{kT}} - 1)$$

$$x = W_B, n_B(W_B) = n_B^0 e^{\frac{qU_C}{kT}} \text{ 或 } \Delta n_B(W_B) = n_B(W_B) - n_B^0 = n_B^0 (e^{\frac{qU_C}{kT}} - 1)$$

$$(2-21)$$

将此边界条件分别代入式(2-20)可得

$$c_1 = \frac{\Delta n_B(0) e^{\frac{W_B}{L_{nB}}} - \Delta n_B(W_B)}{2\operatorname{sh}\left(\frac{W_B}{L_{nB}}\right)}$$

$$c_2 = \frac{-\Delta n_B(0) e^{-\frac{W_B}{L_{nB}}} + \Delta n_B(W_B)}{2\operatorname{sh}\left(\frac{W_B}{L_{nB}}\right)}$$

将 c_1、c_2 代回式(2-20)就得到基区少子分布函数为

$$n_B(x) - n_B^0 = \frac{\Delta n_B(0) \cdot \operatorname{sh}\left(\frac{W_B - x}{L_{nB}}\right) + \Delta n_B(W_B) \cdot \operatorname{sh}\left(\frac{x}{L_{nB}}\right)}{\operatorname{sh}\left(\frac{W_B}{L_{nB}}\right)} \quad 0 \leqslant x \leqslant W_B$$

$$(2-22)$$

当基区很窄($W_B \ll L_{nB}$)时,利用 $\operatorname{sh}(y) \approx y$(当 $y \to 0$ 时),式(2-22)可简化为

$$n_B(x) - n_B^0 = \Delta n_B(0) \cdot \left(1 - \frac{x}{W_B}\right) + \Delta n_B(W_B) \cdot \frac{x}{L_{nB}} \quad 0 \leqslant x \leqslant W_B \quad (2-23)$$

这表明在一级近似下,注入基区的少子浓度近似为线性分布。

式(2-22)和式(2-23)对晶体管工作在有源放大区、饱和区和截止区都是适用的。特别在有源放大区,由于集电结反偏且 $|U_C| \gg \frac{kT}{q}$,因而 $n_B(W_B) = 0$,式(2-23)进一步简化为

$$n_B(x) = n_B(0) \cdot \left(1 - \frac{x}{W_B}\right) = n_B^0 e^{\frac{qU_E}{kT}} \left(1 - \frac{x}{W_B}\right) \quad (2-24)$$

即基区少子分布由发射结处的最大值 $n_B(0) = n_B^0 e^{qU_E/kT}$ 线性下降到集电结边缘的零。

在发射区,少子空穴的连续性方程为

$$\frac{d^2 p_E(x)}{dx^2} - \frac{p_E(x) - p_E^0}{L_{pE}^2} = 0 \tag{2-25}$$

式中 $p_E(x)$——发射区少子浓度分布函数；

p_E^0——平衡态发射区少子浓度；

$L_{pE} = \sqrt{D_{pE}\tau_{pE}}$——发射区少子扩散长度；

D_{pE}, τ_{pE}——发射区少子扩散系数和寿命。

边界条件为

$$x = -x_{mE}, p_E(-x_{mE}) p_E^0 e^{\frac{qU_E}{kT}} \text{ 或 } \Delta p_E(-x_{mE}) = p_E(-x_{mE}) - p_E^0 = p_E^0 (e^{\frac{qU_E}{kT}} - 1) \tag{2-26}$$

$$x = -\infty, p_E(-\infty) = p_E^0 \text{ 或 } \Delta p_E(-\infty) = p_E(-\infty) - p_E^0 = 0 \tag{2-27}$$

式(2-27)的意义是，在距离发射结较远处($|x| > L_{pE}$)，注入空穴已基本上复合完毕而回复到平衡浓度值。由式(2-25)至式(2-27)可解得发射区非平衡空穴分布为

$$p_E(x) - p_E^0 = \Delta p_E(-x_{mE}) \cdot e^{\frac{x+x_{mE}}{L_{pE}}} \quad (x \leqslant -x_{mE}) \tag{2-28}$$

类似地，可列出集电区空穴的连续性方程及边界条件为

$$\frac{d^2 p_C(x)}{dx^2} - \frac{p_C(x) - p_C^0}{L_{pC}^2} = 0 \tag{2-29}$$

$$x = W_B + x_{mC}, p_C(W_B + x_{mC}) = p_C^0 \cdot e^{\frac{qU_C}{kT}} \text{ 或}$$

$$\Delta p_C(W_B + x_{mC}) = p_C(W_B + x_{mC}) - p_C^0 = p_C^0 (e^{\frac{qU_C}{kT}} - 1) \tag{2-30}$$

$$x \to +\infty, p_C(+\infty) = p_C^0 \text{ 或 } \Delta p_C(+\infty) = 0 \tag{2-31}$$

式中 $P_C(x)$——集电区少子浓度分布函数；

p_C^0——平衡态少子浓度；

$L_{pC} = \sqrt{D_{pC}\tau_{pC}}$——集电区少子扩散长度；

D_{pC}, τ_{pC}——集电区少子扩散系数和寿命。

方程式(2-29)的解即集电区空穴分布为

$$p_C(x) - p_C^0 = \Delta p_C(W_B + x_{mC}) e^{-(x-W_B-x_{mC})/L_{pC}} \quad x \geqslant W_B + x_{mC} \tag{2-32}$$

以上导出的少子分布式(2-22)、式(2-23)、式(2-28)和式(2-32)对晶体管的各种工作区(有源放大区、饱和区和截止区)均有效，因为分析过程中并未对晶体管的工作状态做任何限制，所以适合 U_E、U_C 的各种组合。为了对晶体管内部各个区域中的少子分布有一个直观的认识，将工作在有源放大区的晶体管内部少子分布画于图2-9中。未加偏压时，各区少子(水平虚线)和多子(水平实线)在各区呈均匀分布。加偏压 $U_E > 0$, $U_C < 0$ 且 $|U_C| \geqslant \frac{kT}{q}$ 后，发射结两侧少子浓度由于发射结注入而远高于平衡值，集电结两侧少

子浓度则由于集电结抽取作用而远低于平衡值(实际上接近零)。基区中虚线为一级近似下少子的线性分布式(2-24)。加偏压后各区的多子分布,因为考虑的是小注入情况,多子的改变量与其平衡时浓度值相比可忽略,故仍与未加偏压时的分布相同(图中水平实线)。

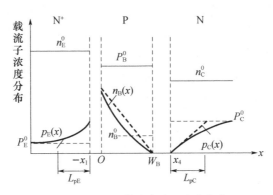

图2-9 NPN管的载流子浓度分布

2. 晶体管内少子电流分布

由于在晶体管的3个区中没有电场,所以只有在少子梯度作用下的扩散电流,由少子分布函数容易求得各区域的少子电流分布。

基区电子电流分布为

$$I_{nB}(x) = qAD_{nB}\frac{dn_B(x)}{dx} \tag{2-33}$$

式中 A——结面积。

利用式(2-22)得

$$I_{nB}(x) = -\frac{qAD_{nB}}{L_{nB}} \times \frac{\Delta n_B(0) \cdot \text{ch}\left(\frac{W_B - x}{L_{nB}}\right) - \Delta n_B(W_B) \cdot \text{ch}\left(\frac{x}{L_{nB}}\right)}{\text{sh}\left(\frac{W_B}{L_{nB}}\right)} \tag{2-34}$$

从发射结注入的电子流($x=0$处)为

$$I_{nB}(0) = -\frac{qAD_{nB}}{L_{nB}} \times \left[\Delta n_B(0) \cdot \text{cth}\left(\frac{W_B}{L_{nB}}\right) - \Delta n_B(W_B) \cdot \text{csch}\left(\frac{W_B}{L_{nB}}\right)\right] \tag{2-35}$$

到达集电结($x=W_B$处)的电子电流为

$$I_{nC} = I_{nB}(W_B) = -\frac{qAD_{nB}}{L_{nB}} \times \left[\Delta n_B(0) \cdot \text{csch}\left(\frac{W_B}{L_{nB}}\right) - \Delta n_B(W_B) \cdot \text{cth}\left(\frac{W_B}{L_{nB}}\right)\right]$$

$$\tag{2-36}$$

当基区宽度很窄（$W_B \ll L_{nB}$）时,利用 $sh(y) \approx y, ch(y) \approx 1$（当 $y \to 0$ 时）,式(2-34)可简化为

$$I_{nB}(x) = -\frac{qAD_{nB}}{L_{nB}} \times [\Delta n_B(0) - \Delta n_B(W_B)] \quad (2-37)$$

可见这种情况下基区电子电流为常数,原因是此时基区少子浓度为线性分布,其梯度为常数 $[\Delta n_B(0) - \Delta n_B(W_B)]/L_{nB}$。这一结果说明,当 $W_B \ll L_{nB}$ 时,电子电流与基区多子的复合可忽略,因此注入电子电流全部输运到集电结（$I_{nC} = I_{nE}$）。

类似地,可从式(2-28)和式(2-32)得到发射区和集电区少子空穴电流分布为

$$I_{pE}(x) = -qAD_{pE}\frac{dp_E(x)}{dx} = -\frac{qAD_{pE}}{L_{pE}} \cdot \Delta p_E(-x_{mE}) \cdot e^{\frac{x+x_{mE}}{L_{pE}}} \quad x \leq -x_{mE} \quad (2-38)$$

$$I_{pC}(x) = -qAD_{pC}\frac{dp_C(x)}{dx} = -\frac{qAD_{pC}}{L_{pC}} \cdot \Delta p_C(W_B + x_{mC}) \cdot e^{-\frac{x-W_B-x_{mC}}{L_{pC}}} \quad x \geq W_B + x_{mC}$$

$$(2-39)$$

从基区注入到发射区和集电区的空穴电流分别为

$$I_{pE}(x) = I_{pE}(-x_{mE}) = -\frac{qAD_{pE}}{L_{pE}} \cdot \Delta p_E(-x_{mE}) = -\frac{qAD_{pE}p_E^0}{L_{pE}}(e^{\frac{qU_E}{kT}} - 1) \quad (2-40)$$

$$I_{pC}(x) = I_{pC}(W_B + x_{mC}) = \frac{qAD_{pC}}{L_{pC}} \cdot \Delta p_C(W_B + x_{mC}) = \frac{qAD_{pC}p_C^0}{L_{pC}}(e^{\frac{qU_C}{kT}} - 1)$$

$$(2-41)$$

为了对晶体管内各区域少子电流分布有一个直观的认识,把工作在有源放大区时的电流分布示于图2-10中。从基区反向注入到发射区的空穴电流 I_{pE} 由于注入空穴与多子不断复合而逐渐减小转化为多子电流成为发射极电流的一部分;从发射区正向注入到基区的电子电流 I_{nE} 通过基区输运到集电极过程中有少量电子与多子复合形成基极电流的一部分 I_{VB},大部分则到达集电结并被收集到集电区（I_{nC}）;集电区内空穴电流随 x 增大而减小也是空穴电流不断转换为电子电流的结果。

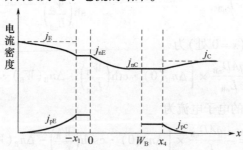

图2-10　NPN晶体管中电流密度分布

3. 发射极电流和集电极电流

有了晶体管内部各电流分量,就很容易得到晶体管的输入电流 I_E 和输出电流 I_C 了。虽然各电流分量都与位置 x 有关,但是根据电流的连续性,在发射区和集电区内,通过晶体管任何截面的电流是不变的。因此考察发射结和集电结势垒区边缘两个截面,就可以方便地得到发射极电流和集电极电流。假设在两个 PN 结势垒区内没有复合或产生电流,这样通过两个结的注入电流 I_{nE}、I_{pE} 和 I_{nC}、I_{pC}(其大小分别由式(2-35)、式(2-40)和式(2-36)、式(2-41)决定)在通过发射结和集电结时是不变的,于是

$$I_E = I_{nE} + I_{pE}$$
$$= -\left[\frac{qAD_{nB}n_B^0}{L_{nB}}\mathrm{cth}\left(\frac{W_B}{L_{nB}}\right) + \frac{qAD_{pE}p_E^0}{L_{pE}}\right](e^{\frac{qU_E}{kT}} - 1) + \left[\frac{qAD_{nB}n_B^0}{L_{nB}}\mathrm{csch}\left(\frac{W_B}{L_{nB}}\right)\right](e^{\frac{qU_C}{kT}} - 1)$$

$$(2-42)$$

$$I_C = I_{nC} + I_{pC}$$
$$= -\left[\frac{qAD_{nB}n_B^0}{L_{nB}}\mathrm{csch}\left(\frac{W_B}{L_{nB}}\right)\right](e^{\frac{qU_E}{kT}} - 1) + \left[\frac{qAD_{nB}n_B^0}{L_{nB}}\mathrm{cth}\left(\frac{W_B}{L_{nB}}\right) + \frac{qD_{pC}p_C^0}{L_{pC}}\right](e^{\frac{qU_C}{kT}} - 1)$$

$$(2-43)$$

这就是直流情况下晶体管电流与结电压的关系式,即伏安特性方程。从以上两式可见,通过每个结的电流都不是只与该结上的偏压有关,同时还都与另一个结上的电压有关,这表明了发射结和集电结的相互作用。式(2-42)和式(2-43)中各项可这样理解:前一式中第一项是发射结自身的结电流,第二项是集电结的结电流通道基区传输到发射极的电流成分;后一式中第一项是发射结注入电流传输到集电极的电流成分,第二项则为集电结自身的结电流。

对于大多数实际的晶体管,$W_B \ll L_{nB}$,利用 $x \to 0$ 时,$\mathrm{cth}(x) \approx \frac{1}{x}$,$\mathrm{csch}(x) \approx \frac{1}{x}$,上两式可简化为

$$I_E = -\left[\frac{qAD_{nB}n_B^0}{W_B} + \frac{qAD_{nE}p_E^0}{L_{pE}}\right](e^{\frac{qU_E}{kT}} - 1) + \left(\frac{qAD_{nB}n_B^0}{W_B}\right)(e^{\frac{qU_C}{kT}} - 1) \quad (2-44)$$

$$I_C = -\frac{qAD_{nB}n_B^0}{W_B}(e^{\frac{qU_E}{kT}} - 1) + \left[\frac{qAD_{nB}n_B^0}{W_B} + \frac{qAD_{pC}p_C^0}{L_{pC}}\right](e^{\frac{qU_C}{kT}} - 1) \quad (2-45)$$

式(2-42)至式(2-45)就是均匀基区晶体管的直流 $I-U$ 方程。

在 2.2 节中的分析中谈到,晶体管两个 PN 结的相互作用只有在 $W_B \ll L_{nB}$ 时才会发生。如果基区过宽,将会失去晶体管的电流传输作用。这里若在式(2-42)、式(2-43)中令 $W_B \gg L_{nB}$,则两式分别退化为(利用 $x \to 0$,$\mathrm{cth}(x) \approx 1$,$\mathrm{csch}(x) \approx 0$)

$$I_E = -\left[\frac{qAD_{nB}n_B^0}{L_{nB}} + \frac{qAD_{pE}p_E^0}{L_{pE}}\right](e^{\frac{qU_E}{kT}} - 1)$$

$$I_\mathrm{C} = \left[\frac{qAD_\mathrm{nB}n_\mathrm{B}^0}{L_\mathrm{nB}} + \frac{qAD_\mathrm{pC}p_\mathrm{C}^0}{L_\mathrm{pC}}\right](e^{\frac{qU_\mathrm{C}}{kT}} - 1)$$

可见此时发射极电流和集电极电流与两个单独的 PN 结一样，发射结和集电结没有相互作用，晶体管作用消失，正如图 2-5 所示。因此，在晶体管中基区宽度是一个很重要的结构参数。

在上面的分析中做了很多假设：其一，晶体管是一维的，发射结和集电结是平行平面结且两结面积相等；其二，外加电压全部降落在 PN 结势垒区，不考虑发射区、基区、集电区及接触电极上的压降，即忽略半导体体电阻和电极接触电阻；其三，小注入，即不考虑大注入效应；其四，基区宽度 W_B 为常数，不随集电结电压 U_C 而变化，即不考虑厄利效应；其五，不考虑发射结、集电结势垒区的复合与产生电流；此外还有不考虑基区表面复合电流等，这样的晶体管称为理想晶体管或本征晶体管。在对晶体管特性的分析中，为抓住主要矛盾，往往是先对本征晶体管做出分析，然后考虑上述次要因素后对结论进行修正。这样可以突出晶体管的本质，物理图像更加清晰。

4. 有源放大区的伏安特性

前面导出的晶体管 $I-U$ 方程式(2-44)和式(2-45)对晶体管的任何工作区（有源放大区、截止区和饱和区）均有效，具体考察一下晶体管处在有源放大区时的直流伏安特性。在这种工作状态下，发射结正偏($U_\mathrm{E} > 0$)而集电结反偏$\left(U_\mathrm{C} < 0\ \text{且}\ |U_\mathrm{C}| \gg \dfrac{kT}{q}\right)$，从式(2-44)、式(2-45)可得

$$I_\mathrm{E} = -\left[\frac{qAD_\mathrm{nB}n_\mathrm{B}^0}{W_\mathrm{B}} + \frac{qAD_\mathrm{nE}p_\mathrm{E}^0}{L_\mathrm{pE}}\right](e^{\frac{qU_\mathrm{E}}{kT}} - 1) - \left(\frac{qAD_\mathrm{nB}n_\mathrm{B}^0}{W_\mathrm{B}}\right) \quad (2-46)$$

$$I_\mathrm{C} = -\frac{qAD_\mathrm{nB}n_\mathrm{B}^0}{W_\mathrm{B}}(e^{\frac{qU_\mathrm{E}}{kT}} - 1) - \left[\frac{qAD_\mathrm{nB}n_\mathrm{B}^0}{W_\mathrm{B}} + \frac{qAD_\mathrm{pC}p_\mathrm{C}^0}{L_\mathrm{pC}}\right] \quad (2-47)$$

式中负号表示 I_E、I_C 沿 $-x$ 方向流动。由于发射结正偏，式(2-46)、式(2-47)中第二项都可忽略，因此 I_E 和 I_C 都随 U_E 按指数规律变化。此外，在下一节将看到，为了提高晶体管的电流增益，一般将发射区做成重掺杂，故发射区少子浓度 p_E^0 远小于基区少子浓度 n_B^0。所以式(2-46)内方括号中第二项与第一项相比很小，故 $I_\mathrm{E} \approx I_\mathrm{C}$，$I_\mathrm{B}$ 作为二者之差很小。

2.3.2 缓变基区晶体管有源放大区的伏安特性

前面比较详细地分析了均匀基区晶体管的伏安特性，所得结果只适用于合金管等。现代晶体管，典型的如双扩散外延平面管，属于缓变基区晶体管。为此进一步分析这类晶体管的情况，讨论处于有源放大区时缓变基区晶体管的 $I-U$ 方程。

1. 基区自建电场

在缓变基区晶体管中，基区掺杂浓度是非均匀的，这将在基区产生一个电场，称为基

区自建电场。下面以双扩散外延平面管为例进行分析,其净杂质浓度分布重画于图 2-11 中。图中以发射区表面为坐标原点,x_{jE} 和 x_{jC} 为发射结和集电结位置,x_{mB} 为杂质补偿后基区净杂质浓度的极值位置。

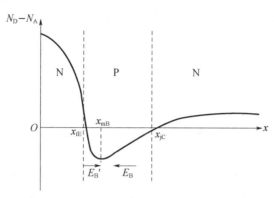

图 2-11 平面管净杂质浓度分布示意图

先来看 x_{mB} 到 x_{jC} 这一段。由于有一定的杂质浓度梯度,故多数载流子(空穴)必然有同样的密度梯度。这一密度梯度的存在,将使空穴从密度高处向密度低的方向运动,形成空穴的扩散流。但是,电离受主是带负电的(不能移动,固定在晶格位置),所以空穴一旦离开,必然在空穴与电离受主之间产生一个电场,其方向是阻止基区中多子空穴的扩散,以维持基区的电中性。或者说在该电场作用下产生一股空穴的漂移电流,试图与空穴的扩散电流相互抵消,当两股电流达到动态平衡时,便在基区建立起一个稳定的电场分布。这个电场称为基区自建电场,图中以 E_B 表示,其方向指向 $-x$ 方向。它对基区中的少子(电子)从发射结向集电结方向运动有加速作用,故称加速电场,这一段基区称为加速区。再来看 x_{jE} 到 x_{mB} 这一段基区,与上面同样的分析可知,在这段基区内也会产生一自建电场 E'_B,但方向与 E_B 相反,指向 $+x$ 方向。因此 E'_B 将阻止基区中少子(电子)流向集电结,故称 E'_B 为阻滞电场,这部分基区称为阻滞区。不过,一般情况下相对于整个基区的宽度 W_B 而言,阻滞区很窄,在后面的分析中将忽略这段区域。也就是说,近似认为基区净杂质浓度的最大值位于发射结处。

下面讨论基区自建电场的大小。在动态平衡时,基区中多子(空穴)的漂移电流密度与扩散电流密度大小相等、方向相反,净空穴电流密度为零,即

$$I_{pB} = -AD_{pB}\frac{dp_B(x)}{dx} + q\mu_{pB}p_B(x)E_B(x) = 0$$

式中 D_{pB},μ_{pB} ——基区空穴的扩散系数和迁移率。

由此平衡条件得到基区自建电场为

$$E_B(x) = \frac{D_{pB}}{\mu_{pB}} \frac{1}{p_B(x)} \frac{dp_B(x)}{dx} = \frac{kT}{q} \frac{1}{p_B(x)} \frac{dp_B(x)}{dx} \quad (2-48)$$

在室温下杂质是全电离的,并且为了维持基区的电中性,基区多子空穴的分布也与杂质分布相同,所以 $p_B(x) = N_B(x)$,$\frac{dp_B(x)}{dx} = \frac{dN_B(x)}{dx}$,这里 $N_B(x)$ 为基区净掺杂浓度。于是式(2-48)可变为

$$E_B(x) = \frac{kT}{q} \frac{1}{N_B(x)} \frac{dN_B(x)}{dx} \quad (2-49)$$

由此可见,基区自建电场的分布由基区杂质分布决定。在实际的双扩散管中,基区的杂质分布一般为高斯分布或余误差分布。因此,基区自建电场 $E_B(x)$ 在基区中的分布是一个十分复杂的函数。

在分析缓变基区晶体管基区自建电场时,一个广泛采用的近似是认为基区杂质分布为指数分布。采用指数近似,一方面,是因为指数分布函数很接近于高斯分布函数或余误差分布函数,由此导出的结论与实际比较符合;另一方面,当把基区杂质分布近似为指数分布时,基区自建电场为常数,大大简化了问题的处理。当选用图 2-12 所示坐标时(忽略发射结和集电结势垒区宽度),基区杂质的指数分布为

$$N_B(x) = N_B(0) e^{-\frac{\eta}{W_B}x} \quad (2-50)$$

式中 $N_B(0)$ ——基区发射结边界处的杂质浓度。

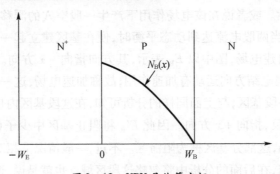

图 2-12 NPN 晶体管坐标

η 称为基区电场因子,是一个无量纲数,可用基区两侧杂质浓度 $N_B(0)$ 和 $N_B(W_B)$ 表示。在式(2-50)中,令 $x = W_B$ 得到 $N_B(W_B) = N_B(0)e^\eta$,故

$$\eta = \ln \frac{N_B(0)}{N_B(W_B)} \quad (2-51)$$

所以电场因子 η 由基区两边界的杂质浓度决定。不难看到,基区杂质分布越陡,η 越大。对均匀基区晶体管,$\eta = 0$。

将式(2-50)代入式(2-49)得到基区自建电场强度为

$$E_B(x) = -\frac{kT}{q}\left(\frac{\eta}{W_B}\right) \qquad (2-52)$$

可见,采用指数分布近似后,基区自建电场是常数,与位置 x 无关。式中,负号表示自建电场指向 $-x$ 方向,它将加速基区少子在基区的输运,使基区复合减小,因此缓变基区晶体管的电流增益和频率特性都比均匀基区晶体管显著改善。这些将在以后有关章节中看到。

2. 缓变基区晶体管中的少子分布和少子电流

下面分析缓变基区晶体管基区少子分布和各区少子电流。

在推导缓变基区少子分布及少子电流时有两种方法:一是求解包括漂移分量在内的少子连续性方程,得出少子分布和少子电流分布,从而导出缓变基区晶体管 $I-U$ 方程,这种方法称为精确法,其过程繁杂[2];二是近似法,即忽略少子在基区输运过程中的复合损失,认为基区少子电流近似为常数(这在 $W_B \ll L_{nB}$ 时是很好的近似)。这是分析缓变基区晶体管时除指数分布近似外的另一个广泛采用的近似,本节就采用这一近似方法分析。

在基区由于有自建电场,注入电子在基区不仅有扩散运动,也有在自建电场作用下的漂移运动,因此电子电流为

$$I_{nB}(x) = qA\mu_{nB} \cdot n_B(x)E_B(x) + qAD_{nB}\frac{dn_B(x)}{dx} \qquad (2-53)$$

将式(2-49)代入上式并整理,有

$$I_{nB}(x) = qAD_{nB}\frac{1}{N_B(x)}\left[n_B(x)\frac{dN_B(x)}{dx} + N_B(x)\frac{dn_B(x)}{dx}\right]$$

$$= qAD_{nB}\frac{1}{N_B(x)} \cdot \frac{d}{dx}[N_B(x) \cdot n_B(x)] \qquad (2-54)$$

以 $N_B(x)$ 乘式(2-54)两端,并从 x 到 W_B 积分,有

$$\int_x^{W_B}\frac{I_{nB}(x) \cdot N_B(x)}{qAD_{nB}}dx = \int_x^{W_B}d[N_B(x) \cdot n_B(x)] \qquad (2-55)$$

忽略基区复合损失时,$I_{nB}(x)$ 为常数,一般用通过发射结的电子电流 I_{nE} 代替,于是有

$$\frac{I_{nE}}{qAD_{nB}}\int_x^{W_B}N_B(x)dx = N_B(x) \cdot n_B(x)\big|_x^{W_B} \qquad (2-56)$$

当晶体管偏置在有源放大区时,$U_C < 0$ 且 $|U_C| \gg \frac{kT}{q}$,故集电结边缘处电子密度为零,即

$$x = W_B, n_B(W_B) = 0 \qquad (2-57)$$

将此边界条件代入式(2-56),得到

$$n_B(x) = \frac{-I_{nE}}{qD_{nB}} \frac{1}{N_B(x)} \int_x^{W_B} N_B(x)\,dx \qquad (2-58)$$

以指数分布近似式(2-50)代入式(2-58),积分后就得到缓变基区少子浓度分布函数为

$$n_B(x) = \frac{-I_{nE}}{qAD_{nB}} \cdot \frac{W_B}{\eta}\left[1 - e^{-\eta\left(1-\frac{x}{W_B}\right)}\right] \qquad (2-59)$$

$\eta = 0$ 时,利用 $y \to 0$ 时,$e^y = 1 + y$,式(2-59)退化为

$$n_B(x) = \frac{-I_{nE}W_B}{qAD_{nB}}\left(1 - \frac{x}{W_B}\right) \qquad (2-60)$$

此式正是均匀基区晶体管工作于有源放大区时的基区少子分布函数。

图 2-13 画出了不同电场因子 η 下基区电子浓度分布曲线,图中采用了归一化坐标。$\eta = 0$ 相当于均匀基区的情况,为线性分布。因为基区电场为零,故只有在少子梯度作用下的扩散电流,基区各处少子梯度值相等,表示基区少子扩散电流为常数。随着 η 增大,基区自建电场逐渐增强,而少子梯度不断减小并出现平坦部分,表明扩散电流逐渐变小,在基区电场作用下的漂移电流逐渐变大。到 $\eta = 8$ 时,基区中大部分区域的少子浓度梯度都比较小,只有靠近集电结处浓度梯度才较大,表明此时电子在基区的传输已经从以扩散为主变成以漂移为主。故缓变基区晶体管又称为漂移晶体管,均匀基区晶体管则称扩散晶体管。

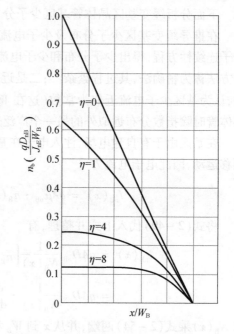

图 2-13 基区杂质浓度为指数分布的 NPN 晶体管基区中的少数载流子密度分布曲线

如果在式(2-55)中对整个基区积分,即积分限取 $0 \to W_B$,就可以得到基区的少子电流。因为这时式(2-55)变成

$$\int_0^{W_B} \frac{I_{nB}(x) \cdot N_B(x)}{qAD_{nB}} dx = \int_0^{W_B} d[N_B(x) \cdot n_B(x)] \qquad (2-61)$$

由于忽略基区复合,$I_{nB}(x)$ 为常数并以 I_{nE} 表示,故

$$I_{nE} = \frac{qAD_{nB} \int_0^{W_B} d[N_B(x) \cdot n_B(x)]}{\int_0^{W_B} N_B(x)\,dx} \qquad (2-62)$$

在有源放大区，集电结反偏且$|U_C| \gg \dfrac{kT}{q}$，故有

$$x = 0, n_B(W_B) = 0 \tag{2-63}$$

同时在基区另一边界处有

$$x = 0, N_B(0) \cdot n_B(0) = n_i^2 e^{\frac{qU_E}{kT}} \tag{2-64}$$

在此边界条件下得到忽略基区复合近似下基区少子电流为

$$I_{nE} = \dfrac{-qAD_{nB}n_i^2 e^{\frac{qU_E}{kT}}}{\int_0^{W_B} N_B(x)\,dx} = \dfrac{-qAD_{nB}n_i^2}{Q_B} e^{\frac{qU_E}{kT}} \tag{2-65}$$

其中，$Q_B = \int_0^{W_B} N_B(x)\,dx$ 为基区内单位面积的杂质原子总数，也称为古摩尔(Gummel)数。

采用同样的近似法也可求出发射区的少子电流。由于双扩散外延平面管发射区的杂质分布也是缓变的，故也存在发射区自建电场。与分析基区自建电场类似，可求得发射区自建电场为

$$E_E(x) = -\dfrac{kT}{q} \cdot \dfrac{1}{N_E} \cdot \dfrac{dN_E(x)}{dx} \tag{2-66}$$

式中 $N_E(x)$——发射区净杂质浓度。

负号表示自建电场方向与杂质浓度梯度方向相反，指向 $+x$ 方向(图 2-11)。因此，发射区自建电场削弱基区向发射区反向注入的空穴向发射极的流动，对提高发射效率有利。

因为自建电场的存在，由基区注入到发射区的空穴也是既存在扩散运动，也存在漂移运动，所以空穴电流为

$$I_{pE}(x) = qA\mu_{pE}p_E(x)E_E(x) - qAD_{pE}\dfrac{dp_E(x)}{dx} \tag{2-67}$$

式中 μ_{pE} 和 D_{pE}——发射区少子空穴的迁移率和扩散系数。

将式(2-66)代入式(2-67)并整理，有

$$I_{pE}(x) = -qAD_{pE}\dfrac{1}{N_E(x)}\dfrac{d}{dx}[N_E(x) \cdot p_E(x)] \tag{2-68}$$

与 $W_B \ll L_{nB}$ 时忽略基区少子复合损失一样，这里当发射区宽度 $W_E \ll L_{pE}$ 时，空穴在发射区内的复合也可以忽略，发射区中少子电流 $I_{pE}(x)$ 为常数，并以 I_{pE} 表示。在这一近似下，在式(2-68)两边乘以 $N_E(x)$ 并在整个发射区($-W_E \sim -x_{mE}$)内积分可得

$$I_{pE} = -\dfrac{qAD_{pE}}{\int_{-W_E}^{-x_{mE}} N_E(x)\,dx} \cdot \int_{-W_E}^{-x_{mE}} d[N_E(x) \cdot p_E(x)] \tag{2-69}$$

利用发射区边界条件

$$x = -x_{mE}, N_E(-x_E) \cdot p_E(-x_{mE}) = n_i^2 e^{\frac{qU_E}{kT}} \qquad (2-70)$$

$$x = -W_E, N_E(-W_E) \cdot p_E(-W_E) = n_i^2 \qquad (2-71)$$

并考虑到在有源放大区,发射结正偏且 $V_E \gg \dfrac{kT}{q}$,有

$$I_{pE} = -\frac{qAD_{pE}n_i^2}{Q_E}(e^{\frac{qU_E}{kT}} - 1) \approx -\frac{qAD_{pE}n_i^2}{Q_E}e^{\frac{qU_E}{kT}} \qquad (2-72)$$

这就是忽略发射区复合损失近似下的发射区少子电流。式中,$Q_E = \int_{-W_E}^{-x_{mE}} N_E(x)\,dx$ 为发射区的古摩尔数。

集电区的空穴电流由于该区杂质仍为均匀分布,与均匀基区晶体管的结果式(2-41)相同,并考虑到有源放大区 $|U_C| \gg \dfrac{kT}{q}$,故有

$$I_{pC} = \frac{qAD_{pC}p_C^0}{L_{pC}}(e^{\frac{qU_C}{kT}} - 1) \approx -\frac{qAD_{pC}p_C^0}{L_{pC}} \qquad (2-73)$$

3. 有源放大区的直流伏安特性

从上面的分析可以得到缓变基区晶体管的发射极电流和集电极电流为

$$I_E = I_{nE} + I_{pE} = -\left(\frac{qAD_{nB}n_i^2}{Q_B} + \frac{qAD_{pE}n_i^2}{Q_E}\right)e^{qU_E/kT} \qquad (2-74)$$

$$I_C = I_{nC} + I_{pC} = -\frac{qAD_{nB}n_i^2}{Q_B}e^{qU_E/kT} - \frac{qAD_{pC}p_C^0}{L_{pC}} \qquad (2-75)$$

注意此式(2-74)、式(2-75)仅适用于有源放大区,因为在推导过程中应用了近似 $n_B(W_B)=0$ 及 $U_E \gg \dfrac{kT}{q}$,$|U_C| \gg \dfrac{kT}{q}$(即 $e^{qU_E/kT} \gg 1$、$e^{qU_C/kT} \ll 1$)。此外,式中负号表示 I_E、I_C 沿 $-x$ 轴方向流动,根据 NPN 晶体管中电流正方向的规定(图 2-6),式(2-74)、式(2-75)可写成

$$I_E = I_0 e^{qU_E/kT} \qquad (2-76)$$

$$I_C = I_1 e^{qU_E/kT} + I_2 \qquad (2-77)$$

基极电流则为二者之差以很小的电流出现,即

$$I_B = I_E - I_C = (I_0 - I_1)e^{qU_E/kT} - I_2 \qquad (2-78)$$

这就是缓变基区晶体管工作在有源放大区时的 $I-U$ 方程。

图 2-14 表示出典型的试验结果[3],图中采用了半对数坐标。可以看到,除了当电流很高发生大注入效应(第 4 章讨论),在大部分电流范围内,I_C 十分接近地遵循式(2-77)的指数规律。将电流外推至 $U_E=0$,可得到常数 I_1,从而得到基区的古摩尔数 $Q_B = \dfrac{q}{I_1}AD_{nB}n_i^2$。对

于硅双极型晶体管,古摩尔数为 $10^{12} \sim 10^{13}\,\mathrm{cm}^{-2}$。

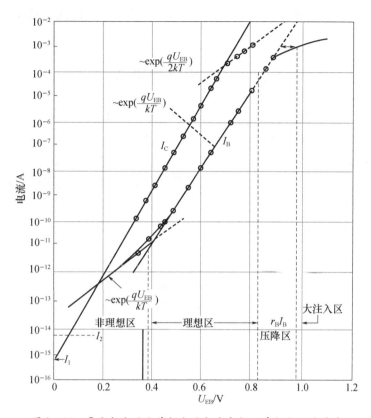

图 2-14 集电极电流和基极电流与发射极-基极电压的关系

图 2-14 也表示出典型的基极电流特性。可分为 4 个区域。

① 电流非理想区。在该区基极电流接 $\exp(qU_E/mkT)$ 的规律变化,主要是低工作电流时发射结势垒区复合电流已开始起作用。其大小为 $I_{ER} = Aqx_{mE}\dfrac{n_i}{2\tau}(U_E/2kT)$,因此基极电流可写成

$$I_B = (I_0 - I_1)\mathrm{e}^{(qU_E/kT)} - I_2 + qAx_{mE}\dfrac{n_i}{2\tau}\mathrm{e}^{(qU_E/2kT)} \propto \mathrm{e}^{(qU_E/mkT)} \tag{2-79}$$

此外基区表面复合也开始起作用。

② 理想区。遵循式(2-78)的指数规律。

③ 中等注入区。当晶体管工作电流较大时,I_B 在基极电阻 r_B(参见 2.6 节)上有很大的压降,因此加在发射结上的有效结电压降低,使 I_B 减小。

④ 大注入区。此时发生大注入效应,将在第 4 章中讨论。

为了改善低电流区的电流特性,必须减小势垒区和基区表面的复合(通过降低复合中心或表面陷阱密度)并使基极电阻和大注入效应减至最小(通过改变基区掺杂分布和器件几何图形设计。)

2.4 直流电流增益

从本节起开始讨论晶体管的直流参数。首先讨论的是直流电流增益,它是晶体管最重要的参数之一,描述晶体管的放大性能。将对直流增益做出理论上的分析,把它与晶体管的结构、材料及工艺参数联系起来,从而找出提高增益的各种措施。分析中仍然本着由简到繁的原则,先讨论理想晶体管(本征晶体管)的增益,然后再对实际晶体管中影响增益的各种因素进行分析。

2.4.1 理想晶体管的直流增益

1. 均匀基区晶体管

根据2.2节的讨论,晶体管共基极直流增益是发射效率与基区输运系数的乘积,此式反映了载流子(或电流)从发射极到集电极全部传输过程中的变化。下面分别讨论发射效率 γ_0 和基区输运系数 β_0^* ,以得到直流增益的表达式。

$$\alpha_0 = \gamma_0 \beta_0^*$$

1) 发射效率

发射效率为正向注入到基区的电子电流与发射极电流之比,根据式(2-14),有

$$\gamma_0 = \frac{I_{nE}}{I_E} = \frac{I_{nE}}{I_{nE} + I_{pE}} = \frac{1}{1 + \frac{I_{pE}}{I_{nE}}} \qquad (2-80)$$

式中 I_{nE}——正向注入电子电流;

I_{pE}——反向注入空穴电流。

I_{nE} 可由式(2-35)得到。注意在有源放大区,$U_C < 0$,且 $|U_C| \gg \frac{kT}{q}$,故可忽略掉与 U_C 有关的项,即

$$I_{nE} = -\frac{qAD_{nB}n_B^0}{L_{nB}}\text{cth}\left(\frac{W_B}{L_{nB}}\right) \cdot (e^{qU_E/kT} - 1)$$

I_{pE} 则由式(2-40)表示,重写于此,即

$$I_{pE} = -\frac{qAD_{pE}p_E^0}{L_{pE}} \cdot (e^{qU_E/kT} - 1)$$

I_{nE} 和 I_{pE} 中的负号表示电流沿 $-x$ 轴流动方向,可省去,于是

$$\gamma_0 = \cfrac{1}{1 + \cfrac{D_{pE} p_E^0 L_{nB}}{D_{nB} n_B^0 L_{pE}} \text{th}\left(\cfrac{W_B}{L_{nB}}\right)} \qquad (2-81)$$

当 $W_B \ll L_{nB}$ 时，$\text{th}\left(\cfrac{W_B}{L_{nB}}\right) \approx \cfrac{W_B}{L_{nB}}$，式(2-81)变成

$$\gamma_0 = \cfrac{1}{1 + \cfrac{D_{pE} p_E^0 W_B}{D_{nB} n_B^0 L_{pE}}} \qquad (2-82)$$

由于平衡载流子浓度 p_E^0 和 n_B^0 分别满足 $p_E^0 \cdot N_E = n_i^2$，$n_B^0 \cdot N_B = n_i^2$，故 $\cfrac{p_E^0}{n_B^0} = \cfrac{N_B}{N_E}$，式(2-82)可写成

$$\gamma_0 = \cfrac{1}{1 + \cfrac{D_{pE} N_B W_B}{D_{nB} N_E L_{pE}}} \qquad (2-83)$$

对发射区宽度 $W_E \ll L_{pE}$ 的浅发射结晶体管，式(2-83)中 L_{pE} 应由 W_E 代替。

发射效率也可用基区与发射区的电阻率或方块电阻表示。利用爱因斯坦关系，并近似认为发射区中的电子和空穴迁移率 μ_{nE}、μ_{pE} 与基区中的电子和空穴迁移率 μ_{nB}、μ_{pB} 相等，即

$$\cfrac{D_{pE}}{D_{nB}} = \cfrac{\mu_{pE}}{\mu_{nB}} \approx \cfrac{\mu_{pB}}{\mu_{nE}}$$

则

$$\cfrac{D_{pE} N_B W_B}{D_{pB} N_E L_{pE}} \approx \cfrac{q\mu_{pB} N_B W_B}{q\mu_{nE} N_E L_{pE}} = \cfrac{\rho_E W_B}{\rho_B L_{pE}} \qquad (2-84)$$

式中，$\rho_E = 1/q\mu_{nE} N_E$ 和 $\rho_B = 1/q\mu_{pB} N_B$ 分别为发射区和基区的电阻率。这样得到由电阻率表示的发射效率为

$$\gamma_0 = \cfrac{1}{1 + \cfrac{\rho_E W_B}{\rho_B L_{pE}}} \qquad (2-85)$$

式(2-85)若用发射区和基区的方块电阻 $R_{\square E} \approx \rho_E / L_{pE}$，$R_{\square B} \approx \rho_B / W_B$ 表示，则为

$$\gamma_0 = \cfrac{1}{1 + \cfrac{R_{\square E}}{R_{\square B}}} \qquad (2-86)$$

式(2-83)、式(2-85)和式(2-86)就是均匀基区晶体管发射效率的表达式。

从 γ_0 的表达式可见，为提高发射效率，主要的措施是提高发射区杂质浓度与基区杂质浓度之比 N_E/N_B。但降低基区杂质浓度，会导致晶体管的基极电阻增大、功率增益下

降、噪声系数上升和大电流特性变差等(这些问题将在有关章节讨论),因此在实际生产中采用提高发射区杂质浓度的方法来提高发射效率。在晶体管设计与制造中,一般要求发射区杂质浓度比基区高两个数量级,以保证发射效率接近1。例如,在锗合金管制造中,为实现发射区的高浓度掺杂,在其发射极合金材料铟中要掺入一定量的镓(图2-2),就是因为镓在锗晶体中的固溶度比铟高两个数量级,加入镓后可以提高其发射效率。

2) 基区输运系数

基区输运系数 β_0^* 指正向注入到基区的电子电流 I_{nE} 中有多大比例经过基区输运到集电极,根据式(2-16),有

$$\beta_0^* = \frac{I_{nC}^*}{I_{nE}} = \frac{I_{nE} - I_{VB}}{I_{nE}} = 1 - \frac{I_{VB}}{I_{nE}} \tag{2-87}$$

利用式(2-35)和式(2-36)以及有源放大区 $U_E > 0$, $U_C < 0$ 且 U_E, $|U_C| \gg \dfrac{kT}{q}$ 的条件,有

$$I_{nE} = -\frac{qAD_{nB}n_B^0}{L_{nB}}\operatorname{cth}\left(\frac{W_B}{L_{nB}}\right) \cdot (e^{qU_E/kT} - 1) \tag{2-88}$$

$$I_{nC} = -\frac{qAD_{nB}n_B^0}{L_{nB}}\operatorname{csch}\left(\frac{W_B}{L_{nB}}\right) \cdot (e^{qU_E/kT} - 1) \tag{2-89}$$

于是有

$$\beta_0^* = \frac{I_{nC}}{I_{nE}} = \operatorname{sech}\left(\frac{W_B}{L_{nB}}\right) \tag{2-90}$$

这就是基区输运系数的一般表达式。为了明确其物理意义,将双曲函数展开为级数并取到二次项,即

$$\beta_0^* \approx 1 - \frac{1}{2}\left(\frac{W_B}{L_{nB}}\right)^2 \tag{2-91}$$

与式(2-87)比较,可知第二项代表基区的复合损失。

可以从另一个角度推导基区输运系数,即先求出式(2-87)中基区体复合电流 I_{VB},再求 β_0^*。设基区少子寿命为 τ_{nB},则基区电子的复合率为 $\dfrac{\Delta n_B(x)}{\tau_{nB}}$,电子在基区中的复合电流为

$$I_{VB} = qA\int_0^{W_B}\frac{\Delta n_B(x)}{\tau_{nB}}dx = \frac{qA}{\tau_{nB}}\int_0^{W_B}[n_B(x) - n_B^0]dx \tag{2-92}$$

如果近似取基区电子浓度 $n_B(x)$ 为线性分布,即取式(2-24)的分布,则

$$I_{VB} = \frac{qAn_B^0 W_B}{2\tau_{nB}}(e^{qU_E/kT} - 2) \approx \frac{qAn_B^0 W_B}{2\tau_{nB}}e^{qU_E/kT} \tag{2-93}$$

式(2-93)中利用了近似 $e^{qU_E/kT} \gg 1$。正向注入电子电流 I_{nE},式(2-88)在 $W_B \ll L_{nB}$ 时为

(略去表示电流流动方向的负号)

$$I_{\mathrm{nE}} \approx \frac{qAD_{\mathrm{nB}}n_{\mathrm{B}}^{0}}{W_{\mathrm{B}}}(\mathrm{e}^{qU_{\mathrm{E}}/kT} - 1) \approx \frac{qAD_{\mathrm{nB}}n_{\mathrm{B}}^{0}}{W_{\mathrm{B}}}\mathrm{e}^{qU_{\mathrm{E}}/kT} \qquad (2-94)$$

所以

$$\frac{I_{\mathrm{VB}}}{I_{\mathrm{nE}}} = \frac{W_{\mathrm{B}}^{2}}{2D_{\mathrm{nB}}\tau_{\mathrm{nB}}} = \frac{W_{\mathrm{B}}^{2}}{2L_{\mathrm{nB}}^{2}} \qquad (2-95)$$

将式(2-95)代入式(2-87)得到与式(2-91)同样的结果。这说明,式(2-91)第二项确实代表了基区复合电流 I_{VB} 与正向注入电流 I_{nE} 之比,因此反映了基区复合造成的电流损失大小。

从上述讨论可知,为提高基区输运系数,要尽可能减小基区复合损失。从式(2-91)可看到,基区复合损失与基区宽度的平方成正比,因此减薄晶体管的基区宽度能有效地减小复合损失,提高基区输运系数。

3) 直流电流增益

从式(2-83)和式(2-91)容易得到共基极电流增益为

$$\alpha_{0} = r_{0} \cdot \beta_{0}^{*} = \left(1 + \frac{D_{\mathrm{pE}}N_{\mathrm{B}}W_{\mathrm{B}}}{D_{\mathrm{nB}}N_{\mathrm{E}}L_{\mathrm{pE}}}\right)^{-1}\left(1 - \frac{W_{\mathrm{B}}^{2}}{2L_{\mathrm{nB}}^{2}}\right) \qquad (2-96)$$

将式(2-96)展开并取一级近似,即

$$\alpha_{0} \approx \left(1 - \frac{D_{\mathrm{pE}}N_{\mathrm{B}}W_{\mathrm{B}}}{D_{\mathrm{nB}}N_{\mathrm{E}}L_{\mathrm{pE}}}\right) \cdot \left(1 - \frac{W_{\mathrm{B}}^{2}}{2L_{\mathrm{nB}}^{2}}\right) \approx 1 - \frac{D_{\mathrm{pE}}N_{\mathrm{B}}W_{\mathrm{B}}}{D_{\mathrm{nB}}N_{\mathrm{E}}L_{\mathrm{pE}}} - \frac{W_{\mathrm{B}}^{2}}{2L_{\mathrm{nB}}^{2}} \qquad (2-97)$$

这就是均匀基区 NPN 晶体管共基极电流增益的近似公式。

利用 $\beta_{0} = \frac{\alpha_{0}}{1-\alpha_{0}} \approx \frac{1}{1-\alpha_{0}}$ 或 $\frac{1}{\beta_{0}} \approx 1 - \alpha_{0}$,可得均匀基区 NPN 晶体管共射极直流电流增益为

$$\frac{1}{\beta_{0}} = \frac{D_{\mathrm{pE}}N_{\mathrm{B}}W_{\mathrm{B}}}{D_{\mathrm{nB}}N_{\mathrm{E}}L_{\mathrm{pE}}} + \frac{W_{\mathrm{B}}^{2}}{2L_{\mathrm{nB}}^{2}} \qquad (2-98)$$

式(2-98)中第一项为反向注入空穴电流与发射极电流之比,称为发射效率项,它反映电流从发射极向集电极传输过程中在发射结处的复合损失;第二项为基区复合电流与正向注入电流之比,称为基区体复合项,反映了电流在输运过程中基区的复合损失。

2. 缓变基区晶体管

下面讨论双扩散晶体管的电流增益。

1) 发射效率

利用式(2-65)、式(2-72)可得到缓变基区晶体管的发射效率为

$$\gamma_{0} = \frac{1}{1 + \frac{I_{\mathrm{pE}}}{I_{\mathrm{nE}}}} = \frac{1}{1 + \frac{D_{\mathrm{pE}}Q_{\mathrm{B}}}{D_{\mathrm{nE}}Q_{\mathrm{E}}}} \qquad (2-99)$$

式中 Q_B, Q_E——基区和发射区的古摩尔数。

$$Q_B = \int_0^{W_B} N_B(x) \mathrm{d}x \qquad (2-100)$$

$$Q_E = \int_{-W_E}^0 N_E(x) \mathrm{d}x \qquad (2-101)$$

利用爱因斯坦关系,并近似认为发射区和基区的电子及空穴迁移率相等,则 $\dfrac{D_{pE}}{D_{nB}} = \dfrac{\mu_{pE}}{\mu_{nB}} \approx \dfrac{\mu_{pB}}{\mu_{nE}}$。如果再引入基区和发射区的平均杂质浓度,即

$$\overline{N_B} = \frac{1}{W_B}\int_0^{W_B} N_B(x)\mathrm{d}x \qquad (2-102)$$

$$\overline{N_E} = \frac{1}{W_E}\int_{-W_E}^0 N_E(x)\mathrm{d}x$$

则式(2-99)变成

$$\gamma_0 = \frac{1}{1 + \dfrac{\mu_{pB}}{\mu_{pE}} \dfrac{\overline{N_B} W_B}{\overline{N_E} W_E}} = \frac{1}{1 + \dfrac{\rho_E \cdot W_B}{\rho_B \cdot W_E}} = \frac{1}{1 + \dfrac{R_{\square E}}{R_{\square B}}} \qquad (2-103)$$

式(2-103)与均匀基区晶体管的发射效率式(2-85)和式(2-86)具有相同的形式。可见,为提高缓变基区晶体管的发射效率,应提高发射区杂质总量与基区杂质总量之比,或减小发射结两边的方块电阻比值。在实际晶体管的设计和制造中,一般采用提高发射区扩散层表面浓度的方法提高发射效率。

2) 基区输运系数

在 2.3 节分析缓变基区晶体管有源放大区伏安特性时,忽略了基区复合损失,认为基区电子电流为常数,这样,基区输运系数等于1。为了分析缓变基区晶体管基区输运系数究竟与哪些参数有关,可以采用分析均匀基区晶体管基区输运系数时的第二种方法来计算缓变基区晶体管的 β_0^*。

根据式(2-92),基区体复合电流为

$$I_{VB} = qA\int_0^{W_B} \frac{\Delta n_B(x)}{\tau_{nB}}\mathrm{d}x = \frac{qA}{\tau_{nB}}\int_0^{W_B}[n_B(x) - n_B^0]\mathrm{d}x \qquad (2-104)$$

把采用指数杂质分布近似后基区少子分布式(2-59)代入式(2-104)并忽略式中的 n_B^0,有

$$I_{VB} = \frac{I_{nE} W_B^2}{L_{nB}^2}\left(\frac{\eta - 1 + \mathrm{e}^{-\eta}}{\eta^2}\right) = \frac{I_{nE} W_B^2}{\lambda L_{nB}^2} \qquad (2-105)$$

式中

$$\frac{1}{\lambda} = \frac{\eta - 1 + e^{-\eta}}{\eta^2} \qquad (2-106)$$

所以缓变基区晶体管的基区输运系数为

$$\beta_0^* = 1 - \frac{I_{VB}}{I_{nE}} = 1 - \frac{W_B^2}{\lambda L_{nB}^2} \qquad (2-107)$$

当基区电场因子 $\eta \to 0$ 时，$e^{-\eta} \approx 1 - \eta + \frac{1}{2}\eta^2$，故 $\lambda = 2$，相当于均匀基区晶体管的情况。

一般情况下可近似取 $\frac{1}{\lambda} \approx \frac{\eta - 1}{\eta^2}$，特别是电场因子 η 很大时 $\frac{1}{\lambda} \approx \frac{1}{\eta}$。可见，增加了上述修正因子后，在基区宽度 W_B 和少子扩散长度 L_{nB} 相同的条件下，缓变基区晶体管的基区输运系数比均匀基区晶体管的大。这是因为基区电场加速了少子在基区的输运，减小了与多子复合的概率，因而复合电流减小，基区输运系数增大。

3) 直流电流增益

由上面的分析，最后得到缓变基区晶体管的共基极和共射极电流增益分别为

$$\alpha_0 = \gamma_0 \beta_0^* = \left(1 + \frac{\mu_{pB}}{\mu_{nE}} \frac{\overline{N_B} W_B}{\overline{N_E} W_E}\right)^{-1} \left(1 - \frac{W_B^2}{\lambda L_{nB}^2}\right) \approx 1 - \frac{\mu_{pB}}{\mu_{nE}} \frac{\overline{N_B} W_B}{\overline{N_E} W_E} - \frac{W_B^2}{\lambda L_{nB}^2} \qquad (2-108)$$

$$\frac{1}{\beta_0} = 1 - \alpha_0 = \frac{\mu_{pB}}{\mu_{nE}} \frac{\overline{N_B} W_B}{\overline{N_E} W_E} + \frac{W_B^2}{\lambda L_{nB}^2} \qquad (2-109)$$

此式(2-108)、式(2-109)对均匀基区晶体管和缓变基区晶体管均适用，对前者 $\lambda = 2$，对后者 $\lambda > 2$。

综上分析可知，为提高晶体管电流增益，应从以下几个方面入手：

① 提高发射区掺杂浓度或杂质总量，增大正向注入电流。
② 减小基区宽度。
③ 提高基区杂质分布陡度以提高电场因子 η。
④ 提高基区载流子寿命和迁移率以增大载流子的扩散长度。

当然在实际的晶体管中还有许多因素需要综合考虑。

2.4.2 影响直流增益的一些因素

前面讨论了理想情况下的直流增益，得到了提高电流增益的一些途径。在实际的晶体管中，还有许多因素影响着直流增益，并且在一定条件下变得十分显著。下面对一些比较重要的因素作进一步分析。

1. 发射结势垒区复合的影响

当晶体管工作在有源放大区时，发射结正偏因而流过较大的电流。这样在发射结势垒区内电子浓度高于平衡值而存在净复合，这股复合电流转化为空穴电流成为基极电流

的一部分而不能注入基区,因而使发射效率降低,如图 2-15 所示。

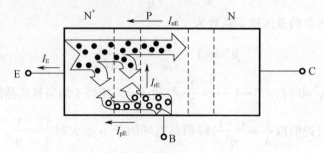

图 2-15 发射结势垒区复合示意图

考虑到发射结势垒区内的复合电流 I_{rE},发射极电流式(2-1)变为

$$I_E = I_{nE} + I_{pE} + I_{rE} \tag{2-110}$$

而发射效率式(2-15)变为

$$\gamma_0 = \frac{I_{nE}}{I_E} = \frac{I_{nE}}{I_{nE} + I_{pE} + I_{rE}} = \left(1 + \frac{I_{pE}}{I_{nE}} + \frac{I_{rE}}{I_{nE}}\right)^{-1} \tag{2-111}$$

显然,I_{rE} 的存在使 γ_0 降低。

I_{rE} 的大小可直接引用 PN 结理论中势垒区复合电流表达式,即

$$I_{rE} = qAx_{mE}\frac{n_i}{2\tau}e^{qU_E/2kT} \tag{2-112}$$

而 I_{nE} 由式(2-65)表达,重写为(省去了表示流动方向的负号)

$$I_{nE} = \frac{qAD_{nB}n_i^2}{Q_B}e^{qU_E/kT} = \frac{qAD_{nB}n_i^2}{N_B \cdot W_B}e^{qU_E/kT} \tag{2-113}$$

所以

$$\frac{I_{rE}}{I_{nE}} = \frac{\overline{N_B}W_B \cdot x_{mE}}{2D_{nB}n_i\tau}e^{-qU_E/2kT} \tag{2-114}$$

代入式(2-111)可得发射效率为

$$\gamma_0 = \left(1 + \frac{\mu_{pB}}{\mu_{nE}}\frac{\overline{N_B}W_B}{N_E W_E} + \frac{\overline{N_B}W_B x_{mE}}{2D_{nB}n_i\tau}e^{-qU_E/2kT}\right)^{-1} \tag{2-115}$$

共射极电流增益式(2-109)则应修正为

$$\frac{1}{\beta_0} = \frac{\mu_{pB}}{\mu_{pE}}\frac{\overline{N_B}W_B}{N_E W_E} + \frac{W_B^2}{\lambda L_{nB}^2} + \frac{\overline{N_B}W_B \cdot x_{mE}}{2D_{nB}n_i\tau}e^{-qU_E/2kT} \tag{2-116}$$

式(2-116)中最后一项的贡献引起外加发射结电压与电流增益之间的非线性关系。因此,电流增益不再是常数,而是晶体管工作电流的函数。当 U_E 较小即晶体管工作电流较小时,发射结势垒区复合电流 I_{rE} 变得与正向注入电流 I_{nE} 可比拟,故发射效率降低导致电

流增益明显下降。随着 U_E 即晶体管工作电流的增大,I_{rE} 的影响变得可以忽略,因为 I_{nE} 随 U_E 按 $e^{qU_E/kT}$ 增大而 I_{rE} 随 U_E 增加较缓慢(按 $e^{qU_E/2kT}$ 增大),从而电流增益随工作电流升高而变大。电流增益随工作电流变化的曲线示于图 2-16[4] 中,除高电流区外,曲线与式(2-116)符合得很好。在高电流时增益的下降是由于大注入效应的发生。大注入时增益与工作电流的关系将在第 4 章讨论。电流增益随电流的这种变化关系反映在晶体管的特性曲线上,即小电流和大电流时曲线较密集,而中等电流处比较均匀。

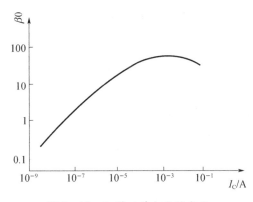

图 2-16 β_0 随工作电流的变化

此外,式(2-116)中第三项的大小与 n_i 有关,所以其影响也与制造晶体管的材料有关。由于硅的本征载流子浓度比锗小(室温下,对于 Si,$n_i = 1.4 \times 10^{10}/\text{cm}^3$,而对于 Ge,$n_i = 2.5 \times 10^{13}/\text{cm}^3$),故在硅晶体管中发射结势垒区复合电流对增益的影响较锗晶体管显著。

2. 发射区重掺杂的影响

在前面的分析中曾得到结论:为了改善发射效率,发射区掺杂应比基区掺杂重得多,即 $N_E/N_B \gg 1$。但是当发射区掺杂浓度变得很高时,必须考虑带隙变窄效应和俄歇效应,这两种效应均使发射效率降低,从而导致增益减小。

1) 带隙变窄效应

在轻掺杂的发射区中,杂质原子数与半导体原子相比是很少的。这时晶体仍然可认为具有完整的周期性,导带和价带都有明显的边界,杂质原子只在禁带中引入分立的杂质能级。但是当发射区掺杂浓度非常高时,大量的杂质原子破坏了晶格的周期性,在导带底或价带顶形成带尾,同时禁带中的杂质能级也由轻掺杂时的分立能级变为杂质能带,它与半导体的带尾交叠,使实际的带隙变窄。对重掺杂硅的带隙变窄效率的研究表明[5],在室温下,带隙减小量 ΔE_g 遵循下面的关系式,即

$$\Delta E_g = 22.5 \, (N_E/10^{18})^{1/2} \text{meV} \qquad (2-117)$$

式中,发射区掺杂以 cm^{-3} 为单位。带隙的变化将引起材料中本征载流子浓度发生改变。

在轻掺杂发射区中,本征载流子浓度与带隙有以下关系,即

$$n_i^2 = N_c N_v e^{-E_g/kT} \tag{2-118}$$

式中 N_c, N_v——导带和价带内的态密度。

发射区重掺杂发生带隙变窄后,发射区内本征载流子浓度变为

$$n_{iE}^2 = N_c N_v e^{-(E_g - \Delta E_g)/kT} = n_i^2 e^{\Delta E_g/kT} \tag{2-119}$$

对均匀基区晶体管,发射效率式(2-82)中的少子浓度可写作 $n_B^0 = \dfrac{n_i^2}{N_B}, p_E^0 = \dfrac{n_{iE}^2}{N_E} = \dfrac{n_i^2}{N_E} e^{\Delta E_g/kT}$,从而

$$\gamma_0 = \left(1 + \frac{D_{pE} N_B W_B}{D_{nB} N_E L_{pE}} e^{\Delta E_g/kT}\right)^{-1} \tag{2-120}$$

随着 N_E 增加,ΔE_g 变大,因此发射效率降低。

对缓变基区晶体管,发射效率式(2-99)应修正为[2]

$$\gamma_0 = \left[1 + \frac{\overline{D_{pE}} \int_0^{W_B} N_B(x) \mathrm{d}x}{\overline{D_{nB}} \int_{-W_E}^{0} N_E(x) \dfrac{n_i^2}{n_{iE}^2} \mathrm{d}x}\right]^{-1} \tag{2-121}$$

式中,$\overline{D_{pE}}$ 和 $\overline{D_{nB}}$ 分别为 D_{pE} 和 D_{nB} 的平均值。由于 N_E 是 x 的函数,因而 ΔE_g 和 n_{iE} 也与位置有关。引入发射区有效杂质浓度,即

$$N_{eff}(x) = \frac{n_i^2}{n_{iE}^2} N_E(x) \tag{2-122}$$

则式(2-121)变成

$$\gamma_0 = \left[1 + \frac{\overline{D_{pE}} \int_0^{W_B} N_B(x) \mathrm{d}x}{\overline{D_{nB}} \int_{-W_E}^{0} N_{eff}(x) \mathrm{d}x}\right] \tag{2-123}$$

可见此时发射效率表达式与未发生带隙变窄时形式相同,只是这里以 $N_{eff}(x)$ 取代 $N_E(x)$。

图2-17给出3种不同表面杂质浓度的发射区掺杂浓度 $N_E(x)$ 曲线(1、2、3)及相应的有效杂质浓度 $N_{eff}(x)$ 曲线(1′、2′、3′)。由图中可知,N_{eff} 比相应的 N_E 低得多。而且实际杂质浓度 N_E 越高,N_{eff} 越低,由式(2-123)确定的发射效率就越小。从图中还可看到,对发射效率起作用的有效杂质浓度的梯度方向在发射区大部分区域变成与实际杂质浓度的梯度方向相反,因而发射区有效自建电场(由 N_{eff} 的梯度决定)从无禁带变窄时指向发射结变成指向发射区表面,它加速反向注入的空穴流向发射极,使 I_{pE} 增大,也使发射效率降低。

2) 俄歇效应

前面在分析晶体管电流传输过程时所涉及的复合是通过复合中心的间接复合,其理论由肖克莱(Shockley)、霍尔(Hall)和里德(Read)建立,一般称为SHR复合。在重掺杂的发射区中,还必须考虑另一种复合机构,即俄歇(Auger)复合。

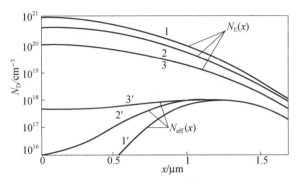

图2-17 发射区杂质浓度及有效杂质浓度

俄歇复合是一个电子与一个空穴之间的直接复合,同时将复合而释放的能量交给第三个自由载流子(电子或空穴)。在N型硅中发生包含两个电子和一个空穴的这种俄歇过程,俄歇复合寿命为

$$\tau_A = \frac{1}{G_n n^2} \tag{2-124}$$

式中 G_n——N型硅中的俄歇复合系数,室温下 $G_n = 1.7 \times 10^{-31} \text{cm}^6/\text{s}$。

在P型硅中则发生包含两个空穴和一个电子的俄歇复合,俄歇寿命为

$$\tau_A = \frac{1}{G_p p^2} \tag{2-125}$$

式中,$G_p = 1.2 \times 10^{-31} \text{cm}^6/\text{s}$。

在 N^+PN 晶体管发射区,考虑了SHR复合和俄歇复合两种机构的情况下,发射区少子空穴寿命为

$$\frac{1}{\tau_{pE}} = \frac{1}{\tau_{SHR}} + \frac{1}{\tau_A} = \frac{1}{\tau_{SHR}} + \frac{1}{(1/G_n n^2)} \tag{2-126}$$

式中 τ_{SHR}——SHR复合寿命,在高杂质浓度下,硅中的典型值为 10^{-7}s。

当发射区掺杂浓度大于 10^{19}cm^{-3} 时,俄歇复合寿命 $\tau_A = 1/G_n n^2$ 小于SHR复合寿命 τ_{SHR}。于是发射区少子寿命 $\tau_{pE} \approx \tau_A$,即复合过程由俄歇过程支配。由于 $\tau_A \propto 1/n^2$,所以随着发射区掺杂浓度的提高,电子浓度也相应增大,使俄歇复合迅速增加。而发射区复合的加剧,使少子空穴的扩散长度 $L_{pE} = \sqrt{D_{pE}\tau_{pE}}$ 减小,从而反向注入到发射区的空穴梯度增

大,空穴电流I_{pE}增大,发射效率降低。

图 2-18 是晶体管的电流增益与集电极电流关系的理论曲线和实测结果[6]。从图中可以看到,同时考虑 SHR 复合、俄歇复合和带隙变窄 3 种效应时,理论结果与实验符合得较好。因此,这 3 个因素都是限制发射效率的重要机构。

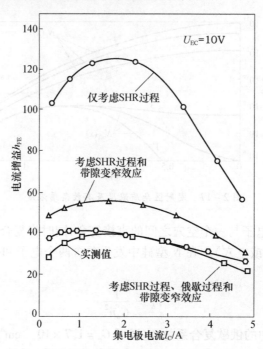

图 2-18 计算的电流增益与实测的电流增益与同集电极电流关系的比较

3. 表面复合的影响

前面在分析基区输运系数时,只考虑了基区体内的复合损失。这是因为假设正向注入到基区的电子的运动是一维的,它们全部沿着垂直于结面的方向向集电结运动,而忽略了发射结边缘的二维效应。实际上在结边缘注入基区的电子中一部分将流到基区表面,并在此处与空穴发生复合形成表面复合电流从基极流走成为 I_B 的一部分,如图 2-19 所示。因此,除体内复合损失外,注入基区的电子中还有一部分要在表面复合而不能到达集电结,从而使基区输运系数下降。

考虑表面复合后,基区输运系数变为

$$\beta_0^* = \frac{I_{nC}}{I_{nE}} = \frac{I_{nE} - I_{VB} - I_{SR}}{I_{nE}} = \left(1 - \frac{I_{VR}}{I_{nE}}\right) - \frac{I_{SR}}{I_{nE}} \qquad (2-127)$$

式中 I_{SR}——基区表面复合电流。括号中为只考虑基区体复合时的基区输运系数,由式

(2-91)或式(2-107)决定。下面计算表面复合项 I_{SR}/I_{nE}。

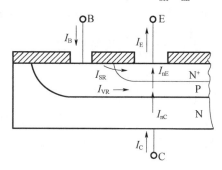

图 2-19 考虑表面复合后 NPN 管中的电流传输

根据第 1 章关于复合机构的讨论可知,在基区表面单位面积上每秒复合掉的电子数为 $s \cdot \Delta n_S$,这里 s 为表面复合速率,Δn_S 为表面处非平衡电子浓度。因此,基区表面复合电流密度为

$$J_{SR} = qs\Delta n_S$$

总的基区表面复合电流为 J_{SR} 对整个基区表面积分,即

$$I_{SR} = \iint_{\text{基区表面}} qs\Delta n_S \mathrm{d}\sigma \qquad (2-128)$$

由于表面复合绝大部分发生在发射结边沿附近,则可近似认为 $\Delta n_S \approx n_B(0)$(忽略掉 n_B^0)。同时将发射结边沿附近的基区表面积记为 A_S,称 A_S 为基区表面有效复合面积,由此得到

$$J_{SR} \approx qA_S \cdot sn_B(0) \qquad (2-129)$$

式中 $n_B(0)$——注入到发射结势垒区靠基区边界一侧的电子浓度。

对均匀基区晶体管,从式(2-20)或式(2-24)得 $n_B(0) = n_B^0 e^{qU_E/kT}$;对缓变基区晶体管,从式(2-64)得 $n_B(0) = \dfrac{n_i^2}{N_B(0)} e^{qU_E/kT}$。所以基区表面复合电流分别为

$$I_{SR} = \begin{cases} qA_S \cdot sn_B^0 e^{qU_E/kT} & (\text{均匀基区}) & (2-130\mathrm{a}) \\ qA_S \cdot s \dfrac{n_i^2}{n_B(0)} e^{qU_E/kT} & (\text{缓变基区}) & (2-130\mathrm{b}) \end{cases}$$

再利用式(2-94)和式(2-65)可得到表面复合项分别为

$$\dfrac{I_{SR}}{I_{nB}} = \begin{cases} \dfrac{A_S \cdot sW_B}{AD_{nB}} & (\text{均匀基区}) & (2-131\mathrm{a}) \\ \dfrac{A_S \cdot sW_B}{AD_{nB}N_B(0)} \overline{N_B} & (\text{缓变基区}) & (2-131\mathrm{b}) \end{cases}$$

式中 $\overline{N_B}$——式(2-102)所定义的基区平均掺杂浓度。

将此式代入式(2-127)就得到考虑基区表面复合后的基区输运系数为

$$\beta_0^* = \begin{cases} 1 - \dfrac{W_B^2}{2L_{nB}^2} - \dfrac{A_S s W_B}{A D_{nB}} (均匀基区) & (2-132a) \\ 1 - \dfrac{W_B^2}{\lambda L_{nB}^2} - \dfrac{A_S s W_B}{A D_{nB}} \dfrac{\overline{N_B}}{N_B(0)} (缓变基区) & (2-132b) \end{cases}$$

可见,为减小基区表面复合的影响,应注意表面的清洁处理,减少表面复合中心。在实际的晶体管中,基区表面复合主要影响小电流时的电流增益。

4. 基区宽变效应

上面着重分析了晶体管内部各种物理参数对电流增益的影响。可以看到,其中一些因素的影响使电流增益随着工作电流 I_C 而变化,即小电流时,发射结势垒区复合及基区表面复合影响显著,使增益下降;大电流时,则是大注入效应(第4章讨论)使增益回落。实际上,晶体管的电流增益也随工作电压 U_{CE} 而变化,这是由基区宽变效应引起的。

(1) 基区宽变效应。在晶体管的有源放大区,集电结反偏,因而集电结势垒区宽度将随结电压 U_C 的变化而改变(发射结势垒区宽度也随结电压 U_E 而变化,但由于发射结正偏,故势垒宽度较窄且随 U_E 变化量很小,可忽略)。集电结势垒区一部分向集电区延伸,另一部分则向基区延伸。后者将导致基区有效宽度随 U_C 变化,这种现象称为基区宽变效应,最早由厄利(Early)提出,因此也称厄利效应。

(2) 基区宽变效应对电流增益的影响。在前面的分析中可以看到,基区输运系数与基区宽度 W_B 的平方成反比关系,所以基区宽度的变化将导致电流增益的显著变化,即增益随晶体管的工作电压而变化。不过这种影响在不同工艺制造的晶体管中其显著程度不同。在合金管中,基区掺杂浓度最低,集电结势垒区主要扩展在基区内,所以基区宽变效应的影响显著。而在双扩散外延平面管中,集电区(外延层)掺杂浓度比基区低,因而集电结势垒区主要扩展在集电区,所以基区宽变效应的影响较小。

基区宽变效应的影响在晶体的特性曲线上,表现为集电极电流不饱和,即有一定的斜率,如图2-20(a)所示。将输出特性曲线族延长,可以在电压轴上得到一个交点 $-U_A$,U_A 称为厄利电压,它反映了基区宽变效应对电流增益的影响。图2-20(b)是理想化情况,如果忽略饱和压降,其输出特性可画为图2-20(c)。

为了分析电流增益随电压 U_{CE} 的变化关系,考察某一 I_B 下的输出曲线如图2-20(c)中的曲线(1)。设晶体管工作电压为 U_{CE},则此点电流增益为(忽略 I_{CEO})

$$\beta_0 = \dfrac{I_C}{I_B} \qquad (2-133)$$

若没有基区宽变效应,则输出曲线应为集电极电流恒等于 I_C' 的水平直线,如图2-20(c)中虚线所示,电流增益则应为

$$\beta'_0 = \frac{I'_C}{I_B} \qquad (2-134)$$

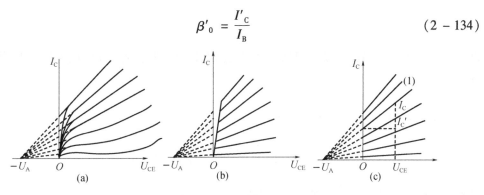

图 2-20 厄利电压
(a) 实际情况; (b) 理想情况; (c) 近似情况。

从图 2-20(c) 中三角形的相似关系,有

$$\frac{I_C}{I'_C} = \frac{U_{CE} + U_A}{U_A}$$

或

$$I_C = I'_C \left(1 + \frac{U_{CE}}{U_A}\right) \qquad (2-135)$$

式(2-135) 两端除以 I_B 得到

$$\beta_0 = \beta'_0 \left(1 + \frac{U_{CE}}{U_A}\right) \qquad (2-136)$$

这就是增益随工作电压 U_{CE}(近似等于集电结上的电压 $|U_C|$)的变化关系。可见,厄利电压越大,基区宽变效应的影响越小,理想情况下,$U_A \to \infty$。

(3) 厄利电压 U_A。下面简要分析厄利电压与器件的结构和物理参数之间的关系。由式(2-136) 对 U_{CE} 微分得

$$\frac{\partial \beta_0}{\partial U_{CE}} = \frac{\beta'_0}{U_A}$$

故厄利电压可表示为

$$U_A = \beta'_0 \left(\frac{\partial \beta_0}{\partial U_{CE}}\right)^{-1} = \beta'_0 \left(\frac{\partial \beta_0}{\partial W_B} \cdot \frac{\partial W_B}{\partial U_{CE}}\right)^{-1} \qquad (2-137)$$

式中,第一个因子 $\frac{\partial \beta_0}{\partial W_B}$ 是电流增益随基区宽度的变化率;第二个因子 $\frac{\partial W_B}{\partial U_{CE}}$ 是基区宽度随集电极电压的变化率,称为基区宽变因子。

先来看因子 $\frac{\partial \beta_0}{\partial W_B}$,若近似认为发射效率为 1,则共射极电流增益为 $\beta_0 \approx \frac{2L_{nB}^2}{W_B^2}$,故

$$\frac{\partial \beta_0}{\partial W_B} = -\frac{4L_{nB}^2}{W_B^3} \qquad (2-138)$$

以 x_B 表示集电结势垒区扩展在基区一侧的宽度,以 W_{B0} 表示 $x_B=0$ 时的基区宽度,则有效基区宽度为

$$W_B = W_{B0} - x_B \qquad (2-139)$$

将式(2-139)代入式(2-138),得到

$$\frac{\partial \beta_0}{\partial W_B} = -\frac{4L_{nB}^2}{(W_{B0}-x_B)^3} = -\frac{4L_{nB}^2}{W_{B0}^3}\left(1-\frac{x_B}{W_{B0}}\right)^{-3} \qquad (2-140)$$

再来看基区宽变因子 $\dfrac{\partial W_B}{\partial U_{CE}}$。从式(2-139)可得

$$\frac{\partial W_B}{\partial U_{CE}} = -\frac{\partial x_B}{\partial U_{CE}} \qquad (2-141)$$

此因子大小与集电结两侧杂质分布情况有关。对合金管,集电结为单边突变结,势垒区完全扩展在基区内,宽度为

$$x_B = \left(\frac{2\varepsilon_s\varepsilon_0 U_{CB}}{qN_B}\right)^{1/2} \qquad (2-142)$$

于是

$$\frac{\partial W_B}{\partial U_{CE}} = -\frac{\partial x_B}{\partial U_{CE}} \approx -\frac{\partial x_B}{\partial U_{CB}} = -\frac{\varepsilon_s\varepsilon_0}{qN_B x_B} \qquad (2-143)$$

对缓变基区晶体管,若将集电结视为线性缓变结,则

$$x_B = \frac{1}{2}\left(\frac{12\varepsilon_s\varepsilon_0 U_{CB}}{qa}\right)^{1/3} \qquad (2-144)$$

基区宽变因子为

$$\frac{\partial W_B}{\partial U_{CE}} \approx -\frac{\partial x_B}{\partial U_{CB}} = -\frac{8\varepsilon_s\varepsilon_0}{qax_B^2} \qquad (2-145)$$

将式(2-140)和式(2-143)或式(2-145)分别代入式(2-137)并注意 $\beta'_0 \approx \dfrac{2L_{nB}^2}{W_{B0}^2}$,得到厄利电压为

$$U_A = \begin{cases} \dfrac{qN_B W_{B0} x_B}{2\varepsilon_s\varepsilon_0}\left(1-\dfrac{x_B}{W_{B0}}\right) & (\text{均匀基区}) \qquad (2-146a) \\[2mm] \dfrac{qaW_{B0}x_B^2}{16\varepsilon_s\varepsilon_0}\left(1-\dfrac{x_B}{W_{B0}}\right)^3 & (\text{缓变基区}) \qquad (2-146b) \end{cases}$$

当基区宽度远大于集电结势垒区宽度时,式(2-146)中括号内项可忽略。

2.5 反向电流和击穿电压

反向电流和击穿电压是表征晶体管性能的重要参数,本节将讨论决定这两类参数的各种因素。

2.5.1 反向电流

反向电流代表晶体管内的失控现象,即它不受输入电流的控制,因而对放大作用没有贡献。不仅如此,反向电流还无谓地消耗掉一部分电源能量,甚至影响晶体管工作的稳定性。因此,总是希望反向电流尽可能地小,并将其作为衡量晶体管性能的一个重要参数。反向电流主要包括 I_{CBO}、I_{EBO} 和 I_{CEO},下面分别讨论。

1. I_{CBO}

I_{CBO} 是发射极开路时,集电极—基极间(即流过集电结)的反向电流,如图 2-21 所示。与反偏的 PN 结类似,晶体管集电结的反向电流 I_{CBO} 也由反向扩散电流和势垒区产生电流两部分组成。

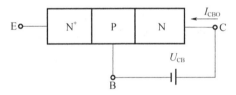

图 2-21 反向电流 I_{CBO}

根据对 PN 结的分析,对硅管,反向电流主要是产生电流,因此

$$I_{CBO} \approx Aq \frac{n_i}{2\tau} x_{mC} \text{(Si 管)} \tag{2-147}$$

对锗管,主要是反向扩散电流。不过由于晶体管中两个 PN 结靠得很近,相互影响,所以晶体管中的反向扩散电流与单独的 PN 的反向扩散电流不同。以锗 PNP 均匀基区晶体管为例加以说明。

利用 2.3 节得到的 NPN 管 $I-U$ 方程式(2-44)和式(2-45),适当改变符号,即得 PNP 均匀基区晶体管 $I-U$ 方程为

$$I_E = A\left[\frac{qD_{pB}p_B^0}{W_B} + \frac{qD_{nE}n_E^0}{L_{nE}}\right](e^{qU_E/kT} - 1) - A\frac{qD_{pB}p_B^0}{W_B}(e^{qU_C/kT} - 1) \tag{2-148}$$

$$I_C = A\frac{qD_{pB}p_B^0}{W_B}(e^{qU_E/kT} - 1) - A\left[\frac{qD_{pB}p_B^0}{W_B} + \frac{qD_{nC}n_C^0}{L_{nC}}\right](e^{qU_C/kT} - 1) \tag{2-149}$$

此处,发射极开路,$I_E = 0$,集电结反偏且$|U_C| \gg \frac{kT}{q}$,由式(2-148)解出

$$e^{qU_E/kT} - 1 = -\left[1 + \frac{D_{nE}n_E^0 W_B}{D_{pB}p_B^0 L_{nE}}\right]^{-1} = -\gamma_0 \qquad (2-150)$$

将式(2-150)代入式(2-149),就得到发射极开路条件下的集电极电流I_{CBO}为

$$I_{CBO} = A\left[\frac{qD_{pB}p_B^0}{W_B}(1-\gamma_0) + \frac{qD_{nC}n_C^0}{L_{nC}}\right] (\text{Ge 管}) \qquad (2-151)$$

从式(2-147)和式(2-151)可见,为减小反向电流I_{CBO},对于硅管要减少材料的复合中心,对于锗管应提高发射效率。在晶体管中,对I_{CBO}的要求较高,因为它直接关系到I_{CEO}的大小。

此外,从式(2-150)中可以看出,当发射极开路、集电结反偏条件下,发射极和基极之间存在一个电位差,称为发射极浮动电压,记为$U_{EB(fl)}$。对锗合金管,从式(2-150)得浮动电压大小为

$$U_{EB(fl)} = \frac{kT}{q}\ln(1-\gamma_0) \qquad (2-152)$$

此式仅对锗管适用。对锗、硅管普遍适用的浮动电压表达式为[7]

$$U_{EB(fl)} = cI_{CBO} \qquad (2-153)$$

式中,c为常数,室温下$c \approx 10^5 \Omega$。由于锗管反向电流I_{CBO}较大,因此浮动电压较高,典型值为$100 \sim 120$mV;硅管反向电流I_{CBO}小,浮动电压较低,典型值约0.1mV。

2. I_{EBO}

I_{EBO}为集电极开路($I_C = 0$)时的发射极-基极反向电流,如图2-22所示,其分析与I_{CBO}类似。对硅管,有

$$I_{EBO} \approx Aq\frac{n_i}{2\tau}x_{mE} \qquad (2-154)$$

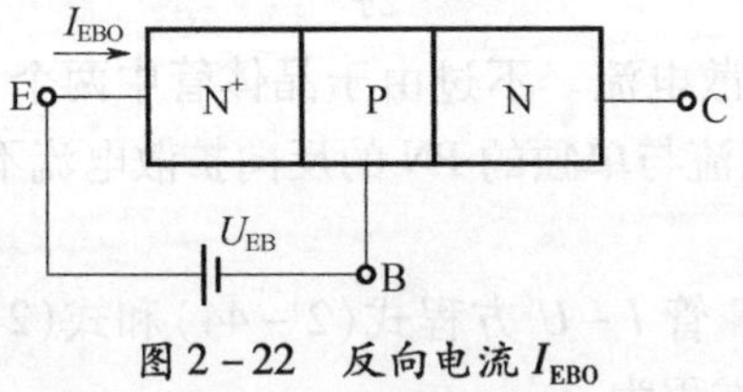

图2-22 反向电流I_{EBO}

对锗PNP管(均匀基区),有

$$I_{EBO} = -A\left[\frac{qD_{pB}p_B^0}{W_B}\left(\frac{1}{\gamma_R}-1\right) + \frac{1}{\gamma_R}\left(\frac{qD_{nE}n_E^0}{L_{nE}}\right)\right] \qquad (2-155)$$

式中 γ_R——晶体管反向运用(发射极、集电极互换使用)时的发射效率,即

第 2 章　晶体管的直流特性

$$\gamma_R = \left[1 + \frac{D_{nC} n_C^0 W_B}{D_{pB} p_B^0 L_{nC}}\right]^{-1} \quad (2-156)$$

通常对 I_{EBO} 的要求不高,如果 I_{CBO} 满足指标的话,一般地说,I_{EBO} 是不难达到要求的。

3. I_{CEO}

I_{CEO} 是基极开路($I_B = 0$)时,集电极-发射极之间的反向电流,也称为穿透电流,是晶体管的重要参数之一。它代表 I_B 控制作用的失控现象,即在理想情况下,当 $I_B = 0$ 时,I_C 和 I_E 均应为 0,而实际上则有 I_{CEO} 大小的泄漏电流,透过基区由发射极到达集电极(对 PNP 管为电子流)。

I_{CEO} 与 I_{CBO} 有一定关系。在有源放大区,根据式(2-7)有

$$I_C = \alpha_0 I_E + I_{CBO}$$

此处,基极开路,$I_B = 0$,集电极电流和发射极电流都等于 I_{CEO},故有

$$I_{CEO} = \alpha_0 I_{CEO} + I_{CBO}$$

所以,有

$$I_{CEO} = \frac{I_{CBO}}{1 - \alpha_0} = (1 + \beta_0) I_{CBO} \quad (2-157)$$

式(2-157)也可直接由式(2-10)得到。从式(2-157)可见,I_{CEO} 是 I_{CBO} 的 $1 + \beta_0$ 倍,其物理意义可从基极开路时晶体管内的电流传输情况说明,见图 2-23。由于外加偏压 U_{CE} 在集电结产生反向压降,故产生反向电流(空穴流)I_{CBO} 流向基区。此时,基极开路,因而流入基区的空穴将在基区积累使基区电位升高,发射结变为正偏。于是产生正向注入电流 I_{nE} 和反向注入电流 I_{pE},形成 I_{pE} 的空穴因基极开路而由 I_{CBO} 提供。I_{nE} 中一少部分在基区复合(与之复合的空穴因基极开路也由 I_{CBO} 提供),绝大多数输运到集电结形成 I_{nC}。所以在集电结中流过的电流为 $I_C = I_{CEO} = I_{nC} + I_{CBO}$,它大于 I_{CBO}。上述过程一直到发射结正偏压增大为使 $I_{pE} + I_{VB} = I_{CBO}$ 时稳定下来。可见,基极开路情况下,集电结反向电流 I_{CBO} 实际上起到了基极电流的作用,它用于驱动晶体管。根据图 2-23 中的电流关系,有

$$I_C = I_{nC} + I_{CBO}, \quad I_{nC} = \alpha_0 I_E$$

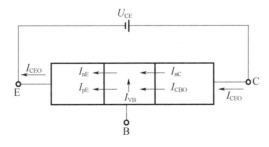

图 2-23　I_{CEO} 和基极开路时的电流传输

注意到 $I_C = I_E = I_{CEO}$，即可得

$$I_{CEO} = \frac{I_{CBO}}{1 - \alpha_0}$$

再利用关系 $\alpha_0 = \frac{\beta_0}{1 + \beta_0}$，最后得到

$$I_{CEO} = (1 + \beta_0) I_{CBO}$$

与式(2-157)相同。

上述结果表明，要减小 I_{CEO}，一是要减小 I_{CBO}，二是不宜片面追求电流增益 β_0 值过高。不过，这里 β_0 是集电极电流为 I_{CEO} 时的电流增益，比正常条件下的增益小得多。

最后必须指出，反向电流 I_{CBO}、I_{EBO} 是温度的灵敏函数，这是由于 n_i 随温度的急剧变化造成的。例如，对于 Si 管，I_{CBO} 以产生电流为主，所以 $I_{CBO} \propto n_i \propto e^{-E_g/2kT}$。在室温(300K)附近温度每变化1℃，$I_{CBO}$ 约增加 8.5%，而温度从室温升至130℃，I_{CBO} 则增加约1000倍。因此，反向电流随温度的变化惊人的显著。由于晶体管在工作时，结温总是比较高(大电流工作时更是如此)，所以必须要求室温下的反向电流值非常低(尤其是 I_{CBO}，因为 I_{CEO} 随温度的变化大 $1 + \beta_0$ 倍)。

2.5.2 击穿电压

击穿电压是晶体管的另一类重要参数，它标志着晶体管能承受的电压上限，通常包括 BU_{EBO}、BU_{CBO} 和 BU_{CEO}，以及与电路条件有关的 BU_{CES}、BU_{CER}、BU_{CEX} 和 BU_{CEZ}。

1. BU_{CBO}

BU_{CBO} 是发射极开路时集电极与基极间的击穿电压。一般情况下，它是由集电结的雪崩击穿电压 U_B 决定的。从 PN 结反向击穿特性的讨论知道，对于突变结，雪崩击穿电压由低掺杂一侧的杂质浓度决定。因此，合金管的 BU_{CBO} 由基区杂质浓度(或电阻率)决定。平面管的集电结为缓变结，对浅结扩散，集电结可近似视为单边突变结，其 BU_{CBO} 由集电区电阻率决定；对深结情况，集电结为缓变结，必须根据有关曲线确定集电区电阻率。

在晶体管制造中，对 BU_{CBO} 的要求是比较高的，因为它直接关系到 BU_{CEO} 的大小。

BU_{CBO} 的测试电路与 I_{CBO} 的测试电路相同，见图2-21。增大电源电压，当 I_{CBO} 突然趋向无限大时所对应的电压即为 BU_{CBO}(图2-24中的曲线甲，这样的击穿特性称为硬击穿)。但是在实际的晶体管中也经常遇到曲线乙所示的软击穿特性，即反向电流 I_{CBO} 不饱和。因此在实际测试时规定：当反向电流 I_{CBO} 达到某一数值时所对应的电压为击穿电压 BU_{CBO}。显然，这样测出的 BU_{CBO} 对硬击穿来说就是集电结的雪崩击穿电压 U_B；对软击穿来说，BU_{CBO} 可能比 U_B 低很多。

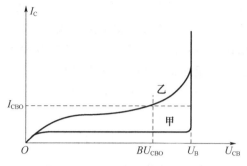

图 2-24 典型的 BU_{CBO}

2. BU_{EBO}

BU_{EBO} 是集电极开路时,发射极与基极间的击穿电压。通常也是由发射结的雪崩击穿电压决定,只是在发射结两侧掺杂浓度很高时才可能是齐纳击穿。对于合金管,BU_{EBO} 由基区掺杂浓度或基区电阻率决定。对于双扩散平面管,发射结由两次扩散形成,由于扩散形成的杂质分布(高斯或余误差分布)在表面浓度最高,所以发射结雪崩击穿电压在结侧面表面处最低,BU_{EBO} 由基区扩散层表面杂质浓度 N_{BS} 决定,一般只有几伏。不过在晶体管中对 BU_{EBO} 的要求较低,一般只要 BU_{EBO} 约为 4V 即可。所以,BU_{EBO} 的要求在制造中比较容易达到,在设计中一般也不作特别考虑。

3. BU_{CEO}、BU_{CES}、BU_{CER}、BU_{CEX}、BU_{CEZ}

1) BU_{CEO}

BU_{CEO} 是基极开路时,集电极与发射极之间的击穿电压。它是晶体管的重要参数之一,标志着共发射极运用时,集电极-发射极间所能承受的最大反向电压。测试电路如图 2-23 所示。

BU_{CEO} 与 BU_{CBO} 有一定关系,下面做一简单的分析。根据式(2-157),在基极开路,集电结没有发生雪崩倍增的情况下,集电极电流为

$$I_C = I_{CEO} = \frac{I_{CBO}}{1-\alpha_0}$$

式中 α_0——集电结未发生雪崩倍增时的电流增益。

若外加电压较高以至集电结发生雪崩倍增效应,则在同样的 I_E 下,集电极电流却增大为 M 倍(M 为倍增因子),因此这时电流增益变为 $M\alpha_0$。同理 I_{CBO} 也得到倍增而变为 MI_{CBO},所以这时

$$I_{CEO} = \frac{MI_{CBO}}{1-\alpha_0 M} \tag{2-158}$$

从式(2-158)可见,若 $\alpha_0 M \to 1$,就会发生击穿现象($I_{CBO} \to \infty$),所以 $\alpha_0 M \approx 1$ 时对应的电

压即为 BU_{CEO}。因为 α_0 是接近于 1 的数,故只要 M 稍大于 1 就能满足 I_{CEO}。这说明集电结只要发生小量倍增,就会引起 I_{CEO} 剧增而发生击穿现象,而单独的 PN 结击穿则要求 $M\to\infty$(BU_{CBO} 就是集电结在 $M\to\infty$ 时的击穿电压)。显然 M 稍大于 1 时集电结上的反向偏压要比 $M\to\infty$ 时集电结上的反向偏压 BU_{CBO} 小,故 $BU_{CEO} < BU_{CBO}$。

将 PN 结雪崩倍增因子 M 与外加反向偏压 U 的经验公式

$$M = \frac{1}{1-\left(\dfrac{U}{U_B}\right)^n} \tag{2-159}$$

式中,(U_B 为 PN 结雪崩击穿电压)用于集电结,取 $U_B \approx BU_{CBO}$ 并注意到击穿($\alpha_0 M = 1$)时 U 即为 BU_{CEO},则有

$$\alpha_0 M = \frac{\alpha_0}{1-\left(\dfrac{BU_{CEO}}{BU_{CBO}}\right)^n} = 1$$

稍加整理即得

$$BU_{CEO} = \frac{BU_{CBO}}{\sqrt[n]{1+\beta_0}} \tag{2-160}$$

式中,n 为常数。当集电结低掺杂区为 N 型时,硅管 $n=4$,锗管 $n=3$;当集电结低掺杂区为 P 型时,硅管 $n=2$,锗管 $n=6$。式(2-160)表明,为提高击穿电压 BU_{CEO} 必须提高 BU_{CBO}。

另外,在测试 BU_{CEO} 时,经常出现图 2-25 所示的负阻击穿现象,即当 U_{CE} 增大到 BU_{CEO} 发生击穿后,电流上升,电压却反而下降,图中谷值电压 U_{sus} 称为维持电压。这一负阻现象可作以下理解:在基极开路、外加电压增大至 BU_{CEO} 时,集电结发生雪崩倍增效应,雪崩碰撞电离产生的空穴被势垒区强电场扫入基区。此时由于基极开路,这些空穴不能从基极流走,于是便在基区积累。由于空穴带正电荷,空穴在基区积累的结果使基区电位升高,因而发射结正向偏压增大,集电结反向偏压减小(或者说空穴填充两个结的势垒区,

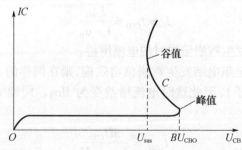

图 2-25 $I_B=0$ 时,C-E 极间的击穿特性

使两结势垒区变窄,因而发射结正偏压增大、集电结反偏压减小)。虽然集电结反偏压的减小使雪崩倍增因子 M 减小,但因在小电流下 α_0 随集电极电流增大而增大(图 2-16),故 $\alpha_0 M$ 仍然向趋近于 1 的方向增大,从式(2-158)可知,集电极电流仍继续增大。因而出现集电结反偏压减小而集电极电流反而增大的负阻现象。从上述分析可知,出现负阻现象的原因在于集电极电流较小时 α_0 随 I_C 增加而变大。对电流增益随 I_C 变化不大的晶体管,其负阻现象不明显,甚至观察不到。

上面讨论了基极开路条件下,集电极与发射极间的击穿电压 BU_{CEO}。但在晶体管的电路应用中,基极并不是开路的,而是有各种不同的偏置情况(图 2-26)。不同电路条件下,其集电极-发射极间的击穿电压与基极开路时的击穿电压 BU_{CEO} 不同,它们各自之间也不尽相同,下面分别做一简要分析。

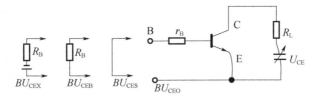

图 2-26 晶体管的各种偏置条件

2) BU_{CES}

BU_{CES} 是基极对地(发射极)短路时集电极与发射极之间的击穿电压。这种情况的应用之一是在集成电路芯片中作为 PN 结使用[8]。

图 2-27 示意出这种条件下的电流传输情况,图中 r_B 是晶体管的基极电阻,其大小将在下节讨论。从对基极开路时电流传输情况(图 2-23)和 BU_{CEO} 的分析中知道,集电结反向电流(空穴流)I_{CBO} 流入基区后,由于基极开路,空穴全部积累于基区内,使发射结正偏产生正向电子流 I_{nE} 注入基区并输运到集电结形成 I_{nC}。由于 I_{nC} 的存在,只要集电结势

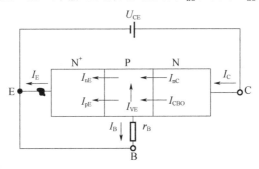

图 2-27 测试 BU_{CES} 的电路示意图

垒区稍稍发生雪崩倍增(即倍增因子 M 稍大于1),C-E 就发生击穿($I_{CBO} \to \infty$),所以有 $BU_{CEO} < BU_{CBO}$,因为后者是集电结雪崩倍增因子 $M \to \infty$ 时的集电结反偏压。在这里基极短路的情况下,由于反向电流 I_{CBO} 有一部分流出基极,所以在基区积累的空穴量减少,与基极开路时相比,发射结正偏程度减弱(注意 r_B 的存在使得 V_E 不可能降为零),正向注入的电子流 I_{nE} 和到达集电结的电流 I_{nC} 也随之减少。通过集电结电流 I_{nC} 的减少意味着要发生击穿($I_{CES} \to \infty$),需要的集电结雪崩倍增因子 M 比基极开路时大,亦即需要的集电结反偏压比基极开路时高,故 $BU_{CES} > BU_{CEO}$。

此外,注意在基极短路条件下,基极电流是流出基极的,与晶体管正常工作时不同,即 $I_B < 0$。

3) BU_{CER}

BU_{CER} 是基极接有电阻 R_B 时,集电极与发射极间的击穿电压。这种电路条件实际上与基极短路时相同,只是相当于 r_B 增大了 R_B(二者相串联),因此,电流传输过程的分析是相同的。由于 R_B 的接入,流出基极的空穴流减小,即 I_{CBO} 被分流量减小,所以发射结正偏度比短路时高,I_{nC} 也比短路时大,C-E 间击穿时所需要的 M 值比短路时低些,故 $BU_{CER} < BU_{CES}$。

4) BU_{CEX}

BU_{CEX} 是基极接有反向偏压时的 C-E 极击穿电压。由于该偏压使发射结正偏程度更小(甚至反偏),I_{nC} 比基极接电阻时更小,故要求 M 值更大,因而 $BU_{CEX} > BU_{CER}$。

5) BU_{CEZ}

BU_{CEZ} 是基极加有正向偏压时 C-E 极间的击穿电压。当晶体管工作在有源放大区时就属于这种情况。外接正偏压使得发射结正偏程度比基极开路时更甚,I_{nC} 比基极开路时更大,因而击穿所需倍增因子 M 值更小,故 $BU_{CEZ} < BU_{CEO}$。

从以上讨论可知,各种 C-E 击穿电压的大小关系为

$$BU_{CEZ} < BU_{CEO} < BU_{CER} < BU_{CES} < BU_{CEX} < BU_{CBO}, 且 BU_{CEX} \approx BU_{CBO}$$

2.5.3 穿通电压

在有些情况下,外加偏压还未达到使集电结发生雪崩击穿,就出现了电流突然增大的现象,即晶体管提前击穿,这是由于穿通效应造成的,发生穿通时对应的反向偏压称为穿通电压。有两种穿通情况,即基区穿通和外延层穿通。下面分别做简要分析。

1. 基区穿通电压

基区穿通即集电结发生雪崩倍增效应之前,其势垒区 x_{mC} 已经扩展到整个基区,从而与发射结势垒区相连。基区穿通经常发生在集电区掺杂浓度高于基区的晶体管中,如合金管、单扩散管等,因为这时集电结势垒区几乎全部扩展到基区中。如果定义当集电结势

垒区与发射结势垒区相连时的 C-B 极电压为穿通电压 U_{PT},则对合金管(集电结为单边突变结)容易得到

$$U_{PT} = U_{CB}\bigg|_{x_{mC} = W_B} = \frac{qN_B W_B^2}{2\varepsilon_s \varepsilon_0} \qquad (2-161)$$

当基区发生穿通后,发射结变为反偏,将引起雪崩击穿(因发射结击穿电压 BU_{EBO} 很低),从而也使集电结发生雪崩效应,于是出现了 C-E 间的击穿现象。为了设计出可用的晶体管,合金管基区宽度必须大于(至少等于)集电结雪崩击穿时对应的势垒区宽度,即

$$W_B \geq \left(\frac{2\varepsilon_s \varepsilon_0 U_B}{qN_B}\right)^{1/2} \qquad (2-162)$$

式中　U_B——由基区掺杂浓度 N_B 决定的雪崩击穿电压理论值。

2. 外延层穿通电压

对于像双扩散外延平面管这类晶体管,由于基区杂质浓度高于集电区,其势垒区主要向集电区(外延层)扩展,所以一般不会发生基区穿通。但容易发生外延层穿通,即在集电结发生雪崩击穿之前,集电结势垒区已扩展到衬底 N^+ 层。这就相当于集电结由 P^+N^- 变为基区与衬底形成的 P^+N^+ 结,而两边高掺杂的 P^+N^+ 结的击穿电压是比较低的,因此发生外延层穿通后,P^+N^+ 随即产生击穿。

图 2-28 表示外延层 N^- 中的电场分布,P^+ 表示基区、N^+ 为衬底。当外加偏压使势垒区抵达 N^+ 衬底时,其击穿电压 BU_{CBO} 相当于图 2-28 中四边形 *OBCD* 所包围的面积。如果外延层很厚,势垒区不受衬底的限制,其击穿电压 U_B 应相当于三角形 *ADO* 的面积。利

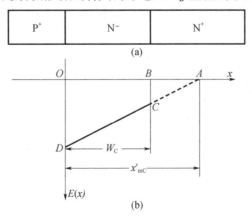

图 2-28　薄 N^- 层的 $P^+N^-N^+$ 结的电场分布
(a) $P^+N^-N^+$ 结构示意;(b) 外延层 N^- 中的电场分布。

用四边形 $OBCD$ 的面积等于三角形 ADO 的面积减去三角形 ABC 的面积这一关系,容易求到

$$BU_{CBO} = U_B\left[\frac{W_C}{x'_{mC}}\left(2 - \frac{W_C}{x'_{mC}}\right)\right] \qquad (2-163)$$

这就是发生外延层穿通时集电结的击穿电压。式中,W_C 为外延层厚度,U_B 为集电结雪崩击穿电压的理论值,x'_{mC} 为在电压为 U_B 时的势垒区宽度的理论值,即

$$x'_{mC} = \left[\frac{2\varepsilon_s \varepsilon_0}{qN_{BC}} U_B\right]^{1/2} \qquad (2-164)$$

式中 N_{BC}——外延层杂质浓度。

为了防止外延层穿通,外延层厚度必须大于结深 x_{jC} 和 x_{mC} 之和,即

$$d \geqslant x_{jC} + x'_{mC} \qquad (2-165)$$

2.6 基极电阻

晶体管的基极电阻是表征其性能好坏的另一个重要参数。基极电阻的存在影响着晶体管的输入阻抗、产生电压反馈及发射极电流集边或集中效应,对晶体管的功率特性、频率特性、噪声系数等都有重要的影响。所以,在晶体管设计与制造中,尽可能地减小基极电阻是非常重要的问题。本节以两种典型晶体管为例,具体地分析基极电阻与哪些因素有关,并介绍基极电阻的计算方法。

2.6.1 梳状晶体管

梳状结构是中小功率晶体管普遍采用的一种结构,图 2-29 是其结构示意图。

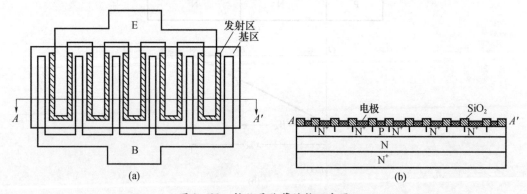

图 2-29 梳状晶体管结构示意图

这种晶体管的发射区由许多排列在基区内的分立的细条组成,发射极电极和基极电

极像两把梳子相互交叉插入,因此称为梳状结构。为了计算基极电阻,考察梳状晶体管的一个单元,它包括一个发射极条和两个半基极条,如图 2-30 所示。图中,发射极条长和条宽为 l_E 和 s_E,发射极与基极间距为 s_{EB},基极金属电极条长亦为 l_E,宽为 s_B,发射结和集电结结深为 x_{jE} 和 x_{jC},基区宽度为 W_B。

为求出基极电阻 r_B,可以以发射极中央为界,把管芯分割成完全对称的两部分,只要先求出其中一部分的电阻 r'_B,然后将两个 r'_B 并联即为基极电阻 r_B。从图 2-30 可见,r'_B 可分为 4 个部分:发射区正下方的电阻 r_{B1}、发射区边界与基极边界之间的电阻 r_{B2}、基极金属条下方的电阻 r_{B3} 以及基极金属电极与半导体的欧姆接触电阻 r_{CON},r'_B 为这 4 部分的串联,即 $r'_B = r_{B1} + r_{B2} + r_{B3} + r_{CON}$。为计算各部分基极电阻,先来看一下基极电流在基区的流动情况(图 2-31)。可以看到,第一,相对发射极电流方向而言,基极电流为一股横向电流,即发射极电流方向垂直于结平面,而基极电流方向则平行于结平面。其次,基极电流是一股多子电流,对于 NPN 晶体管,基极电流为空穴电流。最后,基极电流在发射区下方区域内是不均匀的,它向发射极中心流动过程中是不断减小的,这是由于流动过程中不断有空穴反注入到发射区,还有一部分空穴不断与正向注入基区的电子复合。下面分别计算各部分的基极电阻大小。

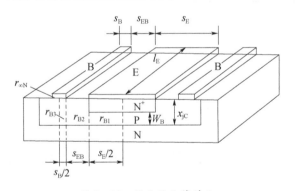

图 2-30 梳状晶体管单元

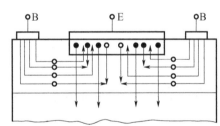

图 2-31 NPN 管基极电流示意图

(1) r_{B1}。r_{B1} 与一般的欧姆电阻有很大不同,这是因为在发射极下方这一区域,各处基极电流大小不一样,从发射极边界算起越靠近中央 I_B 越小。因此,不能用简单的欧姆定律来计算 r_{B1},只能用适当的标准来定义。由于这一特点,r_{B1} 又称为基区扩展电阻,并且通常它在基极电阻 r_B 中占主要地位,故有时也直接称基极电阻 r_B 为基区扩展电阻。

计算 r_{B1} 的标准有几种。一种标准是规定基极电流流过此电阻所产生的功率与实际基区多子流所产生的功率相等,从而得出 $r_{B1} = \dfrac{P_B}{I_{B1}^2}$,这种方法称为平均功率法;另一种标准是规定[9]:将外加小信号电压 u_{EB} 减去基极小信号电流 i_B 在这个电阻上的压降后,加在发

射极动态电阻 kT/qI_E 上,则恰好产生发射极小信号电流 i_E。后一标准定义出的 r_{B1} 与基极电流 i_{B1} 之积 $r_{B1}i_{B1}$ 恰好是基极电流在发射区下方这一区域产生的压降对发射极条宽的平均值,即 $r_{B1} = \dfrac{\overline{u_B}}{i_{B1}}$(实际计算时一般取直流量 $\overline{U_B}$ 和 I_{B1} 来计算),因此又称为平均电压法定义的 r_{B1}。各种标准是为不同目的服务的,得到的电阻值也有差别。这里先介绍平均电压法。

由于在发射区下方这部分基区,各点基极电流不同,在发射极边沿电流最大,等于 $I_B/2$(因为有两条基极),而在发射极中心,基极电流近于0,如果假定发射结为均匀注入(即发射结各处电流密度相同),则基极电流按线性变化。按图2-32选取坐标,则在 $0 \sim s_E/2$ 间任意点 x 的基极电流为

$$I_{B1}(x) = \frac{I_B}{2}\left(1 - \frac{x}{s_E/2}\right) = \frac{I_B}{2}\left(1 - \frac{2x}{s_E}\right) \tag{2-166}$$

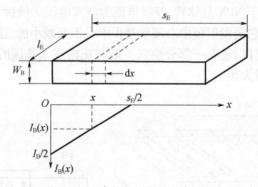

图2-32 基极电流线性分布近似

在基极电流流过厚度为 $\mathrm{d}x$、面积为 $l_E W_B$ 的基区时,其微分电阻 $\mathrm{d}R = \dfrac{\overline{\rho_{B1}}\mathrm{d}x}{l_E W_E}$,式中,$\overline{\rho_{B1}}$ 为发射区下方基区的平均电阻率。在 $\mathrm{d}x$ 段产生的压降为

$$\mathrm{d}U_{B1}(x) = I_{B1}(x)\mathrm{d}R = \frac{I_B}{2}\left(1 - \frac{2x}{S_E}\right)\frac{\overline{\rho_{B1}}}{l_E W_B}\mathrm{d}x \tag{2-167}$$

将式(2-167)从0到 x 积分,并取 $x = 0$ 处电位为零,则得到基区内 x 处电位为

$$U_B(x) = \frac{I_B}{2}\left(x - \frac{x^2}{s_E}\right)\frac{\overline{\rho_{B1}}}{l_E W_B} \tag{2-168}$$

于是,从0至 $s_E/2$ 这部分基区平均电压降为

$$\overline{V}_{B1} = \frac{1}{s_E/2}\int_0^{s_E/2} U_B(x)\mathrm{d}x = \frac{1}{s_E/2} \times \int_0^{s_E/2} \frac{I_B}{2}\left(x - \frac{x^2}{s_E}\right)\frac{\overline{\rho_{B1}}}{l_E W_B}\mathrm{d}x = \frac{I_B s_E \overline{\rho_{B1}}}{12 l_E W_B} \tag{2-169}$$

由此可得发射结下面的基极电阻为

$$r_{B1} = \frac{\bar{U}_{B1}}{I_{B1}} = \frac{\bar{U}_{B1}}{I_B/2} = \frac{\bar{\rho}_{B1} s_E}{6 l_E W_B} \quad (2-170)$$

式中,取 $I_{B1}=I_B/2$ 是因为有两个基极条,每一条中流过电流 $I_B/2$。

(2) r_{B2}。通过发射极与基极之间这部分基区的基极电流是均匀的,可直接写出

$$r_{B2} = \frac{\bar{\rho}_{B2} s_{EB}}{l_E x_{jE}} \quad (2-171)$$

(3) r_{B3}。从图 2-31 可见,在基极金属条下面这部分基区内的基极电流也是变化的,因此用完全类似于计算 r_{B1} 的方法,也可计算出 r_{B3}。不过,如果把图 2-30 看成是梳状晶体管的一个单元时,每个单元应包括一条发射极和两侧各一条宽度为 $s_B/2$ 的基极金属条,即基极条宽应只取 $s_B/2$。注意到这一点,则

$$r_{B3} = \frac{\bar{\rho}_{B3} s_B}{6 l_E W_B} = \frac{\bar{\rho}_{B2} s_B}{6 l_E W_B} \quad (2-172)$$

(4) r_{CON}。若 R_C 是基极金属与半导体的欧姆接触系数,则电阻

$$r_{CON} = \frac{R_C}{(s_B/2) l_E} = \frac{2 R_C}{s_B I_E} \quad (2-173)$$

从式(2-170)、式(2-173)可以得到

$$r_B^1 = r_{B1} + r_{B2} + r_{B3} + r_{CON} = \frac{\bar{\rho}_{B1} s_E}{6 l_E W_B} + \frac{\bar{\rho}_{B2} s_{EB}}{l_E x_{jE}} + \frac{\bar{\rho}_{B2} s_B}{6 l_E W_B} + \frac{2 R_C}{s_B I_E} \quad (2-174)$$

梳状晶体管一个小单元的基极电阻 r_B 为两个 r'_B 相并联,故

$$r_B = \frac{1}{2} r'_B = \frac{\bar{\rho}_{B1} s_E}{12 l_E W_B} + \frac{\bar{\rho}_{B2} s_{EB}}{2 l_E x_{jE}} + \frac{\bar{\rho}_{B2} s_B}{12 l_E W_B} + \frac{R_C}{s_B I_E} \quad (2-175)$$

一个具有 n 条发射极、$n+1$ 条基极的梳状晶体管的基极电阻应为 n 个单元的基极电阻的并联,总基极电阻为

$$R_B = \frac{1}{n} r_B$$

$$= \frac{1}{n}\left(\frac{\bar{\rho}_{B1} s_E}{12 l_E W_B} + \frac{\bar{\rho}_{B2} s_{EB}}{2 l_E x_{jE}} + \frac{\bar{\rho}_{B2} s_B}{12 l_E W_B} + \frac{2 R_C}{s_B I_E}\right) = \frac{1}{n}\left(\frac{\bar{R}_{\square B1} s_E}{12 l_E} + \frac{\bar{R}_{\square B2} s_{EB}}{2 l_E} + \frac{\bar{R}_{\square B2} s_B}{12 l_E} + \frac{R_C}{S_B I_E}\right)$$

$$(2-176)$$

式中 $R_{\square B1}$、$R_{\square B2}$——发射区下面的基区和发射极与基极之间的基区扩散层的方块电阻。

从式(2-176)中可以看到,减小基极电阻的主要途径如下:

① 从设计上,一是减小发射极条、基极条的宽长比 s_E/l_E、s_B/l_E,使发射极与基极间距 s_{EB}尽量小;二是增加发射极条数 n。

② 从工艺上,提高基区掺杂浓度,尽量减小基区电阻率或方块电阻。但这一点与提高发射效率是矛盾的,必须综合考虑。

此外,要做好欧姆接触,减小基极金属条与半导体的接触电阻。

2.6.2 圆形晶体管

对于具有圆形结构的晶体管(图 2-33),基极电阻包括 3 部分:发射区下面部分的基极电阻 r_{B1}、发射极外部的基极电阻 r_{B2} 和基极欧姆接触电阻 r_{CON}。

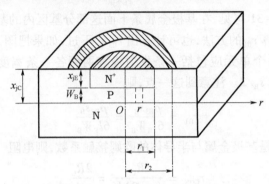

图 2-33 圆形晶体管管芯示意图

(1) r_{B1}。这里介绍用平均功率法计算 r_{B1} 的方法。与计算梳状晶体管 r_{B1} 时一样,若假设发射极电流密度是均匀的,则基区任意 r 处的基极电流 $I_B(r)$ 与基极电流 I_B 之比为

$$I_B(r) : I_B = \pi r^2 : \pi r_1^2 \tag{2-177}$$

故

$$I_B(r) = I_B \left(\frac{r}{r_1}\right)^2 \tag{2-178}$$

从 r 到 $r+dr$ 之间的微分电阻为

$$dR = \frac{\bar{\rho}_{B1} dr}{2\pi r W_B} \tag{2-179}$$

式中 $\bar{\rho}_{B1}$——发射区下面部分基区的平均电阻率。

于是基极电流 $I_B(r)$ 在 $r \to r+dr$ 间产生的功率为

$$I_B^2(r) dR = \left(I_B \frac{r^2}{r_1^2}\right)^2 \frac{\bar{\rho}_{B1}}{2\pi r W_B} dr \tag{2-180}$$

从 0 到 r_1 积分,可得到基极电流在发射区下面部分的基极电阻 r_{B1} 上产生的功率为

$$I_B^2 r_{B1} = \int_0^{r_1} \left(I_B \frac{r^2}{r_1^2}\right)^2 \frac{\bar{\rho}_{B1}}{2\pi r W_B} dr = \frac{I_B^2 \bar{\rho}_{B1}}{8\pi W_B}$$

由此得到

$$r_{B1} = \frac{\bar{\rho}_{B1}}{8\pi W_B} \qquad (2-181)$$

（2）r_{B2}。从 r_1 到 r_2 之间基极电流 I_B 不随 r 变化，所以可直接计算这部分基极电阻，即

$$r_{B2} = \int_{r_1}^{r_2} \frac{\bar{\rho}_{B2}}{2\pi r x_{jC}} dr = \frac{\bar{\rho}_{B2}}{2\pi x_{jC}} \ln \frac{r_2}{r_1} \qquad (2-182)$$

式中 $\bar{\rho}_{B2}$——发射极外部的基区平均电阻率。

（3）r_{CON}。设基极面积为 A_B，则接触电阻为

$$r_{CON} = \frac{R_C}{A_B} \qquad (2-183)$$

因此，圆形晶体管基极电阻为

$$r_B = \frac{\bar{\rho}_{B1}}{8\pi W_B} + \frac{\bar{\rho}_{B2}}{2\pi x_{jC}} \ln \frac{r_2}{r_1} + \frac{R_C}{A_B} \qquad (2-184)$$

如果用扩散层方块电阻表示，则

$$r_B = \frac{\bar{R}_{\square B1}}{8\pi} + \frac{\bar{R}_{\square B2}}{2\pi} \ln \frac{r_2}{r_1} + \frac{R_C}{A_B} \qquad (2-185)$$

可见对圆形晶体管，减小基极电阻的途径如下：

① 设计上减小 r_2、增大 r_1。

② 在工艺上也是减小基区电阻率，在不影响发射效率的条件下，适当提高基区掺杂浓度。

③ 减小基极接触电阻。

从本节分析可以看到，晶体管的基极电阻主要决定于管芯的图形结构和基区电阻率两个方面。在设计时，当图形结构确定后，要适当选择图形参数，并合理确定基区电阻率。

2.7 特性曲线

在分析了晶体管的直流特性及各种直流参数后，来考察一下晶体管的特性曲线。特性曲线不仅直观地表示出晶体管的直流性能（伏安特性及各种直流参数的优劣），同时也是晶体管内部所发生的物理过程的反映。因此，特性曲线不仅对晶体管的应用是重要的，对分析和研究晶体管也是很重要的。

在晶体管应用中有3种电路组态：共基极、共射极和共集极。不同组态的晶体管，其特性曲线是不同的。由于共集极组态较少使用，本节主要介绍晶体管的共基极和共射极的特性曲线，讨论中以 NPN 管为例。

2.7.1 输入特性曲线

输入特性表示输入电流与输入电压之间的关系,对共基极组态,即 $I_E - U_{BE}$ 特性;对共射极组态,即 $I_B - U_{BE}$ 特性。下面分别讨论。

1. 共基极输入特性曲线

共基极输入特性曲线示于图 2-34(a)中。由图可见,当集电结反偏压 U_{CB} 一定时,输入电流 I_E 随输入电压 U_{BE} 按指数规律增加,与正向 PN 结特性类似(实际上 $I_E - U_{BE}$ 特性就是发射结的正向特性),这与理论分析结果式(2-42)(均匀基区)或式(2-74)(缓变基区)是一致的。但是它与单独的 PN 结之间还是有区别的,即这里集电结上的电压 U_{CB} 对 $I_E - I_{BE}$ 关系有一定的影响,从图中看到,随 U_{CB} 增大,I_E 的增加更快,或者说在同一 U_{BE} 下,U_{CB} 越高则 I_E 越大。这是基区宽变效应引起的,当 U_{CB} 变大时,集电结势垒区展宽,使基区有效宽度减小。因而在基区少子浓度梯度增加,引起发射区向基区正向注入的电子电流 I_{nE} 增加,从而发射极电流 I_E 就随之增大。

2. 共射极输入特性曲线

图 2-34(b)是共射极输入特性曲线,它也与 PN 结的正向特性类似,见式(2-78)和式(2-79)。$I_E - U_{BE}$ 特性与单独的 PN 结正向特性的差别也在于有邻近结(集电结)的影响。当 $U_{CE}=0$ 时,相当于发射结与集电结两个正向 PN 结并联,故 $I_B - U_{BE}$ 特性与 PN 结正向特性类似。当 U_{CE} 增大时,由于基区宽度效应使基区有效宽度减小,注入到基区的电子的复合电流 I_{VB} 减小,因此 I_B 减小。在输入特性曲线上,表现为在同样的 U_{BE} 下,U_{CE} 越大,I_B 越小。此外,对 $U_{CE}=0$ 的 $I_B - U_{BE}$ 曲线,当 $U_{BE}=0$ 时,两个 PN 结上的偏压均为零,没有任何电流在晶体管中流动,故 $I_B=0$;对 $U_{CE} \neq 0$ 的 $I_B - U_{BE}$ 曲线,当 $U_{BE}=0$ 时,发射结没有任何注入,即 I_{nE} 和 I_{pE} 都是 0,基区也就不存在少子复合电流,即 $I_{VB}=0$,但这时集电结上反偏压 $U_{CB} \neq 0$,在结中流过反向电流 I_{CBO},由基极流出,故 $I_B = -I_{CBO}$。

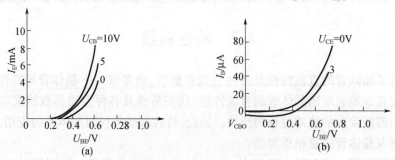

图 2-34 晶体管输入特性曲线
(a)共基极输入特性曲线;(b)共发射极输入特性曲线。

2.7.2 输出特性曲线

输出特性曲线表示晶体管的输出电流与输出电压之间的关系。对共基组态,即 I_C - U_{CB} 特性;对共射组态,即 I_C - U_{CE} 特性。

1. 共基极输出特性曲线

共基极组态晶体管的 I_C - U_{CB} 特性曲线示于图 2-35(a) 中。先来看看 I_C 随输入电流 I_E 的变化:当 $I_E = 0$(相当于发射极开路)时,发射结没有任何注入,但此时集电结反偏,流过反向电流 I_{CBO},故 $I_C = I_{CBO}$,这时的输出特性实际上就是集电结的反向特性。随着 I_E 的增加,I_C 按 $\alpha_0 I_E$ 的规律增加,但 $\alpha_0 \approx 1$,所以 I_C 基本上与 I_E 同样增加。其次,看看 I_C 随 U_{CB} 的变化:在 I_E 一定的条件下,I_C 基本上不随 U_{CB} 变化,这是因为 I_C 是靠收集 I_E 中传输到集电结的那部分电流 I_{nC} 而构成的,故 I_E 一定时,I_C 也基本恒定;当 U_{CB} 减小直到集电结变成正偏后,集电结收集能力降低,I_C 迅速下降;当 U_{CB} 增大,到达集电结雪崩击穿电压时,晶体管发生击穿,对 $I_E = 0$ 的 I_C - U_{CB} 曲线,击穿电压就是 BU_{CBO}。

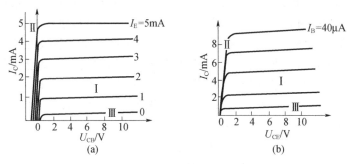

图 2-35 晶体管输出特性曲线

(a)共基极输出特性曲线;(b)共发射极输出特性曲线。

2. 共射极输出特性曲线

图 2-35(b) 是共射极的输出特性曲线,即 I_C - U_{CE} 关系曲线。也先看看输入电流 I_B 对输出电流的控制作用:当 $I_B = 0$(基极开路)时,晶体管中流过穿透电流,$I_C = I_{CEO} = (1 + \beta_0) I_{CBO}$,它大于集电结反向电流 I_{CBO},这是因为输出电压 U_{CE} 虽然主要降落在集电结上使集电结反偏,但由 I_{CBO} 流到基区的空穴的积累使发射结正偏,因而发射结有正向注入电流 I_{nE},它输运到集电结,而使 $I_C > I_{CBO}$。随着 I_B 增加,集电极电流按 $\beta_0 I_B$ 的规律增加。其次看看 I_C 随 U_{CE} 的变化:当 U_{CE} 增大时,由于基区宽变效应使 β_0 增大,特性曲线发生倾斜;当 U_{CE} 增大到集电结发生雪崩倍增时,晶体管击穿,I_C 迅速增大,$I_B = 0$ 的 I_C - U_{CE} 曲线的击穿电压就是 BU_{CEO},它小于 BU_{CBO},有 $BU_{CEO} = \dfrac{BU_{CEO}}{\sqrt[n]{1+\beta_0}}$;当 U_{CE} 减小直到集电结变成正偏后,

集电结收集能力迅速减弱,因而集电极电流迅速下降。

3. 两种组态输出特性曲线的比较

比较图 2-35(a)、(b)两组曲线可知,两种组态输出特性曲线的共同之处是:当输入电流一定时,两种组态的输出电流基本上保持不变(随输出电压的变化很微弱),只有输入电流改变时,输出电流才随之变化。因此,晶体管的输出电流受输入电流控制,是一种电流控制器件。但是,两组输出特性曲线也有一些不同之处:①共射极输出特性中,输入电流 I_B 较小的变化量,就会引起输出电流 I_C 较大的变化;而共基极输出特性中,输出电流 I_C 的改变量基本上与输入电流 I_E 的变化量相等。它反映了共射极电流增益远大于共基极电流增益这一事实。②共射极输出特性曲线随输出电压的增大逐渐上翘,而共基极特性曲线基本上保持水平。这是因为基区宽变效应对共射极电流增益 β_0 的影响比对共基极电流增益 α_0 的影响大得多。例如,基区宽变效应使 α_0 从 0.99 稍稍增大到 0.998 时,$\beta_0 = \left(\frac{\alpha_0}{1-\alpha_0}\right)$ 则从 99 变化为 499。因此,基区宽变效应对共射极输出特性曲线影响显著,对共基极特性曲线的影响则可以忽略。在共射极输出曲线中 $I_B = 0$ 那条曲线的上翘则是由于 $I_{CEO} = (1+\beta_0)I_{CBO}$,$\beta_0$ 随 U_{CE} 增大而导致 I_{CBO} 曲线上翘。共基极输出特性曲线的斜率比共射极小,说明共基极晶体管的输出阻抗比共射极的大(见下面 h 参数的分析)。③随着输出电压的减小,共射极特性曲线在 U_{CE} 下降为零之前,输出电流 I_C 就已经开始下降,而共基极特性曲线在 $U_{CB}=0$ 时还保持水平,直到 U_{CB} 为负值时才开始下降。下面对这一现象做一简要说明。在共射组态中,输出电压 U_{CE} 是降落在集电结和发射结上的,即 $U_{CE} = U_{CB} + U_{BE}$。对于 $I_B \neq 0$ 的情况,发射结偏压 U_{BE} 近似恒定在 0.7V(Si 管,对 Ge 管为 0.3V)。因此,当 U_{CE} 减小到 0.7V 时,集电结上反偏压 $U_{CB} \approx 0$。这时集电结虽然为零偏,但依靠势垒区的自建电场仍然可以全部收集从基区输运过来的载流子,因此集电极电流不会显著减小。但是,当 U_{CE} 进一步减小到低于 0.7V 时,集电结变为正偏,削弱了势垒区内的电场,其收集能力降低,因而,I_C 迅速下降。这就说明了为什么共射极组态中,U_{CE} 下降为零之前输出电流就已迅速减小。同样的分析可知,在共基极组态中,当 $U_{CB}=0$ 时,零偏的集电结仍有电流收集能力,I_C 不会明显下降,只有 U_{CB} 变为负值时,集电结才变为正偏,收集能力减弱,从而 I_C 才开始迅速下降。

最后指出,根据发射结、集电结的偏压情况,晶体管有 3 种工作状态:有源放大状态,特点是发射结正偏($U_E > 0$)、集电结反偏($U_C < 0$);饱和状态,特点是 $U_E > 0$、$U_C > 0$;截止状态,特点是 $U_E < 0, U_C < 0$。这 3 种工作状态分别对应输出特性曲线上的 3 个区域,在图 2-35 中用 Ⅰ、Ⅱ、Ⅲ表示,分别称为有源放大区、饱和区和截止区。

2.7.3 晶体管的直流小信号 h 参数

从晶体管特性曲线中不仅可以得到各种直流参数,也可以得到直流小信号(即低频下的交流小信号)参数,因此这里简要讨论一下晶体管的直流小信号参数。

众所周知,晶体管在电子线路中有各种用途,其中最重要应用之一是对信号进行放大。信号可以是直流信号,但一般是随时间变化的,称为交流信号(如正弦波)。当晶体管用来放大频率很高的交流信号时,其内部载流子的运动过程会发生显著变化,与本章讨论的直流情况有很大不同(高频下晶体管的特性将在下一章讨论)。不过,当交流信号的频率较低时,晶体管内部发生的物理过程基本上与直流时相同,所以本章对晶体管直流特性的分析结果对低频交流信号也适用。这里就是讨论低频交流信号或直流信号(统称为直流小信号)的放大。

首先讨论共射极组态晶体管对直流小信号的放大。由式(2-78)可知,共射极的 I_B - U_{BE} 特性是非线性的指数关系,如果将欲放大的电压信号直接接于 B - E 极间,则输入电流 I_B 及输出电流 I_C(按 $\beta_0 I_B$ 规律变化)并不与输入电压成正比(当信号电压太小时,甚至得不到输出,因为它必须先克服发射结的 0.7V 的死区电压)。一般希望晶体管放大器的输入信号与输出信号之间是正比关系而且比例与信号的大小及方向无关,这样放大后的波形才不会失真。实现这一要求的方法就是把晶体管偏置在一定状态下。例如,在图 2-36 所示的典型共射极晶体管放大电路中,通过偏置电阻 R_1 和 R_2 对 V_{CC} 的分压,输入端(基极)预先有一偏压 U'_B,使基极有一定的电流 I_B;同时在输出回路中,V_{CC} 要足够大,使负载 R_L 上有压降时,集电结仍处于负偏压。这时再把信号电压加到输入端时,基极电流 I_B 和集电极电流 I_C 都将有一个变化,集电极电流的这个变化量就是输出信号电流。只要信号足够小,输出信号总是与输入信号成比例关系。在晶体管的电路应用中,把固定的电压、电流称为偏置或工作点,而变化的部分为信号。

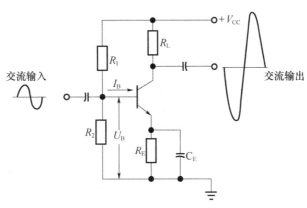

图 2-36 偏置与信号

从上述分析可见,信号与输入回路的偏置叠加在一起作为输入,在输出端得到的是放大后的信号与输出回路的偏置的叠加。因此,信号可以看成是偏置有了一个"增量"或

"微变",这也是晶体管低频小信号等效电路有时称为增量等效电路或微变等效电路的原因。当信号频率很低或为直流时,晶体管内部载流子的运动情况与只有偏置,即直流情况相同。下面从晶体管的直流特性分析直流小信号参数。

从外部来看,共射极晶体管的变量有 4 个:输入电流 I_B 与输入电压 U_{BE},输出电流 I_C 与输出电压 U_{CE}。但独立的变量只有两个,可取任意两个量做自变量。选取不同的自变量和因变量,可以得到不同的参数方程。例如,选取输入电压和输出电压为自变量时,可得 y 参数方程;选取输入电流和输出电流为自变量时,可得 z 参数方程;当选取输入电流和输出电压为自变量时,则得 h 参数方程。在此要讨论直流小信号 h 参数,所以选取 I_B 和 U_{CE} 为独立变量,这时函数为 $U_{BE}(I_B、U_{CE})$ 和 $I_C(I_B、U_{CE})$。当 I_B 和 U_{CE} 有微分增量时,U_{BE} 和 I_C 的微分增量为

$$dU_{BE} = \frac{\partial U_{BE}}{\partial I_B}\bigg|_{U_{CE}} dI_B + \frac{\partial U_{BE}}{\partial U_{CE}}\bigg|_{I_B} dU_{CE}$$

$$dI_C = \frac{\partial I_C}{\partial I_B}\bigg|_{U_{CE}} dI_B + \frac{\partial I_C}{\partial U_{CE}}\bigg|_{I_B} dU_{CE}$$

当增量较小时,关系与微分一样,所以

$$\Delta U_{BE} = \frac{\partial U_{BE}}{\partial I_B}\bigg|_{U_{CE}} \Delta I_B + \frac{\partial U_{BE}}{\partial U_{CE}}\bigg|_{I_B} \Delta U_{CE}$$

$$\Delta I_C = \frac{\partial I_C}{\partial I_B}\bigg|_{U_{CE}} \Delta I_B + \frac{\partial I_C}{\partial U_{CE}}\bigg|_{I_B} \Delta U_{CE}$$

若将信号用 $i_b、u_{ce}、i_c、u_{be}$ 表示,如前所述,它们就是偏置 $I_B、U_{CE}、I_C$ 和 U_{BE} 的增量 ΔI_B、$\Delta U_{CE}、\Delta I_C$ 和 ΔU_{BE},故上式可以写成

$$u_{be} = \frac{\partial U_{BE}}{\partial I_B}\bigg|_{U_{CE}} i_b + \frac{\partial U_{BE}}{\partial U_{CE}}\bigg|_{I_B} u_{ce} \qquad (2-186)$$

$$i_C = \frac{\partial I_C}{\partial I_B}\bigg|_{U_{CE}} i_b + \frac{\partial I_C}{\partial U_{CE}}\bigg|_{I_B} u_{ce} \qquad (2-187)$$

式中,各微分项是在一定的 U_{CE} 和 I_B 下取值的,U_{CE} 和 I_B 与信号大小($i_b、u_{ce}、i_c、u_{be}$)无关,是共射极的偏置或工作点。在晶体管放大电路中,工作点是固定的,从而上两式中的系数也是确定的值。所以,小信号之间的关系是线性的。

将式(2-186)和式(2-187)两式与四端网络的 h 参数方程

$$U_1 = h_{11}I_1 + h_{12}U_2$$
$$I_2 = h_{21}I_1 + h_{22}U_2$$

式中:$I_1、U_1$ 为四端网络的输入电流与输入电压,$I_2、U_2$ 为输出电流和输出电压)相比较,可得共射极晶体管各 h 参数意义如下。

(1) $h_{11} = \frac{\partial U_{BE}}{\partial I_B}\bigg|_{U_{CE}}$。表示集电极-发射极之间电压 U_{CE} 保持恒定或输出端交流短路

(ΔU_{CE} 或 $u_{ce}=0$)时,共射极晶体管的输入电阻(结电阻),常记为 h_{ie}。从式(2-78)可得到 $h_{ie}=\dfrac{1}{(\partial I_B/\partial U_{BE})U_{CE}}\approx\dfrac{kT}{qI_B}$,其值可以从输入特性曲线得到,它是 I_B-U_{BE} 曲线斜率的倒数。显然,h_{ie} 与工作点有关。

(2) $h_{12}=\dfrac{\partial U_{BE}}{\partial U_{CE}}\bigg|_{I_B}$。表示基极电流 I_B 恒定或输入端交流开路(ΔI_B 或 $i_B=0$)时,反向电压传输比,或称电压反馈系数,也常记为 h_{re}。其大小也可从 I_B-U_{BE} 曲线求到。

(3) $h_{21}=\dfrac{\partial I_C}{\partial I_B}\bigg|_{U_{CE}}$。表示 U_{CE} 恒定或输出端交流短路($u_{ce}=0$)时,共射极的正向电流传输比,即直流小信号电流增益,常记为 β 或 h_{fe}。根据关系式

$$I_C = h_{FE}I_B + I_{CEO}$$

当 U_{CE} 为常数时,上式对 I_B 微分(注意 I_{CEO} 与 I_B 无关)得

$$h_{fe} = h_{FE} + I_B\dfrac{\partial h_{FE}}{\partial I_B} \tag{2-188}$$

在中等电流下,直流增益随电流变化很小,这时

$$h_{fe} \approx h_{FE} \tag{2-189}$$

在共射极输出特性曲线簇中,h_{fe} 是基极电流 I_B 和 $I_B+\Delta I_B$ 对应的两条曲线在一定横坐标($U_{CE}=$ 常数)下,纵坐标之差 ΔI_C 被 ΔI_B 除得的商。而 h_{FE} 是基极电流 I_B 对应的曲线与 $I_B=0$ 对应的曲线(即 I_{CEO})的纵坐标之差被 I_B 除得的商。可见,h_{fe} 是某一工作点的增益,h_{FE} 则是一定范围内平均的增益,如果输出特性曲线比较均匀,如中等电流处,则二者相等。在小电流和大电流时,二者有一定差别。

(4) $h_{22}=\dfrac{\partial I_C}{\partial U_{CE}}\bigg|_{I_B}$。表示基极电流恒定或者说输入端交流开路时的输出电导,常记为 h_{oe}。它是输出特性曲线的斜率,其倒数为输出电阻(集电结结电阻)。由于基区宽变效应使曲线上翘,所以共基极晶体管输出电导不是零,输出电阻不是 ∞。

在 h 参数中有电导也有电阻,有电压反馈导数也有电流增益,因此 h 参数也称混合参数。完全类似的讨论,也可得共基极晶体管(输入电流和电压为 I_E、U_{EB},输出电压为 I_C、U_{CB})的 h 参数:$h_{11}=h_{ib}=\dfrac{\partial U_{EB}}{\partial I_E}\bigg|_{U_{CB}}=\dfrac{kT}{qI_E}$,$h_{12}=h_{rb}=\dfrac{\partial U_{EB}}{\partial U_{CB}}\bigg|_{I_E}$,$h_{21}=h_{fb}=\dfrac{\partial I_C}{\partial I_E}\bigg|_{U_{CB}}$,$h_{22}=h_{ob}=\dfrac{\partial I_C}{\partial U_{CB}}\bigg|_{I_E}$。值得一提的是,由于共基极晶体管输出特性曲线受基区宽变效应影响较小,曲线基本保持水平,不随 U_{CB} 而变,故共基极组态的输出电阻 h_{ob} 比共射极组态的输出电阻 h_{oe} 大。

2.8 晶体管模型

作为本章结束,讨论一下在计算机辅助分析(CAA)和计算机辅助设计(CAD)中使用的晶体管模型。

从本章对晶体管直流特性的分析看到,晶体管内部物理过程(这是器件物理关心的方面)是相当复杂的。但是在电路应用中,关心的只是器件的端特性,即晶体管两个输入端和两个输出端的电压和电流这4个量之间的关系。如果用一些基本的元件(电阻、电容、二极管、受控电压源或电流源等)构造一个四端网络,这个四端网络的端特性与晶体管的端特性相同,则它称为晶体管的等效电路或模型。在分析晶体管电路的各种性能时,必须以模型取代晶体管本身,因而器件模型的构造是十分重要的。

从原则上讲,如何构造器件模型有一定的任意性,只要满足其端特性与器件的端特性相同即可。因此在不同的应用场合,为了电路分析的方便,晶体管有不同的模型。例如,直流大信号模型用于进行晶体管电路的直流分析,即电路对直流大信号的传输特性、电路直流工作点的计算等;直流小信号模型用来分析晶体管电路对直流小信号(即电路中所说的低频交流小信号或直流小信号)的放大倍数、电路的输入和输出电阻等;交流大信号模型则在直流大信号模型基础上加入电容效应,可用于电路的瞬态或时域分析;交流小信号模型则用于电路的频域分析,即电路性能随频率的变化关系。从构造器件模型的途径划分,大致分为两类:一类由器件物理分析给出,可称为物理模型,其物理意义明确,反映了器件内部的物理过程,如低频小信号的 π 型等效电路;另一类从应用角度给出,将器件视为"黑匣子",不管其内部发生的过程,仅根据器件的端特性来构造其模型,这类模型可称之为电路模型,小信号 y 参数和 h 参数等效电路是这类模型的例子。电路模型中各参数的意义比较明确,如 h 参数中 h_{fe} 就是电流增益、h_{oe} 就是输出电阻,对电路分析很方便。当然这类模型的参数可以与晶体管的内部参数联系起来。

下面将要讨论的埃伯斯-莫尔(Ebers-Moll)模型,简称 EM 模型,属于晶体管的物理模型,其模型参数能较好地反映物理本质且易于测量,所以便于理解和使用。另外,它属于直流大信号模型,在电路分析程序 SPICE 或 PSPICE 中[10],还加入各种电容,使之不仅用于直流分析,也用于瞬态分析。

2.8.1 埃伯斯-莫尔模型

EM 模型是 1954 年由 J. J. Ebers 和 J. L. Moll 首先提出的,其基本思想是晶体管可认为是基于正向的晶体管和基于反向的晶体管(E、C 极互换使用)的叠加。从本章前面的分析可以看到,发射极和集电极电流都是由自身的结电流和另一个结传输过来的电流两部分组成,因此晶体管的基本方程可写为

第 2 章 晶体管的直流特性

$$I_E = I_{ES}(e^{qU_E/kT} - 1) - \alpha_R I_{CS}(e^{qU_C/kT} - 1) \tag{2-190}$$

$$I_C = \alpha_F I_{ES}(e^{qU_E/kT} - 1) - I_{CS}(e^{qU_C/kT} - 1) \tag{2-191}$$

式中　I_{ES}——集电极直流短路($U_C=0$)时发射结的反向电流；

　　　I_{CS}——发射极直流短路($U_E=0$)时集电结的反向电流；

　　　α_F——正向电流传输比或集电极直流短路时的正向直流增益；

　　　α_R——反向电流传输比或发射极直流短路时的反向电流增益。

根据四端网络的互易特性，有

$$\alpha_F I_{ES} = \alpha_R I_{CS} \tag{2-192}$$

式(2-190)和式(2-191)就是 Ebers-Moll 模型的基本方程。可见该模型有 4 个参数：α_F、α_R、I_{ES}、I_{CS}，它们以式(2-192)相联系，所以独立的参数只有 3 个。

Ebers-Moll 方程中的 I_{ES} 和 I_{CS} 可以直接用直流参数中的 I_{EBO} 和 I_{CBO} 来表示，下面简单推导一下它们之间的关系。

在集电极开路时，$I_C=0$，由式(2-191)得到

$$I_{CS}(e^{qU_C/kT} - 1) = \alpha_F I_{ES}(e^{qU_E/kT} - 1) \tag{2-193}$$

将式(2-193)代入式(2-190)，得

$$I_E = (1 - \alpha_F \alpha_R) I_{ES}(e^{qU_E/kT} - 1),\ (I_C = 0\ \text{时}) \tag{2-194}$$

显然，式(2-194)中系数$(1-\alpha_F\alpha_R)I_{ES}$就是集电极开路时发射结反向电流$I_{EBO}$，即

$$I_{EBO} = (1 - \alpha_F \alpha_R) I_{ES} \tag{2-195}$$

或写为

$$I_{ES} = \frac{I_{EBO}}{1 - \alpha_F \alpha_R} \tag{2-196}$$

同样可得

$$I_{CS} = \frac{I_{CBO}}{1 - \alpha_F \alpha_R} \tag{2-197}$$

一般 α_F、α_R 都小于 1，从式(2-196)和式(2-197)可见，I_{ES}、I_{CS} 都大于 I_{EBO} 和 I_{CBO}。

将式(2-191)乘以 α_R，并与式(2-190)相减得

$$I_E = \alpha_R I_C + (1 - \alpha_F \alpha_R) I_{ES}(e^{qU_E/kT} - 1) = \alpha_R I_C + I_{EBO}(e^{qU_E/kT} - 1) \tag{2-198}$$

同样，将式(2-190)乘以 α_F 后与式(2-191)相减得

$$I_C = \alpha_F I_E + (1 - \alpha_F \alpha_R) I_{ES}(e^{qU_C/kT} - 1) = \alpha_F I_E + I_{CBO}(e^{qU_C/kT} - 1) \tag{2-199}$$

上两式右端第二项为典型的 PN 结 $I-U$ 特性。因此 I_E 和 I_C 都可以用一个电流源与一个 PN 结二极管并联的电路来表示，对于 NPN 管表示为图 2-37(a)。这就是著名的 Ebers-Moll 模型，图中发射极和集电极电流 I_E、I_C 分别由式(2-198)和式(2-199)给出，基极电流 I_B 则由二者之差给出。

上述模型没有考虑晶体管中的一些实际因素,因此是本征晶体管的模型。为改善模型精度,应在本征模型中加入串联电阻(图 2-37(b)),图中 r_E 和 r_C 为发射区和集电区的体串联电阻,r_B 为基极电阻。注意,这时二极管受内部结电压 $U_{E'B'}$ 和 $U_{C'B'}$ 控制,而不再受外加电压控制。图 2-37(a)、(b)就是直流大信号模型,用于直流分析。如果再计入结电容,则应在发射结的电流源上并联发射结势垒电容 C_{TE} 和扩散电容 C_{DE},在集电结的电流源上并联集电结势垒电容 C_{TC} 和扩散电容 C_{DC},图 2-37(c)中以 C_E 和 C_C 表示。图 2-37(c)中还在内部发射极 E′ 和集电极 C′ 之间加入了另一个电流源以模拟厄利效应。计入电容后的图 2-37(c)就是交流大信号模型,可用于瞬态分析,如晶体管作为开关应用时的过渡过程分析。如果将图 2-37(b)、(c)中的二极管在工作点处线性化,就分别得到直流小信号和交流小信号模型。

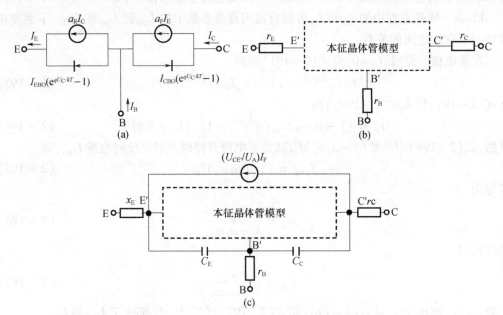

图 2-37 NPN 晶体管的 Ebers-Moll 等效电路
(a)本征晶体管模型;(b)加上串联电阻后的模型;(c)加上耗尽电容和厄利效应电流源的模型。

2.8.2 晶体管各工作区的模型

上面讨论的 Ebers-Moll 模型对晶体管的各种工作状态都是适用的。

(1) 有源放大区。当晶体管工作在有源放大状态时,$U_E > 0$、$U_C < 0$ 且 $|U_C| \gg \dfrac{kT}{q}$,可以从式(2-198)和式(2-199)得到有源放大区的方程为

$$I_E = \alpha_R I_C + I_{EBO}(e^{qU_E/kT} - 1) \quad (2-200)$$
$$I_C = \alpha_F I_E + I_{CBO} \quad (2-201)$$

因此,在有源放大区,发射极电流仍然等效于一个电流源与一个二极管的并联。而集电极电流为发射结的传输电流与集电结自身反向电流之和,等效于两个电流源相并联。于是,有源放大区的等效电路可简化为图2-38(a)。

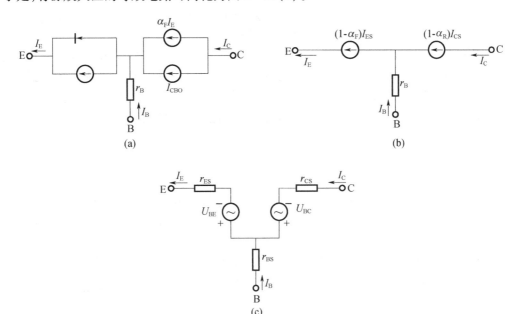

图2-38 晶体管各区的等效电路
(a)放大区;(b)截止区;(c)饱和区。

(2) 截止区。两个结均反偏且$|U_E|$、$|U_C| \gg \dfrac{kT}{q}$,方程式(2-198)和式(2-199)简化为

$$I_E = \alpha_R I_C - I_{EBO}$$
$$I_C = \alpha_F I_E + I_{CBO}$$

利用式(2-196)和式(2-197)将I_{EBO}、I_{CBO}换成I_{ES}、I_{CS},或者利用基本方程式(2-190)和方程式(2-191),并利用式(2-192)直接得到

$$I_E = -(1-\alpha_F)I_{ES} \quad (2-202)$$
$$I_C = (1-\alpha_R)I_{CS} \quad (2-203)$$

因此,在截止区,I_E和I_C可等效为两个电流流动方向相反的电流源。故截止区等效电路简化为图2-38(b)。

(3) 饱和区。在饱和区，晶体管的发射结和集电结都处于正向偏置低阻状态，所以端电流基本上由外电路决定。根据这一特点，将 Ebers – Moll 方程中以电流作为独立变量，可从式(2 – 198)、式(2 – 199)得到晶体管工作于饱和区时的结压降

$$U_\mathrm{E} = \frac{kT}{q}\ln\left[\frac{I_\mathrm{E} - \alpha_\mathrm{R} I_\mathrm{C}}{I_\mathrm{EBO}} + 1\right] \tag{2 – 204}$$

$$U_\mathrm{C} = \frac{kT}{q}\ln\left[\frac{\alpha_\mathrm{F} I_\mathrm{E} - I_\mathrm{C}}{I_\mathrm{CBO}} + 1\right] \tag{2 – 205}$$

根据结压降的表达式可得到 NPN 晶体管在饱和区的等效电路，如图 2 – 38(c)所示。图中还计入了发射区和集电区的体串联电阻 r_ES 和 r_CS，因为在饱和状态晶体管中的电流较大，必须考虑 r_ES 和 r_CS 的影响，图中 r_BS 为基极扩展电阻。因为这时可能发生电导调制效应，因此，上述 3 个电阻加脚标 S 表示晶体管工作在饱和区时的电阻值。

习 题

2 – 1 ①画出 PNP 晶体管在平衡时以及正常有源工作模式下的能带图和少数载流子分布图；②画出晶体管的示意图并表示出所有的电流成分；③写出这种晶体管的电流分配式。

2 – 2 画出 PNP 均匀基区晶体管在下述各种偏置状态下，晶体管内的少数载流子分布示意图。①发射结正偏、集电结反偏；②发射结反偏、集电结反偏；③发射结正偏、集电结正偏；④发射结反偏、集电结正偏。

2 – 3 对浅发射结晶体管，发射区少子连续性方程的边界条件式(2 – 27)应改为

$$x = -W_\mathrm{E}, p_\mathrm{E}(-W_\mathrm{E}) = p_\mathrm{E}^0 \text{ 或 } \Delta p_\mathrm{E}(-W_\mathrm{E}) = P_\mathrm{E}(-W_\mathrm{E}) - p_\mathrm{E}^0 = 0$$

其中 W_E 为发射区宽度。①试用此边界条件和式(2 – 26)重新求解连续性方程(2 – 25)以得到此时均匀基区 NPN 管发射区的空穴浓度分布。②证明当 $W_\mathrm{E} \ll L_\mathrm{pE}$ 时，发射区空穴分布也是线性的。

2 – 4 证明式(2 – 60)与式(2 – 24)等价。

2 – 5 利用 2 – 3 题结果，求浅发射结晶体管($W_\mathrm{E} \ll L_\mathrm{pE}$)中的反向注入空穴电流并利用此结果证明发射效率为

$$\gamma = \frac{1}{1 + \dfrac{D_\mathrm{pE} N_\mathrm{B} W_\mathrm{B}}{D_\mathrm{nE} N_\mathrm{E} W_\mathrm{E}}}$$

2 – 6 以 NPN 硅平面管为例，当 $U_\mathrm{E} > 0$，$U_\mathrm{C} < 0$ 时，分别说明从发射极进入的电子流，在晶体管的发射区、发射结势垒区、基区、集电结势垒区和集电区的传输过程中，以什么运动形式(指扩散或漂移)为主。

2-7 当均匀基区晶体管的基区宽度等于少子的扩散长度时,求其最大电流增益(α_0 和 β_0)。

2-8 忽略反向电流时,晶体管共射极直流电流增益为 $h_{FE} = \dfrac{I_C}{I_B}$,直流小信号电流增益则为 $h_{fe} = \dfrac{\mathrm{d}I_C}{\mathrm{d}I_B}$。证明小信号电流增益 h_{fe} 和直流增益 h_{FE} 之间的关系为

$$h_{fe} = \dfrac{h_{FE}}{1 - \dfrac{I_C}{h_{FE}} \dfrac{\mathrm{d}h_{FE}}{\mathrm{d}I_C}}$$

(此式说明,对直流增益与集电极电流无关的晶体管有 $h_{fe} = h_{FE}$)

2-9 证明单发射极条、单基极条晶体管发射区下面基区部分的基极电阻 $r_{B1} = R_{\square B} s_E / 3 l_E$。

2-10 证明共射组态下的 Ebers-Moll 方程可表示为

$$I_E = -\beta_R I_R + (1 + \beta_R) I_{EBO} (\mathrm{e}^{qU_E/kT} - 1)$$
$$I_C = \beta_F I_B - (1 + \beta_F) I_{CBO} (\mathrm{e}^{qU_C/kT} - 1)$$

并画出共射组态下的等效电路。

参 考 文 献

[1] 张屏英,周佑谟. 晶体管原理. 上海:上海科学技术出版社,1985.
[2] 浙江大学半导体器件教研室. 晶体管原理. 北京:国防工业出版社,1980.
[3] (美)施敏. 半导体器件物理. 黄振岗,译. 北京:电子工业出版社,1987.
[4] Slotboom J W, Degraff H C. Solid-State Electronics,1976.
[5] (美)爱德华. S 杨. 半导体器件基础. 卢纪,译. 北京:人民教育出版社,1981.
[6] Lanyon H P D, Tuft R A. Bandgap Narrowing in Heavily Doped Silicon,IEEE Tech. Dig. Int. Electron Device Meet,1978:136.
[7] McGrath E J, Navon D H. Factors Limiting Gurrent Gain in Power Transistors,IEEE Trans. Electron. Devices,1977(24):1255.
[8] Bora J S. Development of Generalized Theory of Floating Emitter Potential Based on Study of Germanium and Silicon Transistor,Microelectronic and Rehability,1973(4):343.
[9] 素世才,贾香鸾. 模拟集成电子学. 天津:天津科学技术出版社,1996.
[10] 陈星弼,唐茂成. 晶体管原理. 北京:国防工业出版社,1981.
[11] 姚立真. 通用电路模拟技术及软件应用 SPICE 和 Pspice. 北京:电子工业出版社,1994.

第3章 晶体管的频率特性

在第2章中,分析了处于有源放大状态的晶体管内部直流电流的传输过程,并在此基础上讨论了直流电流增益等直流参数。在2.7节还简要讨论了直流小信号特性,曾提到直流小信号电流的传输过程与直流电流相同。本章进行晶体管特性的频域分析,即讨论处于有源放大状态的晶体管的交流小信号特性。首先将详细分析交流小信号电流在晶体管内部的传输过程,在此基础上分析交流小信号电流增益和功率增益随信号频率(也即晶体管的工作频率)的变化规律,找到决定晶体管高频性能的因素及提高晶体管高频特性的因素。

3.1 基本概念

本节首先介绍晶体管的交流小信号电流增益随频率的变化情况,定义几个描述晶体管频率性能的参数,以期对晶体管的频率特性有一概括性的了解。为此先介绍交流小信号电流增益的概念。

3.1.1 晶体管的交流小信号电流增益

1. 共基极电流增益

在共基极运用中,集电极(输出端)交流短路时,集电极的输出交流小信号电流 i_c 与发射极的输入交流小信号电流 i_e 之比为共基极电流增益,即

$$\alpha \equiv h_{fb} \equiv \frac{i_c}{i_e} = \frac{dI_C}{dI_E}, U_{BC} = 常数 \qquad (3-1)$$

在式(3-1)中,由于 i_c、i_e 都是小信号,故也可用 I_C 和 I_E 的微分量来表示。

在低频时,电流增益与工作频率无关。但在到达一定的临界频率之后增益幅度将下降,同时输出电流 i_c 与输入电流 i_e 之间也会出现相位差。故考虑到相位关系,α 为复数,可表示为

$$\alpha = h_{fb} \equiv \frac{\dot{i}_c}{\dot{i}_e} \qquad (3-2)$$

式中 $\dot{i}_c$、$\dot{i}_e$——集电极交流小信号电流和发射极交流小信号电流的复数形式。

通常说 α 的大小,是指它的模 $|\alpha|$。

2. 共发射极电流增益

在共发射极运用中,集电极(输出端)交流短路时,输出小信号电流 i_c 与基极输入交流小信号电流 i_b 之比为共发射极电流增益,即

$$\beta \equiv h_{fe} \equiv \frac{i_c}{i_b} = \frac{dI_C}{dI_B}\Big|_{U_{CE} = 常数} \qquad (3-3)$$

同样,β 也是复数

$$\dot{\beta} = \dot{h}_{fe} \equiv \frac{\dot{i}_c}{\dot{i}_b} \qquad (3-4)$$

式中 $\dot{i}_b$ ——基极交流小信号电流的复数形式。

电流增益也常用分贝(dB)表示,即

$$\begin{cases} \alpha(dB) = 20\lg|\alpha| \\ \beta(dB) = 20\lg|\beta| \end{cases} \qquad (3-5)$$

实际上,交流小信号电流增益 α 和 β 分别是共基和共射组态下,晶体管的 h 参数之一,可参见 2.7 节有关部分。由于 α 和 β 是在集电极交流短路的条件下定义的,故也称为交流短路电流增益。

3.1.2 描述晶体管频率特性的参数

随着晶体管工作频率的提高,晶体管的性能会发生很大变化。在外部特性上,主要表现为电流增益和功率增益的下降。图 3-1 示出典型的电流增益随频率变化关系的简图,其中纵轴是以 dB 表示的电流增益。从图中可见,低频时电流增益 $|\alpha|$ 和 $|\beta|$ 保持常数 α_0 和 β_0(α_0 和 β_0 为低频时的增益值,一般情况下就是直流小信号增益);当频率增高时,$|\alpha|$ 和 $|\beta|$ 开始以 6dB/倍频程或 20dB/10 倍频程的速率下降。

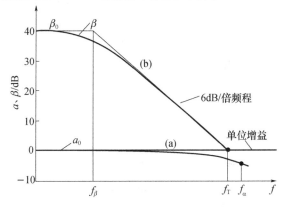

图 3-1 电流增益随频率的变化

从晶体管的频率响应特性定义以下几个参数,用于描述其高频性能。

2. 截止频率

一般定义,当电流增益下降到其低频值的$\frac{1}{\sqrt{2}}$倍时的频率为晶体管的截止频率。对不同的电路组态,截止频率是不同的:在共基极运用中,称为共基极截止频率,以f_α表示;在共发射极运用中,称为共发射极截止频率,以f_β表示。

图3-1所示的关系可以用式(3-6)来描述(本章后面将看到,从理论上得到的结果也是这样),即

$$\begin{cases} \alpha = \dfrac{\alpha_0}{1 + j\left(\dfrac{f}{f_\alpha}\right)} \\ \beta = \dfrac{\beta_0}{1 + j\left(\dfrac{f}{f_\beta}\right)} \end{cases} \quad (3-6)$$

在$f = f_\alpha$(或f_β)处,α(或β)的大小为$\dfrac{\alpha_0}{\sqrt{2}}$(或$\dfrac{\beta_0}{\sqrt{2}}$),即增益$\alpha$(或$\beta$)下降了3dB。因此$f_\alpha$和$f_\beta$亦称 -3dB 频率。

通常可用图3-1中的折线来近似代表晶体管的增益——频率关系。低频时平行于横轴的直线与斜率为$-20\text{dB}/10$倍频程的直线交点对应的频率即为截止频率。因此若用折线表示,截止频率实际上表示频率升高时晶体管电流增益开始下降的频率起点。

2. 特征频率

在共发射极运用中,截止频率f_β还不能完全反映晶体管在使用频率上的限制。例如,一个低频增益$\beta_0 = 100(40\text{dB})$的晶体管,当工作频率升高到$f_\beta$时,$\beta$下降为70(37dB),显然,此时晶体管仍然具有放大作用。为了表示共发射极运用中晶体管的频率限制,引入特征频率f_T,它定义为共发射极电流增益下降为1(0dB)时的频率。

从图3-1及式(3-6)可知,在共发射极运用中,当频率高于f_β后,β随频率升高以$-20\text{dB}/10$倍频程的速率下降,近似地有以下关系,即

$$f|\beta| = f_\beta \beta_0 = 常数 \quad (3-7)$$

显然,由f_T的定义可知

$$f \cdot \beta = f_T \quad (3-8)$$

因此,f_T也称为电流增益—带宽积。

采用f_T表示对晶体管工作频率的限制,除上述原因外,还由于f_T便于测量。因为不需要在很高的频率下测量f_T,只要在高于f_β的频率下测得β的值,便可以换算出f_T的数值。例如,在$40\text{MHz}(>f_\beta)$下测得$|\beta| = 10$,就可得到$f_T = 400\text{MHz}$。

3. 最高振荡频率

上面定义的特征频率是晶体管最重要的频率参数之一,它实质上描述了晶体管具有电流放大能力的频率极限。然而 f_T 还不是晶体管的极限使用频率。因为,即使在电流增益等于 1 时,由于晶体管的输出阻抗比输入阻抗高得多,晶体管还有电压放大能力,所以功率增益仍大于 1。为此,再定义晶体管的功率增益下降为 1(即输出功率 = 输入功率)时的频率为最高振荡频率,以 f_m 表示。如果用晶体管组成振荡器,在频率 f_m 下,将输出的全部功率反馈到输入端,则刚好可以维持工作状态。若频率再高,则不能维持振荡,振荡器停振,这就是 f_m 称为最高振荡频率的原因。由此可见,f_m 表示晶体管具有功率放大作用的频率极限。实际上,也是晶体管的极限使用频率,工作频率超过 f_m,晶体管失去任何放大作用。

后面将证明,在 $f > f_T$ 后,功率增益 G_p 与工作频率 f 满足下述关系,即
$$fG_p^{1/2} = f_m \tag{3-9}$$
因此,f_m 也称为功率增益—带宽积。

最后强调一点,在高频时,除电流增益和功率增益幅值减小外,还要发生输出信号的相位滞后,滞后量可从式(3-6)得到。例如,对共基极电流增益 α,有

$$\begin{cases} \alpha = \dfrac{\alpha}{\sqrt{1 + \left(\dfrac{f}{f_\alpha}\right)^2}} e^{i\varphi} = |\alpha| \cdot e^{i\varphi} \\ \varphi = -\arctan\left(\dfrac{f}{f_\alpha}\right) \end{cases} \tag{3-10}$$

3.2 电流增益的频率变化关系——截止频率和特征频率

本节讨论晶体管的电流增益随频率的变化关系,分析电流增益随频率升高而下降的物理原因。通过定量分析,找出截止频率和特征频率与晶体管内部参数的关系,以找到提高晶体管频率性能的途径。

3.2.1 交流小信号电流的传输过程

在第 2 章中已经知道,直流电流在晶体管内部的传输过程是:发射极电流由发射结注入到基区,通过基区输运到集电结,被集电结收集形成集电极输出电流。在这个电流传输过程中有两次电流损失:一是与发射结反向注入电流的复合;二是基区输运过程中在基区体内的复合。对于交流小信号电流,其传输过程与直流情况有很大不同,一些新的因素开始起作用。这些因素主要有 4 个:发射结势垒电容充放电效应、基区电荷存储效应或发射结扩散电容充放电效应、集电结势垒区渡越过程、集电结势垒电容充放电效应。结电容的

充放电电流的分流作用使输运到集电极的电流减小,导致电流增益下降;同时,对结电容的充放电需要一定时间,从而产生信号延迟,而使输出信号与输入信号存在相位差。

图 3-2 示出了交流小信号电流在晶体管内部的传输过程(注意晶体管被直流偏置在正向有源放大区,图中只画出了交流小信号电流成分)。下面分为 4 个子过程进行分析,并且与直流电流传输过程分析时一样引入几个中间参量来描述每个子过程的效率。

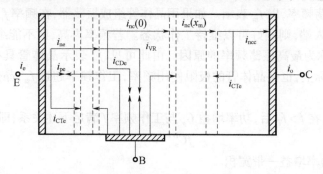

图 3-2 晶体管交流小信号电流传输示意图

1. 发射过程

当发射极输入一交变信号时,交变信号作用在发射结上,发射结的空间电荷区宽度将随着信号电压的变化而改变,因此需要一部分电子电流对发射结势垒电容进行充放电。例如,在信号正半周时,发射结处除产生正向注入电流 i_{ne} 和反向注入电流 i_{pe} 外,还有一部分电子将流入正空间电荷区,中和掉部分正空间电荷以使空间电荷区变窄,即对势垒电容充电。与此同时,基极必须向负空间电荷区注入等量空穴,中和掉相同数量的负空间电荷。因此,发射极电流中的一部分电子通过对势垒电容的充放电转换成基极电流的一部分,造成电子流向集电极传输过程中比直流时多出一部分损失。所以发射极交流小信号电流由三部分组成,即

$$i_e = i_{ne} + i_{pe} + i_{CTe} \tag{3-11}$$

定义交流发射效率为

$$\gamma \equiv \frac{i_{ne}}{i_e} = 1 - \frac{i_{pe}}{i_e} - \frac{i_{CTe}}{i_e} \tag{3-12}$$

显然,信号频率越高,结电容分流电流 i_{CTe} 越大,交流发射效率越低。

此外,由于对发射结势垒电容充放电需一定的时间,因而使电流传输过程产生延迟。

2. 基区输运过程

当发射极输入交变信号时,除发射结势垒区宽度随信号变化外,基区积累电荷数量也将随之变化。例如,在信号正半周,交变电压叠加在发射结直流偏压上,使结偏压升高,注入基区的电子增加使基区电荷分布曲线斜率增大(图 3-3),因而基区电荷积累(曲线下

的面积)增加。因此,注入到基区的电子,除一部分消耗于基区复合形成复合电流 i_{VR} 外,还有一部分电子用于增加基区电荷积累,即对扩散电容的充电。同时,为了保持基区电中性,基极必须提供等量的空穴消耗于基区积累,即对扩散电容的充放电电流也转换为基极电流的一部分,以 i_{CDe} 表示扩散电容分流电流,$i_{nc}(0)$ 表示输运到基区集电结边界的电子电流,则注入基区的电子电流为

$$i_{ne} = i_{nc}(0) + i_{VR} + i_{CDe} \tag{3-13}$$

定义交流基区输运系数

$$\beta^* \equiv \frac{i_{nc}(0)}{i_{ne}} = 1 - \frac{i_{VR}}{i_{ne}} - \frac{i_{CDe}}{i_{ne}} \tag{3-14}$$

因此,频率越高,分流电流 i_{CDe} 越大,到达集电结的有用电子电流 $i_{nc}(0)$ 越小,即基区输运系数 β^* 随频率升高而下降。同样,对 C_{De} 的充放电时间也对信号产生一定延迟。

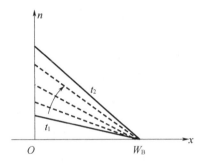

图 3-3 基区少子随信号的变化(正半周)

3. 集电结势垒区渡越过程

在直流电流传输过程中,由基区输运到集电结边界的电子流,被反偏集电结势垒区内的强电场全部拉向集电区,并且穿过势垒区的时间 t_d(称为集电结势垒区渡越时间)很短。因此,电子流在势垒区渡越过程中,既无幅度也无相位上的变化,可以认为这一过程对电流传输没有影响。但是,对于交流信号,特别是信号频率较高以至 t_d 与信号周期相比拟时,就必须考虑集电结势垒区的渡越过程。后面将看到,交流小信号电流在这一过程中,不仅信号幅度将降低,也会产生相位滞后。为描述这一过程的效率,引入集电结势垒区输运系数,它定义为流出与流入集电结势垒区的电子电流之比,即

$$\beta_d \equiv \frac{i_{nc}(x_{mC})}{i_{nc}(0)} \tag{3-15}$$

式中 $i_{nc}(x_{mC})$ ——到达集电区边界的电子电流。

4. 集电区传输过程

到达集电区边界的电流 $i_{nc}(x_{mC})$ 并不能全部经集电区输运而形成集电极电流 i_c。这

是因为交变电流在通过集电区时,会在体电阻 r_c 上产生一个交变的电压降。这个交变信号电压叠加在集电极直流偏置电压上,使集电结空间电荷区宽度随着交变信号的变化而变化。因此,在 $i_{nc}(x_{mC})$ 中需要有一部分电子电流对集电结势垒电容充放电,形成分流电流 i_{CTc}。同时,基极也提供相应大小的空穴流对 C_{Tc} 充放电,故分流电流 i_{CTc} 形成了基极电流的一部分。

从以上分析可见,最终到达集电极的电子电流大小为

$$i_c = i_{nc}(x_{mC}) - i_{CTc} \tag{3-16}$$

引入集电区衰减因子 α_c 来描述这一传输过程,即

$$\alpha_c \equiv \frac{i_c}{i_{nc}(x_{mC})} = 1 - \frac{i_{CTc}}{i_{nc}(x_{mC})} \tag{3-17}$$

综上分析可以看到,与直流电流传输情况相比,在交流小信号电流的传输过程中,增加了4个信号电流的损失途径:发射结发射过程中的势垒电容充放电电流;基区输运过程中扩散电容的充放电电流;集电结势垒区渡越过程中的衰减;集电区输运过程中对集电结势垒电容的充放电电流。这4个分流电流随着信号频率的增加而增大,并对信号产生的相移越大,因此造成电流增益随频率升高而下降。电流增益可表示为

$$\alpha = \frac{i_c}{i_e} = \frac{i_{ne}}{i_e} \cdot \frac{i_{nc}(0)}{i_{ne}} \cdot \frac{i_{nc}(x_{mC})}{i_{nc}(0)} \cdot \frac{i_c}{i_{nc}(x_{mC})} = \gamma \beta^* \beta_d \alpha_c \tag{3-18}$$

在低频下,上述4个分流电流很小,可忽略,这时图3-2将退化为与直流电流传输图2-4(b)完全相同。这表明,低频小信号电流的传输过程与直流时相同。

3.2.2 共基极电流增益和 α 截止频率

下面对交流小信号电流增益进行定量分析。

1. 发射效率和发射极延迟时间常数

通过前面对发射极发射过程的分析,可以将发射结等效为图3-4所示的电路。其中 i_{ne} 和 i_{pe} 是通过发射结动态电阻 r_e 的电流,i_{CTe} 是对势垒电容充放电形成的分流电流。根据简单并联支路的分流关系,从图中可以得到

$$\frac{i_{CTe}}{i_{ne} + i_{pe}} = \frac{r_e}{\frac{1}{j\omega C_{Te}}} = j\omega r_e C_{Te}$$

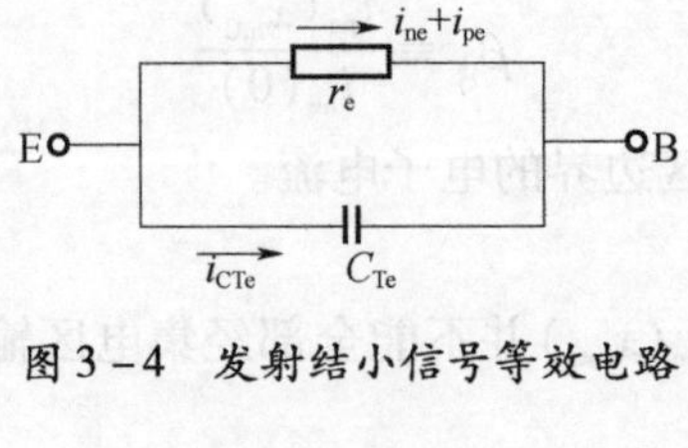

图3-4 发射结小信号等效电路

这样,由发射效率的定义式(3-12)可得

$$\gamma = \frac{i_{\text{ne}}}{i_e} = \frac{i_{\text{ne}}}{i_{\text{ne}} + i_{\text{pe}} + i_{\text{CTe}}} = \frac{\dfrac{i_{\text{ne}}}{i_{\text{ne}} + i_{\text{pe}}}}{1 + \dfrac{i_{\text{CTe}}}{i_{\text{ne}} + i_{\text{pe}}}} = \frac{\gamma_0}{1 + j\omega r_e C_{\text{Te}}} \quad (3-19)$$

其中,$\gamma_0 = i_{\text{ne}}/(i_{\text{ne}} + i_{\text{pe}})$是低频发射效率。令$r_e C_{\text{Te}} = \tau_e$,它是发射结势垒电容的充放电时间常数,则发射效率为

$$\gamma = \frac{\gamma_0}{1 + j\omega\tau_e} \quad (3-20)$$

由此可见,交流小信号电流发射效率的大小$|\gamma| = \gamma_0 \sqrt{1 + (\omega\tau_e)^2}$随工作频率升高而下降,并产生相位延迟$\varphi_j = -\arctan(\omega\tau_e)$。

一般把发射结势垒电容充放电时间常数τ_e称为发射极延迟时间。由于发射结处于正偏,C_{Te}应为正偏下的势垒电容值,$C_{\text{Te}} \approx (2.5 \sim 4)C_{\text{Te}}(0)$,因此,发射极延迟时间为

$$\tau_e = (2.5 \sim 4)\frac{kT}{qI_E}C_{\text{Te}}(0) \quad (3-21)$$

应当指出,上述过程中认为i_{ne}和i_{pe}与频率无关,在这个条件下,才能将发射结等效为图3-4所示的电路并得到上述各项结果。严格的分析表明[1],i_{ne}和i_{pe}均与频率有关。只有在晶体管的工作频率满足$\omega\dfrac{W_B^2}{3D_{\text{nB}}} \ll 1$关系时,才能认为$i_{\text{ne}}$和$i_{\text{pe}}$与频率无关。不过,一般晶体管的使用频率都满足这个关系,如高频晶体管,当$W_B = 1.5\,\mu\text{m}$,$D_{\text{nB}} = 30\,\text{cm}^2/\text{s}$时,$3D_{\text{nB}}/W_B^2 = 4\,\text{GHz}$,而晶体管的截止频率却远低于此值。所以,上述结果通常是适用的。此外,在频率满足$\omega\dfrac{W_B^2}{3D_{\text{nB}}} \ll 1$,有$\dfrac{i_{\text{pe}}}{i_{\text{ne}}} \approx \dfrac{I_{\text{pE}}}{I_{\text{nE}}}$,因此$\gamma_0 = \dfrac{i_{\text{ne}}}{i_{\text{ne}} + i_{\text{pe}}} = \dfrac{I_{\text{nE}}}{I_{\text{nE}} + I_{\text{pE}}}$,也就是直流发射效率。

2. 基区输运系数和基区渡越时间

为了求得基区输运系数的表达式,首先求解基区电子电流密度分布。与直流情况类似,由连续性方程进行求解。

当晶体管工作在交流放大状态时,发射结直流偏压$U_E > 0$,集电结直流偏压$U_C < 0$,在输入端输入弱交流信号,从输出端取出被放大的信号,如图3-5(a)所示。这时,发射结和集电结电压分别是其直流偏压与交流信号电压的叠加。设交流信号为正弦波,其幅值分别为U_e和U_c,角频率为ω,则发射极总电压为

$$U_{\text{BE}} = U_E + u_e(t) = U_E + U_e e^{j\omega t} \quad (3-22)$$

集电极总电压为

$$U_{\text{BC}} = U_C + u_c(t) = U_C + U_c e^{j\omega t} \quad (3-23)$$

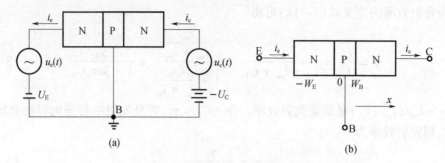

图 3-5 NPN 晶体管的一维模型
(a) 晶体管的放大作用;(b) 坐标图。

在加有交流信号电压的情况下,PN 结空间电荷区宽度、基区少数载流子分布等都随时间而变化。空间电荷区宽度的变化将导致基区宽度随信号电压而改变(亦称基区宽变效应),为简单起见,这里认为 W_B 是常数。载流子分布随信号而变化,则使得基区少子分布由直流时只与位置有关变成位置和时间二者的函数,基区中载流子分布应写为 $n(x,t)$。因此,在基区中少数载流子的连续性方程应为

$$\frac{\partial^2 n}{\partial x^2} - \frac{n - n_B^0}{L_{nB}^2} = \frac{1}{D_{nB}} \frac{\partial n}{\partial t} \tag{3-24}$$

由于外加电压包含直流和交流两个分量,载流子密度分布也可分为直流和交流两个分量。方程式(3-24)的解应有

$$n(x,t) = n_0(x) + n_1(x) e^{j\omega t} \tag{3-25}$$

式中,右端第一项为直流分量;第二项为交流分量。将式(3-25)代入式(3-24),并利用连续性方程两端直流分量和交流分量各自相等,得到基区少数载流子直流分量和交流分量各自满足的方程为

$$\frac{\partial^2 n_0}{\partial x^2} - \frac{n_0 - n_B^0}{L_{nB}^2} = 0 \tag{3-26}$$

$$\frac{\partial^2 n_1}{\partial x^2} - \frac{1 + j\omega \tau_{nB}}{L_{nB}^2} n_1 = 0 \tag{3-27}$$

直流分量连续性方程的解已在第 2 章中求得,在此只需讨论交流分量解。将方程(3-27)改写为

$$\frac{\partial^2 n_1}{\partial x^2} - \frac{n_1}{L_{nB}^{*2}} = 0 \tag{3-28}$$

方程中,$L_{nB}^{*2} = L_{nB}^2/(1 + j\omega \tau_{nB})$,$L_{nB}^*$ 可定义为基区少数载流子的交流扩散长度。方程式(3-28)的通解为

$$n_1(x) = Ae^{\frac{x}{L_{nB}^*}} + Be^{-\frac{x}{L_{nB}^*}} \tag{3-29}$$

为决定积分常数 A 和 B，下面来考察边界条件。由于发射结和集电结上的电压均有直流和交流两个分量，因此，基区边界少子浓度分别为

$$n(0,t) = n_B^0 \cdot \exp\left[\frac{q(U_E + U_e e^{j\omega t})}{kt}\right] \tag{3-30}$$

$$n(W_B,t) = n_B^0 \cdot \exp\left[\frac{q(U_C + U_c e^{j\omega t})}{kt}\right] \tag{3-31}$$

在小信号工作条件，即交变信号电压的幅值满足

$$|U_e|、|U_c| \ll \frac{kt}{q} \tag{3-32}$$

时（注意，小信号不是指 $|U_e| < U_E$、$|U_c| < U_C$ 的条件），将式(3-30)和式(3-31)右端指数项按泰勒级数展开并略去高次项得

$$n(0,t) = n_B^0 e^{qU_E/kT}\left(1 + \frac{qU_e}{kT}e^{j\omega t}\right) = n_E + n_e e^{j\omega t} \tag{3-33}$$

$$n(W_B,t) = n_B^0 e^{qU_C/kT}\left(1 + \frac{qU_c}{kT}e^{j\omega t}\right) = n_C + n_c e^{j\omega t} \tag{3-34}$$

式中，$n_E = n_B^0 e^{qU_E/kT}$；$n_e = \frac{qn_E}{kT}U_e$；$n_C = n_B^0 e^{qU_C/kT}$；$n_c = \frac{qn_C}{kT}U_c$。

在上面两个方程中，右端第一项 n_E 和 n_C 分别是发射结势垒区边界($x=0$)和集电结势垒区边界($x=W_B$)处电子密度的直流分量，第二项则为此两处电子密度的交流分量。从 n_E、n_C、n_e 及 n_c 的表达式可见，在发射结和集电结边界上的基区电子密度的交流分量近似与交流小信号电压的幅值成正比，而电子密度的直流分量是与直流电压成指数关系的。从上述分析得到小信号工作条件下，基区少子交流分量边界条件为

$$\begin{cases} x = 0, n_1(0) = n_e = \dfrac{qn_E}{kT}U_e \\ x = W_B, n_1(W_B) = n_c = \dfrac{qn_C}{kT}U_c \end{cases} \tag{3-35}$$

将此边界条件代入式(3-29)并注意到在晶体管的放大状态，发射结直流偏压 $U_E > 0$，集电结直流偏压 $U_C < 0$ 且 $|U_C| \gg \dfrac{kT}{q}$，因而 $n_C \approx 0$，使交流边界条件 $n_1(W_B) \approx 0$，得到基区少子分布的交流分量为

$$n_1(x) = n_E \frac{qU_e}{kT} \frac{\text{sh}\left(\dfrac{x - W_B}{L_{nB}^*}\right)}{\text{sh}\left(\dfrac{W_B}{L_{nB}^*}\right)} \tag{3-36}$$

将式(3-36)对 x 微分,得基区电子电流分布的交流分量为

$$i_\mathrm{n} = qAD_\mathrm{nB}\frac{\mathrm{d}n_1(x,t)}{\mathrm{d}x} = \frac{qAD_\mathrm{nB}n_\mathrm{E}}{L_\mathrm{nB}^*}\frac{qU_\mathrm{e}}{kT}\frac{\mathrm{ch}\left(\dfrac{x-W_\mathrm{B}}{L_\mathrm{nB}^*}\right)}{\mathrm{sh}\left(\dfrac{W_\mathrm{B}}{L_\mathrm{nB}^*}\right)}\mathrm{e}^{\mathrm{j}\omega t} \qquad (3-37)$$

从方程式(3-37)可得集电极交流短路($U_\mathrm{c}=0$)条件下的交流基区输运系数为

$$\beta^* = \left.\frac{i_\mathrm{n}(W_\mathrm{B})}{i_\mathrm{n}(0)}\right|_{U_\mathrm{c}=0} = \mathrm{sech}\left(\frac{W_\mathrm{B}}{L_\mathrm{nB}^*}\right) = \mathrm{sech}\left(\frac{W_\mathrm{B}}{L_\mathrm{nB}}\sqrt{1+\mathrm{j}\omega\tau_\mathrm{nB}}\right) \qquad (3-38)$$

可见,β^* 与直流基区输运系数 $\beta_0^* = \mathrm{sech}\left(\dfrac{W_\mathrm{B}}{L_\mathrm{nB}}\right)$ 具有完全类似的形式。为了化简 β^* 的表达式以更清楚地看清其物理意义,考察 β^* 与 β_0^* 的比值。在 $W_\mathrm{B}/L_\mathrm{nB} \ll 1$ 的条件下,利用双曲函数展开式,$\mathrm{sech}(x) \approx 1 - \dfrac{x^2}{2}$,有

$$\frac{\beta^*}{\beta_0^*} = \frac{\mathrm{sech}\left(\dfrac{W_\mathrm{B}}{L_\mathrm{nB}^*}\right)}{\mathrm{sech}\left(\dfrac{W_\mathrm{B}}{L_\mathrm{nB}}\right)} = \frac{1 - \dfrac{W_\mathrm{B}^2}{2L_\mathrm{nB}^{*2}}(1+\mathrm{j}\omega\tau_\mathrm{nB})}{1 - \dfrac{W_\mathrm{B}^2}{2L_\mathrm{nB}^2}} = \frac{1 - \dfrac{W_\mathrm{B}^2}{2L_\mathrm{nB}^{*2}} - \mathrm{j}\omega\dfrac{W_\mathrm{B}^2}{2D_\mathrm{nB}}}{1 - \dfrac{W_\mathrm{B}^2}{2L_\mathrm{nB}^2}}$$

由于直流基区输运系数 $\beta_0^* \approx 1$,在上式中忽略 $\dfrac{W_\mathrm{B}^2}{2L_\mathrm{nB}^*}$ 项

$$\frac{\beta^*}{\beta_0^*} \approx 1 - \mathrm{j}\omega\frac{W_\mathrm{B}^2}{2D_\mathrm{nB}} \approx \frac{1}{1+\mathrm{j}\omega\dfrac{W_\mathrm{B}^2}{2D_\mathrm{nB}}}$$

式中,第二步忽略了频率二次项。于是有

$$\beta^* = \frac{\beta_0^*}{1+\mathrm{j}\omega\tau_\mathrm{b}} \qquad (3-39)$$

对于均匀基区晶体管,有

$$\tau_\mathrm{b} = \frac{W_\mathrm{B}^2}{2D_\mathrm{nB}} \qquad (3-40)$$

式(3-39)就是晶体管基区输运系数的一级近似表达式。

严格的分析表明[2],β^* 的表达式为

$$\beta^* = \frac{\beta_0^* \mathrm{e}^{-\frac{\mathrm{j}m\omega\tau_\mathrm{b}}{1+m}}}{1+\mathrm{j}\dfrac{\omega\tau_\mathrm{b}}{1+m}} \qquad (3-41)$$

式中 m——超相移因子,即

$$m = 0.22 + 0.098\eta \quad (3-42)$$

对均匀基区晶体管，$m=0.22$；对缓变基区晶体管，当 $\eta=2$ 时，$m=0.416$，$\eta=4$ 时，$m=0.612$。

以上各式中的 τ_b 称为基区渡越时间。这是因为当基区载流子 $n_B(x)$ 以速度 $v(x)$ 穿越基区，产生基区传输电流 $I_{nB}(x) = Aqn_B(x)v(x)$ 时，载流子穿越基区的时间为

$$\tau_b = \int_0^{W_B} \frac{1}{v(x)} dx = \int_0^{W_B} \frac{Aqn_B(x)}{I_{nB}(x)} dx \quad (3-43)$$

在基区宽度 $W_B \ll L_{nB}$，近似认为基区传输电流为常数，即 $I_{nB}(x) \approx I_{nE} = -AJ_{nE}$ 时，基区少子分布用线性近似代入，可得

$$\tau_b = \int_0^{W_B} \frac{Aqn_B(0)\left(1 - \frac{x}{W_B}\right)}{I_{nE}} dx = \frac{W_B^2}{2D_{nB}} \quad (3-44)$$

可以看出，τ_b 确为少数载流子的基区渡越时间。对于缓变基区晶体管，以其少子分布 $n_B(x)$ 代入式 (3-43)，有

$$\tau_b = \int_0^{W_B} \frac{1}{D_{nB}} \frac{W_B}{\eta} [1 - e^{-\eta(1-\frac{x}{W_B})}] dx = \frac{W_B^2}{\lambda D_{nB}} \quad (3-45)$$

从对晶体管小信号参数的分析[3]，发射结扩散电容为 $C_{De} = \frac{1}{r_e} \frac{W_B^2}{\lambda D_{nB}}$，因此 τ_b 也可写为

$$\tau_b = r_e C_{De} \quad (3-46)$$

式中，对均匀基区晶体管，$\lambda=2$；对缓变基区晶体管，$\lambda = \eta^2/(\eta - 1 + e^{-\eta})$。所以 τ_b 也表示扩散电容的充放电时间常数。这一点也可从对式 (3-43) 进行适当变换后看出，即

$$\tau_b = \int_0^{W_B} \frac{Aqn_B(x)}{I_{nE}} dx = \frac{Q_B}{I_{nE}} \quad (3-47)$$

因此，τ_b 确系由注入电流 I_{nE} 对扩散电容进行充放电而产生基区积累电荷 Q_B 所需的延迟时间。

3. 集电结势垒区输运系数和集电结势垒区延迟时间

在第 2 章关于晶体管直流增益的讨论中知道，直流增益主要取决于基区输运过程。但对交流信号，尤其是高频信号，必须考虑集电结势垒区的输运过程。并且，现代晶体管的基区宽度已做到很小，载流子在基区的渡越时间越来越短，因此载流子在集电结势垒区的渡越时间的重要性也相对增大。

反偏集电结势垒区电场一般很强，当此区域电场超过临界电场强度 10^4V/cm 时，载流子漂移速度达到饱和，以极限速度 v_{sl} 穿过势垒区。对于硅 $v_{sl} = 8.5 \times 10^6 \text{cm/s}$；对于锗 $v_{sl} = 6 \times 10^6 \text{cm/s}$。所以，载流子穿越集电结势垒区的时间为

$$t_d = \frac{x_{mC}}{v_{sl}} \quad (3-48)$$

式中 x_{mC}——集电结势垒区宽度。

下面讨论在集电结势垒区渡越过程中,对交流小信号电流所引起的位相延迟和幅度的减小量。当电荷(载流子)Q 以速度 v 通过势垒区时,除了由于电荷运动而产生传导电流 $j_{nC} = Qv$(亦称徙动电流)外,还由于运动电荷在其周围产生变化的电场而产生位移电流 $j_d = \frac{\partial}{\partial t}(\varepsilon_s \varepsilon_0 E)$。因此,通过集电结的电流包括传导电流和位移电流两个分量,即

$$j_c = j_{nc} + \frac{\partial}{\partial t}(\varepsilon_s \varepsilon_0 E) \tag{3-49}$$

式中,j_c 表示通过势垒区的总电流,如果不考虑势垒区的产生与复合,j_c 在整个势垒区为常数。右端第一项 j_{nc} 表示传导电流,第二项为位移电流,E 为势垒区电场强度。

对于 NPN 晶体管,传导电流为电子电流,其大小为[4]

$$j_{nC} = -qnv_{sl} \tag{3-50}$$

式中 n——电子密度,在正弦交流信号的情况下可以写成

$$n(x,t) = n(x)e^{j\omega t} \tag{3-51}$$

传导电流 i_{nc} 与电子密度 $n(x,t)$ 之间由连续性方程(它表示电荷守恒)相联系,即

$$\frac{\partial n}{\partial t} = \frac{1}{q}\frac{\partial j_{nc}}{\partial x} \tag{3-52}$$

将式(3-50)和式(3-51)的关系代入式(3-52),有

$$\frac{dn(x)}{dx} = -j\omega \frac{n(x)}{v_{sl}} \tag{3-53}$$

由此得到

$$n(x) = n(0)e^{-j\omega \frac{x}{v_{sl}}} \tag{3-54}$$

将式(3-51)、式(3-54)代入式(3-50)得到

$$j_{nC}(x,t) = -qv_{sl}n(0)e^{j\omega(t-\frac{x}{v_{sl}})} \tag{3-55}$$

这是传导电流在势垒区的分布表达式。当 $x=0$ 时

$$j_{nC}(0,t) = -qv_{sl}n(0)e^{j\omega t} \tag{3-56}$$

是流入势垒区的电流。将式(3-55)写为

$$j_{nC}(x,t) = j_{nC}\left(0, t - \frac{x}{v_{sl}}\right) \tag{3-57}$$

式(3-57)表明 t 时刻、x 处的传导电流是 $x=0$ 处在 $t - \frac{x}{v_{sl}}$ 时刻的传导电流传输过来而形成的,或者说,在电子电流传导过程中,产生了相位延迟。

将式(3-55)代入式(3-49)并在整个势垒区积分,有

$$\int_0^{x_{mC}} j_c dx = \int_0^{x_{mC}} -qv_{sl}n(0)e^{j\omega(t-\frac{x}{v_{sl}})}dx + \frac{\partial}{\partial t}\int_0^{x_{mC}} \varepsilon_s \varepsilon_0 E dx \tag{3-58}$$

忽略势垒区中的产生-复合，求得j_c为

$$j_c = -qv_{sl}n(0)e^{j\omega t}\frac{1-e^{-j\omega\frac{x_{mC}}{v_{sl}}}}{j\omega\left(\frac{x_{mC}}{v_{sl}}\right)} + \frac{\varepsilon_s\varepsilon_0}{x_{mC}}\frac{\partial U_{BC}}{\partial t} \quad (3-59)$$

在集电结交流短路的条件下，集电结电压$U_{BC}=$常数，即$\frac{\partial U_{BC}}{\partial t}=0$，故

$$j_c = -qv_{sl}n(0)e^{j\omega t}\frac{1-e^{-j\omega t_d}}{j\omega t_d} \quad (3-60)$$

式(3-60)表明，集电结交流短路时，流过势垒区的总电流j_c是传导电子电流$j_{nC}(x,t)$在势垒区的平均值，即

$$\overline{j_{nC}}\bigg|_{v_c=\text{常数}} = \frac{1}{x_{mC}}\int_0^{x_{mC}} j_{nC}(x,t)dx = \frac{1}{x_{mC}}\int_0^{x_{mC}}[-qv_{sl}n(0)e^{j\omega(t-\frac{x}{v_{sl}})}]dx = j_c$$

$$(3-61)$$

j_c也就是流出势垒区的电流。

根据势垒区输运系数β_d的定义，它是集电极交流短路时，流出与流入势垒区的电流之比，即

$$\beta_d = \frac{j_c}{j_{nC}(0)}\bigg|_{U_{BC}=\text{常数}} = \frac{1-e^{-j\omega t_d}}{j\omega t_d} \quad (3-62)$$

这就是集电极势垒区输运系数的一般表达式。把式(3-62)中指数项展开，并取二级近似，得到β_d的近似式为

$$\beta_d = \frac{1}{1+j\omega\frac{t_d}{2}} = \frac{1}{1+j\omega\tau_d} \quad (3-63)$$

式中

$$\tau_d = \frac{t_d}{2} = \frac{x_{mC}}{2v_{sl}}$$

称为集电结势垒区延迟时间(有时也称为渡越时间)，它等于载流子以饱和速度穿越集电结势垒区所需渡越时间的一半。这是因为流出势垒区的电流j_c并不是渡越势垒区的载流子到达集电区边界才产生的。当载流子还在穿越势垒区的过程中，由于位移电流的存在，已经在势垒区输出端感应出与之等值的传导电流。而集电结电流j_c是势垒区内运动电荷产生的徙动电流和位移电流的平均表现，见式(3-58)，所以集电结势垒区延迟时间τ_d只是t_d的一半。

4. 集电区衰减因子和集电区延迟时间

从发射极注入到基区的少数载流子(电子)穿过集电结势垒区，流到了集电区，但此

电流并不能立刻造成集电极电流 i_c。这是因为晶体管的集电区都有一定的体电阻 r_c（对平面管尤其如此），因此从集电结势垒区流出来的交流信号电流通过导电区时，将在体电阻上产生交变的电压降，造成集电结势点区宽度随信号而变化。也就是说，流出集电结势垒区的电流中，要分流出一部分对势垒区电容充放电。图 3-6 是在集电结交流短路条件下，集电结的小信号等放电路。图中电流源是由发射极发射、经过基区和集电结势垒区输运而到达集电区的电子电流，即 $i_{nc}(x_m)$。$i_{nc}(x_m)$ 一部分（即 i_{ncc}）

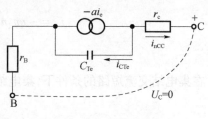

图 3-6 集电结等效电路

通过 r_c 流到外电路形成集电极电流 i_c，一部分对 C_{Tc} 充电形成 i_{CTc}，因而引起电流增益的下降。

严格来说，对势垒电容的充放电是通过 r_c 和基极电阻 r_B 进行的。因为电子电流 i_{CTc} 对 C_{Tc} 充放电时，基极要提供等量的空穴电流，即 i_{CTc} 转变为基极电流的一部分。这部分基极电流流经 r_B 也产生交变压降，使势垒区宽度发生变化。但一般而言，$r_B \ll r_c$，因而 r_B 上的交流压降远小于 r_c 上的交流压降。当忽略 r_B 时，在 r_c 和 C_{Tc} 两端交流电压相等，因此有

$$\frac{i_{CTc}}{i_c} = \frac{r_c}{\frac{1}{j\omega C_{Tc}}} = j\omega r_c C_{Tc} \quad (3-64)$$

由此得到集电区衰减因子为

$$\alpha_c = \frac{i_c}{i_c(x_{mC})} = \left(1 + \frac{i_{CTc}}{i_c}\right)^{-1} = \frac{1}{1 + j\omega r_c C_{Tc}} = \frac{1}{1 + j\omega \tau_c} \quad (3-65)$$

式中 $\tau_c = r_c C_{Tc}$——集电极延迟时间，它代表通过集电区串联电阻 r_c 对势垒电容的充放电时间常数。

5. 共基极电流增益及其截止频率

在分析了晶体管电流从发射极到集电极的每一个过程随频率的变化之后，综合以上分析结果，由式（3-20）、式（3-39）、式（3-63）和式（3-65），得到共基极电流增益为

$$\alpha = \gamma \beta^* \beta_d \alpha_c = \frac{\gamma_0 \beta_0^*}{(1+j\omega\tau_e)(1+j\omega\tau_b)(1+j\omega\tau_d)(1+j\omega\tau_c)} \quad (3-66)$$

将式（3-66）分母各乘积项展开并忽略频率二次幂以上各项，有

$$\alpha = \frac{\alpha_0}{1+j\omega\tau_{ec}} = \frac{\alpha_0}{1+\dfrac{j\omega}{\omega_\alpha}} = \frac{\alpha_0}{1+\dfrac{jf}{f_\alpha}} \quad (3-67)$$

式中 $\tau_{ec} = \tau_e + \tau_b + \tau_d + \tau_c$——发射极到集电极总延迟时间；

α_0——直流或低频电流增益；

f——信号频率。

电流增益的幅值和相位滞后可表示为

$$|\alpha| = \frac{\alpha_0}{\sqrt{1 + \left(\frac{f}{f_\alpha}\right)^2}}$$

$$\varphi = -\arctan\left(\frac{f}{f_\alpha}\right)$$

可见，电流增益的幅值随频率升高而下降，相位滞后则随频率升高而增大。当频率上升到 $f = f_\alpha$ 时，α 下降到其低频值的 $1/\sqrt{2}$，因此 f_α 称为共基极截止频率或 α 截止频率，其值为

$$f_\alpha = \frac{1}{2\pi\tau_{ec}} = \frac{1}{2\pi(\tau_e + \tau_b + \tau_d + \tau_c)} \tag{3-68}$$

上面得出的电流增益 α 和截止频率 f_α 的表达式（3-67）和式（3-68）对均匀基区和缓变基区都适用，计算时只需代入各自的延迟时间即可。对于一般的高频晶体管，由于基区宽度 W_B 较宽，τ_b 往往比 τ_e、τ_d、τ_c 大得多，通常 $f_\alpha < 500\text{MHz}$ 时，4个时间常数中，τ_b 往往起主要作用。为了对截止频率有一个数量级的概念，可参考下列数据：普通合金管在基区宽度为 $10\mu m$ 左右时，f_α 能达到 $0.5 \sim 1\text{MHz}$；合金高频管，f_α 能达到 $10 \sim 20\text{MHz}$；缓变基区晶体管由于采用可精确控制结果的双扩散工艺，基区可以做到很窄并且存在漂移场，因此截止频率较高。当基区宽度减小到 $3 \sim 0.5\mu m$ 时，f_α 可达 $100\text{MHz} \sim 4\text{GHz}$。若用浅结工艺，$f_\alpha$ 可做到更高。

3.2.3 共射极电流增益、β 截止频率和特征频率

下面在前面对共基极电流增益分析的基础上，讨论共射极电流增益、β 截止频率和特征频率。

1. 共射极电流增益和 β 截止频率

根据共射极电流增益的定义，即

$$\beta = \frac{i_c}{i_b}\bigg|_{U_c = 0}$$

和小信号工作条件下的端电流关系，即

$$i_e = i_b + i_c$$

可以得到

$$\beta = \frac{i_c}{i_e - i_c} = \frac{\alpha_e}{1 - \alpha_e} \tag{3-69}$$

此式在形式上与直流情况下共基极电流增益和共射极电流增益的关系相同。但这里的

α_e 不是共基极小信号电流增益,而是在共射状态下,晶体管输出端 C 和 E 间交流短路时,集电极电流 i_c 与发射极电流 i_e 之比,即 $\alpha_e = \dfrac{i_c}{i_e}\bigg|_{U_e=0}$。与共基极小信号电流增益 α 相比,其差别在于 α 要求 C、B 间交流短路,而 α_e 为 C、E 交流短路。在共射状态下 C、E 交流短路将使集电结和发射结交流参数相并联。因此,发射极信号电压变化时,也要引起集电结势垒区宽度变化,也就是说,发射结电压变化既要对发射结势垒电容 C_{Te} 充电,也要对集电结势垒电容 C_{Tc} 充电,所以发射极延迟时间从 $\tau_e = r_e C_{Te}$ 增长为 $\tau'_e = r_e(C_{Te} + C_{Tc})$。而除了发射过程外,载流子在晶体管内的其他传输过程与共基极组态相同。这样,α_e 可由在 α 中以 τ'_e 取代 τ_e 而得到,故

$$\alpha_0 = \frac{\alpha_0}{1 + j\omega(\tau'_e + \tau_b + \tau_d + \tau_c)} = \frac{\alpha_0}{1 + \dfrac{jf}{f'_\alpha}} \quad (3-70)$$

式中

$$f'_\alpha = \frac{1}{2\pi(\tau'_e + \tau_b + \tau_d + \tau_c)} \quad (3-71)$$

由于正偏时的势垒电容远大于反偏时的势垒电容,故对一般的晶体管有 $C_{Te} \gg C_{Tc}$,因而

$$\tau'_e = r_e(C_{Te} + C_{Tc}) \approx r_e C_{Te} = \tau_e$$

所以 $\alpha_0 \approx \alpha$,即式(3-69)中的 α_e 可以认为就是共基极小信号电流增益。

把式(3-70)代入式(3-69)并整理,得到

$$\beta = \frac{\beta_0}{1 + j\left(\dfrac{\beta_0 f}{f'_\alpha}\right)} = \frac{\beta_0}{1 + j\left(\dfrac{f}{f_\beta}\right)} \quad (3-72)$$

式中 β_0——共射极直流电流增益,整理过程中利用了 $\beta_0 = \dfrac{1}{1-\alpha_0}$ 的关系。

可见,共射极小信号电流增益也是复数,与 α 一样,其幅值随频率升高而下降,相位滞后随频率升高而增大。当频率升高到 $f = f_\beta$ 时,$|\beta|$ 下降到低频或直流值 β_0 的 $1/\sqrt{2}$,这时的频率即截止频率。从式(3-71)和式(3-72)可得

$$f_\beta = \frac{f'_\alpha}{\beta_0} = \frac{1}{2\pi\beta_0(\tau'_e + \tau_b + \tau_c + \tau_d)} \quad (3-73)$$

在 C_{Te} 比 C_{Tc} 大得多的情况下,式中的 $f'_\alpha \approx f_\alpha$。

一般晶体管中,β_0 是比较大的,由式(3-73)可见,共射极电流增益截止频率比共基极电流增益截止频率低得多。这是因为,在电流传输过程中,存在结电容的分流作用。由于结电容的阻抗随频率升高而下降,使传输到集电极的电流 i_c 随频率升高而减小。同时,在注入电子电流对结电容充放电,填充正空间电荷区时,需要从基极进入等量的空穴流填

充负空间电荷区,即电容的分流电流,实际转变成为交流基极电流。因此,在集电极电流 i_c 随着频率升高而下降的同时,基极电流 i_b 却随频率升高而增大,并且由于 $i_e \gg i_b$,故 i_b 的增大比 i_c 的减小快。这种情况也可从相量图图 3-7 来说明。在交流工作状态下,交流电流可用矢量表示且有关系 $i_e = i_c + i_b$,将这个关系在复平面图上画出,就是图 3-7 所示的情况。可以看到,随着频率升高,集电极电流的相位增大、幅值减小($|i_{c2}| < |i_{c1}|$),而基极电流的幅值增大($|i_{b2}| > |i_{b1}|$),并且基极电流幅值增大要比集电极电流幅值减小快。

根据上述分析和电流增益的定义 $|\alpha| = \left|\dfrac{i_c}{i_e}\right|$ 及 $|\beta| = \left|\dfrac{i_c}{i_b}\right|$ 可知,由于频率升高时,$|i_b|$ 的增长比 $|i_c|$ 减小快,使得 $|\beta|$ 在低得多的频率下开始下降,即 $f_\beta \ll f_\alpha$。当频率高于 f_β 和 f_α 后,$|\beta|$ 和 $|\alpha|$ 的下降速率都是 -6 dB/倍频程。这也是共基极晶体管放大器的带宽比共射极晶体管放大器的带宽大得多的原因。

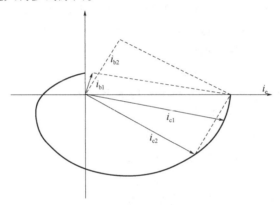

图 3-7 交流情况下电流变化关系的相量图

2. 特征频率

截止频率是晶体管电流增益开始下降的频率起始点。当工作频率 $f > f_\beta$ 时,共射极组态晶体管仍因低频电流增益 $\beta_0 \gg 1$ 而有放大作用,故 f_β 并不是晶体管使用在共射状态下的频率限制。当频率升高到特征频率 f_T 时,就失去了电流放大能力。f_T 是衡量晶体管频率特性的一个主要参数。

根据定义,特征频率是共射电流增益 $|\beta|$ 下降为 1 时的频率。根据式(3-72)得

$$|\beta| = \frac{\beta_0}{\left[1 + \left(\dfrac{f_T}{f_\beta}\right)^2\right]^{1/2}} = 1$$

即

$$\frac{1}{\beta_0^2} + \left(\frac{f_T}{\beta_0 f_\beta}\right)^2 = 1$$

因为$(1/\beta_0^2)\ll 1$,故上式近似为

$$f_T = \beta_0 f_\beta = \frac{1}{2\pi(\tau'_e + \tau_b + \tau_c + \tau_d)} \quad (3-74)$$

可见,特征频率也由4个时间常数决定。

当工作频率远大于f_β,如$f \geq 5f_\beta$时,由式(3-72)可得

$$|\beta| = \frac{\beta_0}{\left[1+\left(\frac{f}{f_\beta}\right)^2\right]^{1/2}} \approx \frac{\beta_0 f_\beta}{f}$$

再利用式(3-74)的关系,有

$$|\beta|f = \beta_0 f_\beta = f_T \quad (3-75)$$

这是一个重要的近似关系,它表明在工作频率$f_\beta < f < f_\alpha$的范围内,共射极电流增益的幅值与频率的乘积是一个常数,这个常数就是f_T。因此,f_T也称为电流增益——带宽积。同时,式(3-75)也表明,在这一频段内,共射电流增益与频率成反比。频率升高1倍,电流增益降低50%,以dB表示$|\beta|$,即下降6dB。因此$f_\beta < f < f_\alpha$这一工作频段又称为 -6dB/倍频程段。此外,利用这一关系式,可以在较低的频率下测量f_T,同时也可以由已知的f_T决定在任意频率($f_\beta < f < f_\alpha$)下的共射电流增益$|\beta|$。

3. 特征频率与截止频率的关系

由于特征频率f_T和截止频率f_α、f_β是按共基和共射极电流增益α和β随频率变化的关系定义的,因此各自有不同的表达式。然而共基极和共射极只是晶体管的两种不同组态,所以f_α与f_β和f_T之间必然有一定的联系。事实上,它们都是由晶体管的物理参数即4个时间常数等决定的,三者之间的关系已可从前述有关表达式看出,在此稍稍归纳一下。

截止频率f_β和f_α的关系由式(3-73)描述为(利用近似关系$f'_\alpha \approx f_\alpha$)

$$f_\alpha = \beta_0 f_\beta \quad (3-73')$$

而f_β与f_T的关系由式(3-75)给出,即

$$f_T = \beta_0 f_\beta \quad (3-75')$$

因此三者的关系可以表示为

$$f_T = f_\alpha = \beta_0 f_\beta \quad (f_\beta < f < f_\alpha) \quad (3-76)$$

式(3-76)表明,在$f_\beta \ll f < f_\alpha$频率范围,有$f_T = f_\alpha \gg f_\beta$。

当基区宽度较宽时,4个时间常数中τ_b起主要作用,如果基区输运系数采用较为精确的关系式(3-41),可得到式(3-73')稍精确的f_α与f_β关系,即

$$f_\beta = \frac{f_\alpha}{\beta_0(1+m)} \quad (3-73'')$$

从式(3-73")和式(3-75')得到

$$f_T = \beta_0 f_\beta = \frac{f_\alpha}{1+m} \quad (f_\beta < f < f_\alpha) \tag{3-77}$$

因此,3 个频率参数的关系是 $f_\beta \ll f_T < f_\alpha$ 且 f_T 很接近 f_α。

4. 特征频率与晶体管工作点的关系

试验证明,特征频率 f_T 随晶体管的工作点(I_C、U_{CE})的变化而变化,这种现象可以从本书的分析结果式(3-74)得到解释。

特征频率与集电极电流 I_C 的关系如图 3-8(a)所示。在 I_C 很小时,f_T 很低;随着 I_C 的增加,f_T 迅速上升,当 I_C 进一步增加到某一临界值后,f_T 又随 I_C 的增加而下降。根据 f_T 的表达式(3-74),在小电流下,决定 f_T 的 4 个延迟时间中 $\tau'_e = r_e(C_{Te} + C_{Tc})$ 起决定作用。这是因为 $r_e = kT/qI_E$,而 $I_E \approx I_C$,故 τ'_e 近似与 I_C 成反比。在 I_C 很小时,r_e 因而 τ'_e 很大,造成 f_T 很小;随着 I_C 增加,r_e 变小,τ'_e 随 I_C 增加迅速减小,使 f_T 随 I_C 增加迅速上升;当 I_C 超过某个值后再增加时,则会发生大电流效应,使 f_T 随 I_C 增加开始下降。这一点留待第 5 章再予以讨论。

特征频率与集电极电压 U_{CE} 的关系如图 3-8(b)所示:当 U_{CE} 很小时,f_T 较低;随着 U_{CE} 增加,f_T 开始上升;在 U_{CE} 较大时,f_T 基本上不随 U_{CE} 而改变,但 U_{CE} 再增大,f_T 又开始下降。产生这一现象的原因是,当 U_{CE} 很小时,集电结势垒区宽度较小因而有效基区宽度较大,τ_b 较大,同时集电结势垒区宽度 x_{mC} 较小也使 C_{Tc} 较大,造成 τ_c 较大;此外,U_{CE} 较小时,集电结势垒区电场强度也较低,载流子在势垒区的漂移速度有可能低于饱和速度 v_{sl},使 τ_d 也较长。这样当 U_{CE} 很小时有 3 个延迟时间都较长,故 f_T 较低。随着 U_{CE} 的增大,3 个延迟时间都减小,f_T 上升。当 U_{CE} 增大超过某一值后,x_{mC} 增加很大,反而使 τ_d 变大,起到决定性作用,因此,f_T 又开始随 U_{CE} 增加而下降。

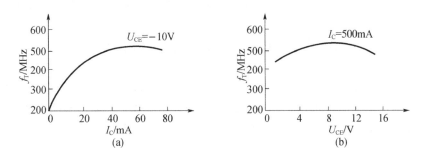

图 3-8 f_T 与 I_C 和 U_{CE} 的关系

(a) f_T 与 I_C 的关系;(b) f_T 与 U_{CE} 的关系。

由于特征频率与工作点有关,因此在说 f_T 时应指明测试条件。此外,在晶体管应用中,应将工作点选择在最佳特征频率附近,以获得较好的频率特性。

5. 提高特征频率的措施

根据前面的分析,特征频率主要决定于4个传输延迟时间 τ_e、τ_b、τ_d、τ_c。因此,要提高 f_T,必须从减小4个时间常数入手。

在特征频率不很高时,往往是基区渡越时间最长,故 τ_b 是决定 f_T 的主要因素。从 $\tau_b = \dfrac{W_B^2}{\lambda D_{nB}}$ 可知,为减小 τ_b,一是减小基区宽度 W_B,这是降低 τ_b 最有效的方法,因为 τ_b 与 W_B 的平方成正比,为此宜采用浅结工艺制作薄基区;二是提高基区电场因子 η 以增大常数 λ,即增强基区自建电场加速载流子在基区的输运,同时必须减小基区阻滞场的作用。要增加 η,就要增加基区在发射结一侧的掺杂浓度 $N_B(0)$,为减小阻滞场则要求发射区杂质分布尽可能地陡峻;三要考虑扩散系数 D_{nB} 随杂质浓度的变化,一般杂质浓度提高,扩散系数下降。因此在加大 $N_B(0)$ 以增加 η 时,有一个限度。如果 $N_B(0)$ 提高使少子扩散系数 D_{nB} 下降的速度比电场因子 η 增加的速度快,则将使 τ_b 又重新增大。考虑到这一因素,一般将 η 控制在 3~6 之间。

当特征频率较高时,基区宽度已较小,必须考虑 τ_e、τ_d 和 τ_c 对的 f_T 影响。要减小 τ_e,就要减小发射结动态电阻 r_e 和势垒电容。r_e 主要由工作电流决定,使用晶体管时应选较大的 I_C。在晶体管设计和制造中,则主要是尽可能减小发射结面积以减小 C_{Te}。要减小 τ_d,主要应减小集电结势垒区厚度 x_{mC}(因为速度一般已达到饱和 v_{sl})。减小 x_{mC} 的方法主要是降低集电区电阻率,但这一措施与提高击穿电压相矛盾,必须折衷考虑。τ_c 是集电区串联电阻与势垒电容之积,故要减小 τ_c,一是降低集电区电阻率和减小集电区厚度,以减小 τ_c(但这也与提高击穿电压的要求矛盾);二是缩小结面积以降低 C_{Tc}。

总之,为提高晶体管的特征频率,在设计与制造中的主要措施是减小基区宽度、缩小结面积、适当降低集电区电阻率和厚度;在应用中注意选择适当的工作电流和工作电压。

3.3　高频功率增益和最高振荡频率

在高频时,除了电流增益随频率升高而下降外,晶体管的功率增益也随 f 上升而降低。本节就讨论功率增益随 f 的变化规律,以找到提高晶体管高频功率的途径。

晶体管的功率增益定义为晶体管的输出功率 p_o 与输入功率 p_i 之比,以符号 G_p 表示为

$$G_p = \frac{p_o}{p_i} \qquad (3-78)$$

若以 dB 表示,则为

$$G_p = 10\lg \frac{p_o}{p_i} \quad \text{dB} \qquad (3-79)$$

本节首先导出晶体管功率增益的一般表示式(以 h 参数表示)和最佳功率增益的表示式,然后重点讨论晶体管的高频功率增益,以及与之相关联的最高振荡频率和高频优值。

3.3.1 晶体管的功率增益

1. 功率增益的一般表示式

图 3-9 表示晶体管放大网络的交流小信号等效电路,其中晶体管与 h 参数电路等效。图中以"1"表示输入端,"2"表示输出端。在输入端接有信号源 U_g,信号源阻抗为 $Z_g = R_g + jX_g$;在输出端接有负载,负载阻抗为 $Z_L = R_L + jX_L$。Z_g 和 Z_L 分别影响电路的输出阻抗和输入阻抗,计算功率增益时,必须考虑其影响。

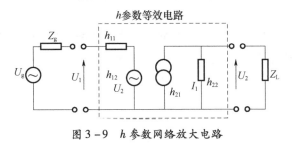

图 3-9 h 参数网络放大电路

计入信号源阻抗后的晶体管功率增益为

$$G_p = \frac{p_o}{p_i} = \frac{-\dot{I}_2 \dot{U}_2}{\dot{I}_1 \cdot \dot{U}_g} \quad (3-80)$$

即功率增益是电流放大倍数与源电压放大倍数之积,其值可从晶体管的 h 参数方程

$$\dot{U}_1 = \dot{h}_{11}\dot{I}_1 + \dot{h}_{12}\dot{U}_2 \quad (3-81\text{a})$$

$$\dot{I}_2 = \dot{h}_{21}\dot{I}_1 + \dot{h}_{22}\dot{U}_2 \quad (3-81\text{b})$$

和输入与输出回路的回路方程

$$\dot{U}_g = (\dot{h}_{11} + \dot{Z}_g)\dot{I}_1 + \dot{h}_{12}\dot{U}_2 \quad (3-82\text{a})$$

$$\dot{U}_2 = \dot{Z}_L \dot{I}_2 \quad \text{或} \quad \dot{I}_2 = -\dot{U}_2 \dot{Y}_L \quad (3-82\text{b})$$

求得。将式(3-82b)代入式(3-81b)解出 $\dot{I}_1$,再将 $\dot{I}_1$ 表达式代入式(3-82a)可得源电压放大倍数为

$$\frac{\dot{U}_2}{\dot{U}_g} = \frac{-\dot{h}_{21}}{(\dot{h}_{11} + \dot{Z}_g)(\dot{h}_{12} + \dot{Y}_L) - \dot{h}_{12}\dot{h}_{21}} \quad (3-83)$$

将式(3-82b)代入式(3-81b),消去 $\dot{I}_2$,可得电流放大倍数(有负载时的电流放大倍数)为

$$\frac{\dot{I}_2}{\dot{I}_1} = \frac{\dot{h}_{21}}{1 + \dot{h}_{22}\dot{Z}_L} = \frac{\dot{h}_{21}\dot{Y}_L}{\dot{Y}_L + \dot{h}_{22}} \approx \dot{h}_{21} \qquad (3-84)$$

式中采用了近似 $\dot{Y}_L \gg \dot{h}_{22}$，因为一般情况下，晶体管的输出阻抗 $1/\dot{h}_{22} \gg$ 负载阻抗。把式(3-83)和式(3-84)代入式(3-80)，得到晶体管功率增益的一般表达式为

$$G_p = \frac{\dot{h}_{21}^2}{(\dot{h}_{11} + \dot{Z}_g)(\dot{h}_{12} + \dot{Y}_L) - \dot{h}_{12}\dot{h}_{21}} \qquad (3-85)$$

式中，$\dot{Y}_L = 1/\dot{Z}_L$。从式(3-85)可见，晶体管(或放大电路)的功率增益与 $\dot{Z}_g$ 和 $\dot{Z}_L$ 有关。

2. 最佳功率增益

最佳功率增益是当晶体管的输出阻抗与负载相匹配、输入阻抗与信号源阻抗相匹配时的功率增益。根据电路理论，此时功率增益最大。

首先来计算晶体管的输入与输出阻抗。输入阻抗是从输入端"1"向右看进去的阻抗，即

$$\dot{Z}_i = \frac{\dot{U}_1}{\dot{I}_1} \qquad (3-86)$$

将式(3-82b)代入式(3-81b)，消去 $\dot{I}_2$

$$\dot{h}_{21}\dot{I}_1 + (\dot{h}_{22} + \dot{Y}_L)\dot{U}_2 = 0 \qquad (3-87)$$

此式与式(3-81a)联立，消去 $\dot{U}_2$，可得到晶体管的输入阻抗为

$$\dot{Z}_i = \frac{\dot{U}_1}{\dot{I}_1} = \dot{h}_{11} - \frac{\dot{h}_{12}\dot{h}_{21}}{\dot{h}_{22} + \dot{Y}_L} \qquad (3-88)$$

输出阻抗是从输出端"2"向左看去的阻抗。在式(3-82a)中令 $\dot{U}_g = 0$，解出 $\dot{I}_1$ 后代入式(3-81b)可得

$$\dot{Z}_o = \frac{\dot{U}_2}{\dot{I}_2} = \frac{1}{\dot{Y}_o}, \quad \dot{Y}_o = \dot{h}_{22} - \frac{\dot{h}_{12}\dot{h}_{21}}{\dot{h}_{11} + \dot{Z}_g} \qquad (3-89)$$

由式(3-88)和式(3-99)可以看到，晶体管的输入阻抗等于其输出端交流短路($\dot{U}_2 = 0$)时的输入阻抗 $\dot{h}_{11}$ 减去由输出回路反射到输入回路的阻抗；晶体管的输出导纳 $\dot{Y}_o(=1/\dot{Z}_o)$ 等于其输入端交流开路($\dot{I}_1 = 0$)时的输出导纳 $\dot{h}_{22}$ 减去输入回路反射到输出回路的导纳。

当输入端与输出端阻抗匹配时，有

第 3 章　晶体管的频率特性

$$\dot{Z}_g^* = \dot{Z}_i \qquad (3-90)$$

$$\dot{Y}_L^* = \dot{Y}_o \qquad (3-91)$$

式中，$\dot{Z}_g^*$ 和 $\dot{Y}_L^*$ 表示 $\dot{Z}_g$ 和 $\dot{Y}_o$ 的共轭复数，因此复阻抗条件下的匹配也称共轭匹配。这时信号源向晶体管提供的功率最大，晶体管向负载输出的功率也最大，后者与前者之比就是最佳功率增益。在匹配的条件下，输入电流全部流入输入电阻 R_i（R_i 表示 $\dot{Z}_i$ 的实部），输出电流则可以全部流入负载电阻 R_L（$\dot{Z}_L$ 的实部）。输入功率 $P_i = \dfrac{U_g^2}{4R_i} = \dfrac{U_g^2}{4R_g}$ 和输出功率 $P_o = \dfrac{U_2^2}{4R_L}$ 都是有功功率（亦称有用功率），故最佳功率增率又称最大有用功率增益。

式(3-90)和式(3-91)还表明，在匹配时，信号源内阻 $\dot{Z}_g$ 和负载电导 $\dot{Y}_L$ 是互相关联的。利用式(3-88)和式(3-89)联立求解式(3-90)和式(3-91)得到 $\dot{Z}_g$ 和 $\dot{Y}_L$ 与晶体管的 h 参数之间的关系为

$$\dot{Z}_g = \dot{h}_{11} \sqrt{1 - \dfrac{\dot{h}_{12}\dot{h}_{21}}{\dot{h}_{11}\dot{h}_{22}}} \qquad (3-92)$$

$$\dot{Y}_L = \dot{h}_{22} \sqrt{1 - \dfrac{\dot{h}_{12}\dot{h}_{21}}{\dot{h}_{11}\dot{h}_{22}}} \qquad (3-93)$$

注意以上两式中的各 h 参数实际表示各 h 参数的共轭值，为简便起见，仍以 h 表示。这就是为了获得最佳功率增益，信号源阻抗 $\dot{Z}_g$ 和负载 $\dot{Y}_L$ 必须满足的关系。将此二式代入功率增益的一般式(3-85)中得到

$$G_{pm} = \dfrac{h_{21}^2}{\dot{h}_{11}\dot{h}_{22}\left[1 + \sqrt{1 - \dfrac{\dot{h}_{12}\dot{h}_{21}}{\dot{h}_{11}\dot{h}_{22}}}\right]^2 - \dot{h}_{12}\dot{h}_{21}} \qquad (3-94)$$

这就是以 h 参数表示的晶体管的最佳功率增益的普遍表达式，它可以用于共基、共射、共集 3 种组态中任何一种；既可以用于低频，也可以用于高频。式中 $\dot{h}_{21}$ 为交流短路电流增益，$\dot{h}_{11}$ 和 $\dot{h}_{22}$ 则分别为输入阻抗和输出导纳。

3.3.2　晶体管的高频功率增益

为了分析晶体管功率增益随频率的变化关系，下面讨论高频功率增益。由于在实际

应用中,广泛采用共发射极组态,因此这里主要讨论晶体管的共射极高频功率增益。

1. 高频功率增益表达式

晶体管共射极 h 参数高频等效电路如图 3-10 所示[3],其中 $C_t = C_{De} + C_{Te} + C_{Tc}$。在高频工作时,可采用以下近似:

① $C_{Tc}/C_t \ll 1$,可以略去。

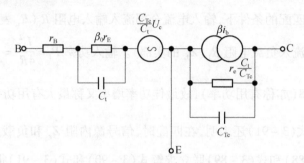

图 3-10 共发射极 h 参数高频等效电路

② 当工作频率高于共射截止频率(即 $f > f_\beta$)时,基极支路中 r_B 起主要作用,因为 $\beta_0 r_e$ 基本上被 C_t 短路。

这样,对比图 3-10 和图 3-9 得到各 h 参数为

$$\dot{h}_{11} \equiv \dot{h}_{ie} \approx r'_B \tag{3-95}$$

$$\dot{h}_{12} \equiv \dot{h}_{re} \approx 0 \tag{3-96}$$

$$\dot{h}_{11} \equiv \dot{h}_{ie} = \beta = \frac{\beta_0}{1 + jf/f_\beta} \approx -j\frac{f_T}{f} \tag{3-97}$$

$$\dot{h}_{22} \equiv \dot{h}_{oe} = j\omega C_{Tc} + \frac{C_{Tc}}{C_t}\frac{1}{r_e} \approx j\omega C_{Tc} + \omega_t C_{Tc} \tag{3-98}$$

式中利用了关系 $\beta_0 f_\beta = f_T$,并采用了近似 $r_e C_t \approx 1/\omega_T$。由此,可将共射极高频 h 参数电路图 3-10 转换为图 3-11。

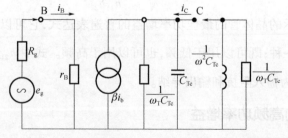

图 3-11 简化的并且在匹配条件下的共发射极 h 参数高频等效电路

假定信号源阻抗和负载阻抗为纯电阻性的(通常情况下是这样的),分别以 R_g 和 R_L 表示,为了在输入和输出端满足共轭匹配条件式(3-90)和式(3-91),以获得最佳功率增益, R_g 和 k_L 应取怎样的值。从图3-11可以看到,在高频下,共射组态晶体管 h 参数等效电路的输入阻抗 $\dot{h}_{11}$ 是电阻性的,因此只要信号源内阻取下列值,即

$$R_g = r_B \tag{3-99}$$

就能达到输入端的电阻性匹配。在输出端,由于晶体管的输出导纳 $\dot{h}_{22}$ 包含电导和电容两部分,因此为达到输出端阻抗匹配,除负载电阻取值应满足

$$R_L = \frac{1}{\omega_T C_{Tc}} \tag{3-100}$$

的关系外,还要并接一个电感 L 并使其电抗与晶体管输出导纳相等,即

$$\omega L = \frac{1}{\omega C_{Tc}} \quad \text{或} \quad L = \frac{1}{\omega^2 C_{Tc}} \tag{3-101}$$

这样才能满足输出端共轭匹配条件式(3-91)。图3-11所示的就是输入端作电阻性匹配、输出端作共轭匹配的共发射极等效电路。只有在输出端共轭匹配的条件下,输出电流才可以全部流入负载电阻 $R_L = 1/\omega_T C_{Tc}$。这时从负载电阻 R_L 向左看去的输出阻抗(即将电感 L 看成晶体管输出阻抗的一部分)为

$$h_{oe} = j\omega C_{Tc} + \omega_T C_{Tc} + \frac{1}{j\omega L} = \omega_T C_{Tc} \tag{3-102}$$

将以上得到的匹配条件下的共射极 h 参数表达式(3-95)至式(3-97)及式(3-102),代入最佳功率增益的普遍表达式(3-94),即可得到共射组态晶体管的最佳高频功率增益

$$G_{pm} = \frac{\omega_T}{4\omega^2 r_B C_{Tc}} = \frac{f_T}{8\pi f^2 r_B C_{Tc}} \tag{3-103}$$

可见,晶体管的最佳高频功率增益完全由晶体管自身的参数决定,与外电路参数无关。

在高频工作时,通常要计入晶体管寄生参数的影响。影响最大的因素有两个。一是集电极输出阻抗 $1/\dot{h}_{22}$。除集电结势垒电容对 $\dot{h}_{22}$ 有贡献外,还存在延伸电极电容和管壳寄生电容等的贡献。计入这些因素后,式(3-103)中的 C_{Tc} 应以 C_c 代替, C_c 称为集电极的总输出电容。从而最佳高频功率增益应修正为

$$G_{pm} = \frac{f_T}{8\pi r_B C_c f^2} \tag{3-104}$$

二是发射极引线电感 L_e,它串联在发射极支路中,如图3-12所示。因此,在共射组态中, L_e 对输入和输出阻抗均有影响。但由于原来的输入阻抗 $r_B \ll$ 输出阻抗,故 L_e 主要影响输入回路,使输入阻抗变大,功率增益下降。从图3-12可见,计入 L_e 后的输入阻抗为

$$\dot{h}_{11} = \dot{h}_{ie} = \frac{i_b r_B + i_e(j\omega L_e)}{i_b} = r_B + \left(1 + \frac{i_c}{i_b}\right) j\omega L_e \qquad (3-105)$$

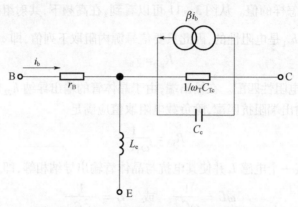

图 3-12　加入 L_e 后简化的高频 h 参数等效电路

式中　i_c/i_b——输出端共轭匹配时的电流增益。

根据有负载时电流增益表示式(3-84)及共轭匹配时 $\dot{h}_{22} = \dot{h}_{oe} = \dot{Y}_L = \omega_T C_c$，有

$$\frac{i_c}{i_b} = \frac{\dot{h}_{fe}}{1 + \dot{h}_{oe}/\dot{Y}_L} = \frac{1}{2}\dot{h}_{fe} = \frac{1}{2}\beta \qquad (3-106)$$

即共轭匹配情况下的电流增益为交流短路电流增益 $\dot{h}_{fe}$ 的一半。因此，计入 L_e 后的输入阻抗式(3-105)为

$$\dot{h}_{11} = \dot{h}_{fe} = r_B + \left(1 + \frac{1}{2}\beta\right)j\omega L_e \approx r_B + \frac{1}{2}\beta(j\omega L_e) \approx r_B + \frac{1}{2}\omega_T L_e \qquad (3-107)$$

式中利用了近似关系 $\beta \approx -j\omega_T/\omega$。可见，计入 L_e 后的晶体管输入阻抗从 r_B 变成 $r_B + \frac{1}{2}\omega_T L_e$。

用此结果取代式(3-104)中的 r_B，得到计入发射极引线电感和集电极寄生电容后，共射极晶体管的最佳高频功率增益为

$$G_{pm} = \frac{f_T}{8\pi f^2 (r_b + \pi f_T L_e) C_c} \qquad (3-108)$$

这是在高频管的设计和制造中最常用的公式之一。

从式(3-108)可见，最佳高频功率增益($f > f_\beta$ 时)与工作频率的平方成反比。工作频率升高 1 倍，功率增益下降 1/4，若以 dB 表示，即下降 6dB。因此，在 $f > f_\beta$ 后，与电流增益一样，功率增益也以 -6dB/倍频程的速率下降。晶体管功率增益随 f 下降的根本原因是

晶体管的电流增益 $\dot{h}_{21}$ 和输出阻抗 $1/\dot{h}_{22}$ 随 f 升高而下降，输入阻抗 $\dot{h}_{11}$ 则随 f 升高而增大的缘故，见式(3-94)。

2. 最高振荡频率和高频优值

最高振荡频率 f_m 是最佳功率增益随频率升高而下降到 1(0dB)时的频率，它是晶体管的最高使用频率限制。在式(3-108)中令 $G_{pm}=1$，可得

$$f_m = \left[\frac{f_T}{8\pi C_c(r_B + \pi f_T L_e)}\right]^{1/2} \qquad (3-109)$$

可见，晶体管的最高振荡频率主要决定于其内部参数，即晶体管的输入电阻、输出电容及特征频率等。当晶体管输入电阻 $\dot{h}_{ie} = r_B + \pi f_T L_e$ 较小，输出阻抗 $\dfrac{1}{h_{oe}} = 1/\omega C_c$ 较大时，$f_m > f_T$；相反，若 $\dot{h}_{ie}$ 较大，则 f_m 可能低于 f_T。

将式(3-109)代入式(3-108)，有

$$G_{pm}f^2 = f_m^2 = \frac{f_T}{8\pi C_c(r_B + \pi f_T L_e)} \qquad (3-110)$$

$G_{pm}f^2$ 称为晶体管的高频优值，也称为功率增益—带宽积。这个参数全面地反映了晶体管的频率和功率性能，优值越高，晶体管的频率和功率性能越好。而且高频优值只决定于晶体管的内部参数。因此它是高频功率管设计和制造中的重要依据之一。

3. 功率增益随工作点的变化

与特征频率一样，晶体管的高频功率增益也随其工作电流和偏压而变化，这个现象可以从本节的分析结果加以解释。

图 3-13(a)表示 G_{pm} 随集电极电压 U_{CE} 的变化关系。由图可见，在 U_{CE} 较小时，G_{pm} 随 U_{CE} 增加迅速上升，随后上升速度变慢，U_{CE} 到达一定值后，G_{pm} 基本上不再随 U_{CE} 而变化。产生这种变化关系的原因是当 U_{CE} 从较小的数值增加时，集电结势垒区宽度变大而使有

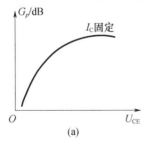
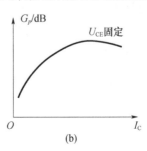

图 3-13 G_{pm} 随 I_C 和 U_{CE} 的变化关系
(a) G_p 与 U_{CE} 的变化关系；(b) G_p 与 I_C 的变化关系。

效基区宽度 W_B 减小。W_B 的减小一方面使 f_T 升高,但另一方面也使 r_B 增大,但 $f_T \propto \dfrac{1}{W_B^2}$,而 $r_B \propto \dfrac{1}{W_B}$,$f_T$ 随 W_B 增加的速率比 r_B 的增长速率大,因此,W_B 减小的结果使 G_{pm} 上升。同时,集电结势垒区宽度的增加,使 C_{Tc} 减小,也有利于 G_{pm} 上升。当 U_{CE} 增加到一定值后,势垒区宽度变得较大,r_B 增大并成为影响 f_T 的主要因素,使 f_T 略有下降,而基极电阻 r_B 继续增大,C_{Tc} 继续减小。这几个因素相互补偿的结果,使得 G_{pm} 基本上不再随 U_{CE} 而改变。

图 3-13(b)表示增益随工作电流 I_C 的变化关系,即在 I_C 较小时,G_{pm} 随 I_C 增大而上升,上升速率随 I_C 增大逐渐变慢。当 I_C 很大时,G_{pm} 反而随 I_C 增大而下降。这种变化关系的主要原因是,I_C 较小时,f_T 随 I_C 的增加而上升,C_e 随 I_C 的增加而增大,其中 f_T 的上升最迅速,因此总趋势是使 G_{pm} 增大,当 I_C 很大时,由于大电流效应使 f_T 迅速下降,因而使得 G_{pm} 随 I_C 增大而下降。

4. 提高晶体管高频功率增益的途径

从上面的分析结果可以看到,提高晶体管高频功率增益的主要途径如下。

① 提高晶体管的特征频率 f_T。其具体措施已在上节分析过。

② 降低基极 r_B。主要措施是适当提高掺杂浓度,将发射极以外部分(称为外基区)制成浓掺杂区。

③ 减小晶体管输出电容 C_c。为此,在设计与制造晶体管时,要尽量减小集电结面积,适当降低集电区掺杂浓度和提高氧化层厚度,以减小势垒电容 C_{Tc};尽量减小延伸电极面积以减小延伸电极电容。

④ 可能减小发射极引线电感及其他寄生参量,选择合适的管壳。

3.4 双极型晶体管的噪声特性

在使用晶体管对信号进行放大和检测时,晶体管本身的噪声将限制电路对微弱信号的放大和检测能力。因此,降低晶体管的噪声是提高晶体管性能的一个重要课题。本节主要讨论晶体管的噪声来源、噪声频谱特性及降低噪声的途径。

3.4.1 晶体管的噪声和噪声系数

1. 噪声

噪声是一种杂乱的、无规则的电压或电流的起伏(或波动),它叠加在不同的信号上将产生不同程度的影响。当信号很大时,噪声的影响可以忽略,但同样大小的噪声叠加在小信号上时就可能将信号本身淹没。如图 3-14 所示。所以说噪声限制了晶体管放大微弱信号的能力。

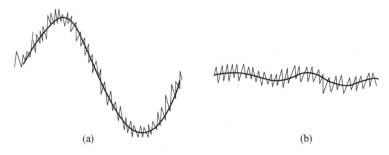

图 3-14 噪声对不同信号的影响程度
(a)噪声叠加在强信号上;(b)噪声叠加在弱信号上。

由此可见,同样的噪声幅值在放大弱信号时的影响大于放大强信号时的影响,离开信号本身讲噪声没有意义。故引用信噪比来衡量噪声影响的大小更为合适。

$$信(号)噪(声)比 = \frac{信号功率 P_S}{噪声功率 P_N}$$

信噪比越大,噪声相对信号越小。可见,只有当信噪比大于 1 时,信号才能被有效地放大。

2. 噪声系数

晶体管工作时,由输入端输入信号功率 P_{Si} 的同时也输入了噪声功率 P_{Ni},经过晶体管放大后,在输出端既有信号功率也有噪声功率,分别为 P_{So} 和 P_{No}。在输出噪声功率中,除了包括被晶体管放大的输入噪声功率外,还叠加上晶体管本身产生的噪声。因此,晶体管输入端与输出端信噪比并不相等,二者的差别正反映了晶体管本身产生噪声的大小。为此,定义噪声系数 F 为

$$F = \frac{\text{输入端信噪比}}{\text{输出端信噪比}} = \frac{\dfrac{P_{Si}}{P_{Ni}}}{\dfrac{P_{So}}{P_{No}}} = \frac{P_{No}}{G_p P_{Ni}} \qquad (3-111)$$

因此,噪声系数是单位功率增益下晶体管的噪声功率放大倍数,也可以看做是晶体管输出的总噪声功率与被放大了的信号源中的噪声功率之比。噪声系数是用以衡量晶体管自身噪声水平的参数,当然越小越好。

噪声系数也可以用 dB 表示,记为

$$N_F = 10\lg F \quad \text{dB}$$

如果晶体管本身不产生噪声,输出的噪声完全由被放大了的输入噪声组成,$P_{No} = G_p P_N$,则有 $F = 1$,或 $N_F = 0\text{dB}$。实际晶体管自身都要产生噪声,所以,$F > 1$,$N_F > 0\text{dB}$。通常希望晶体管本身噪声越小越好。

3.4.2 晶体管的噪声来源

晶体管产生噪声的来源有热噪声、散粒噪声和 $\dfrac{1}{f}$ 噪声。

1. 热噪声

只要温度大于 0K,晶体管中载流子就要做无规则的热运动,这种无规则的运动叠加在载流子的规则运动上就产生了电流的起伏,成为热噪声。温度越高,热运动越剧烈,热运动产生的电流起伏在电阻上引起电压的起伏也越大。所以热噪声不仅与温度有关,也与电阻有关。

由于起伏是随机过程,故计算噪声电流或电压(随机参量)需用统计的方法。因随机参量的平均值大都为零,所以采用均方值来表示。运用统计理论,可以得到在电阻 R(电导 G)上产生的噪声为

$$\overline{i_{\text{th}}^2} = 4kTG\Delta f = S_i \Delta f \qquad (3-112)$$

$$\overline{u_{\text{th}}^2} = 4kTR\Delta f = S_v \Delta f \qquad (3-113)$$

式中 $i_{\text{th}}, u_{\text{th}}$ ——短路噪声电流和开路噪声电压(即噪声电动势)。

式(3-112)和式(3-113)中 S_i 和 S_v 称为噪声的频谱密度。规定频谱密度与频率无关的噪声称为"白噪声"。由于 $S_i = 4kTG, S_v = 4kTR$,所以,热噪声属于白噪声,它说明一个纯电阻所产生的热噪声中各种频率成分的噪声功率完全相同。

对于双极型晶体管来说,发射区、基区、集电区都存在体电阻,E、B、C 3 个电极接触处还有接触电阻,它们都会产生热噪声。但在正常情况下以基区电阻占据了最为重要的地位,这不仅仅是因为 r_B 的数值比较大,更重要的是 r_B 位于晶体管的输入回路中,它所产生的热噪声还要经过放大后才输出,因此 r_B 是晶体管中热噪声的主要来源。

为了便于分析晶体管的噪声性能,可按式(3-112)画出热噪声的等效电路,如图 3-15 所示。它是用一个 $\sqrt{4kTR\Delta f}$ 的热噪声电压源和一个无噪声电阻串联而成的。

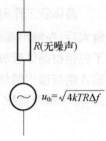

图 3-15 热噪声等效电路

2. 散粒噪声

PN 结处于正向偏置状态时,发射区向基区注入少数载流子,而运载电流的是带电量 q 的粒子,它们在运动过程中不断与晶格碰撞而改变其运动方向,因而使载流子的运动速度出现涨落。此外,通过 PN 结的载流子也会由于复合或热激发而产生数量上的涨落。载流子在数量上和速度上发生涨落,引起注入载流子在平均值附近发生起伏,由此而产生噪声。由于注入载流子起伏所产生的电流脉冲具有颗粒性,因而将此种噪声称为散粒噪声。

通过上面分析可以看出,PN 结的注入电流越大,注入载流子数目越多,载流子数量和

速度的随机起伏也就越大。因此,散粒噪声正比于 PN 结的注入电流。若令通过 PN 结的注入电流为 I_0,由统计分析可得散粒噪声电流的均方值为

$$\overline{i_{nso}^2} = 2qI_0\Delta f \tag{3-114}$$

式中　I_0——PN 结的注入电流。

设 I_s 为 PN 结的反向饱和电流,则

$$I_0 = I_s e^{qU_{BE}/kT} \tag{3-115}$$

通过 PN 结的正向电流

$$I = I_s(e^{qU_{BE}/kT} - 1) \tag{3-116}$$

由式(3-115)和式(3-116)可得注入电流 $I_0 = I + I_s$,因而散粒噪声电流应为 PN 结正向注入电流和反向饱和电流的随机起伏所产生的噪声电流之和,即

$$\overline{i_{ns}^2} = 2q(I + I_s)\Delta f \tag{3-117}$$

当反向饱和电流远小于正向电流时,式(3-117)可简化为

$$\overline{i_{ns}^2} = 2qI\Delta f = 2kT\frac{1}{r_e}\Delta f \tag{3-118}$$

式中　r_e——发射极动态电阻,$r_e = \dfrac{kT}{qI}$。

由式(3-118)可得散粒噪声电压的均方值为

$$\overline{u_{ns}^2} = 2kTr_e\Delta f \tag{3-119}$$

由式(3-118)和式(3-119)看出,散粒噪声与热噪声具有相同的形式,散粒噪声也是与频率无关的白噪声。同样可以将散粒噪声用一个恒流源和一个电导 $\dfrac{1}{r_e}$ 的并联来等效,或者用一个电压源和一无噪声的电阻串联来等效,如图 3-16 所示。

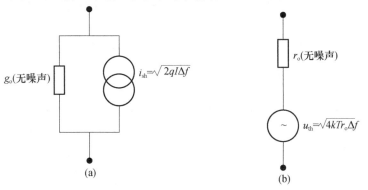

图 3-16　散粒噪声等效电路
(a)噪声电流源;(b)噪声电压源。

由于晶体管由两个 PN 结组成,因此发射结和集电结都存在散粒噪声。根据式(3-118),共基电路中输入端散粒噪声电流为

$$\overline{i_{\text{nse}}^2} = 2qI_{\text{E}}\Delta f \tag{3-120}$$

共射电路中,输入端散粒噪声电流为

$$\overline{i_{\text{nsb}}^2} = 2qI_{\text{B}}\Delta f \tag{3-121}$$

输出端散粒噪声电流为

$$\overline{i_{\text{nsc}}^2} = 2qI_{\text{C}}\Delta f \tag{3-122}$$

3. $1/f$ 噪声

$1/f$ 噪声是一种低频噪声,一般出现在 1000Hz 以下的低频频段。对于 $1/f$ 噪声产生的原因目前还不完全清楚,但试验发现 $1/f$ 噪声电流均方值可用以下经验公式表示,即

$$\overline{i_{\text{nf}}^2} = kI_{\text{R}}^\gamma f^{-\alpha}\Delta f \tag{3-123}$$

式中 f——工作频率;

γ,α——由试验确定的常数,α 在 $0.8\sim1.5$ 之间。对于同一种半导体,α 的值是确定的;

k——与材料情况有关的常数。

产生 $1/f$ 噪声的原因,目前认为可能与晶体结构的不完整性及表面状态或表面稳定性有关。

晶体管制造过程中,一般都会在晶体内造成某些缺陷,如位错等。这些缺陷将起复合中心的作用。载流子占据复合中心的起伏,将引起复合电流变化,而产生 $1/f$ 噪声。

另外,在晶体管制造过程中造成的表面损伤,以及在硅平面管中,$Si-SiO_2$ 界面周期性晶格的中断等都会造成大量的表面态和界面态。$Si-SiO_2$ 界面态一般在 $10^{10}\sim10^{11}$ cm^{-2} 范围内,通过 PN 结的载流子占据表面态和界面态的概率将随周围气氛和外界电场的变化而改变,复合电流则随界面态占据的变化而产生起伏,从而产生 $1/f$ 噪声。

通过提高材料质量及改善工艺等措施,$1/f$ 噪声可控制到很小。

3.4.3 晶体管的噪声频谱特性

噪声的特点是没有一定的幅度、形状,也没有一定的周期。对噪声波形进行分析发现,它实际上包含着从低频到高频的各种频率成分。在不同频率下测量晶体管的噪声系数,可以得到晶体管的噪声频谱曲线,如图 3-17 所示。曲线的特点:在低频和高频区,噪声系数都有明显变化,中间一段频率,噪声系数最小,且基本上不随频率而变化。

分析表明,低频区主要由 $1/f$ 噪声构成,在一般情况下,当 f 趋近 1000Hz 时,$1/f$ 噪声就减小到可以忽略的程度。在 $f>1000$Hz 的区域内,主要是热噪声和散粒噪声起作用。这两者与频率无关,所以这一段称为"白噪声"区,高频端 N_{F} 再次上升的原因是高频时功

率增益下降所致。图中 f_L、f_H 分别表示低频区和高频区的噪声转角频率,其定义如图 3-17 所示。

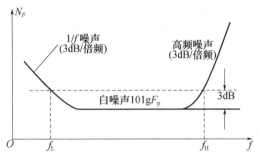

图 3-17 晶体管噪声频谱特性曲线

一般 f_L 在 500~1200Hz 之间,而

$$f_H = \left(\frac{1 + \frac{r_B}{R_g} + \frac{r_e}{2R_g} + \frac{G}{h_{FE}}}{G} \right)^{\frac{1}{2}} \cdot f_a \qquad (3-124)$$

式中 $G = \dfrac{(R_g + r_B + r_e)^2}{2R_g r_e}$;

R_g——信号源内阻;

f_a——共基极截止频率。

由图 3-17 可见,要想改善晶体管的噪声特性,一方面要尽量减小白噪声区的噪声系数 F_p;另一方面要尽可能地提高 f_H,也就是使晶体管在更高频率下具有较小的噪声系数。综合考虑,实现高频晶体管低噪声化的基本措施如下:

① 降低基极电阻 r_B。
② 提高截止频率 f_a。
③ 提高电流放大系数。

习 题

3-1 试比较 f_α、f_β、f_T 及 f_m 的相对大小。

3-2 硅 NPN 缓变基区晶体管,发射区杂质浓度近似为矩形分布,基区杂质浓度为指数分布,从发射结处的杂质浓度 $10^{18}\mathrm{cm}^{-3}$ 下降到集电结处的 $5 \times 10^{15}\mathrm{cm}^{-3}$,基区宽度为 $2\mu\mathrm{m}$,集电区宽度为 $10\mu\mathrm{m}$,发射极和集电板面积均为 $5 \times 10^{-4}\mathrm{cm}^2$。工作点为:$I_E = 10\mathrm{mA}$,$U_{BE} = 0.7\mathrm{V}$,$U_{CB} = 6\mathrm{V}$。试比较此晶体管的 4 个延迟时间常数。

3-3 求 3-2 题中的晶体管在共射极应用时的共轭匹配负载,其工作频率为 100MHz。

3-4 已知 NPN 晶体管共射极电流增益低频值 $\beta_0 = 100$,并在 20MHz 下测得电流增益 $|\beta| = 60$。①求工作频率上升到 400MHz 时 β 下降到多少?②计算此管的 f_β 和 f_T。

参 考 文 献

[1] 张屏英,周佑谟. 晶体管原理. 上海:上海科学技术出版社,1985.
[2] 陈星弼,唐茂成. 晶体管原理. 北京:国防工业出版社,1981.
[3] 浙江大学半导体器件教研室. 晶体管原理. 北京:国防工业出版社,1980.
[4] Trofimen Koff F H. Collector Depfetion Region Transk Time, Proc. IEEE,1964(52).

第4章 双极型晶体管的功率特性

在实际电路中,不仅有小功率晶体管,也有大功率晶体管,即晶体管工作在高电压和大电流条件下。而在大电流区域,较之小电流,晶体管的直流和交流特性都会发生明显变化,特别是电流增益和特征频率等参数都会随着电流增大而迅速下降。本章将分析晶体管的特性参数随电流变化的原因,讨论影响功率特性的最大电流、最高电压、最大耗散功率和二次击穿等,最后给出晶体管的安全工作区。

4.1 基区大注入效应对电流放大系数的影响

前面分析晶体管的特性都是在小注入的假定下,即注入基区的少数载流子浓度远小于基区多数载流子浓度的情况下分析的。随着工作电流 $I_{\rm e}$ 的增加,注入基区的少数载流子浓度不断增大,当注入基区的少数载流子浓度接近或超过基区的多数载流子浓度时即为大注入。图4-1所示为小注入和大注入时基区载流子分布。从图4-1(b)中可以看出,在大注入条件下,不仅少子浓度增加很多,而且多子浓度也等量地增加,这是维持电中性的需要。多子浓度的增加,将使基区电阻率下降,这就是大注入下基区电导调制效应。同时,基区中将产生自建电场 E,用以维持基区多子分布,也改变了基区少子分布。

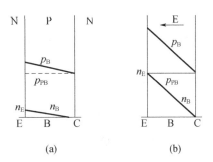

图4-1 基区注入效应
(a) 小注入时基区少子分布;
(b) 大注入时基区少子分布。

4.1.1 大注入下基区少数载流子分布

1. 大注入自建电场

以 NPN 管为例。基区电中性要求其空穴多子浓度必须与注入电子少子具有相同的分布梯度,即 $\dfrac{{\rm d}p}{{\rm d}x}=\dfrac{{\rm d}n}{{\rm d}x}$。由于少子电子存在分布梯度形成从发射极到集电极的扩散电流,而多子空穴也因存在分布梯度面向集电结扩散。然而,由于集电结的反向偏置电压只允许少数载流子电子通过并到达集电极,不允许多子空穴通过。因而,在基区集电结附近将形成空穴积累,在发射结边界靠近基区一侧,却因空穴扩散离去而使空穴欠缺。由此,在基区中将产生由集电结指向发射结的自建电场 E。由于此电场产生于大注入效应,又称为大注入自建电场,如图4-1(b)所示。

在大注入自建电场的作用下,载流子在基区内除存在扩散运动外还存在漂移运动,因而基区电子和空穴电流等于漂移电流与扩散电流之和,即

$$J_n = q\mu_n nE + qD_n \frac{dn}{dx} \quad (4-1)$$

$$J_p = q\mu_p pE - qD_p \frac{dp}{dx} \quad (4-2)$$

对于多数载流子空穴来说,大注入自建电场的作用是阻止空穴的扩散运动。当空穴的扩散电流等于漂移电流时,达到动态平衡。因而稳定时,基区内的净空穴电流 $J_p = 0$。

$$p\mu_p E = D_p \frac{dp}{dx}$$

由此可得,基区大注入自建电场为

$$E = \frac{kT}{q} \cdot \frac{1}{p} \frac{dp}{dx} \quad (4-3)$$

当注入较大时,基区中的多数载流空穴浓度为

$$p(x) = N_B(x) + n_B(x) \quad (4-4)$$

将式(4-4)代入式(4-3),得

$$E = \frac{kT}{q} \cdot \frac{1}{N_B + n_B} \cdot \frac{d}{dx}(N_B + n_B) = \frac{kT}{q}\left(\frac{N_B}{N_B + n_B} \cdot \frac{1}{N_B}\frac{dN_B}{dx} + \frac{1}{N_B + n_B}\frac{dn_B}{dx}\right)$$

上式中,$\frac{kT}{q}\frac{1}{N_B} \cdot \frac{dN_B}{dx}$ 表示由基区杂质分布梯度产生的自建电场,若用 E_B 表示,则

$$E = \frac{N_B}{N_B + n_B} \cdot E_B + \frac{kT}{q} \cdot \frac{1}{N_B + n_B} \cdot \frac{dn_B}{dx} \quad (4-5)$$

式(4-5)对于均匀基区和非均匀基区是普遍适用的。对于均匀基区,由于 $E_B = 0$,所以式(4-5)中第一项自然也为零。但对于非均匀基区,式(4-5)中两项都存在,但随着注入的增大,第一项由杂质分布梯度漂移电场作用逐渐减弱,第二项由大注入形成的电场则逐渐增强。因此,在大注入条件下,均匀基区和缓变基区晶体管的基区自建电场都由注入载流子的分布梯度 $\frac{dn_B}{dx}$ 决定。

2. 大注入下基区少子分布及电流特性(以 NPN 管为例)

由于在大注入情况下,基区内存在大注入自建电场,因而不论是均匀基区还是缓变基区晶体管,基区电子电流都应包括漂移和扩散两个分量。将式(4-4)代入式(4-1)可得基区电子电流为

$$J_{nB} = qD_{nB}\left[\frac{n_B}{(N_B+n_B)}\frac{d}{dx}(N_B+n_B) + \frac{dn_B}{dx}\right] \qquad (4-6)$$

对于均匀基区晶体管,基区杂质为均匀分布,$\frac{dN_B}{dx}=0$,因此,基区电子电流为

$$J_{nB} = qD_{nB}\frac{N_B+2n_B}{N_B+n_B}\cdot\frac{dn_B}{dx} = q\cdot D_{nB}\left[2-\frac{1}{1+\frac{n_B}{N_B}}\right]\frac{dn_B}{dx} \qquad (4-7)$$

若忽略基区复合,则 $J_{nB}=J_{nE}$,且 $W_B\ll L_{nB}$,可认为基区电子线性分布,即 $\frac{dn_B}{dx}=\frac{n_B(0)}{W_B}$,$n_B(0)$ 为基区边界 $x=0$ 处电子浓度。又由于大注入下,$n_B\gg N_B$,所以,式(4-7)变为

$$J_{nE} = q(2D_{nB})\cdot\frac{n_B(0)}{W_B} \qquad (4-8)$$

与小注入相比,相当于扩散系数增大1倍。

对于缓变基区晶体管,当忽略基区复合时,$J_{nB}=J_{nE}$,由式(4-6)可得

$$\frac{J_{nE}}{qD_{nB}} = \frac{n_B(x)}{N_B(x)+n_B(x)}\cdot\left[\frac{dN_B(x)}{dx}+\frac{dn_B(x)}{dx}\right]+\frac{dn_B(x)}{dx} \qquad (4-9)$$

如果基区杂质按指数分布 $N_B(x)=N_B(0)e^{-\frac{\eta}{W_B}x}$,将此关系代入式(4-9)可得

$$\frac{J_{nE}}{qD_{nB}} = -\frac{N_B(x)n_B(x)}{N_B(x)+n_B(x)}\cdot\frac{\eta}{W_B}+\left[\frac{N_B(x)+2n_B(x)}{N_B(x)+n_B(x)}\right]\cdot\frac{dn_B(x)}{dx}$$

等式两端同乘以 $\frac{N_B(x)+n_B(x)}{N_B(x)}$,并经整理后可得

$$\left[1+\frac{2n_B(x)}{N_B(x)}\right]\cdot\frac{dn_B(x)}{dx}-\frac{\eta}{W_B}n_B(x)-\frac{J_{nE}}{qD_{nB}}\cdot\left[1+\frac{n_B(x)}{N_B(x)}\right] = 0 \qquad (4-10)$$

这是一个非线性微分方程,没有分析解,但可在特殊条件下求解。

在大注入情况下,$n_B\gg N_B(x)$,式(4-10)又可简化为

$$\frac{2n_B(x)}{N_B(x)}\cdot\frac{dn_B(x)}{dx}-\frac{\eta}{W_B}n_B(x)-\frac{J_{nE}}{qD_{nB}}\cdot\frac{n_B(x)}{N_B(x)} = 0$$

或为

$$\frac{dn_B(x)}{dx} = \frac{\eta}{\partial W_B}N_B(0)e^{-\frac{\eta}{W_B}x}+\frac{J_{nE}}{\partial qD_{nB}} \qquad (4-11)$$

对式(4-11)由 $x\to W_B$ 积分,并利用 $x=W_B$ 处 $n_B(W_B)=0(U_{cB}<0)$ 的边界条件,可解得

$$n_B(x) = -\frac{J_{nE}}{\partial qD_{nB}}(W_B-x)+\frac{1}{2}N_B(0)\left[e^{-\eta}-e^{-\frac{\eta}{W_B}x}\right] \qquad (4-12)$$

稍加变换为

$$\frac{qD_{nB}n_B(x)}{J_{nE}\cdot W_B} = -\frac{1}{2}\left(1-\frac{x}{W_B}\right) + \frac{qD_{nB}\cdot N_B(0)}{\partial J_{nE}\cdot W_B}[e^{-\eta}-e^{-\frac{\eta}{W_B}x}] \qquad (4-13)$$

当发射区注入到基区的电子电流密度很大时,有

$$J_{nE} \gg \frac{qD_{nB}N_B(0)}{W_B}$$

则式(4-13)中右端第二项可以忽略,则有

$$\frac{qD_{nB}\cdot n_B(x)}{J_{nE}\cdot W_B} \approx -\frac{1}{2}\left(1-\frac{x}{W_B}\right) \qquad (4-14)$$

式(4-14)表明基区电子浓度分布为线性分布,也就是说,在发射极电流密度很大情况下,基区电子浓度分布与杂质分布情况无关。

通过第2章所述内容可以知道,小注入情况下,当 $W_B \ll L_{nB}$ 时

$$\frac{qD_{nB}n_B(x)}{J_{nE}W_B} = 1-\frac{x}{W_B} \qquad (4-15)$$

比较式(4-15)和式(4-14)可见,在相同的电流密度 J_{nE} 下,大注入基区电子浓度梯度是小注入的一半,这说明大注入条件下,扩散电流和漂移电流近似相等,各占总电流的一半。这漂移电流是由于大注入自建电场所产生的。图4-2(a)给出了不同电场因子 η

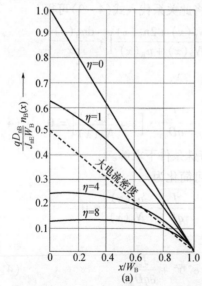
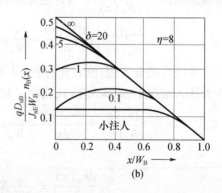

图4-2 大注入下缓变基区晶体管基区电子浓度分布
(a)不同的 η 下电子浓度分布;(b) $\eta=8$ 时的电子浓度分布。

$$J_{nE} = -2qD_{nB}\frac{n_B(0)}{W_B}$$

下,小注入(实线)及大注入(虚线)条件下,归一化电子浓度分布曲线。图4-2(b)则给出了在 $\eta=8$ 时的归一化电子浓度分布随电流密度的变化,图中 $\delta=\dfrac{J_{nE}W_B}{qD_{nB}N_B(0)}$ 表示归一化电流密度。由图可见,随着注入电流密度的增大,即 δ 由小到大时电子浓度分布逐渐趋向于一条直线。

在式(4-14)中,在 $x=0$ 处电子电流密度与均匀基区大注入时的电流式(4-8)相同。这说明,缓变基区中由杂质分布梯度造成的自建电场的作用,在大注入的条件下被减弱,甚至可以忽略。因而,不论是均匀基区还是缓变基区,基区电子受到的漂移场都是大注入自建电场。

4.1.2 基区电导调制效应

大注入情况下,注入到基区的少数载流子电子浓度接近或超过基区多子空穴平衡浓度,根据半导体电中性特性,在基区将要有大量空穴积累并维持与电子相同的浓度梯度。空穴浓度的大量增加使得基区电阻率下降,这一现象称为基区电导调制效应。如果原来基区电阻率为

$$\bar{\rho}_B = \frac{1}{q\mu_{pB}p_B} \approx \frac{1}{q\mu_{pB}\bar{N}_B} \tag{4-16}$$

式中 $\bar{N}_B$——基区平均杂质浓度。

大注入下,有

$$p_B = \bar{N}_B + \Delta p = \bar{N}_B + \Delta n$$

此时基区的电阻率为

$$\bar{\rho}'_B = \frac{1}{q\mu_{pB}(N_B + \Delta n)} = \bar{\rho}_B \cdot \frac{\bar{N}_B}{N_B + \Delta n} \tag{4-17}$$

由此可见,当注入的电子浓度可以和基区杂质浓度相比拟时,基区电阻率将大为降低,且注入越大,基区电阻率下降越严重。

4.1.3 基区大注入对电流放大系数的影响

小注入均匀基区晶体管电流增益表达式为

$$\alpha_0 = 1 - \frac{\rho_E W_B}{\rho_B L_{PE}} - \frac{x_m W_B p_B^0}{2L_{nB}^2 n_i} e^{-qU_{EB}/2kT} - \frac{W_B^2}{2L_{nB}^2} - \frac{SA_S W_B}{A_E D_{nB}} \tag{4-18a}$$

或

$$\frac{1}{\beta_0} = \frac{\rho_E W_B}{\rho_B L_{PE}} + \frac{x_m W_B p_B^0}{2L_{nB}^2 n_i} e^{-qU_{EB}/2kT} + \frac{W_B^2}{2L_{nB}^2} + \frac{SA_S W_B}{A_E D_{nB}} \tag{4-18b}$$

式(4-18b)中右边第二项为发射结势垒复合项,此项在大注入条件下可以忽略,故只需

讨论右边其余3项在大注入下如何变化。式(4-18b)右边第一项为小注入时的发射效率项，在大注入下由于基区电导调制效应，使基区电阻率发生变化，致使发射效率项变为

$$\frac{\rho_E W_B}{\rho'_B L_{pB}} = \frac{\rho_E W_B}{\rho_B L_{pB}}\left(1 + \frac{\Delta n}{N_B}\right) \quad (4-19)$$

式(4-18b)中右边第三项为体内复合项，它表示体内复合电流 I_{VB} 与发射极注入的电子电流 I_{nE} 之比。大注入下

$$I_{VB} = \frac{A_E \cdot q \cdot W_B n_B(0)}{2\tau_{nB}} \quad (4-20)$$

当 $W_{nB} \ll L_{nB}$ 时，$\frac{dn_B}{dx} \approx \frac{n_B(0)}{W_B}$，此时

$$I_{nE} = A_E q \cdot D_{nB}\left(1 + \frac{n_B(0)}{N_B + n_B(0)}\right)\frac{n_B(0)}{W_B} \quad (4-21)$$

将式(4-20)和式(4-21)相比，可得大注入下体内复合项为

$$\frac{I_{VB}}{I_{nE}} = \frac{W_B^2}{2L_{nB}^2}\left[1 + \frac{n_B(0)/N_B}{2n_B(0)/N_B}\right] \quad (4-22)$$

式(4-18b)中右边第四项为基区表面复合项，它表示基区表面复合电流与发射极电子电流之比。大注入下基区表面复合电流为

$$I_{SR} = A_S q S n_B(0) \quad (4-23)$$

将式(4-23)与式(4-21)相比，可得大注入下基区表面复合项为

$$\frac{I_{SR}}{I_{nE}} = \frac{S \cdot A_S \cdot W_B}{A_E \cdot D_{nB}}\left[\frac{1 + n_B(0)/N_B}{1 + 2n_B(0)/N_B}\right] \quad (4-24)$$

将式(4-19)、式(4-22)、式(4-24)分别取代式(4-18b)中各对应项，则得大注入下电流增益表达式为

$$\frac{1}{\beta_0} = \frac{\rho_E W_B}{\rho_B L_{pE}}\left[1 + \frac{n_B(0)}{N_B}\right] + \frac{W_B^2}{2L_{nB}^2}\left[\frac{1 + \dfrac{n_B(0)}{N_B}}{1 + \dfrac{2n_B(0)}{N_B}}\right] + \frac{SA_S W_B}{A_E D_{nB}}\left[\frac{1 + \dfrac{n_B(0)}{N_B}}{1 + \dfrac{2n_B(0)}{N_B}}\right] \quad (4-25)$$

这里用基区边界的注入电子浓度近似代表整个基区内的注入电子浓度。若注入水平大到 $n_B(0) \gg N_B$ 时，式(4-25)中第2、3项[ ]内数值趋向 $\frac{1}{2}$；其物理意义表明，大注入下体内复合及表面复合较小，注入减少一半。其原因是由于大注入自建电场的存在，使得电子穿越基区的时间缩短一半，复合概率下降，β_0 上升。

式(4-25)中第一项为发射效率项，是发射效率 γ_0 的倒数。从公式中可以看出，随着注入水平的增大，γ_0 将下降，从而导致 β_0 下降。这是由于基区电导调制效应的影响。

图 4-3 给出了电流放大系数随发射极电流的改变而变化的情况。在电流较小情况下,由大注入自建电场引起的基区输运系数的增加而导致 β_0 上升。而在大电流下则是基区电导调制效应引起的发射效率下降而导致 β_0 下降。上面分析也适用于缓变基区晶体管。

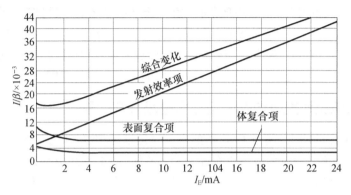

图 4-3　$1/\beta$ 随 I_E 的变化

4.1.4　大注入对基区渡越时间的影响

在大注入自建电场作用下,基区少子等效扩散系数随注入增大而增大,使少子渡越基区时间缩短。对均匀基区晶体管而言,渡越时间 τ_B 由小注入的 $\tau_B = \dfrac{W_B^2}{2D_{nB}}$ 变为大注入的 $\tau_B = \dfrac{W_B^2}{4D_{nB}}$。对于缓变基区晶体管,由于大注入自建电场的作用远远大于由杂质分布梯度引起原自建电场的作用,所以大注入下基区少子完全受大注入自建电场作用,其情况与均匀基区一样,它的基区渡越时间也趋于 $W_B^2/4\tau_{nB}$,如图 4-4 所示。

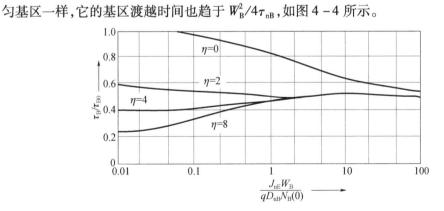

图 4-4　缓变基区渡越时间的变化

4.2 基区扩散效应

实际情况是有些晶体管,特别是缓变基区晶体管,在大注入条件下不仅电流放大系数下降,而且特征频率 f_T 也要下降,这种现象的发生用上节中基区电导调制效应就解释不通。经过研究表明,有些晶体管,特别是缓变基区晶体管的基区宽度随着注入的增加而展宽,即出现基区扩展效应,也称 Kirk 效应[2]。从而导致电流放大系数和特征频率 f_T 同时下降。

下面以 N^+PNN^+ 外延平面管为例,来分析造成基区扩展的原因。

4.2.1 注入电流对集电结空间电荷区电场分布的影响

随着注入电流的增大,通过 C、B 结的电子也逐渐增多,结果导致 C、B 结两侧空间电荷密度发生改变,负空间电荷区负电荷密度 N_A 增加,而正空间电荷区正电荷密度 N_D 减小,为了保持电中性,负空间电荷区变窄,而正空间电荷区变宽。因为 $N_A > N_D$,且 U_{CB} 保持不变,所以负空间电荷区收缩得少,而正空间电荷区扩展得多。以上所说的变化在图 4-5 中,由①变化到②。①和②的区别在于空间电荷宽度不同,最大场强不同,但由于 U_{CB} 没有变化,所以①和②所包围的 $E-x$ 曲线面积是相同的。

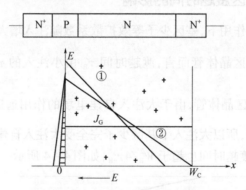

图 4-5 C、B 结空间电荷区电场分布

为简化问题的分析,忽略基区侧的空间电荷区,即认为 C、B 结空间电荷区全在集电区。此时,集电结势垒区的一维泊松方程为

$$\frac{dE}{dx} = \frac{q}{\varepsilon\varepsilon_0}(N_D - n) \tag{4-26}$$

式中,$N_D = N_C$。下面分两种情况讨论。

1. 强场情况

当势垒区的场强大于 10^4 V/cm 时,称为强场,此时载流子已达极限漂移速度。设通过

集电结的电流全部为电子漂移电流,则

$$J_C = J_{nC} = qv_{SL}n, \quad n = \frac{J_C}{qv_{SL}} \tag{4-27}$$

将式(4-27)代入式(4-26)并积分,可得

$$E(x) = \frac{q}{\varepsilon\varepsilon_0}\left(N_D - \frac{J_C}{qv_{SL}}\right)x + E(0) \tag{4-28}$$

或

$$E(x) = \frac{qN_D}{\varepsilon\varepsilon_0}\left(1 - \frac{J_C}{J_{Cr}}\right)x + E(0) \tag{4-29}$$

式中 $E(0)$——$x=0$ 处的电场强度(负值);

$J_{Cr} = qv_{SL}N_D$。

从式(4-29)可以看出,不同的 J_C,将有不同的电场分布。图4-6所示为不同工作电流下集电结空间电荷区电场的变化。

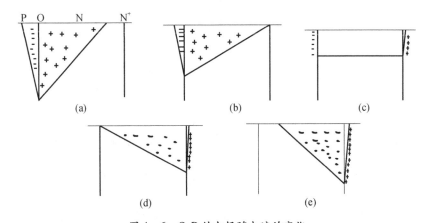

图4-6 C、B结电场随电流的变化

(a) J_C 较小时;(b) J_C 增大时;(c) J_C 恒定时;(d) $J_C = J'_{Cr}$ 时;(e) $J_C > J'_{Cr}$ 时。

图4-6(a)所示为集电极电流密度 J_C 较小时(小注入)情况,此时运动的电子对空间电荷的分布影响可以忽略不计(耗尽层与此近似)。

随着 J_C 增大,根据式(4-28),$E(x)-x$ 曲线的斜率下降,正空间电荷区的斜线变平缓,如图4-6(b)所示。

当 $J_C = J_{Cr} = qv_{SL}N_D$ 时,$E(x) = E(0)$,此时注入的电子正好中和正空间电荷,形成电场的正、负电荷在N区两侧,集电区电场恒定,如图4-6(c)所示。

当 $J_C > J_{Cr}$ 时,根据式(4-29),电场随 x 变化的斜率由正变负,且N区变成负空间电荷区,而正空间电荷区移向 N^+ 区。负空间电荷区的边界随着注入电流的增加而向N区

收缩,当 $J_C = J'_{Cr}$,边界则移到 C、B 结处,此时 $E(0) = 0$。显然,J'_{Cr}是个很重要的电流值。超过 J'_{Cr}有效基区边界将进入 N 区,而出现基区扩展效应。图 4-6(d) 则表示 $J_C = J'_{Cr}$时电场的分布情况。

图 4-6(e) 则表示 $J_C > J'_{Cr}$时,已经发生基区扩展后,C、B 结电场分布情况。可以明显看出,此时原来属于集电区的一部分现已变成基区。

2. 弱场情况

如果 C、B 结势垒区的电场强度小于 10^4 V/cm,称之为弱场。在弱场下载流子在势垒区尚未达到极限漂移速度,势垒区电场及收缩遵循另一种规律。图 4-7 表示弱场下集电结势垒电场随 J_C 变化的情况。

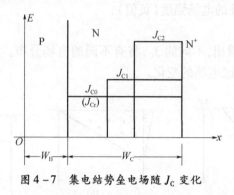

图 4-7 集电结势垒电场随 J_C 变化

弱场时,通过集电结空间电荷区的少子浓度 $n = \dfrac{J_C}{qv}$,其中 $u = \mu E$。当 $J_C = J_{Cr}(J_{C0})$ 时 $n_C = N_D$,根据一维泊松方程,当 $n_C = N_C(N_D)$ 时,$\dfrac{dE}{dx} = 0$,整个 N 区变成净空间电荷为零的耗尽区。N 区电场 $E = \dfrac{U_D + U_{CB}}{W_C}$。若 U_{CB} 较低,W_C 较厚,电场 E 可能小于 E_C,此时空间电荷区处于弱场情况。当 $J_C = J_{C1} > J_{Cr}$ 时,由于 $v_{nC} < v_{sL}$,所以此时 J_C 的增加不是靠提高电子浓度而是借助提高其漂移速度来实现,这就要求提高电场强度。又因 $n = N_C$,电场强度保持均匀,因而 $|E|$ 随注入电流增加而平行上移。但在外加偏置电压一定时,电场分布曲线所包围的面积不变,因此在电场增强的分布曲线平行上移的同时,其横向必将收缩,空间电荷区宽度必然随注入电流增加而减小,由于 $J_{C2} > J_{C1}$,故 J_{C2} 对应的空间电荷区宽度小于 J_{C1} 对应的空间电荷区的宽度。但不论是 J_{C1} 还是 J_{C2},基区宽度已经开始向集电区扩展了。

4.2.2 基区扩展效应

1. 强场下基区的纵向扩展

从上面分析强场下集电结势垒电场分布得知,当 $J_C = J'_{Cr}$ 时,$E(0) = 0$,负空间电荷区的边界移到冶金C、B结处。定义 J'_{Cr} 为强场下基区扩展临界电流密度。当 J_C 超过 J'_{Cr} 时,基区发生扩展;反之,则不会扩展。当 $J_C = J'_{Cr}$ 时

$$E(x) = \frac{qN_D}{\varepsilon_s\varepsilon_0}\left(1 - \frac{J'_{Cr}}{J_{Cr}}\right)x \tag{4-30}$$

将式(4-30)在 $0 \sim W_C$ 范围内积分,则得

$$U_D + U_{CB} = \frac{-q}{\varepsilon_s\varepsilon_0}\left(N_C - \frac{J'_{Cr}}{qv_{sL}}\right)\frac{W_C^2}{2}$$

稍加整理,再利用 $J_{Cr} = qv_{sL}N_D$,强场基区扩展临界电流密度

$$J'_{Cr} = qv_{sL}\left[N_D + \frac{2\varepsilon_s\varepsilon_0}{qW_C^2}(U_D + U_{CB})\right] \tag{4-31}$$

式中, $N_D = N_C$,即等于集电区掺杂浓度。

可见临界电流密度 J'_{Cr} 由集电区掺杂浓度 N_C、厚度 W_C 和外加偏置电压 u_{CB} 共同决定。实际晶体管的 J'_{Cr} 往往由 N_C 决定。

当 $J_C > J'_{Cr}$ 时,基区已经扩展。如图4-6(e)所示。若把扩展的基区称为感应基区 W_{CIB},则空间电荷区宽度为 $W_C - W_{CIB}$,故此时 J_C 的表达式与 J'_{Cr} 类似,所不同的仅是空间电荷区宽度不同,即

$$J_C = qv_{sL}\left[N_C + \frac{2\varepsilon\varepsilon_0(U_D + U_{CB})}{q(W_C - W_{CIB})^2}\right] \tag{4-32}$$

比较式(4-31)和式(4-32),经整理后可得感应基区宽度为

$$W_{CIB} = W_C\left[1 - \left(\frac{J'_{Cr} - qv_{sL}N_C}{J_C - qv_{sL}N_C}\right)^{\frac{1}{2}}\right] \tag{4-33}$$

或

$$W_{CIB} = W_C\left[1 - \left(\frac{J'_{Cr} - J_{Cr}}{J_C - J_{Cr}}\right)^{\frac{1}{2}}\right] \tag{4-34}$$

可见,当注入电流 $J_C > J'_{Cr}$ 时,基区在N区扩展的宽度 W_{CIB} 随着 J_C 的增加而展宽。

2. 弱场下基区的纵向扩展

从图4-7可以看出,当 $J_C = J_{Cr}$ 时,N区变成净空间电荷为零的耗尽区。若电流再继续增加,则出现基区扩展效应。因此,弱场下产生基区扩展效应的临界电流密度为

$$J_{Cr} = q\mu_n N_C \frac{U_D + U_{CB}}{W_C} \tag{4-35}$$

将式(4-35)和式(4-31)比较看出,弱场下发生基区扩展的临界电流宽度小于强场基区扩展临界电流密度。因此,晶体管处在低压大电流工作状态时,更容易发生基区扩展效应。弱场下,当 $J_C > J_{Cr}$ 时,空间电荷区电场仍然保持均匀不变, $E = (U_D + U_{CB})/(W_C - $

W_{CIB}),此时集电极电流密度为

$$J_C = q\mu_n N_C \frac{U_D + U_{CB}}{W_C - W_{CIB}} \quad (4-36)$$

由式(4-35)和式(4-36)可得弱场下基区扩展宽度为

$$W_{CIB} = W_C\left(1 - \frac{J_{Cr}}{J_C}\right) \quad (4-37)$$

式中,基区扩展宽度随电流密度增加而按正比关系变化,使 W_{CIB} 随 J_C 增加而迅速增大,因此弱场下基区扩展比强场下更快。

以上讨论均为一维情况。实际上由发射结注入到基区的少子在向 C、B 结垂直方向扩展的同时,在基区边缘处由于侧向梯度的作用还有横向扩散的趋势。两种作用的结果,使基区面积沿少子横向运动方向增大,出现图 4-8 所示基区横向扩展[3]。因此,基区中部分少子(电子)通过基区的路程加长了,相当于有效基区宽度 W_B 增加,从而导致 β_0 和 f_T 的下降。

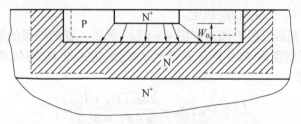

图 4-8 基区横向扩展模型

一般认为,基区的纵向扩展和横向扩展可以同时起作用,共同导致 β_0 和 f_T 下降。

图 4-9 给出了不同参数的 3 只晶体管的 f_T-I_C 及 β_0-I_C 试验曲线。从图中可以看出,大电流时 β_0、f_T 迅速下降所对应的集电极电流值,主要取决于集电区杂质浓度及厚度。集电区杂质浓度越高、集电区厚度越小,所对应的 I_C 越大。

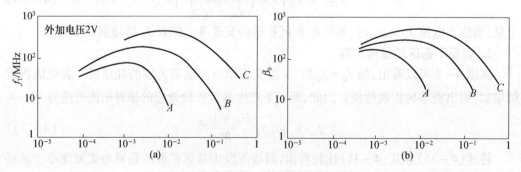

图 4-9 3 种 NPN 晶体管的试验曲线
(a) f_T-I_C 曲线;(b) β_0-I_C 曲线。

表4-1给出了3只晶体管的有关数据。

表4-1 图4-9晶体管的有关数据($|U_{TC}|=2.7V$)

晶体管	集电区杂质浓度 N_C/cm^{-3}	集电区厚度 $W_C/\mu m$	基区宽度 $W_B/\mu m$	理论临界电流 I_0/mA
A	1.7×10^{14}	25.5	4.4	2.5
B	5.5×10^{14}	10.6	3.6	19
C	1.6×10^{15}	2.3	2.8	140

4.3 发射极电流集边效应

4.3.1 发射极电流的分布

由前面已知,基极电流在晶体管中是平行于发射结平面流动的。此电流在基区电阻 r_B 上将产生平行于结平面的横向压降。小电流情况下,此压降可以忽略。但在大电流下,这个横向压降将明显改变 E-B 结势垒上的实际作用电压。图4-10清晰地反映这种现象。

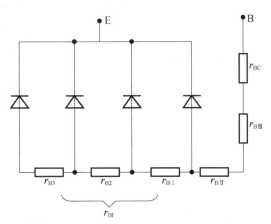

图4-10 计及集边效应的 E-B 结等效电路

同时,知道 $I_E = I_0 e^{qU_{EB}/kT}$。U_{EB} 为 E-B 结势垒上实际作用电压。若 r_B 上的横向压降为 $\frac{kT}{q}$,E-B 结上压降将减小 $\frac{kT}{q}$,则注入电流降为 $I_E' = I_0 e^{q(U_{EB}-\frac{kT}{q})/kT} = \frac{1}{e}I_E$。即表明每当发射结上的实际作用电压减小 $\frac{kT}{q}$,注入电流为原来的 $\frac{1}{e}$。r_B 上横向压降越大,发射极注入电流减小得越多。这就说明,在大电流下,由于基区电阻横向压降作用,导致 E-B 结各部位正向注入电流的大小悬殊。靠近基极的发射极边缘处的电流远远大于发射极中间部位的电流,这种现象称为发射极电流集边效应。又因为这种效应是由于基区存在着体电阻引起的横向压降所造成的,故又称其为基极电阻自偏压效应。

发射极电流集边效应(或基极电阻自偏压效应)增大了发射结边缘处的电流密度,使之更容易产生基区电导调制效应和基区扩展效应,同时,它减小了发射结中央电流密度,使发射结面积不能充分利用,因此,必须对发射极条宽度的上限加以限制。

4.3.2 发射极有效条宽

图 4-11 所示为条形电极平面晶体管的结构示意图。一般规定,从发射结中心到边缘,基区横向压降变化 $\frac{kT}{q}$ 时的条宽为发射极有效条宽。如果以发射结中心为坐标零点,那么 $U(y) = \frac{kT}{q}$ 时,发射极条宽为适宜。如果 $U(y) > \frac{kT}{q}$,则会出现发射极电流集边效应。由此可以看出,若想求得发射极有效宽度,关键是求出 $U(y)$ 的表达式。

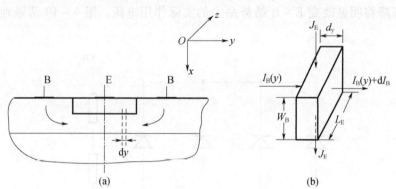

图 4-11 基区内的电流关系
(a) 取一薄层 dy;(b) 由 dy 引起的集边效应。

在图 4-11(a)中,取一阻值为 dr_B 的薄层 dy,显然它与基极电流方向垂直。这一层非常薄,以至于基极电流 $I_B(y)$ 流过时几乎没有改变。所以 $I_B(y)$ 在 dy 上产生的压降

$$dU(y) = I_B(y)dr_B = I_B(y)\rho_B \frac{dy}{L_B W_B} = J_B(y)\rho_B dy \quad (4-38)$$

根据基尔霍夫电流定律,从图 4-11(b)中可以得出以下关系,即

$$I_B(y) + J_E(y) \cdot L_E dy = I_B(y) + dI_B + J_c(y) \cdot L_E dy$$

经整理后可得

$$\frac{dJ_B}{dx} = \frac{J_E(y) - J_c(y)}{W_B} = \frac{(1-a)J_E(y)}{W_B} \quad (4-39)$$

若以 $J_E(0)$ 代表发射结中心电流密度,那么

$$J_E(y) = J_E(0)e^{\frac{qU(y)}{kT}} \quad (4-40)$$

将式(4-38)代入式(4-39),并利用式(4-40),可得关系式

$$\frac{d^2U(y)}{dy^2} = \frac{\rho_B(1-a)}{W_B}J_E(0)e^{\frac{qU_E}{kT}} \quad (4-41)$$

当 $U(y) < \frac{kT}{q}$,将式(4-41)中指数项进行级数展开,并略去高次项,可将式(4-41)简化为

$$\frac{d^2U(y)}{dy^2} = \frac{\rho_B(1-a)}{W_B} \cdot J_E(0)\left[1 + \frac{qU(y)}{kT}\right] \quad (4-42)$$

式(4-42)是 $U(y)$ 的二阶线性非齐次方程,利用边界条件,$U(0)=0$,$\left.\frac{dU(y)}{dy}\right|_{y=0}=0$,可得式(4-42)的解为

$$U(y) = \frac{kT}{q}\text{ch}\left\{\left[\frac{\rho_B(1-a)J_E(0)}{W_B\left(\frac{kT}{q}\right)}\right]^{\frac{1}{2}} \cdot y\right\} - \frac{kT}{q} \quad (4-43)$$

式(4-43)表明,y 越大,即发射极条越宽,$U(y)$ 越大,即基极电流产生的横向压降越大,从而导致发射极电流集边效应越严重。

根据规定,$U(y)=\frac{kT}{q}$ 时,y 为有效条宽的一半,记为 S_{eff},那么 $2S_{eff}$ 则为有效条宽。据此,将 $y=S_{eff}$,$U(S_{eff})=\frac{kT}{q}$ 代入式(4-43)中,可得

$$S_{eff} = 1.32\left[\frac{W_B \cdot \frac{kT}{q}}{\rho_B(1-a)J_E(0)}\right]^{\frac{1}{2}} \quad (4-44)$$

若设 $y=S_{eff}$ 处的发射极电流密度为发射极峰值电流密度 J_{Ep},根据有效半宽度的定义及式(4-40)可有 $J_{Ep}=2.716J_E(0)$,将上式代入式(4-44),可得利用 J_{Ep} 表示的发射极有效半宽度为

$$S_{eff} = 2.716\left[\frac{\left(\frac{kT}{q}\right) \cdot W_B \cdot \beta}{\rho_B J_{Ep}}\right]^{\frac{1}{2}} \quad (4-45)$$

在较高频率下,由于 $f_T = f \cdot |\beta|$,故式(4-45)又可写成

$$S_{eff} = 2.176\left[\frac{\left(\frac{kT}{q}\right) \cdot W_B \cdot f_T}{\rho_B \cdot J_{Ep} \cdot f}\right]^{\frac{1}{2}} \quad (4-46)$$

上述各计算公式是在梳状电极情况下推导出来的,对于其他形状电极则不适用,可自行推导。

4.3.3 发射极有效长度

与基极电阻自偏压效应机理完全相似,在大电流下发射极电流在金属电极条长方向引起压降,同样会引起 E-B 结上实际作用电压的变化。不同的是,前者引起发射结基区侧各处电位不等,而后者改变的是发射区侧的电位。

由于晶体管的内金属电极很薄(一般小于 $2\mu m$),特别是条形发射区宽度又小,所以,内金属电极具有一定的电阻值。当发射极电流流经内金属电极进入发射区时,在内电极条上必然产生一定压降,特别是在大电流情况下,此压降不可忽略,此压降过大,将严重影响发射极条长各部位注入电流密度的均匀性。

图 4-12 清楚地说明了上述情况。

从图 4-12 可以看出,由于大电流情况下,在发射极金属电极条上产生的压降的影响,使得发射极根部 A 处 $U_{EB}(A)$ 高,注入电流密度大,端部 B 处 $U_{EB}(B)$ 低,电流密度小,甚至有可能趋于零。因此,发射极条做得太长就没有意义。一般规定:电极端部至根部两处的电位差等于 $\frac{kT}{q}$ 时所对应的发射极长度称为发射极有效长度,记为 L_{eff}。

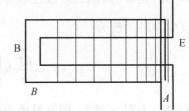

图 4-12 沿发射极条长方向的电流分布

在大功率管中,发射极都由 n 根小发射极条并联而成,则每一条上的电流为 I_E/n,根据以上规定,在小发射极条上产生的压降不得超过 $\frac{kT}{q}$,即 $\frac{I_E}{n} \cdot R_M \leqslant \frac{kT}{q}$。$R_M$ 为小发射极条电阻。

$$R_M = \frac{R_{\square M} L_E}{3 S_M} \tag{4-47}$$

式中　S_M——电极金属膜宽;
　　　L_E——发射极条长度;
　　　$R_{\square M}$——金属膜的薄层电阻。

对于常用的金属铝,其电导率 $\sigma = 3.5 \times 10^5 (\Omega \cdot cm)^{-1}$,若铝膜厚 $1\mu m$,则其薄层电阻 $R_{\square M} = 2.8 \times 10^2 \Omega/\square$。

若式(4-47)中 $L_E = L_{eff}$,那么,根据定义,就有式(4-48)成立,即

$$\frac{kT}{q} = \frac{I_E}{n} \cdot \frac{R_{\square M} \cdot L_{eff}}{3 S_M} \tag{4-48}$$

式(4-48)经整理,则得

$$L_{\text{eff}} = \frac{3nS_{\text{M}}kT}{I_{\text{E}}R_{\square\text{M}}q} \qquad (4-49)$$

4.4 发射极单位周长电流容量

4.4.1 集电极最大允许工作电流 I_{CM}

前几节已经讲到,晶体管电流放大系数 β_0 在大电流下随 I 的增加而迅速减小,因此就限制了晶体管最大工作电流。

为了衡量晶体管电流放大系数在大电流下的下降程度,或者说衡量晶体管大电流特性的好坏,特定义:共发射极直流短路电流放大系数 β_0 下降到最大值 β_{0M} 的一半(即 $\beta_0/\beta_{0M}=0.5$)时所对应的集电极电流为集电极最大工作电流,记为 I_{CM},如图 4-13 所示。I_{CM} 越大,则说明此晶体管大电流特性越好。

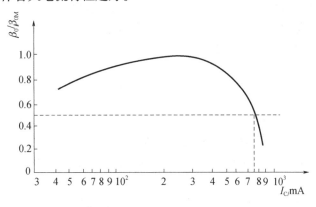

图 4-13 I_{CM} 的定义及确定

4.4.2 线电流密度

由于电流集边效应,使得在大电流情况下晶体管最大电流容量不是取决于发射区面积,而是取决于发射区的周长。为此,定义单位发射极周长上的电流为线电流密度。线电流密度是设计晶体管图形尺寸的依据。

线电流密度

$$J_{\text{CMl}} = \frac{I_{\text{CM}}}{L_{\text{E}}} = \frac{I_{\text{CM}}}{\dfrac{A_{\text{eff}}}{S_{\text{eff}}}} = J_{\text{CM}}S_{\text{eff}} \qquad (4-50)$$

式中 L_E ——发射极总周长；

A_{eff} ——发射极有效面积；

S_{eff} ——有效半宽度。

此处假设了 $L_E' \approx 2L_E$，L_E 为发射极长度。

将式(4-45)代入式(4-50)，可得

$$J_{CMI} = 2.176 \left[\frac{\left(\frac{kT}{q}\right) W_B \cdot \beta J_{CM}}{\bar{\rho}_B} \right]^{\frac{1}{2}} \tag{4-51}$$

式(4-51)中 J_{CM} 为保证不发生基区电导调制效应和基区扩展效应时的最大(面)电流密度。由于合金管和平面管的结构不同，所以，按两种效应算出的 J_{CM} 结果不一样，在设计晶体管时应按较小的电流密度为计算依据。一般情况下，合金管(均匀基区晶体管)基区杂质浓度远远低于集电区杂质浓度，容易发生基区电导调制效应，而平面管(非均匀基区晶体管)，因基区杂质浓度远远高于集电区杂质浓度，容易发生基区扩展效应。

如果按基区电导调制效应来计算，一般定义，注入到基区靠 E-B 结边界上的少子浓度达到基区杂质浓度时所对应的发射极电流密度为受基区电导调制效应限制的最大发射极电流密度。对于均匀基区晶体管，有

$$|J_{EM}| = 1.5 \frac{qD_{nB}N_B}{W_B} \tag{4-52}$$

对于缓变基区晶体管，式(4-52)中 N_B 可近似用 $\bar{N}_B$ 来取代，$|J_{EM}| \approx |J_{CM}|$。

如果按照有效基区扩展效应来决定集电极最大电流密度，一般规定基区开始扩展时的临界电流密度为最大集电极电流密度。对于均匀基区晶体管为

$$J_{CM} = J_{Cr} = qv_{sL}N_B \tag{4-53}$$

但在均匀基区晶体管中发生基区扩展可能性很小，但在缓变基区晶体管则易发生。

对于缓变基区晶体管，在强电场情况下，有

$$J_{CM} = J'_{Cr} = qv_{sL}\left[N_C + \frac{2\varepsilon\varepsilon_0 |U_D + U_{CB}|}{qW_C^2} \right] \tag{4-54}$$

一般情况下，式(4-54)括号中第二项远小于第一项，所以又有

$$J_{CM} = J'_{Cr} \approx qv_{sL}N_C \tag{4-55}$$

在弱场情况下，有

$$J_{CM} = J_{Cr} = q\mu_n N_C \frac{|U_D + U_{CB}|}{W_C} \tag{4-56}$$

在晶体管设计时，先按上述各式求出发生基区电导调制效应及有效基区扩展效应所对应的最大电流密度，选其中较小者作为设计的上限，以保证在正常工作时晶体管中不会

发生严重的基区电导调制和基区扩展效应。确定 J_{CM} 后,再根据式(4-51)计算出 J_{CMl},从而可根据用户要求的 I_{CM} 来确定发射极总周长 L_E。

在实际中,往往参考经验数据来选定线电流密度,然后通过验算来确定其选择是否合适。晶体管用在不同状态时,其线电流密度各不相同。用于线性放大时,$J_{CMl} = 0.012 \sim 0.04\text{mA}/\mu\text{m}$;用作功率管时,$J_{CMl} = 0.04 \sim 0.16\text{mA}/\mu\text{m}$;用作开关管时,$J_{CMl} = 0.12 \sim 0.5\text{mA}/\mu\text{m}$。

从上面讨论得知,只有提高发射极单位周长电流容量,才能提高 I_{CM},即提高大电流特性。而提高发射极单位周长电流容量,对于外延平面管,可以采取途径有以下几种:

① 外延层电阻率低一些,外延厚度薄一些。
② β_0 和 f_T 尽量大一些。
③ 在允许情况下,适当提高集电结偏压及降低内基区方块电阻。

4.5 晶体管最大耗散功率 P_{CM}

4.5.1 耗散功率和最高结温

当晶体管工作时,电流通过发射结、集电结和集电极串联电阻 r_{CS} 都会产生功率耗散(消耗),因此总耗散功率为

$$P_C = I_E U_{BE} + I_C U_{CB} + I_C r_{CS}$$

但在正常工作状态下,发射结正向偏置电压 U_{BE} 远小于集电极反向偏置电压 U_{CB},体串联电阻 r_{CS} 也较小,因此,晶体管的功率主要耗散在集电结上。$P_C \approx I_C U_{CB}$。耗散功率 P_C 将转换成热能($\theta = 0.24 I^2 Rt$),所产生的热量一部分通过管座、管壳散发到周围空间去;另一部分将使结温升高,使集电结变成晶体管的发热中心。

若直流电源提供给晶体管的功率是 p_D,则输出功率 $p_0 = p_D - p_C$。用 η 表示晶体管的转换效率,则 $\eta = p_0/p_D$。因此输出功率为

$$p_0 = \frac{\eta}{1-\eta} p_C \qquad (4-57)$$

从式(4-57)看出,电路的输出功率 p_0 受晶体管本身耗散功率 p_C 限制。若希望得到较大的输出功率,就要选用耗散功率较大的晶体管。

耗散功率 p_C 的增加不是无限制的。上面讲到集电结温度随着耗散功率的增加而上升,当温度升高到基区的本征载流子浓度接近其杂质浓度时,PN 结的单向导电性被破坏,晶体管失去作用。因此,定义最高结温 T_{jm} 是由基区转变为本征导电的温度限定。对于硅管,最高结温在 $150 \sim 200$ ℃ 内;对于锗管,最高结温在 $85 \sim 125$ ℃ 内。

从器件可靠性方面考虑,结温升高也是不利的。结温升高,沾污离子的活动性加大,

器件参数的稳定性变差,甚至可能出现焊料软化或合金熔化、管壳密封性变差、金属电迁移增大等。由此引起晶体管内部出现缓慢的不可逆变化,器件性能恶化,失效率增大,如 NPN 器件,在 140℃下的故障率为 20℃ 时的 7.5 倍,Ge 器件则还要高[4]。同时,结温升高,反向饱和电流 I_{CBO} 增大,集电极电流 I_C 增加,I_C 增加,又引起 p_C 增大,结温进一步升高,形成恶性循环。若晶体管散热条件欠佳,上述热循环将造成晶体管热击穿,并最终将晶体管烧毁。综上所述,耗散功率 p_C 的提高要受结温的限制。

4.5.2 热阻

如前所述,如果晶体管耗散功率所转换的热量大于单位时间所能散发出去的热量,多余的热量将使结温 T_j 升高,多余的热量越多,结温 T_j 升得越高。就是说,晶体管散热能力越小,多余的热量也就越多。描述晶体管散热能力大小,一般用热阻 R_T 表示。同电阻相似,任意两点间的温差与其热流之比,称为两点间热阻。

1. 稳态热阻

图 4-14 是晶体管的热流分析的结构示意图,其中 Au – Sb 合金片为焊料,由于 Si 片和 Cu 管座热膨胀系数相差较大(Si: 42×10^7/℃;Cu: 164×10^7/℃),故中间夹一层 Mo(52×10^7/℃)片烧结以起缓冲作用。

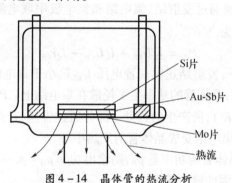

图 4-14 晶体管的热流分析

一般把 Si 片、Au – Sb 片及 Mo 片构成的热阻称为内热阻。把管座及散热片构成的热阻称为外内阻。晶体管的热阻应该是内热阻和外热阻之和。

从图 4-14 可以看出,功率晶体管的管芯面积较大,厚度较薄,可以假定热量只在垂直于管芯的截面方向,通过热扩散散发,即热量由发热中心集电结,通过硅、金、钼等传到铜底座。设在垂直方向存在温度梯度 dT/dx,则用一维热传导方程可得 x 方向的热流密度为

$$F = -\kappa \frac{dT}{dx} \qquad (4-58)$$

式中 κ——热导率。

在热稳定状态时,耗散功率 p_C 所产生的热量全部通过热流 FA 进行散发,因此耗散功率为

$$p_C = FA = -\kappa A \frac{dT}{dx} \qquad (4-59)$$

按照热阻定义,dx 段材料热阻应等于该段材料的温差与其热流之比,因此有

$$dR_T = \frac{dT}{FA} = \frac{dx}{\kappa A} \qquad (4-60)$$

对式(4-60)积分可得材料厚度为 t 时的热阻为

$$R_T = \frac{t}{\kappa A} \qquad (4-61)$$

若假定图 4-14 所示晶体管,由管芯到外壳各段材料的热导率和厚度分别为 κ_1、κ_2、κ_3、t_1、t_2、t_3,则图 4-14 所示晶体管的总内热阻为

$$\sum R_{Ti} = \frac{t_1}{\kappa_1 A_1} + \frac{t_2}{\kappa_2 A_2} + \frac{t_3}{\kappa_3 A_3} \qquad (4-61a)$$

管芯把热量传给管壳,管壳向空气散热途径分为两路:一路直接由管壳向空气散发,用外热阻 R_{TC} 表示;另一路管壳先将热量传给散热片,其间热阻用 R_{CS} 表示,然后由散热片散发到空气中,其间热阻用 R_{SA} 表示。图 4-15 表示了晶体管的等效热路。散热片一般由导热性能良好的铝板组成。铝板面积越大,热阻越小。对于功率很大的晶体管,往往采用强迫风冷或水冷来提高散热能力。

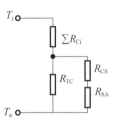

图 4-15 等效热路

从图 4-15 可以看出,晶体管总的热阻由内热阻 $\sum R_{Ti}$ 和外热阻串联而成。但实际上主要由管芯内热阻构成。

由于电流分布的不均匀性,另外热流的方向不可能是一维的,所以上述求内热阻的公式也是近似的。最后通过测量进行修正。

2. 瞬态热阻

在稳定状态下,晶体管的耗散功率恒定不变,但在开关和脉冲电路中,晶体管的耗散功率却是随着时间变化,结温和管壳温度也随时间变化,热阻也就变成随时间变化的瞬态热阻。

我们知道温度是物体分子能量大小的量度,它直接与晶格振动情况有关。因此,在热传导过程中,必须将一部分热量转换为晶格的振动能,使分子能量增加,才能使温度升高,形成温差,产生热传导。晶格吸收热量的过程用热容 C_T 来描述。图 4-16 是瞬态等效热路。

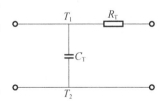

图 4-16 用传输线模拟的瞬态等效热路

图 4-16 中 C_T 为热容,它表示一个质量为 $G(=\rho A_t)$ 的物体温度升高 1℃所需要的热量,即

$$C_T = \rho A_t c (\text{W} \cdot t/\text{℃}) \tag{4-62}$$

式中　ρ——介质密度;
　　　A_t——体积;
　　　c——比热容。

同瞬态电路中惯性元件两端电压不能突变相似,在瞬态热路中,由于存在热容,温度也不可能突变;与电路中存在对电容的充电延迟时间相似,当对晶体管施加功率时,由于对热容"充热",因而温差 ΔT 不会立即增大,而是随着时间增长指数上升,有

$$\Delta T = T_j - T_a = A(1 - e^{-t/C_T R_T}) \tag{4-63}$$

式中　A——比例常数;
　　　T_a——环境温度。

当 $t \to \infty$ 晶体管达到热稳定状态,根据热阻定义,$A = P_C R_T$,由此得

$$T_j - T_A = P_C R_T (1 - e^{-t/C_T R_T}) = FAR_T (1 - e^{-t/C_T R_T}) \tag{4-64}$$

因此,瞬态热阻

$$R_{TS} = R_T (1 - e^{-t/C_T R_T}) \tag{4-65}$$

显然,当施加功率的时间 $t \gg R_T C_T$ 时,瞬态热阻 $R_{TS} \approx R_T$;反之,则 $R_{TS} < R_T$。

4.5.3　晶体管的最大耗散功率

晶体管的最大耗散功率 P_{CM} 即当结温 T_j 达到最高允许结温 T_{jm} 时所对应的耗散功率。对式(4-60)积分,并将积分限取为从环境温度 T_a 到最高结温 T_{jm},则稳态时,晶体管的最大耗散功率为

$$P_{CM} = \frac{T_{jm} - T_a}{R_T} \tag{4-66}$$

瞬态时

$$P_{CMS} = \frac{T_{jm} - T_a}{R_{TS}} = \frac{T_{jm} - T_a}{R_T(1 - e^{-t/C_T R_T})} \tag{4-67}$$

由式(4-66)和式(4-67)看出,$P_{CMS} \gg P_{CM}$,在脉冲工作状态时,器件的耗散功率大于直流工作状态耗散功率。

由前面讨论得知,提高晶体管最大耗散功率的主要措施是降低晶体管的热阻 R_T;选用 T_{jm} 高的材料,所以一般大功率管都采用硅材料。另外,尽量降低使用温度。

4.6　二次击穿和安全工作区

二次击穿是功率晶体管早期失效或突然损坏的重要原因,它已成为影响功率晶体管

安全可靠使用的重要因素。

4.6.1 二次击穿现象

二次击穿是在一次击穿发生之后的又一次击穿。也就是说,当晶体管集电结反向偏压加到一定值时,发生雪崩击穿,电流急剧上升,这就是在第 2 章讲到的一次击穿。若此时集电结反向偏压继续升高,电流 I_C 增大到某一值后,C-B 结上压降突然降低而 I_C 却继续上升,即出现负阻效应(图 4-17),这种现象称为二次击穿。图 4-17 中 A 点称为二次击穿触发点。该点所对应的电流及电压分别称为二次击穿触发电流 I_SB 和二次击穿触发电压 U_SB。

晶体管在 $I_\mathrm{B}>0$、$I_\mathrm{B}=0$、$I_\mathrm{B}<0$ 条件下均可发生二次击穿,分别称之为基极正偏二次击穿、零偏二次击穿和反偏二次击穿。将不同 I_B 下的触发点 A 连成曲线,得到二次击穿临界线,如图 4-18 所示。

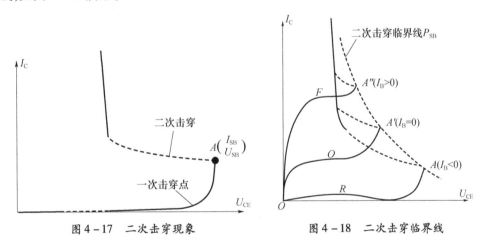

图 4-17 二次击穿现象　　　　图 4-18 二次击穿临界线

从发生雪崩击穿并到达 A 点至发生二次击穿仅需 ms 至 μs 数量级时间间隔,称为 t_d。存在 t_d 延迟时间表明,由一次击穿进入二次击穿。在晶体管内部需要积聚和消耗一定的能量。这个能量称为二次击穿触发能量 E_SB,也叫二次击穿耐量,即

$$E_\mathrm{SB} = I_\mathrm{SB} U_\mathrm{SB} t_\mathrm{d} = P_\mathrm{SB} t_\mathrm{d} \tag{4-68}$$

对于不同类型晶体管延迟时间长短不同,这主要是由于它们发生二次击穿的原因不同。

从图 4-17 中可以把二次击穿过程大致分为以下 4 个阶段:

(1) 当 U_CE 增加到集电结雪崩击穿电压时,发生一次击穿。

(2) 当雪崩击穿后,集电极电流 I_C 增加到 A 点,并在 A 点经过短暂停留后,从高压区转至低电压区,出现负阻效应。

(3) 若电路无限流措施,电流将继续增加,进入低压大电流区域,此时半导体处于高温下,击穿点附近的半导体是本征型的。

(4) 电流继续增大,击穿点熔化,造成永久性损坏。

4.6.2 二次击穿机理及改进措施

二次击穿的机理较为复杂,至今尚没有一个较为完整的理论对二次击穿做严格定量的分析解释。目前比较一致的解释是电流集中二次击穿和雪崩注入二次击穿。下面分别加以介绍。

1. 电流集中二次击穿

这种击穿是由于晶体管内部出现电流局部集中,形成"过热点",导致该处发生局部热击穿的结果。这一理论又称为热不稳定理论。[6,7]

1) 机理分析

一个功率管内部可看成多个小晶体管的并联,如图 4-19 所示。

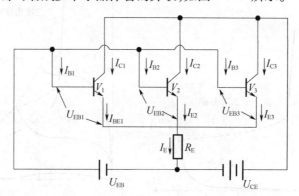

图 4-19 说明电流集中二次击穿的简单模型

图中各管发射极电流基本相同。当电流均匀分布时,$I_{E1} = I_{E2} = I_{E3}$,且 $I_E = I_{E1} + I_{E2} + I_{E3}$。

如果由于某种原因使得 V_1 中电流 $I_{E1}\uparrow$,则 V_1 中消耗的功率 $P_{C1}\uparrow$,V_1 的结温 $T_{j1}\uparrow$(高于 T_{j2}、T_{j3})。由于总 I_E 不变,$I_{E1}\uparrow$ 势必导致 $I_{E2}\downarrow$、$I_{E3}\downarrow$ 随之其功率 $P_{C2}\downarrow$、$P_{C3}\downarrow$、$T_{j2}\downarrow$、$T_{j3}\downarrow$。又因为 I_E 不变,$I_E R_E$ 不变,作用在 3 个管上的 U_{EB} 不变。我们已知,当 U_{EB} 不变时,随着结温的升高,正向电流将剧增。所以,I_{E1} 将变得更大,I_{E1} 的增大又导致 T_{j1} 的猛升,这样恶性循环下去,I_{E1} 会变很越来越大,T_{j1} 越来越高;与此同时,I_{E2}、I_{E3} 在同步减小。最终在 V_1 中形成"过热点"。当过热点温度达到该半导体材料的本征温度时,本征激发占优势,集电区耗尽层消失(N 集电区处于本征导电状态),U_{CE} 突然下降,而电流急剧上升。

在作为热源的 C-B 结耗尽层消失以后,电流在"过热点"进一步集中,该处温度继续

第4章 双极型晶体管的功率特性

上升,当达到该材料熔点时,材料熔化,造成永久性破坏。

一般情况 $I_B > 0$ 时,二次击穿就属于电流集中型二次击穿。对 $I_B > 0$ 时发生二次击穿后的管芯进行显微观察,发现基区内有微小的再结晶区。这是二次击穿时"过热点"温度超过了半导体的熔点产生局部熔化,冷却后再结晶所致。所以二次击穿后,晶体管往往发生 C-E 穿通。

"过热点"形成主要是电流局部集中的原因。而造成电流局部集中的主要原因是大电流下发射极电流集边效应和总的 I_E 在各小单元发射区上分配不均匀,以及原材料和工艺过程造成的缺陷和不均匀性。

2) 改善电流集中二次击穿的措施

降低 r_B,以改善发射极电流集边效应;提高材料和工艺水平;改善散热条件。这些都是为了消除电流分配不均匀因素。此外,在发射极做镇流电阻,这是解决正偏下二次击穿的一个有效方法。如图4-20所示,在每一单元发射极条上加串联电阻 R_{Ei}。若由于电流集边效应影响或材料工艺问题,电流在某一点集中,该点所处的发射极电流就增加,导致串联在该单元上的 R_{Ei} 上的压降也随之增加,从而使真正作用在该单元发射结上的压降随之减小,进而使通过该单元的电流自动减小,实际上,R_{Ei} 起负反馈的作用,避免了电流进一步增加而诱发二次击穿。

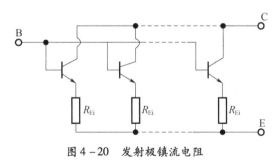

图4-20 发射极镇流电阻

镇流电阻固然可以防止二次击穿,但阻值取得太大会使电流增益下降、功耗增加。所以,镇流电阻必须有一个恰当的值。

从图4-20得知,$U_{BE} = U_{BEi} + R_{Ei}I_{Ei}$,一般认为偏置电压 U_{BE} 不会随温度变化,而发射结电压 U_{BEi} 随温度变化的系数为 $\frac{dU_{BEi}}{dx} \approx -2\text{mV/K}$。另外,工程上一般规定,当发射结结温变化为 $\pm 5\text{K}$ 时,镇流电阻要能将发射极电流的变化限制在 $\pm 5\%$ 以内。就是说,当温度变化 $\pm 5\text{K}$ 时,发射结电压波动为 $\mp 10\text{mV}$,而发射极电流 I_{Ei} 变化为 $\pm 5\%$,或者,发射结电压变化 20mV,发射极电流 I_{Ei} 变化 $0.1I_{Ei}$。那么

$$R_{Ei} = \frac{\Delta U}{\Delta I_{Ei}} = \frac{20\text{mV}}{0.1 I_{Ei}} \approx 8 \frac{kT}{qI_{Ei}} \qquad (4-69)$$

对于有 n 个单元并联的功率管,其总发射极镇流电阻的阻值应为

$$R_E = \frac{R_{Ei}}{n} = 8\left(\frac{kT}{qI_E}\right) \tag{4-70}$$

常用镇流电阻有金属薄膜(主要是 Ni-Cr)电阻、扩散电阻、多晶硅电阻及多层金属电极等。金属膜电阻多数是用镍-铬蒸发形成,薄层电阻控制在 4～8Ω 范围内,再经镍-铬反刻和 Al 反刻即成。其优点是温度系数小,性能稳定,老化失效率低,但反刻困难,均匀重复性较差。扩散电阻工艺简单,均匀性好,但温度系数大,稳定性差,阻值不能精确控制。多晶硅电阻的优点是不需改变发射区图形尺寸,并可防止铝穿过氧化层针孔,引起发射结短路。在多层金属电极系统中,用 Ti(钛)作镇流电阻,但工艺较复杂。

2. 雪崩注入二次击穿

试验发现,硅 N^+PNN^+ 外延平面晶体管若发生二次击穿,延迟时间非常短。一般认为,这是由于集电结内的电场分布及雪崩倍增区随 I_C 的增大而发生变化,从而引发二次击穿。把这种二次击穿称为雪崩注入二次击穿。

1) 机理分析

以 N^+PNN^+ 晶体管来分析 $I_B = 0$(基极开路)时的雪崩注入二次击穿。当 C-B 结反向偏压较小时,空间电荷区 x_{mC} 较小,电场分布如图 4-21(a)中 A 所示,最大场强在 C-B 结交界面 $x=0$ 处,随着 C-B 结反向偏压的增大,x_{mC} 也增大,$x=0$ 处电场也增强。若外延层比较薄,随着 x_{mC} 的增大会发生外延层穿通。当 $U_{CE} = BU_{CEO}$ 时,即发生一次雪崩击穿,在 $x=0$ 处将首先发生雪崩倍增效应。在 $x=0$ 处产生的电子将到达 N^+ 区,空穴将穿过基区进入发射区,从而引起发射区向基区更大的注入;当然穿过基区的空穴中有一部分与发射区注入进来的电子相复合。电场分布如图 4-21(a)中 B 所示。

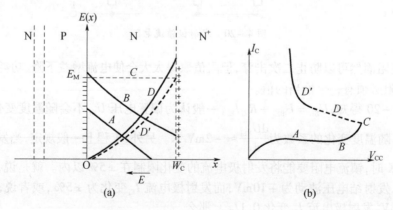

图 4-21 基极开路时集电区电场分布示意图及 $I_C - U_{CE}$ 特性
(a) 基极开路时,集电区电场分布;(b) 基极开路时,$I_C - U_{CE}$ 特性。

图 4-21 中 E_M 表示雪崩倍增的临界场强,可以看出一次雪崩击穿最大场强比 E_M 高不了多少。其原因是击穿后集电极电流 $I_C = \frac{MI_{CBO}}{1-aM}$,只要 M 略大于 1,I_C 即趋向无穷。如果一次击穿后,集电结反向偏压继续上升,倍增效应使得 $J_C = J_{Cr} = qv_{sL}N_C$ 时,$n = N_C$,即倍增产生的通过集电结空间电荷区的可动电子的负电荷密度等于 N 型集电区固定正空间电荷密度,此时集电区内净空间电荷为零,电场均匀分布,如图 4-21(a)中 C 线。若集电结反偏电压再增加,更加强烈的倍增效应会使 $J_C > J_{Cr}$,即 $n > N_C$,集电区出现了负空间电荷。而正空间电荷全部由 N^+ 区边界处的电离杂质提供。最大电场由 PN 结移到 NN^+ 结,即移到 $x = W_C$ 处,雪崩区也移到 NN^+ 结附近。电场分布如图 4-21(a)中 D 曲线。在 $x = W_C$ 新的雪崩区产生的电子直接由集电极收集,而空穴则经过 N 区时中和部分负电荷,使负空间电荷的净电荷密度下降,但空间电荷区的宽度不会收缩,而电场分布斜率却随负空间电荷密度的减小而下降,电场分布由 D 很快过渡到 D' 线,D' 线所包围的面积比 D 线包围的面积减小,即 U_{CE} 下降,但电流仍在继续上升,故而呈负阻现象,在 $x = W_C$ 处最大场强维持在 E_M 以维持雪崩。上述各阶段的 I_C-U_{CE} 特性及特征点示于图 4-21(b)中。

这种二次击穿特点是最大电场从 PN 结移到 NN^+ 结,NN^+ 结的雪崩区向集电结非雪崩区注入空穴产生负阻,二次击穿即刻发生。

2)改善措施

发生雪崩注入二次击穿的必要条件是一次雪崩击穿后的电场转移。在转移之前,N^- 空间电荷区电场首先达到临界场强 E_M。因此,发生二次击穿的临界电压为

$$U_{SB} = E_M W_C \tag{4-71}$$

临界电流为

$$I_{SB} = J_{Cr} A_C \tag{4-72}$$

可见,改善二次击穿特性,一是增大 W_C,二是增大 J_{Cr}。下面介绍几种改善二次击穿的措施。

(1)增加外延层厚度,使 $W_C \gg \frac{BU_{CBO}}{E_M}$。但这会使集电区串联电阻 r_{CS} 增大,影响其输出功率。

(2)增大外延层掺杂浓度,以增大 J_{Cr},但这与提高 BU_{CBO} 相矛盾,为此可采用图 4-22 所示双层集电区结构。N_1^- 区的电阻率及厚度由 BU_{CBO} 决定,N_2 区的电阻率介于 N_1^-、N^+ 衬底之间,N_1^- 和 N_2 区的厚度等于 W_C。

(3)采用钳位二极管。如图 4-23 所示。对钳位二极管的要求:一是其电流容量近似等于 I_{CM};二是其雪崩击穿电压低于 BU_{CBO} 及 U_{SB}。

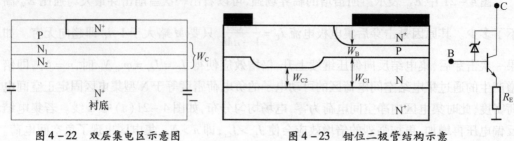

图4-22 双层集电区示意图　　　图4-23 钳位二极管结构示意

此外,改进设计及工艺、提高原材料纯度和完整性等,均对防止二次击穿有利。

4.6.3 安全工作区

安全工作区是指晶体管能够安全工作的范围。一般用 SOAR 或 SOA 表示。

安全工作区是由最大集电极电流 I_{CM}、雪崩击穿电压 BU_{CEO}、最大耗散功率 P_{CM} 及二次击穿触发功率 P_{SB} 这些参数所包围的区域,如图4-24所示斜线区域。斜线区域以外则为不安全区域。

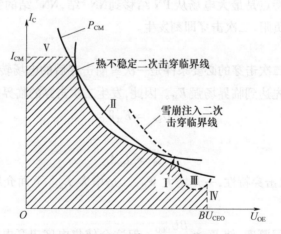

图4-24 晶体管的安全工作区

在安全工作区外区域 I 为功率耗散过荷区,在该区工作时,晶体管主要是热破坏,因为过荷功率将产生大量热量,使结温上升,造成引线烧断或 Ni-Cr 电阻烧毁。区域 II 是电流集中二次击穿区,在该区工作的晶体管内部产生的"过热点"处熔化而造成 C-E 短路。区域 III 为雪崩注入二次击穿区。区域 IV 为雪崩击穿区。若在外电路串有限流电阻,即使晶体管工作在 II 和 IV 区,晶体管也可不致遭到永久性破坏。区域 V 为电流过荷区,在该区晶体管集电极电流超过了 I_{CM},晶体管性能变坏,不能正常工作。显然,考虑了二次击穿后,晶体管的安全工作区变小了。

晶体管的安全工作区的大小同晶体管工作状态有关。图 4-25 给出了某晶体管在直流工作及脉冲工作状态的安全工作区。从图中可见脉冲(高频)工作的晶体管安全工作区比直流工作时大,而且随着脉宽的减小而逐渐扩大。

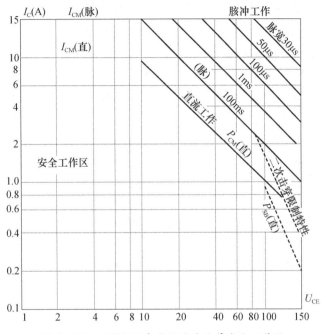

图 4-25 不同电压条件下的晶体管安全工作区

这是因为晶体管脉冲工作时,集电极最大电流要比直流工作时大,耗散功率也就大,所以安全工作区范围就大。从集电极最大电流考虑,脉宽越窄,安全工作区越大。

要扩大安全工作区,首先改善二次击穿特性,将二次击穿临界线移到 P_{CM} 线之外,其次就是提高 BU_{CEO}、I_{CM} 和 P_{CM} 这 3 个参数。

习　题

4-1　比较大注入自建电场和缓变基区自建电场的相同点和不同点。

4-2　说明基区扩展效应和基区宽度调制效应的区别。

4-3　画出 PNP 管发射极电流集边的结构示意图,并说明道理。

4-4　说明大功率晶体管电流放大系数比小功率管低的原因。

4-5　分别画出 NPN 晶体管小注入和大注入时基区少子分布图,说明两者的区别并讲明原因。

4-6 已知硅 NPN 平面晶体管，$N_B(0) = 2 \times 10^{17} \text{cm}^{-3}$；$W_B = 1.5 \mu m$；$D_{nB} = 13.5 \text{cm}^2/\text{s}$。试估算其发生基区电导调制效应时所对应的临界电流密度。

4-7 有硅 NPN 平面晶体管，其外延厚度为 $10 \mu m$，掺杂浓度 $N_C = 10^{15} \text{cm}^{-3}$，试计算在 $|U_{CB}| = 20V$ 时，产生有效基区扩展效应的临界电流密度。

4-8 硅 NPN 高频功率晶体管，基区平均杂质浓度 $\bar{N}_B = 1 \times 10^{17} \text{cm}^{-3}$；基区表面浓度 $N_B(0) = 4 \times 10^{17} \text{cm}^{-3}$；基区宽度 $W_B = 1 \mu m$；集电区杂质浓度 $N_C = 5 \times 10^{15} \text{cm}^{-3}$；特征频率 $f_T = 300 \text{MHz}$；计算 $f = 100 \text{MHz}$ 时发射极有效半宽度 S_{eff}。

4-9 NPN 高频功率晶体管使用在转换效率 $\eta = 40\%$ 的电路中，输出功率 $P_0 = 10W$，若选取 $T_{jvn} = 175℃$，计算晶体管的热阻。

4-10 为了防止二次击穿，拟在发射极上加镇流电阻（Ni-Cr 电阻），如果晶体管为梳状电极结构，10 条发射极，每条宽 $50 \mu m$，$I_E = 1A$，Ni-Cr 膜的薄层电阻为 $5\Omega/\square$，试确定镇流电阻的长、宽尺寸。

参 考 文 献

[1] Lindmayer J, Wrigley C. The Hight Injection Level Operation of Draft Transistor. Solid State Electronics,1961(2):79.

[2] 管野卓雄. 半导体物性艺素子. 昭和48年(1):429.

[3] Van der ziel A, Gearidis D A. Proc. IEEE(Lett) ,1966(54):411.

[4] 日经工 レタトロニスタ258号,昭和56年:185.

[5] 浙江大学半导体器件教研室. 晶体管原理. 北京:国防工业出版社,1980:218.

[6] Schafft H A. Second Breakdown – A Comprehensive Review, Proc. IEEE,1967(55):1272.

[7] Krishna S, Gray P. Second Breakdown:Hot Sports or Hot Cylinders,Proc. IEEE, 1974(62):1182.

[8] Hower P L, Reddi V G K. Avalanche Injection and Second Breakdown. IEEE Trans. Electron Devices,1970(17):320.

[9] BeattyB A, Krishna S, Adler M S. Second Breakdown in Power Transistors due to Avalanche. IEEE Trans. Electron Devices. 1976(23):851.

[10] 武世香,双极型和场效应型晶体管. 北京:电子工业出版,1995.

[11] 张屏英,周佑谟. 晶体管原理. 上海:上海科学技术出版社,1985.

第 5 章 开关特性

在前面 3 章中主要分析了晶体管作为放大元件时的特性。实际上,晶体管还作为开关元件被广泛使用在各种数字系统、计算机以及自动控制等领域中。本章分析晶体管的开关特性,为设计性能优良的开关晶体管提供必要的理论依据。从参数角度来讲,主要分析晶体管的开关时间、正向压降和饱和压降 3 个参数。

5.1 晶体管的开关作用

晶体管的开关特性包括静态特性和动态特性两个方面。前者指晶体管处于开态和关态时端电流与电压间的关系,后者指晶体管在开态和关态之间转换时,端电流与电压随时间变化的特性。本节首先说明晶体管的开关作用,然后简要分析处于开态和关态时,晶体管内部载流子的状态,以此作为分析开关过程的基础。

5.1.1 晶体管开关作用的定性分析

在晶体管开关电路中,主要使用共射极组态,图 5-1 就是典型的晶体管开关电路原理。图中 R_L 代表输出端的负载电阻,U_{CC}、U_{BB} 分别表示集电极和发射极的反向偏压(大多数应用中不加 U_{BB}),控制信号由基极输入,它一般是矩形脉冲信号。

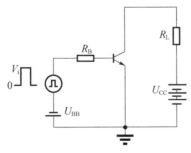

图 5-1 晶体管开关电路原理

当控制信号没有到来时,发射结处于反向偏置或零偏压,基极没有正向注入电流 I_B,因此集电极电流仅等于穿透电流 I_{CEO}。对性能良好的晶体管,I_{CEO} 很小,因此负载电阻 R_L

上压降很小,晶体管集电极与发射极之间的压降 $U_{CE} \approx U_{CC}$。这时,在集电极回路中,晶体管相当于一断开的开关。一般称晶体管处于这样的工作状态为关态或截止态,在输出特性曲线上,关态对应于截止区的工作状态(图5-2)。

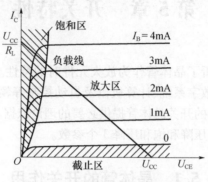

图5-2 共发射极输出特性曲线

当基极回路中幅度为 $U_I(\gg U_{BB})$ 的正脉冲信号到来时,发射结处于正偏,基极有了注入电流 I_B。于是,集电极电流按照 $I_C = \beta I_B$(β 表示直流电流增益)的规律增大,其工作点沿负载线向上移动。若 I_B 足够大,将使集电极电流 I_C 趋于饱和值 $I_{CS} \approx U_{CC}/R_L$。此后,集电极电流不再随 I_B 的增大而增大,并且由于负载电阻 R_L 上压降近似等于 U_{CC},集电结变为零偏或正偏。这时,晶体管集电极与发射极之间的压降很小,在集电极回路中,晶体管相当于一个接通的开关。一般称晶体管处于这样的工作状态为开态或导通态,在输出特性曲线上,它对应于饱和区的工作状态。

从上面分析可知,晶体管的开关作用是通过基极的控制信号使晶体管在饱和(即导通)态与截止态之间往复转换来实现的。要使晶体管接近一个理想开关,要求反向电流和饱和压降越小越好。其次,在高速数字系统中,要求晶体管从一种状态转变到另一种状态所需要的时间(称为开关时间)越小越好。此外,还要求它从截止态转变到导通态时所需要的启动功率 $I_B U_{BEs}$ 要小。最后,要求晶体管处于截止态时能承受较高的反向电压,处于导通态时能允许通过较大的电流(特别是晶体管作为功率开关使用时)。

5.1.2 截止区和饱和区的电荷分布

从前面的分析可知,晶体管的开关过程就是晶体管在截止区和饱和区的往返过程。因此,在此先分析一下晶体管处在截止区和饱和区时电流的传输及载流子的分布情况,作为分析开关过程的基础。

1. 截止区

晶体管处于截止区(关态)时的主要特点是发射结处于反向偏置(或零偏压)、集电结处于反向偏置。这时,由于没有基极注入电流,在集电结和发射结分别流过反向电流 I_{CBO} 和 I_{EBO}。应注意,这时发射极电流和集电极电流的方向是相反的,见图 5-3。基极电流等于两个结的反向电流之和,即

$$I_B = I_{CBO} + I_{EBO}$$

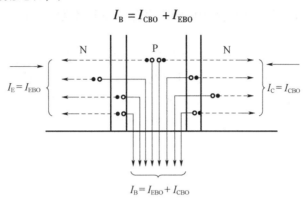

图 5-3 晶体管截止态电流传输情况示意图

基极电流的方向则是从晶体管内部向外流出。对于发射结是零偏压的情况(相当于基极通过 R_B 接地),流过发射结的电流近似为零,流过集电结的电流近似为 I_{CBO}。

由于基极电流很小,因此,一般用输出特性曲线中 $I_B = 0$ 的这条线作为放大区和截止区的分界线($I_B = 0$ 相当于基极开路的情况,这时流过晶体管集电极的电流是 I_{CEO},这个电流也很小,因此可以以 $I_B = 0$ 这条线作为两个区的分界线),在 $I_B \leqslant 0$ 时晶体管处于截止状态。

图 5-4 示意出截止晶体管基区内的少子分布。曲线 A 和 B 分别表示发射结为零偏和反偏时的电子浓度分布。

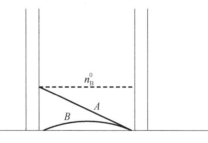

图 5-4 截止情况基区少子分布

2. 饱和区和超量存储电荷

晶体管处于饱和区(开态)的主要特点是发射结正偏、集电结也是正偏(或零偏),集电极电流 I_C 接近饱和值 $I_{CS} \approx U_{CC}/R_L$,基本上不随输入电流 I_B 变化。I_{CS} 称为集电极回路饱和电流。饱和态的集电极与发射极之间的压降很小,记为 U_{CES},它称为晶体管的饱和压降。

首先分析一下使晶体管进入饱和状态的外界条件。在集电极回路中,$U_{CC} = I_C R_L + U_{CE}$,当基极正脉冲信号到来后,由于基极注入电流 $I_B > 0$,晶体管脱离截止态($I_B \leqslant 0$ 为截止态)进入放大区。此时,I_C 迅速增大,管压降 U_{CE} 则随 I_C 的增大而迅速减小,晶体管工作

点沿负载线迅速向饱和区移动。由于基极电位由输入回路决定(对 Si 管约为 0.7V),因此当 U_{CE} 下降到 $U_{CE} = U_{CC} - I_C R_L = U_{BE} \approx 0.7\text{V}$ 时,集电结由反偏变为零偏,集电极收集载流子的能力减弱,I_C 随 I_B 的增长速度开始变慢。若 I_C 再增加,则集电结变为正偏,集电极完全丧失收集能力,I_C 不再随 I_B 增加而转为完全由外电路确定的 I_{CS},此时晶体管进入了饱和状态。

通常把集电结偏压 $U_C = 0$ 的情况称为临界饱和,这时开始进入饱和区。也就是说,以 $U_C = 0$ 的临界饱和线作为饱和区与放大区的分界线,$U_C > 0$ 时,晶体管就进入饱和状态。为了从外电路判断晶体管是否进入饱和,先来考察其端电流。临界饱和时集电极电流为

$$I_{CS} = \frac{U_{CC} - \text{临界饱和压降}}{R_L} \approx \frac{U_{CC}}{R_L} \quad (5-1)$$

而基极驱动电流为

$$I_{BS} = \frac{I_{CS}}{\beta} \approx \frac{U_{CC}}{\beta R_L} \quad (5-2)$$

把 I_{BS} 即晶体管达到临界饱和时的基极驱动电流,称为临界饱和驱动电流。

从上述分析可见,当基极电流 $I_B = I_{BS} \approx \frac{U_{CC}}{\beta R_L}$ 时,集电极电流约等于饱和电流,此后即使基极电流再增加,由于集电极回路负载电阻 R_L 的限制,集电极电流也不会再增加,晶体管进入了饱和状态。所以

$$I_B \geq I_{BS} \approx \frac{U_{CC}}{\beta R_L} \quad (5-3)$$

就是晶体管进入饱和状态的外界条件。$I_B = I_{BS}$ 则通常作为晶体管处于临界饱和状态的条件。

图 5-5(a)、(b)、(c)示意出集电结偏压从反偏到零偏、再到正偏时各区少数载流子分布情况。其中图 5-5(a)表示基极驱动电流如 $I_B < I_{BS}$,集电结反偏。若基极驱动电流刚好等于 I_{BS},而 $I_B = I_{BS} = \frac{U_{CC}}{\beta R_L}$,则晶体管处于临界饱和状态,它也处于放大状态的边缘,此时晶体管内的少子分布示于图 5-5(b)中。在临界饱和时,由于 $U_C = 0$,在集电结两侧的少子浓度分别为平衡浓度 n_B^0 和 p_C^0。载流子的运动和电流的传输情况与放大区类似(图 2-4(b)),只是不存在集电结反向电流 I_{CBO}。基极电流提供反向注入和基区复合用的空穴,反向注入电流也就是发射区复合电流。

在实际应用中,往往是 $I_B > I_{BS}$,则晶体管处于过驱动状态,I_B 与 I_{BS} 的差值称为过驱动电流,即

$$I_{BX} = I_B - I_{BS} = I_B - \frac{U_{CC}}{\beta R_L} \quad (5-4)$$

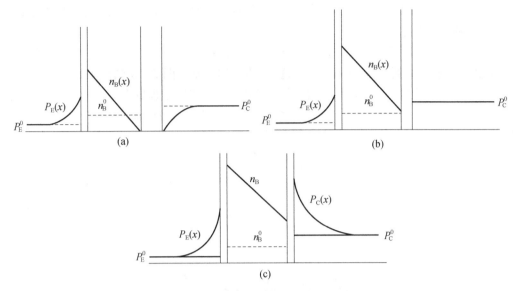

图 5-5 集电结各种偏置情况下少子分布示意图
(a)集电结反偏;(b)集电结零偏;(c)集电结正偏。

正是这部分过驱动电流促使晶体管内部载流子的运动发生了一系列的新变化,使晶体管进入饱和状态。

从第 2 章的分析中可知,晶体管工作在放大区时,集电极电流与基极电流遵循 $I_C = \beta I_B$ 的关系。基极电流提供的空穴,一部分是用来补充基区复合损失掉的空穴(相应于 I_{VB}),另一部分是通过发射结注入到发射区,在发射区与电子复合(相应于 I_{PE})。当基极电流增大到 I_{BS} 时,集电极电流仍能维持 $I_{CS} = \beta I_{BS}$ 的关系,I_{BS} 刚好与 I_{VB} 和 I_{PE} 维持平衡。但当 $I_B > I_{BS}$ 后,集电极电流不再受 I_B 控制而变为由外电路(即集电极回路)决定,达到饱和值 I_{CS},不再增大。这时过驱动电流 I_{BX} 即 $I_B - I_{BS}$ 所提供的多余的空穴,就在基区中积累存储起来,并且不断地填充集电结势垒区,使势垒区不断变窄,当集电结从零偏转变为正偏后,过驱动基极电流提供的空穴又从基区注入到集电区,也在集电区积累存储起来,如图 5-5(c)所示。在空穴积累存储的同时,由电中性要求,在基区和集电区也有等量电子增加和积累(这些电子自发射极电流提供),此时晶体管开始进入饱和区。通常,把饱和时比临界饱和状态增加的这部分载流子的积累存储称为电荷的超量存储,这部分载流子则称为超量存储电荷。但是,由驱动电流造成的超量存储过程不会无限持续下去,因为它们是非平衡载流子,必然要发生复合,形成超量存储电荷的复合电流 $I_{VBS} + I_{VCS}$。当这部分复合电流与过驱动电流相等,即

$$I_{BX} = I_B - I_{BS} = I_{VBS} + I_{VCS} \tag{5-5}$$

(式中,I_{VBS}和I_{VCS}分别表示基区和集电区超量存储电荷的复合电流),或者说,当总的复合电流等于基极总电流

$$I_B = I_{PE} + I_{VB} + I_{VBS} + I_{VCS} \tag{5-6}$$

时,超量存储过程达到平衡,晶体管进入稳定的饱和状态。图5-6画出了处于稳定的饱和态时晶体管内部的电流传输。可见,此时基极电流的作用是提供在集电区、基区及发射区复合所需要的空穴。在饱和状态下,基极电流I_B和集电极电流I_C由外电路决定,分别为

$$I_B = \frac{U_1 - U_{BB} - U_{J0}}{R_B} \tag{5-7}$$

$$I_C = I_{CS} = \frac{U_{CC}}{\beta R_L} \tag{5-8}$$

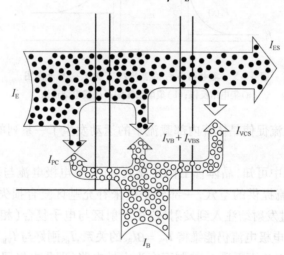

图5-6 饱和时晶体管的电流传输示意图

发射极电流为

$$I_E = I_B + I_C = I_{BS} + I_{BX} + I_{CS} \tag{5-9}$$

从上述分析可知,超量存储电荷的多少是由过驱动电流的大小来决定的。显然,过驱动电流越大,超量存储电荷也越多,晶体管饱和程度则越深。为表示晶体管的饱和程度大小,定义一个参数S,即

$$S \equiv \frac{I_B}{I_{BS}} = \frac{I_B}{\frac{U_{CC}}{\beta R_L}} \tag{5-10}$$

S称为饱和深度,也称为过驱动因子。S较小时为浅饱和状态,S较大时则为深饱和。

$S=1$ 为临界饱和。

再来看一下饱和时晶体管内部电荷的分布情况。由于临界饱和后,集电极电流不再增加,所以基区内少子(电子)的密度梯度也不能再增大。于是,基区内存储的电荷就按临界饱和时的分布平行上涨。图 5-7 所示为晶体管处于饱和态时电荷的分布情况。图中 Q_B 表示使晶体管到达临界饱和状态所需的存储于基区中的电荷,阴影部分的 Q_{BS} 和 Q_{CS} 则是过驱动电流 I_{BX} 造成的超量存储电荷。后面将看到,超量存储电荷的多少对开关时间影响很大。为使晶体管能达到足够的饱和深度而又不致于使开关时间过长,一般选取过驱动因子 $S \geqslant 4$ 比较适宜。

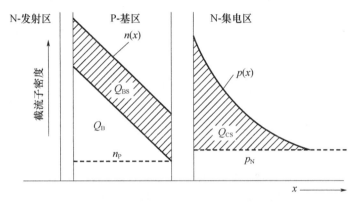

图 5-7 晶体管处于饱和状态时少数载流子的超量储存

5.2 晶体管的开关过程和开关时间

在对晶体管的开关作用及截止态和饱和态有一个清楚的了解之后,再来详细分析晶体管的开关过程,并得出相应的开关时间公式。

5.2.1 几个开关时间的定义

从图 5-8 可以看出,开关管无论是由"关"到"开"还是由"开"到"关",输出总是滞后于输入,这说明转换需要时间,这个时间定义为开关时间。对照图 5-8 来划分各个开关时间段。

(1) 从基极有正信号输入开始到集电极电流上升到 0.1 倍的 I_{CS} 为止,这段时间称为延迟时间,记为 t_d,即为 $t_1 - t_0$。

(2) 集电极电流由 $0.1 I_{CS}$ 上升到 $0.9 I_{CS}$ 为止所需要的时间为上升时间,记为 t_r,即 $t_2 - t_1$。

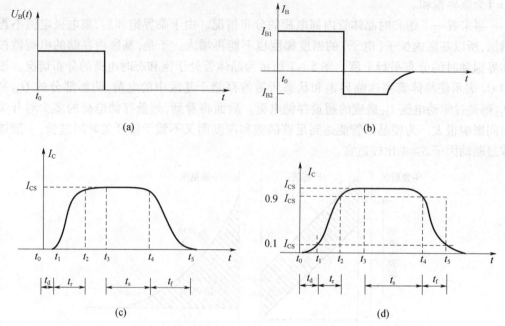

图 5-8 开关过程中的实际输入和输出波形
(a)输入脉冲;(b)基极电流;(c)集电极电流 I_C 波形;(d)确定开关时标准的 I_C 波形。

(3) 从基极信号变负开始到集电极电流下降为 $0.9I_{CS}$ 为止所需要的时间为储存时间,记为 t_s,即 $t_4 - t_3$。

(4) 集电极电流从 $0.9I_{CS}$ 下降到 $0.1I_{CS}$ 所需要的时间为下降时间,记为 t_f,即 $t_5 - t_4$。

由于在开关过程中集电极电流是交替变化的,电流开始上升或开始下降的时刻很难准确确定,这就给本来就很短的时间测量带来很大的相对误差,所以工程上一般都以最大值 I_{CS} 的 0.1 或 0.9 倍来进行测量,因此才有上述开关时间的定义。

$t_d + t_r = t_{on}$ 称为开启时间,$t_s + t_f = t_{off}$ 称为关闭时间。晶体管开关时间为二者之和,即 $t = t_{on} + t_{off}$。近代电子计算机的计算速度可以做到每秒百万次乃至上亿次,则要求晶体管的开关时间应在 ns 数量级甚至更短。

5.2.2 电荷控制理论

前几章晶体管是在稳态或小信号情况下工作,工作区域是放大区。因此,把它看作线性元件,用线性微分方程来描述它的特性。而把晶体管当作开关使用后,它是在输入信号幅度变化很大情况下工作,它的工作区域不是在放大区而是在饱和区和截止区。整个开关过程就是在饱和区与截止区之间来回跳变,此时晶体管表现出高度的非线性。如果再沿用前面的分析方法来研究晶体管的开关特性,会使问题变得很复杂。因此,采用"电荷控制理论"方法,此方法物理意义清楚,数学处理较简单,是处理大信号问题的有效方法。

电荷控制法的基础仍然是少数载流子连续方程。

对于 NPN 晶体管,基区电子连续方程为

$$\frac{\partial n}{\partial t} = \frac{1}{q}(\nabla \cdot J_n) - \frac{n}{\tau_n} \tag{5-11}$$

此处忽略了热平衡载流子浓度,n 代表非平衡电子浓度。将式(5-11)在整个基区内积分,则得到

$$\frac{\partial Q_B}{\partial t} = \iiint_v (\nabla \cdot J_n) dV - \frac{Q_B}{\tau_n} \tag{5-12}$$

式中　$Q_B = \iiint_v n dV$——储存在基区中电子电荷总量,根据奥高定理,将式(5-12)体积分变为面积分,即

$$\iiint_v (\nabla \cdot J_n) dV = \oiint_S J_n \cdot dS = -\Delta i_n \tag{5-13}$$

式中　V——S 所围成的体积;

　　　Δi_n——注入基区的净电子电流。

将式(5-13)代入式(5-12),则有

$$\frac{\partial Q_B}{\partial t} = -\Delta i_n - \frac{Q_B}{\tau_n} \tag{5-14}$$

按照电中性要求,流入基区的净空穴电流应等于注入基区的净电子电流,也就等于瞬态基极电流 i_B,即

$$i_B = \Delta i_p = -\Delta i_n \tag{5-15}$$

将式(5-15)代入式(5-14),则有

$$i_B = \frac{\partial Q_B}{\partial t} + \frac{Q_B}{\tau_n} \tag{5-16}$$

这就是电荷控制法的基本方程。由于基区电荷总量 Q_B 仅仅是时间的函数,故又可表示为

$$i_B = \frac{dQ_B}{dt} + \frac{Q_B}{\tau_n} \tag{5-16a}$$

式(5-16a)说明瞬态基极电流主要有两个作用:一是增加基区电荷积累$\left(\dfrac{dQ_B}{dt}\right)$,二是补充基区非平衡少子复合所需空穴$\left(\dfrac{Q_B}{\tau_n}\right)$。

在稳态情况下,$\dfrac{dQ_B}{dt}=0$,则由式(5-16a)得出

$$I_B = \frac{Q_B}{\tau_n} \qquad (5-17)$$

式(5-17)表示在稳态情况下基极电流等于基区内的少子电荷复合电流。

为了将稳态下储存在基区内的少子电荷与相应的基极电流联系起来,根据式(5-17)定义一个基极时间常数 τ_B,即

$$\tau_B = \frac{Q_B}{I_B} = \tau_n \qquad (5-18)$$

同样,可以定义将稳态下基区电荷与相应的集电极电流相联系的集电极时间常数 τ_C 及基区电荷与发射极电流相联系的发射极时间常数 τ_E,即

$$\tau_C = \frac{Q_B}{I_C} \qquad (5-19)$$

$$\tau_E = \frac{Q_B}{I_E} \qquad (5-20)$$

上述3个时间常数总称为电荷控制参数。

根据晶体管内部电流分配关系,有

$$\tau_B = \frac{Q_B}{I_B} = \frac{Q_B}{\frac{I_C}{\beta_0}} = \beta_0 \tau_C \qquad (5-21)$$

$$\tau_C = \frac{Q_B}{I_C} = \frac{Q_B}{\alpha_0 I_E} = \frac{\tau_E}{\alpha_0} \qquad (5-22)$$

参照式(5-18),式(5-16a)可改写为

$$i_B = \frac{Q_B}{\tau_B} + \frac{dQ_B}{dt} \qquad (5-23)$$

式(5-23)即电荷控制分析法中描述瞬态基极电流与瞬态基区电荷关系的基本方程。由于此方程是由稳态方程外推所得的,因而是一个近似方程。在非稳态条件下,如果工作频率非常高,晶体管端电流跟不上注入基区载流子总量变化的状态,上述电荷控制分析是不适用的。计算表明,上面推出的方程仅适用于晶体管工作频率低于共基极截止频率 f_a 的情况下。

在瞬态情况下,基极电流除了用于基区电荷积累、补充基区复合外,还要用作对势垒电容进行充放电,维持势垒区电荷随结压降的变化。考虑上述因素后,电荷控制方程变为

$$i_B = \frac{Q_B}{\tau_B} + \frac{dQ_B}{dt} + \frac{dQ_{TE}}{dt} + \frac{dQ_{TC}}{dt} \qquad (5-24)$$

式中 Q_{TE}, Q_{TC} ——E-B 结及 C-B 结空间电荷区的空间电荷量。

下面就用电荷控制分析法讨论开关过程及开关时间。

5.2.3 延迟过程和延迟时间

晶体管由关态向开态转化时,输出端并不能立即对输入端的正脉冲作出响应,即输出端不会马上有集电极电流,而是有一个延迟过程。延迟过程所对应的时间称为延迟时间。

1. 延迟过程

在正脉冲信号到来之前,晶体管处于截止态,发射结和集电结上均为较大的反偏,分别为 $-U_{BB}$ 和 $-(U_{CC}+U_{BB})$。因此,两个结的势垒区都比较宽,势垒区中空间电荷数量较多。流过两个结的电流均为很小的反偏漏电流。图 5-9 所示为这种状态时的电荷分布情况,势垒区边界为实线所画位置,曲线 $n(x,t_0)$ 为少子分布。

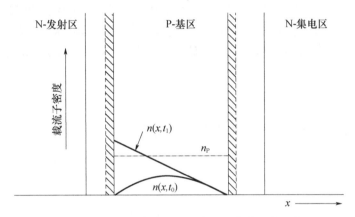

图 5-9 延迟过程中基区少数载流子密度分布示意图

在 t_0 时刻,基极输入幅值为 U_i 的正脉冲信号,形成基极电流 $I_{B1} = \dfrac{U_i - U_{BB}}{R_B}$,但这个基极电流不会立刻引起集电极电流 I_C 的增加。原因是此时发射结是反偏,所以,由基极注入的空穴将首先对 E-B 结的空间电荷区充电(即中和部分负空间电荷)。与此同时,发射区的电子也要去中和部分正空间电荷,以满足电中性条件。随着向发射结空间电荷区充电的进行,空间电荷区宽度逐渐变窄,由起始的负偏压逐渐变为零偏以至正偏,当发射结的正向偏压接近于起始导通电压时,发射结才开始有明显的电子注入到基区,也只有从这时开始才出现集电极电流 I_C。

在基极空穴向发射结势垒充电的同时也有一部分空穴去对集电结势垒电容充电,使空间电荷区变窄。所以在 U_{EB} 变化的同时,U_{CB} 也在随之改变。

通常将 $I_C = 0.1I_{CS}$ 时所对应的发射结偏压称为正向原始导通电压 U_{J0},则此时 C-B 结上的偏压应为 $-(U_{CC} - U_{J0})$。一般规定,$U_{J0} = 0.5V$,当 $U_{CC} = 4V$ 时,$U_{CB} = -3.5V$。此时基区中电子有与 $0.1I_{CS}$ 相对应的梯度积累,如图 5-9 中 $n(x,t_1)$ 所示。为保持电中性,

基区也有相同梯度的非平衡空穴积累。显然后者由基极电流来补充。

综上所述,在延迟过程中基极电流 I_{B1} 提供的空穴有下列用途:①给 E-B 结充电;②给 C-B 结充电;③在基区建立与 $0.1I_{CS}$ 相对应的空穴积累;④补充维持这一电荷积累的复合损失。所以可以说延迟过程就是基极注入电流 I_{B1} 向发射结势垒电容和集电结势垒电容充电,并在基区建立起某一稳定的电荷积累的过程。

2. 延迟时间

仔细分析 I_C 在延迟过程中的电流变化,可将延迟过程分为两个阶段:第一阶段是基极输入正脉冲开始到晶体管刚刚要开始导通,此时,$I_C \approx 0$,这段时间记为 t_{d1},此后,I_C 由 $0 \to 0.1I_{CS}$,这段时间记为 t_{d2},$t_d = t_{d1} + t_{d2}$。

在 t_{d1} 时间内,由于基区积累电荷与集电极电流 I_C 均近似为零,基极电流仅用于给 E-B 结、C-B 结势垒电容充电。给 E-B 结充电的结果使其电压由 $-U_{BB}$ 上升到 U_{j0},对 C-B 结充电的结果使其电压由 $-(U_{CC}+U_{BB})$ 上升到 $-(U_{CC}-U_{j0})$。此时电荷控制方程式(5-24)变为

$$i_B = \frac{dQ_{TE}}{dt} + \frac{dQ_{TC}}{dt} \tag{5-24a}$$

对式(5-24a)进行积分,并用势垒电容表示,又可写成

$$\int_0^{t_{d1}} I_{B1} dt = \int_{-U_{BB}}^{U_{j0}} C_{TE} dU_{EB} + \int_{-(U_{CC}+U_{BB})}^{-(U_{CC}-U_{j0})} C_{TC} dU_{CB} \tag{5-25}$$

对于单边突变结,有

$$C_{TE}(U) = A_E \left[\frac{q\varepsilon\varepsilon_0 N_B}{2(U_{DE}-U_{EB})} \right]^{\frac{1}{2}}$$

也可写成

$$C_{TE}(U) = \frac{C_{TE}(0)}{\left(1-\frac{U_{EB}}{U_{DE}}\right)^{\frac{1}{2}}} \tag{5-26}$$

此处,$C_{TE}(0) = A_E \left[\frac{q\varepsilon\varepsilon_0 N_B}{2U_{DE}} \right]^{\frac{1}{2}}$ 表示零偏时 E-B 结势垒电容值。

对于线性缓变结,有

$$C_{TE}(U) = A_E \left[\frac{q(\varepsilon\varepsilon_0)^2 \alpha_{jE}}{12(U_{DE}-U_{EB})} \right]^{\frac{1}{3}} = \frac{C_{TE}(0)}{\left(1-\frac{U_{EB}}{U_{DE}}\right)^{\frac{1}{3}}} \tag{5-27}$$

此处

$$C_{TE}(0) = A_E \left[\frac{q(\varepsilon\varepsilon_0)^2 \alpha_{jE}}{12U_{DE}} \right]^{\frac{1}{3}}$$

显然,将式(5-26)、式(5-27)统一表示为

$$C_{TE}(U) = \frac{C_{TE}(0)}{\left(1 - \dfrac{U_{EB}}{U_{DE}}\right)^{n_E}} \quad (5-28)$$

对于单边突变结,$n_E = \dfrac{1}{2}$;对于线性缓变结,$n_E = \dfrac{1}{3}$。

根据同样的变换,C-B 结势垒电容 $C_{TC}(U)$ 也可以表示为

$$C_{TC}(U) = \frac{C_{TC}(0)}{\left(1 - \dfrac{U_{CB}}{U_{DC}}\right)^{n_C}} \quad (5-29)$$

式中　U_{DE},U_{DC}——E-B 结、C-B 结接触电势差。

将式(5-28)、式(5-29)同时代入式(5-25)求积分,并考虑到在延迟过程中基极电流保持恒定值 I_{B1},经整理、变换后可得延迟时间 t_{d1} 为

$$t_{d1} = \frac{U_{DE}C_{TE}(0)}{I_{B1}(1-n_E)}\left[\left(1+\frac{U_{BB}}{U_{DE}}\right)^{1-n_E} - \left(1-\frac{U_{J0}}{U_{DE}}\right)^{1-n_E}\right] +$$

$$\frac{U_{DC}C_{TC}(0)}{I_{B1}(1-n_C)}\left[\left(1+\frac{U_{CC}+U_{BB}}{U_{DC}}\right)^{1-n_C} - \left(1+\frac{U_{CC}-U_{J0}}{U_{DC}}\right)^{1-n_C}\right] \quad (5-30)$$

t_{d2} 为 I_C 由 0 上升到 $0.1 I_{CS}$ 所需时间。其计算方法与求上升时间相同,推导放在后面。在上述公式推导中,利用了耗尽层近似的势垒电容公式,所以这个计算公式也是近似的。

由以上讨论可知,若减小 t_{d1},可从以下几方面入手。

① 减小结面积 A_E,A_C,以减小结电容 C_{TE} 和 C_{TC}。

② 减小 $|-U_{BB}|$。

③ 增大 I_{B1}。但 I_{B1} 太大会使导通后的饱和深度增加,延长了储存时间,所以选取要适当。

5.2.4　上升过程与上升时间

1. 上升过程

延迟过程结束后,由于基极电流 I_{B1} 继续向发射结势垒电容充电,发射结电压继续升高,由开始导通时的 $U_{J0}(\approx 0.5\text{V})$ 上升到约 0.7V。与此同时,发射区向基区注入的少数载流子(电子)的数目以及基区少子浓度梯度也都随之增加,与之相对应的 I_C 也不断增大,直到 $0.9 I_{CS}$。由于 I_C 的不断增加,$I_C R_L$ 也不断增加,U_{CE} 则不断下降,当 $U_{CE} = 0.7\text{V}$ 时,C-B 结则处于零偏状态,即晶体管进入临界饱和状态。

由于电中性的要求,基区中积累电子电荷的同时也积累了同样数量及分布的空穴电

荷,另外还要及时补充空穴电荷的复合损失,这两者都由基极电流提供。

因此,上升过程就是基区电荷积累由对应 $I_C = 0.1I_{CS}$ 达到 $I_C = 0.9I_{CS}$ 的过程,在此过程中 I_{B1} 要继续向 C_{TE}、C_{TC} 充电,同时向基区提供空穴积累并补充复合。图 5-10 所示为上升过程中基区少子分布。

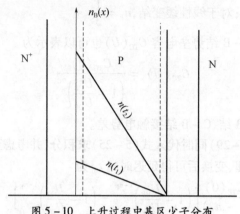

图 5-10 上升过程中基区少子分布

2. 上升时间

根据以上对上升过程的定性分析,可以看出电荷控制方程完全适用于上升过程,因此式(5-31)成立,即

$$I_{B1} = \frac{dQ_{TE}}{dt} + \frac{dQ_{TC}}{dt} + \frac{dQ_B}{dt} + \frac{Q_B}{\tau_{nB}} \tag{5-31}$$

式中 $\dfrac{dQ_{TE}}{dt}$——对 C_{TE} 的充电电流,充电的结果使 E-B 结偏压从 0.5V 上升到约 0.7V;

$\dfrac{dQ_{TC}}{dt}$——对 C_{TC} 充电,使 C-B 结偏压从负偏压上升到零偏压;

$\dfrac{dQ_B}{dt}$——增加基区电荷积累的充电电流;

$\dfrac{Q_B}{\tau_{nB}}$——用于补充在充电并建立积累过程中的复合损失。

因为上升过程是以 I_C 的变化作为起止标记的,故需将式(5-31)变换成以 I_C 为变量的关系式。

(1)发射结空间电荷区电荷量 $dQ_{TE} = \bar{C}_{TE} dU_{EB}$,其中,$\bar{C}_{TE} = \dfrac{1}{(U_{EB2} - U_{EB1})}$ $\displaystyle\int_{U_{EB1}}^{U_{EB2}} C_{TE}(U) dU_{EB}$ 表示发射结势垒平均电容。又因为,$r_E = \dfrac{dU_{EB}}{dI_E}$,故 $dU_{EB} = r_E dI_E$,也近似等

于 $r_E dI_C$。所以式(5-31)第一项表示为

$$\frac{dQ_{TE}}{dt} \approx \overline{C_{TE}} r_E \frac{dI_C}{dt}$$

(2) 集电结空间电荷区的电荷 $Q_{TC} = \overline{C_{TC}} dU_{CB}$。

因为 C-B 结上压降的变化是由于集电极电流 I_C 在负载电阻 R_L 上压降的变化引起的,二者大小相等、方向相反,所以可以写为 $dU_{CB} = R_L dI_C$。
则

$$\frac{dQ_{TC}}{dt} = \overline{C_{TC}} R_L \frac{dI_C}{dt}$$

(3) $\dfrac{dQ_B}{dt}$ 又可表示为 $\dfrac{dQ_B}{dI_C}\dfrac{dI_C}{dt}$。在忽略基区宽度调制效应前提下,基区积累电荷的变化可用发射结扩散电容来表示,即 $dQ_B = C_{DE} dU_{EB}$。

$$\frac{dQ_B}{dI_C} \approx \frac{dQ_B}{dI_E} = C_{DE}\frac{dU_{EB}}{dI_E} = C_{DE} \cdot r_E = \tau_B$$

所以

$$\frac{dQ_B}{dt} = C_{DE} r_E \frac{dI_C}{dt} = \tau_B \frac{dI_C}{dt}$$

(4) $\dfrac{Q_B}{\tau_{nB}}$ 表示单位时间基区内复合损失掉的电荷量。当 $\gamma_0 = 1$ 时,$\dfrac{Q_B}{\tau_{nB}} = \dfrac{I_C}{\beta_0}$。

经过上述一番处理,式(5-31)就变成

$$I_{B1} = \overline{C_{TE}} r_E \frac{dI_C}{dt} + \overline{C_{TC}} R_L \frac{dI_C}{dt} + C_{DE} r_E \frac{dI_C}{dt} + \frac{I_C}{\beta_0} = \frac{I_C}{\beta_0} + \left(\frac{1}{\omega_T} + \overline{C_{TC}} R_L\right)\frac{dI_C}{dt} \tag{5-32}$$

此处利用了 $\overline{C_{TE}} r_E + C_{DE} r_E = \tau_E + \tau_B \approx \dfrac{1}{\omega_T}$ 近似关系。对式(5-32)稍加变换,可解得

$$\frac{dI_C}{dt} + \frac{I_C}{\beta_0\left(\dfrac{1}{\omega_T} + \overline{C_{TC}} R_L\right)} = \left[\frac{I_{B1}}{\dfrac{1}{\omega_T} + \overline{C_{TC}} R_L}\right] \tag{5-33}$$

对式(5-33)求解,并利用 $t = 0$ 时 $I_C = 0$ 作初始条件,可解得

$$I_C(t) = I_{B1} \beta_0 [1 - e^{-\frac{t}{\beta_0\left(\frac{1}{\omega_T} + \overline{C_{TC}} R_L\right)}}] \tag{5-34}$$

当 $t = t_1$ 时,$I_C = 0.1 I_{CS}$,代入式(5-34)可得

$$t_1 = \beta_0\left(\frac{1}{\omega_T} + \overline{C_{TC}} R_L\right) \ln \frac{I_{B1}\beta_0}{I_{B1}\beta_0 - 0.1 I_{CS}} \tag{5-35}$$

$t = t_2$ 时,$I_C = 0.9 I_{CS}$,代入式(5-34)可得

$$t_2 = \beta_0 \left(\frac{1}{\omega_T} + \overline{C_{TC}} R_L \right) \ln \frac{I_{B1}\beta_0}{I_{B1}\beta_0 - 0.9I_{CS}} \quad (5-36)$$

根据定义，I_C 由 $0.1I_{CS} \to 0.9I_{CS}$ 所需时间即为上升时间 t_r，即

$$t_r = t_2 - t_1 = \beta_0 \left(\frac{1}{\omega_T} + \overline{C_{TC}} R_L \right) \ln \frac{I_{B1}\beta_0 - 0.1I_{CS}}{I_{B1}\beta_0 - 0.9I_{CS}} \quad (5-37)$$

而式(5-35)所表示的 t_1 即为 I_C 由 $0 \to 0.1I_{CS}$ 所经历的时间，亦即延迟时间 t_{d2}。

在实际运用中，可将式(5-37)再作一些近似化简，可以证明，在上升或下降过程中，如果集电结偏压在 $0 \sim -U_{CC}$ 之间变化，则对于单边突变结 $\overline{C_{TC}} = 2C_{TC}(U_{CC})$；对于线性缓变结，$\overline{C_{TC}} = 1.5C_{TC}(U_{CC})$；扩散集电结介于突变结和线性缓变结之间，故可近似取 $\overline{C_{TC}} = 1.7C_{TC}(U_{CC})$，故式(5-37)又可表示为

$$t_r = \beta_0 \left[\frac{1}{\omega_T} + 1.7 C_{TC}(U_{CC}) R_L \right] \ln \frac{I_{B1}\beta_0 - 0.1I_{CS}}{I_{B1}\beta_0 - 0.9I_{CS}} \quad (5-38)$$

上面公式是较粗糙的。因为推导此公式用了一些近似和假设，而且随着基极电流不断充电的进行，有效基区宽度 W_B 和 β_0 都不再是定值。但用它进行上升时间的估算已足够了。

通过以上分析及所得出上升时间的公式，可以得出缩短上升时间的办法。

① 减小结面积 A_E、A_C，以减小 C_{TE}、C_{TC}。
② 提高特征频率 ω_T，主要是减小基区宽度，能更快地建立起所需少子浓度梯度。
③ 增大基区少子寿命，即减小基区复合电流，即增大 β_0，可以提高充电速度。
④ 增大 I_{B1}，但也存在加深饱和深度的问题。

5.2.5 电荷储存效应与储存时间

1. 超量存储电荷的形成和消失过程

上升过程结束时，集电极电流 I_C 接近于饱和值 I_{CS}，$U_{CB} = 0$，晶体管处于临界饱和状态。此时基极复合电流为 I_{CS}/β_0，即达到临界饱和基极电流。但实际的基极电流往往大于此值，即 $I_{B1} > I_{CS}/\beta_0$，也就是说基极电流除补充基区复合损失外尚有多余。这部分多余的电荷引起晶体管内部电荷进一步积累，最终导致 $U_{CB} > 0$，形成超量存储电荷。超量存储电荷的出现，标志着晶体管进入饱和状态。

导致晶体管进入饱和状态既有外电路的原因也有晶体管内部的原因。R_L 的限流作用是引起晶体管进入饱和的外在原因。当 I_{B1} 不是很大时，I_C 按 $I_C = \beta_0 I_{B1}$ 的关系增长。当 I_{B1} 变得很大时，此关系式就不成立了。因为 R_L 的作用，使得 I_C 最大也就等于 I_{CS}，$I_{CS} = \frac{U_{CC}}{R_L}$。当 $I_{B1} = I_{CS}/\beta_0$ 时，电源电压几乎全降在 R_L 上，使得 U_{CE} 变得很小，此时集电结变成

零偏,若 $I_{B1} > I_{CS}/\beta_0$,集电结为正偏,$I_{B1} - \dfrac{I_{CS}}{\beta_0} = I_{BX}$ 称为基极过驱动电流。

从晶体管内部电流关系来看,如果在正常放大区,$I_C = \beta_0 I_B$。基极电流提供的空穴有两个作用:向发射区注入空穴及补充基区复合损失(此时上升过程已结束,可以认为所有充电过程均已完成),在 $\gamma_0 = 1$ 假设下,I_{B1} 全部用于补充复合损失。当 $I_{B1} > I_{CS}/\beta_0$ 时,即基极注入空穴电流大于复合损失,这部分多出来的空穴电流($I_{B1} - I_{CS}/\beta_0$)成为基极过驱动电流,从而增加了基区的电荷积累。但因集电极电流保持 I_{CS} 不变,亦即基区少子浓度梯度不变,因此基区内的载流子分布线依临界饱和时的分布线向上平移。从而导致 C-B 结边界处电子浓度将由 0 增至 $n_B^0(U_{CB}=0)$ 或大于 $n_B^0(U_{CB}>0)$。当然这也是基极过驱动电流 I_{BX} 不断向 C-B 结空间电荷区充电的结果。与此同时,当 U_{CB} 由零偏开始变为正偏时,基区也开始向集电区注入空穴,并在集电区建立相应的电荷积累。此时晶体管内的载流子电荷分布如图 5-11 所示。由图可知,当晶体管处于饱和状态时,3 个区都有非平衡少子的积累与复合。积累增加,复合也增加。当 I_{B1} 恰好补充这 3 个区积累电荷的复合损失时达到平衡态,积累电荷不再增加,此时基极电流的作用就是补充 3 个区的复合,晶体管进入稳定导通状态,如图 5-12 所示。

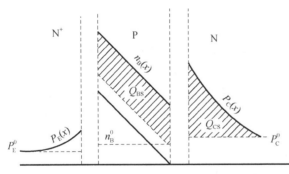

图 5-11 饱和态晶体管的载流子分布

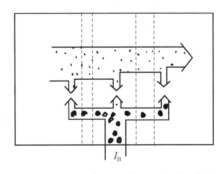

图 5-12 饱和态时的载流子流动示意图

综上所述,$U_{CB} = 0$ 时,晶体管处于临界饱和状态,集电区中没有非平衡载流子积累。当 $U_{CB} > 0$ 时,晶体管处于深饱和状态,此时集电区有非平衡载流子积累,基区积累也有所增加,晶体管中出现了超量存储电荷,分别记为 Q'_{BS} 和 Q'_{CS},如图 5-11 中阴影部分所示。

当 $t = t_3$ 时刻,基极输入信号由正脉冲变为负脉冲,发射结也随之变为反偏($-U_{BB}$),基极回路中将产生与 I_{B1} 方向相反的电流 I_{B2}。I_{B2} 的作用是抽取储存电荷。由于基区和集电区中有超量存储电荷,所以 Q'_{BS} 和 Q'_{CS} 先被抽走,在 Q'_{BS} 和 Q'_{CS} 未被抽光之前,基区中电子浓度梯度不会改变,即 I_C 一直保持为 I_{CS}。超量存储电荷的分布将按图 5-13 所示曲线 1→5 顺序逐渐减少。

随着超量存储电荷的减少,集电结的正向偏压下降,空间电荷区变宽。当集电结偏压

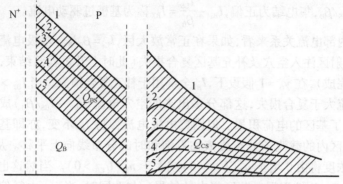

图 5-13 超量存储电荷的消失

下降到零时,基区靠集电结边界处的少子浓度降为平衡值。此时集电区和基区中超量存储电荷消失,晶体管又恢复到临界饱和状态。随着基区少子的进一步抽取,集电结空间电荷区进一步变大,集电结偏压由零偏变为负偏,基区靠集电结边界处的少子浓度低于平衡值以至趋于零,晶体管离开饱和区而进入放大区。此后进一步抽取基区少子将引起其浓度梯度的降低,导致 I_C 的下降。

2. 储存时间

根据定义,储存时间应该包括超量存储电荷消失时间 t_{S1},还应包括集电极电流由最大值 I_{CS} 下降至 $0.9 I_{CS}$ 所需的时间 t_{S2}。t_{S2} 公式的推导将与下降时间一并进行。

在超量存储电荷消失过程中,发射结与集电结偏压变化很小,可认为发射结与集电结空间电荷区没有变化,则 $dQ_{TE}/dt = 0$,$dQ_{TC}/dt = 0$,同时基区电荷 Q_B 也不变,即 $dQ_B/dt = 0$,所以电荷控制方程应写为

$$i_B = \frac{Q_B}{\tau_{nB}} + \frac{Q_X}{\tau_S} + \frac{dQ_X}{dt} \tag{5-39}$$

等式左端的基极电流 i_B 在关闭过程中为 $-I_{B2}$。右端第一项 $\frac{Q_B}{\tau_{nB}}$ 表示基区非超量积累电荷维持最大值 Q_B 所需的复合电流。第二、三项中的 Q_X 等于超量存储电荷总量。即 $Q_X = Q_{BS} + Q'_{CS}$。式 (5-39) 又可写成

$$-I_{B2} = \frac{I_{CS}}{\beta_0} + \frac{Q_X}{\tau_S} + \frac{dQ_X}{dt}$$

或

$$\frac{dQ_X}{dt} = -\frac{I_{CS}}{\beta_0} - \frac{Q_X}{\tau_S} - I_{B2} \tag{5-40}$$

式 (5-40) 说明,超量存储电荷 Q_X 的消失途径有二:一是抽取($-I_B$);二是复合。右端第

二项表示超量存储电荷自身的复合电流,第一项表示基区电荷 Q_B 的复合电流,Q_B 复合损失掉的部分要由超量存储电荷去补充。而超量存储电荷随时间的变化率 dQ_X/dt 是负值,正说明超量存储电荷由于抽取和复合作用在减少。

变换式(5-40),可得

$$\frac{dQ_X}{dt} + \frac{Q_X}{\tau_S} = -\left(I_{B2} + \frac{I_{CS}}{\beta_0}\right) \quad (5-41)$$

对式(5-41)求解,并利用初始条件,$t = t_3$ 时,有

$$Q_X = \tau_S \left(\frac{I_{B1} - I_{CS}}{\beta_0}\right)$$

可得到式(5-41)解,即

$$Q_X = \tau_S (I_{B1} + I_{B2}) e^{-\frac{t}{\tau_S}} - \tau_S \left(\frac{I_{B2} + I_{CS}}{\beta_0}\right) \quad (5-42)$$

当 $t = t_{S1}$ 时,$Q_X = 0$ 代入式(5-42)得

$$t_{S1} = \tau_S \ln\left[\frac{I_{B1} + I_{B2}}{I_{B2} + \frac{I_{CS}}{\beta_0}}\right] \quad (5-43)$$

由此可见,欲求 t_S,首先需求储存时间常数 τ_S。

在饱和状态下,E-B 结、C-B 结均为正偏,发射区、集电区均向基区注入电子,均对基区电荷积累有贡献。如图 5-14 所示,发射区向基区注入的电子形成了正向电流 I_F,在基区积累了电荷 Q_{BSF};集电区向基区注入的电子形成了反向电流 I_{Rn},在基区积累的电荷为 Q_{BSR}。所以,基区中总的积累电荷 $Q_{BS} = Q_{BSF} + Q_{BSR}$,而基区中超量存储电荷 Q'_{BS} 为 $Q_{BSF} - Q_B$。基区向集电区注入的空穴电流 I_{RP} 在集电区形成超量存储电荷 Q'_{CS}。由此可得,晶体管中总的超量存储电荷为 $Q_X = Q_{BSF} + Q_{BSR} + Q'_{CS} - Q_B$。

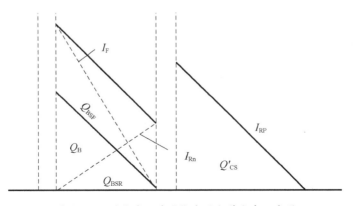

图 5-14 饱和态下非平衡少子电荷分布示意图

根据电荷控制理论,即

$$\tau_S = \frac{Q_{BSF} + Q_{BSR} + Q'_{CS} - Q_B}{I_{BX}} \tag{5-44}$$

或者用相应的时间常数来表示,则有

$$\tau_S = \frac{\tau_E I_F + \tau_{ER} I_{Rn} + \tau_{CS} I_{RP} - \tau_E I_E}{I_{BX}} \tag{5-45}$$

式中 τ_{ER}——晶体管反向运用时发射极时间常数;

τ_{CS}——集电区时间常数。

在晶体管反向运用时,$\alpha_R = \beta_R^* \gamma_R$ 关系式成立。若忽略载流子在基区输运过程中的复合损失,即 $\beta_R^* = 1$,则 $\alpha_R \approx \gamma_R = \frac{I_{Rn}}{I_{Rn} + I_{Rp}} = \frac{I_{Rn}}{I_R}$,由此可得

$$I_{Rn} = \alpha_R I_R \tag{5-46}$$

$$I_{RP} = (1 - \alpha_R) I_R \tag{5-47}$$

当饱和稳定后,基极驱动电流 I_{B1} = 总复合电流,即等于 $(1-\alpha_F)I_F + (1-\alpha_R)I_R$,而临界饱和基极电流 $I_{BS} = I_{CS}/\beta_0 = (1-\alpha_F)I_E$,所以过驱动基极电流为

$$I_{BX} = I_{B1} - I_{BS} = (1-\alpha_F)(I_F - I_E) + (1-\alpha_R)I_R \tag{5-48}$$

由图 5-14 可看出

$$I_C = \alpha_F I_E = \alpha_F I_F - I_R$$

则

$$I_R = \alpha_F (I_F - I_E) \tag{5-49}$$

将式(5-49)代入式(5-48)可得

$$I_{BX} = (1-\alpha_F)\frac{I_R}{\alpha_F} + (1-\alpha_R)I_R = \frac{I_R}{\alpha_F}(1 - \alpha_F \alpha_R) \tag{5-50}$$

将式(5-46)至式(5-50)代入式(5-45)中,经整理后可得

$$\tau_S = \frac{\tau_E + \tau_{ER} \cdot \alpha_F \alpha_R + \tau_{CS} \alpha_F (1 - \alpha_R)}{1 - \alpha_F \alpha_R} \tag{5-51}$$

式(5-51)对于各种类型的晶体管都适用,但结果却有所不同。对于合金管,由于 $N_C \gg N_B$,集电区储存电荷可以忽略,因此,$\tau_{CS} = 0$,并且 $\alpha_F \alpha_R \approx 1$,则

$$\tau_S = \frac{\tau_E + \tau_{ER}}{1 - \alpha_F \alpha_R} \tag{5-52}$$

对于均匀基区晶体管,$W_B \ll L_{nB}$,发射极电流为

$$I_E = A_E q \frac{D_{nB}}{W_B} n_B^0 e^{qU_E/kT}$$

而基区总电荷为

$$Q_B = \frac{q}{2} A_E W_B n_B^0 e^{qU_E/kT}$$

将以上两式代入式(5-20),则得发射极时间常数为

$$\tau_E = \frac{Q_B}{I_E} = \frac{W_B^2}{2D_{nB}} \tag{5-53}$$

将式(5-53)与表示均匀基区晶体管渡越时间 τ_B 的式(3-45)相比,可得

$$\tau_E = 1.22\tau_B = \frac{1.22}{\omega_B} \tag{5-54}$$

同理

$$\tau_{ER} = \frac{1.22}{\omega_{BR}} \tag{5-55}$$

将式(5-54)和式(5-55)代入式(5-52)中,则得

$$\tau_S = \frac{1.22(W_B + W_{BR})}{\omega_B \omega_{BR}(1 - \alpha_F \alpha_R)} \tag{5-56}$$

再将式(5-56)代入式(5-43),即可求出合金管的储存时间 t_{S1}。

对于平面管,由于 $N_C \ll \overline{N}_B$,由基区向集电区注入的空穴电流 I_{RP} 较大,集电区储存电荷 Q'_{CS} 亦较大,因而 τ_{CS} 不可忽略。同时由于此时 $I_{RP} \gg I_{Rn}$,可近似认为 $\alpha_R \approx 0$,并假设 $\alpha_F \approx 1$,则式(5-56)简化为

$$\tau_S = \tau_E + \tau_{CS} \tag{5-57}$$

若近似令基区少子扩散系数为 $2D_{nB}$,对照式(5-48),可得发射极时间常数为

$$\tau_E = \frac{W_B^2}{4D_{nB}} = \frac{0.6}{\omega_B} \tag{5-58}$$

式中,$\omega_B = \frac{W_B^2}{(1+m)\lambda D_{nB}}$。当集电结正偏时,基区向集电区注入的空穴电流为

$$I_{RP} = A_C \cdot \frac{qD_{PC}P_C^0}{L_{PC}} \cdot e^{qU_C/kT}$$

若假设在集电区空穴扩散长度 L_{PC} 范围内空穴为线性分布,则空穴电荷 Q'_{CS} 为

$$Q'_{CS} = \frac{q}{2} A_C L_{PC} P_C^0 e^{qU_C/kT}$$

比较 I_{RP}、Q'_{CS} 两式,有

$$\tau_{CS} = \frac{Q'_{CS}}{I_{RP}} = \frac{L_{PC}^2}{2D_{pC}} = \frac{\tau_{pC}}{2} \tag{5-59}$$

将式(5-58)和式(5-59),代入式(5-57)中,即得

$$\tau_S = \frac{0.6}{\omega_B} + \frac{\tau_{pC}}{2} \tag{5-60}$$

式中 ω_B——晶体管基区截止角频率；

　　　τ_{pC}——集电区少子(空穴)的寿命。

如果集电区厚度 W_C 小于集电区空穴扩散长度 L_{pC}，则可采用经验公式，即

$$\tau_{CS} = \frac{W_C^2}{2}$$

此时

$$\tau_S = \frac{0.6}{\omega_B} + \frac{W_C^2}{2} \tag{5-61}$$

3. 缩短储存时间的途径

由以上分析可以看出，要想迅速地关闭晶体管，使之进入"关态"，就必须尽量缩短储存时间，储存时间越短晶体管关闭得越快。

经过讨论得知，影响储存时间长短有两方面因素：一是晶体管进入饱和态时积存的超量存储电荷量的多少；二是关闭过程中超量存储电荷消失的快慢。因此，可以从以下几个方面来缩短储存时间。

（1）在保证晶体管进入饱和区前提下，I_{B1} 不要过大，即晶体管进入饱和不要太深，用以减少 Q'_{BS} 及 Q'_{CS}。

（2）在保证 C-B 结击穿电压足够高的前提下，尽可能减小外延层厚度 W_C，而在无外延结构的晶体管中，应设法减小集电区少子扩散长度 L_{pC}，其目的都是为了减少超量存储电荷的数量。

（3）加大抽取电流 I_{B2}，使超量存储电荷得以快速抽走。

（4）缩短集电区少子寿命。这是开关晶体管普遍采用的措施。而实现这一措施的办法就是向晶体管中掺金。金在硅中有两个能级。在 N 型硅中由于电子是多数载流子，因此金很容易接受电子而成为 Au^- 离子。然后 Au^- 再去俘获空穴，使空穴和电子通过复合而消失。而在 P 型硅中，空穴是多数载流子，金很容易释放电子成为 Au^+ 离子，然后 Au^+ 再俘获电子，由此加速非平衡电子通过复合而消失。

在基区和集电区存在大量超量存储电荷的晶体管中，掺金后，既可以减少超量存储电荷，又可加速超量存储电荷的消失。

试验表明，在 N 型硅中的受主能级对空穴的俘获能力约比其在 P 型硅中施主能级对电子的俘获能力大 1 倍。因此，在 Si NPN 管中掺金既可以有效地缩短 τ_{pC} 而又不至于影响 τ_{nB}，从而不会影响电流放大系数。图 5-15 给出了空穴寿命与掺金温度及金浓度之间的关系。

在不掺金的情况下，少子寿命与外延电阻率有关。外延层电阻率越低，多子数目越多，与少子复合的机会越多，少子寿命就越短。

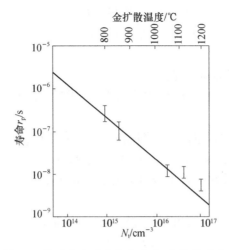

图 5-15　n-Si 中空穴寿命与金浓度、金扩散温度的关系

5.2.6　下降过程与下降时间

到 t_4 时刻，Q'_{BS} 及 Q'_{CS} 完全消失，存储过程结束，基区中仍有存储电荷 Q_B。此时状态相当于上升过程刚刚结束时的状态。

1. 下降过程

由于 I_{B2} 对基区载流子的继续抽取及基区中电荷的复合作用，基区积累电荷的 Q_B 逐渐减少，电子及空穴的浓度梯度逐渐下降，如图 5-16 所示。与此同时，由于 I_{B2} 对 E-B 结、C-B 结空间电荷区也有抽取作用，其结果是 E-B 结压降由大约 0.7V 降至约 0.5V，

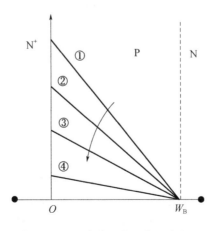

图 5-16　下降过程基区少子的变化

C-B 结偏压由零偏降为反偏。总的效应是集电极电流由最大值经 $0.9I_{CS}$ 一直下降。下降过程定义为从 $0.9I_{CS}$ 下降到 $0.1I_{CS}$ 为止。下降过程之后，I_{B2} 继续抽取，E-B 结偏压由正→负，晶体管截止。

下降过程是上升过程的逆过程：

在上升过程中，基极驱动电流 I_{B1} 即注入空穴：①对 C_{TE}、C_{TC} 充电；②积累 Q_B；③补充 Q_B 积累过程中的复合。

在下降过程中，基极抽取电流 $-I_{B2}$ 即抽走空穴：①使 C_{TE}、C_{TC} 放电；②抽走 Q_B。

在上升过程中，复合作用阻碍了 Q_B 的积累效应，延缓了上升过程，增大了 t_r。

在下降过程中，复合作用加快了 Q_B 的消失，加速了下降过程，缩短了下降时间 t_f。

2. 下降时间

由上面分析可以很方便地写出下降过程的电荷控制方程，即

$$-\left(\frac{dQ_{TE}}{dt} + \frac{dQ_B}{dt} + \frac{dQ_{TC}}{dt}\right) = I_{B2} + \frac{Q_B}{\tau_{nB}} \tag{5-62}$$

将在讨论上升时间中 Q_{TE}、Q_B、Q_{TC} 的具体表达式代入式(5-62)，则得

$$\frac{dI_C}{dt} + \frac{I_C}{\beta_0\left(\frac{1}{\omega_T} + \bar{C}_{TC}R_L\right)} = \frac{-I_{B2}}{\frac{1}{\omega_T} + \bar{C}_{TC}R_L} \tag{5-63}$$

对式(5-63)求解，并利用 $t=t_3=0$ 时刻，$I_C=I_{CS}$ 作为初始条件，可得式(5-63)的解为

$$I_C = (I_{B2}\beta_0 + I_{CS})e^{-\frac{t}{\beta_0\left(\frac{1}{\omega_T}+\bar{C}_{TC}R_L\right)}} - I_{B2}\beta_0 \tag{5-64}$$

此式即为整个下降过程中集电极电流变化的普遍形式。

$t=t_4$ 时刻，$I_C=0.9I_{CS}$，代入式(5-64)可得

$$t_4 = \beta_0\left(\frac{1}{\omega_T} + \bar{C}_{TC}R_L\right)\ln\left(\frac{I_{B2}\beta_0 + I_{CS}}{0.9I_{CS} + I_{B2}\beta_0}\right) \tag{5-65}$$

$t=t_5$ 时刻，$I_C=0.1I_{CS}$，由式(5-64)有

$$t_5 = \beta_0\left(\frac{1}{\omega_T} + \bar{C}_{TC}R_L\right)\ln\left(\frac{I_{B2}\beta_0 + I_{CS}}{0.1I_{CS} + I_{B2}\beta_0}\right) \tag{5-66}$$

根据下降时间的定义，$t_f = t_5 - t_4$，则可得

$$t_f = \beta_0\left(\frac{1}{\omega_T} + \bar{C}_{TC}R_L\right)\ln\left(\frac{0.9I_{CS} + I_{B2}\beta_0}{0.1I_{CS} + I_{B2}\beta_0}\right) \tag{5-67}$$

而式(5-65)所表示的正是存储时间第二段 t_{S2}，即 $t_{S2}=t_4-t_3$。

参照上升过程和上升时间的分析，可以方便地找到缩短下降时间的途径：

① 减小 C_{TE}、C_{TC}、W_B，即减小下降过程需要由 $-I_{B2}$ 抽走的电荷量。

② 增大 $-I_{B2}$。但欲增大 $-I_{B2}$ 必须减小 R_B，但 R_B 太小时又会使 I_{B1} 增大，加深饱和深度，使 t_S 延长；如果靠加大 $|-U_{BB}|$ 来增加 $-I_{B2}$，又会使截止时 E-B 结负偏严重，而延长

t_d。所以在考虑改变 $-I_\mathrm{B2}$ 时,一定要各方面兼顾才好。

5.2.7 提高开关速度的措施

通过分析晶体管的 4 个开关过程可以看到,缩短 4 个开关时间的措施往往是矛盾的。例如,增大 I_B1,固然可使延迟时间和使上升时间缩短,但这会增加饱和深度 S,使 t_S 增加;又如增大 $-I_\mathrm{B2}$,可以有效降低 t_f,但若通过减小 R_B 来实现,又会使 I_B1 增加,导致 t_S 增加。若增加 $-U_\mathrm{BB}$),又会使 t_d 增加。由此看来,没有一个办法可以同时缩短 4 个开关时间,总是有利有弊。但是,必须学会抓主要矛盾,4 个时间中属储存时间 t_S 最长,缩短了 t_S 也就大幅度地缩短了整个开关时间,也就是说,缩短 t_S 便成了缩短整个开关时间的关键问题。

下面从晶体管内、外两方面加以分析。

1. 晶体管内部考虑

(1) 掺金。尤其是对 NPN 管掺金更为有利。它既不影响电流增益,又可有效减小集电区少子——空穴寿命。进而一方面减少饱和时超量存储电荷 Q'_CS,同时加速 Q'_CS 的复合。

(2) 采用外延结构。在保证集电结耐压的情况下,尽量减薄外延层厚度,降低外延层电阻率。这样既可以减小集电区少子寿命,限制 Q'_CS,又可以降低饱和压降 U_CES。

(3) 减小结面积,以减小 C_TE、C_TC,这可有效地缩短 t_d、t_r、t_f。但结面积最小尺寸受集电极最大电流 I_CM 及工艺水平的限制。

(4) 减小基区宽度,从而减小 Q_B,可使 t_r、t_f 大大降低。

2. 从晶体管外部考虑

(1) 加大 I_B1,可缩短 t_d、t_r,但太大却会使饱和过深,t_S 过长,一般控制 $S=4$ 来选择适当的 I_B1。

(2) 加大 $-I_\mathrm{B2}$,反向抽取快,可缩短 t_s、t_f,但要注意应选在 $-U_\mathrm{BB}$ 和 R_B 的允许范围之内。

(3) 晶体管可工作在临界饱和态。这样就不会有超量存储电荷 Q_X,则 $t_\mathrm{S}\to 0$,但此时 C、E 之间的压降 U_CE 较高(接近 0.7V)。是否可以非饱和运用要视电路条件而定。

(4) 在 U_CC 与 I_B 一定时,选择较小的 R_L 可使晶体管不致进入太深的饱和态,有利于缩短 t_S。但 R_L 太小会使 I_CS 增大,从而延长了 t_r、t_f,并增加了功耗。

管壳电容、布线电容等附加电容 C_L 也会影响开关速度,如图 5-17 所示。在上升过程中,晶体管要进入导通状态,C 点电位降低,C_L 通过晶体管放电,如图 5-17(a)所示。由于此时晶体管处于低阻态,放电很快,对 t_r 影响较小。在下降过程中,晶体管要截止,C 点电位上升,此时电源通过 R_L 对 C_L 充电,如图 5-17(b)所示。R_L 值越大,充电时间常数 $R_\mathrm{L}C_\mathrm{L}$ 越大,导致下降时间 t_f 延长,这往往会成为影响 t_f 的主要因素,所以 R_L 总是在功耗允许的范围内尽可能选得小一些。

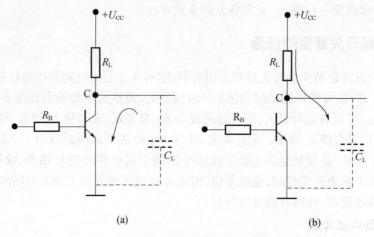

图 5-17 C_L 对开关过程的影响
(a) 导通时；(b) 截止时。

5.3 开关管正向压降和饱和压降

在 5.1 节中曾指出，对开关晶体管除要求开关时间短外，还要求晶体管截止时反向电流要小、饱和导通时饱和压降要小，并且从截止态转变为饱和导通态时所需启动功率要小。反向电流在第 2 章中已经讨论过，本节讨论晶体管的饱和压降和输入正向压降，后者反映了从截止到导通所需启动功率的大小。

5.3.1 正向压降

正向压降指晶体管在共射组态中处于饱和态时，基极与发射极之间的电压降，以 U_{BES} 表示。它标志晶体管处于饱和导通态时的输入特性，是使晶体管开启进入饱和导通态所需的最小输入电压。U_{BES} 与基极驱动电流 I_{B1} 之乘积 $I_{B1}U_{BES}$ 则是开启晶体管所需最小启动功率，因此，U_{BES} 的大小也反映着晶体管开关的控制灵敏度。此外，$I_{B1}U_{BES}$ 也是维持晶体管处于饱和导通态所需的输入功率。在此用 Ebers-Moll 模型来讨论 U_{BES} 的大小。处于饱和态的晶体管的等效电路现重画于图 5-18。图中 r_{BS} 为基极电阻，r_{CS} 和 r_{ES} 为集电区和发射区体电阻，因为它们在晶体管工作于大电流时可能受电导调制效应影响，故加脚标 S 表示晶体

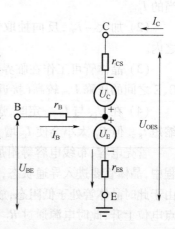

图 5-18 NPN 晶体管在饱和区的等效电路

管工作在饱和状态的电阻值。U_E 和 U_C 则分别表示发射结和集电结本身的结压降,由于在饱和态时,两个结都处于正向,故二者极性正好相反。

从图 5-18 中可见,在饱和时,晶体管的输入正向压降为

$$U_{BES} = U_E + I_B r_{bS} + I_E r_{ES} \qquad (5-68)$$

其中发射结结压降由式(2-204)描述,故

$$U_{BES} = \frac{kT}{q} \ln\left[\frac{I_E - \alpha_R I_C}{I_{EBO}} + 1\right] + I_B r_{bS} + I_E r_{ES} \qquad (5-69)$$

因此,输入正向压降由发射结自身的正向压降、基极电阻上的压降及发射区串联电阻上的压降三部分组成。通常情况下,由于发射区重掺杂时 r_{ES} 很小,它所引起的压降 $I_E r_{ES}$ 常可忽略。对一般的开关管,$I_B r_{bS}$ 项也较小。因此,正向压降 U_{BES} 主要由发射结正向压降决定,一般在 0.7V 上下,依工作电流 I_C 增加略微增大。

5.3.2 饱和压降

饱和压降指晶体管在共射组态中处于饱和态时,集电极与发射极之间的压降,以 U_{CES} 表示。它标志晶体管处于饱和导通态时的输出特性,其大小反映了开关晶体管与理想开关的差距。此外,U_{CES} 与工作电流之积 $I_{CS}U_{CES}$ 反映了晶体管处于饱和导通态时的功耗大小,U_{CES} 愈小,则晶体管能承受的电流越大,输出功率 $I_{CS}R_L$ 也越大。因此,希望 U_{CES} 越小越好。

从图 5-18 可得,饱和压降大小为

$$U_{CES} = U_E - U_C + I_{CS} r_{CS} + I_E r_{ES} \qquad (5-70)$$

因此,饱和压降由发射结和集电结的结压降差 $U_E - U_C$、发射区串联电阻上的压降 $I_E r_{ES}$ 以及集电区串联电阻上的压降 $I_{CS} r_{CS}$ 三部分组成。在影响 U_{CES} 的这 3 个因素中,通常发射区串联电阻的影响可略去,另外两项则依晶体管制作工艺和管芯结构的不同而起作用的程度不同。

(1) 对于合金管,由于集电区和发射区都是重掺杂,串联电阻 r_{CS} 和 r_{ES} 一样很小,所以 U_{CES} 主要由结压降差 $U_E - U_C$ 决定。从式(2-204)和式(2-205)可得

$$U_{CES} \approx U_E - U_C = \frac{kT}{q} \ln \frac{(I_E - \alpha_R I_C) I_{CBO}}{(\alpha_F I_E - I_C) I_{EBO}} \qquad (5-71)$$

由式(2-192)和式(2-196)、式(2-197)的关系,可以得到

$$\alpha_F I_{EBO} = \alpha_R I_{CBO} \qquad (5-72)$$

将此式代入式(5-57)并利用关系 $I_E = I_B + I_C$,可将合金管饱和压降表示成另一种形式

$$U_{CES} = \frac{kT}{q} \ln\left[\frac{1 - (1 - \alpha_R) I_C / I_B}{\alpha_R \left(\frac{1 - I_C}{\beta_0 I_B}\right)}\right] \qquad (5-73)$$

由于合金管的饱和压降仅取决于两个结电压之差,所以其饱和压降是比较低的。这

一点是很容易理解的：在晶体管未进入饱和状态时，发射结正偏，结压降 U_E 约为 0.7V，集电结则处于负偏或零偏，结压降 $U_C \leq 0$V，所以 $U_E - U_C$ 值比较大，在 0.7V 以上。而进入饱和态后，两个结皆为正偏压状态，故 $U_E - U_C$ 值很小，并且晶体管饱和程度越深，U_C 越接近 0.7V，而 U_E 基本不变，因此 $U_E - U_C$ 随饱和深度增大而减小。也就是说，增大饱和深度可以减小饱和压降 U_{CES}。但是，饱和深度也不能太大，因为一方面将会使存储时间加大，对开关速度不利；另一方面，计算与实践表明，当过驱动因子 $S > 4$ 后，$U_E - U_C$ 随 S 增加而下降的关系就不大明显了。因此，一般使过驱动因子 $S = 4$ 左右就可以了，这种条件下 $U_E - U_C$ 可以下降到 0.1V 以下。

在实际的合金开关管中，情形比上述分析稍微复杂一些，其饱和压降常与基极电阻 r_B 有关，尤其是 r_B 较大时，U_{CES} 甚至主要由 r_B 决定。这是由于在实际的合金管中，为提高集电区收集效率，集电区面积 A_C 往往大于发射极面积 A_E，$A_C > A_E$ 的部分相当于在集电极与基极之间并联了一个二极管(称为覆盖二极管)，如图 5-19 所示，注意图中所示为 PNP 管。这样，在饱和时，晶体管集电极一发射极之间的压降，应等于发射极一基极之间的电压减去覆盖二极管上的正向电压

$$|U_{CES}| = U_{EB} - U_{DF}$$

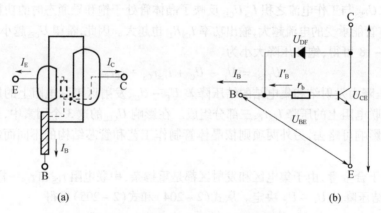

图 5-19 覆盖二极管对饱和压降的影响
(a)覆盖二极管示意；(b)等效电路。

其中
$$U_{EB} = U_E + I'_B r_B$$

因此
$$|U_{CES}| = U_E - U_{DF} + I'_B r_B \qquad (5-74)$$

式中　U_E——发射结正向压降；

U_{DF}——覆盖二极管正向压降。

当 $U_E \approx U_{DF}$ 时,式(5-74)可近似为

$$|U_{CES}| = I'_B r_B \tag{5-75}$$

这时,晶体管的饱和压降几乎完全取决于基极电阻 r_B 上的压降。

(2) 对双扩散外延平面管,集电区为低掺杂,集电区串联电阻上的压降不能忽略。并且在晶体管进入深度饱和时,$U_E - U_C$ 很小(约等于0.1V)。因此,这种晶体管的饱和压降主要由集电区串联电阻决定,即

$$U_{CES} = U_E - U_C + I_{CS} r_{CS} + I_{ES} r_{ES} \approx I_{CS} r_{CS} \tag{5-76}$$

为了降低饱和压降 U_{CES},在晶体管设计方面要尽量降低集电区串联电阻 r_{CS}。这就要求降低集电区电阻率、减小集电区厚度和增大集电区面积。但集电区电阻率的降低与提高击穿电压的要求相矛盾,采用外延法来制造晶体管正是为了解决饱和压降和击穿电压之间的矛盾。外延生长的高阻层,满足了击穿电压的要求,同时,由于 N^+ 衬底是低阻的,又减小了集电区体串联电阻并且可以具有较大的厚度,从而起到机械支撑的作用。在平面工艺制造的集成电路中,晶体管的集电极与基极、发射极一样从顶部引出,这就会引起 r_{CS} 增大,所以都加入埋层扩散,以减小 r_{CS} 的数值。

在实际的外延平面管中,情况也比上述分析复杂一些。因为集电区是轻掺杂的,而饱和时,晶体管的工作电流较大,很可能引起集电区电导调制效应。电导调制效应是指处在饱和状态的晶体管,由于集电结正偏,基区向集电区注入大量的少数载流子,而为了保持电中性,集电区内必然出现等量的多子积累,因而降低了集电区的电阻率。晶体管饱和程度越深,注入越大,集电区电阻率和串联电阻 r_{CS} 越低。在晶体管的输出特性曲线上,表现为两段式的饱和特性,图5-20表示出外延平面管($N^+PN^-N^+$结构)的共发射极输出特性,其中有 A、B 转折点。图5-21是外延平面管的一维模型。

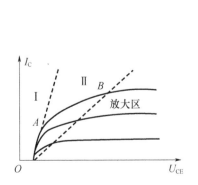

图5-20 N^+-P-N^--N^+ 晶体管的饱和特性

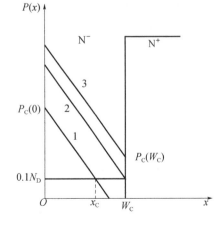

图5-21 $N^+PN^-N^+$ 晶体管集电区的一维模型

当晶体管处在放大区时,集电结反偏,工作点在 B 点右侧。当集电结偏压上升到零偏时,到达 B 点的临界饱和状态,此时饱和压降由式(5-70)确定。当集电结转变为正偏后,晶体管进入饱和区,工作在 B 点左侧。此时大量空穴开始注入到高阻集电区(N^-区),使部分区域(如图 5-21 曲线 1 中 $0 \to x_C$ 一段)发生电导调制效应,使集电区体电阻 r_{CS} 下降,r_{CS} 上的压降减小,也使 U_{CES} 降低。如果集电结正偏压较大,注入集电区的空穴将使全部高阻层都受到电导调制(如图 5-21 曲线 2、3 所示),则 U_{CES} 进一步下降,晶体管的状态从 Ⅱ 区跨越 A 点进入 Ⅰ 区。通常称特性曲线中的 Ⅱ 区为部分饱和区或浅饱和区,Ⅰ 区为完全饱和区或深饱和区。

在浅饱和区,晶体管的饱和压降为[2]

$$U_{CES} = U_E - \frac{kT}{q}\ln\left[\frac{N_D P_C(0)}{n_i^2}\right] - \frac{J_C(W_C - x_C)}{q\mu_{mC} N_D}(x_C < W_C) \qquad (5-77)$$

在深饱和区,饱和压降为

$$U_{CES} = U_E - \frac{kT}{q}\ln\left[\frac{N_D P_C(0)}{n_i^2}\right](x_C \geq W_C) \qquad (5-78)$$

在临界饱和状态,式(5-77)退化为式(5-76)。在以上各式中,N_D 代表集电区高阻层(N^- 层)的杂质浓度。

最后需要说明的是,与开关时间一样,饱和压降除了与晶体管的内部因素有关外,还与工作电流 I_C 和 I_B 的大小有关。在基极电流相同的条件下,I_C 越小,则 U_{CES} 越小;I_C 相同时,I_B 越大,U_{CES} 越小[4]。此外,在功率开关管中,为避免发射极电流集边效应引起二次击穿,常在发射极接入镇流电阻 R_E,这时在饱和压降和正向压降中都应计入 $I_E R_E$ 项。

本章分析了晶体管开关的动态和静态两方面的特性,主要讨论了开关时间、正向压降和饱和压降 3 个开关参数。至于对开关管的其他方面的要求,如击穿电压、最大电流等,与一般晶体管的要求相同,见其他有关章节的分析。

习 题

5-1 晶体管处在饱和态时 $I_E = I_C + I_B$ 的关系是否成立?为什么?画出少子的分布与电流传输图。

5-2 晶体管 3 个工作区中的 I_B 各有什么特点?

5-3 -NPN 晶体管共发射极工作,$\beta = 80$,电源电压 $U_{CC} = 5V$,负载电阻 $R_L = 1k\Omega$,问 $I_B = 50\mu A$ 时是否进入饱和态?如果负载电阻改用 $R_L = 5k\Omega$,是否进入饱和态?

5-4 在题 5-3 中两种负载电阻情况下,欲使晶体管工作在过驱动因子 $S = 4$ 的状态,I_B 应等于多少?

5-5 对于具有同样几何形状、杂质分布和少子寿命的硅和锗 PNP、NPN 管,哪一种晶体管的开关速度最快?为什么?

5-6 某一硅 NPN 外延台面管的 $W_C = 10\mu m, \tau_{pC} = 0.02\mu s, \beta = 30$。假定基区中超量存储电荷可以忽略不计,并在所用的共发射极开关电路中 $I_{CS} = I_{B1} = -I_{B2} = 10 mA$。试计算该晶体管的存储时间 t_S。

5-7 假定有一图 5-1 所示的共发射极开关电路,在某一瞬间晶体管被恒定的基板电流 I_{B1} 驱动进入饱和状态,经过时间 τ_0 后,基极驱动电流突变至 $-I_{B2}$(恒定的抽取电流)。证明存储时间的表达式为

$$t_S = \tau_S \ln\left[1 + \frac{(\beta I_{B1} - I_{CS})(1 - e^{-\tau_E/\tau_S})}{\beta I_{B2} + I_{CS}}\right]$$

5-8 试推导式(5-51)~式(5-54)。

参 考 文 献

[1] Beayfoy R, Sparks J J. The Junction Transistor as a Charge Controlled Device, A. T. E. J, 1957(13).
[2] 浙江大学半导体器件教研室. 晶体管原理. 北京:国防工业出版社,1980.
[3] Dutton R W. Forward Current - Voltage and Switching Characteristics of p + - n - p + (Epi - taxial Diode). IEEE Trans. Electron Devices, 1969(16):458.
[4] 北京大学电子仪器厂半导体专业组. 晶体管原理与设计. 北京:科学出版社,1977.
[5] 武世香. 双极型和场效应型晶体管. 北京:电子工业出版社,1995.
[6] 张屏英,周佑谟. 晶体管原理. 上海:上海科学技术出版社,1985.

第6章 结型场效应晶体管

结型场效应晶体管是利用 PN 结的反向偏置电压改变伸入沟道区的空间电荷区厚度,从而控制半导体中沟道导电能力的器件。此种器件已广泛用于小信号放大器、电流限制器、电压控制电阻器、开关及音响电路和集成电路中。

6.1 结型场效应晶体管(JFET)的基本工作原理

6.1.1 JFET 的基本结构

图 6-1 所示为 N 沟 JFET 的物理结构示意图。在一块低掺杂的 N 型半导体晶片上,上下两侧对称制作两个高浓度 P^+ 区,与 N 区形成两个对称的 P^+N 结。在 N 区的左右两端各作一个欧姆接触电极,分别称为源极和漏极,记以 S 和 D。P^+ 区也分别制作欧姆电极并相连,所引出的电极称为栅极,记以 G。两个 P^+N 结中间(除去空间电荷区部分)区域称为沟道。而 P 沟 JFET 是在 P 型半导体晶片上,上下两侧制作两个高浓度 N^+ 区,与 P 区形成两个对称的 N^+P 结,然后分别引出电极而成。可见,N 沟和 P 沟是以导电沟道类型划分的。

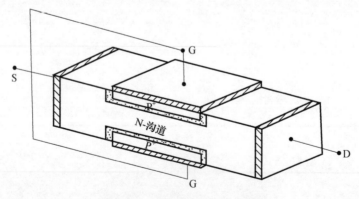

图 6-1 理想的对称结构 JFET

6.1.2 JFET 的基本工作原理

下面以 N 沟 JFET 为例,说明其工作原理。在正常工作条件下,源极接地处于零电位,栅极加负电压,即栅结处于反向偏置,漏极加正电压。在此直流偏置条件下,将有电子自源端流向漏端,形成自漏极流向源极的漏源电流 I_{DS}。如果改变栅结反向电压的大小,或者在直流偏置基础上栅极加一交流电压信号,于是改变了栅结空间电荷区的宽度,也就改变了沟道厚度,进而改变沟道电阻,最终影响漏源电流的大小。因此,JFET 实际上是通过栅极电压控制沟道电阻,进而控制沟道电流的一种电压控制器件。若是 P 沟 JFET,各个极所加电压与 N 沟相反,必须保证栅结是反向偏置。

N 沟 JFET 沟道中参与运载电流的是电子,而 P 沟则是空穴,不管是 N 沟还是 P 沟,运载电流的都是单一的多数载流子,因此,场效应晶体管是单极型晶体管。

6.1.3　JFET 的输出特性和转移特性

1. JFET 的输出特性

JFET 的 I_{DS} 和 U_{DS} 之间特性为输出特性。下面分 $U_{GS}=0$ 和 $U_{GS}\neq 0$ 两种情况说明 I_{DS} 随 U_{DS} 的增加而变化的特性。

(1) $U_{GS}=0$(即栅极与源极短路)时的漏极特性。若 $U_{DS}=0$,此时 P^+N 结处于平衡状态,如图 6-2 所示。则有

$$R = \frac{L}{q\mu_N N_D \cdot 2(a-x_0)W} \tag{6-1}$$

式中　N_D——N 型沟道区的掺杂浓度;

　　　L,W——沟道的长和宽;

　　　$2a$——两个冶金结之间的距离;

　　　x_0——栅结零偏时的空间电荷区宽度。

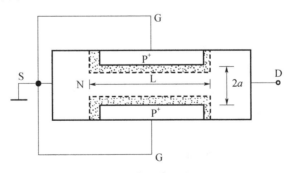

图 6-2　平衡状态下的 JFET

当漏极加上一个小的正电位(即 $U_{DS}>0$)时,将有电子自源端流向漏端,形成了自漏极流向源极的漏源电流 I_{DS}。这一电流在沟道电阻上产生的压降使得沟道区沿电流流动方向的电位不再相等。由于 P^+ 区可视为是等电位的,因而沿沟道长度方向栅结上的实际

偏压也由原来的零偏发生了大小不等的变化:靠近源端,由于 $U_{GS}\approx 0$,故空间电荷区窄而沟道厚度大,而靠近漏端栅结反向偏压大,故空间电荷区宽而沟道厚度小,沟道形状如图 6-3(a)所示。当 U_{DS} 小于栅结接触电势差 U_D 时,沟道耗尽层的这种变化可以忽略,沟道电阻可近似地用式(6-1)表示,此时沟道电流 I_{DS} 与 U_{DS} 成正比。随着 U_{DS} 增加,耗尽层的扩展与沟道的变窄已不能忽略,沟道电阻的增加使得 I_{DS} 随 U_{DS} 的增加逐渐变缓,当 $U_{DS}=U_{Dsat}$ 时,沟道漏端两耗尽层相会在 P 点,此处沟道宽度减小到零,即沟道被夹断,如图 6-3(b)所示。当 $U_{DS}>U_{Dsat}$ 时,漏端的耗尽层更厚,两耗尽层的相会点 P 向源端移动,如图 6-3(c)所示。当沟道载流子运动到沟道夹断点 P 时,立即被夹断区的强场扫向漏极,形成漏电流。因此,漏电流仍由导电沟道的电特性决定。由于夹断点的电位始终等于 U_{Dsat},若夹断点 P 移动的距离远远小于沟道长度 L 时,可以认为夹断后的 I_{DS} 不再随 U_{DS} 的增大而变化,而是趋于饱和,如图 6-3(c)所示。饱和漏电流记为 I_{Dsat},图 6-3(a)、(b)、(c)所示的 3 种情况分别对应于图 6-4 中 $U_{GS}=0$ 曲线上的 A、B、C 这 3 个点。

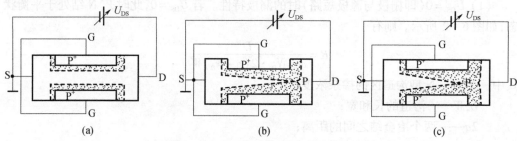

图 6-3 $U_{GS}=0$ 时 N 沟 JFET 的工作情况

(a) U_{DS} 很小;(b) $U_{DS}=U_{Dsat}$;(c) $U_{DS}>U_{Dsat}$

(2) $U_{GS}\neq 0$ 时的漏特性。对于 N 沟 JFET 来说,$U_{GS}<0$,此时 I_{DS} 和 U_{DS} 的关系与 $U_{GS}=0$ 时两者关系类似。只不过是曲线的斜率变小,饱和漏源电压 U_{Dsat} 变小而已,如图 6-4 所示。

另外,当漏源电压继续增加到漏端栅结上的反向偏置电压等于雪崩击穿电压 BU_B,器件进入雪崩击穿状态,这时器件上所加的漏源电压称为漏源击穿电压 BU_{DS},因而

$$BU_B = BU_{DS} - U_{GS}$$

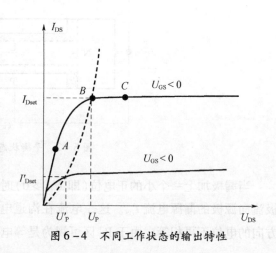

图 6-4 不同工作状态的输出特性

$$BU_{DS} = BU_B + U_{GS} \tag{6-2}$$

显然,漏源击穿电压随栅源反偏电压的增大而减小。

一个实际的 N 沟 JFET 的输出特性曲线如图 6-5 所示。它与双极型晶体管共射极输出特性曲线相仿。此输出特性曲线也可分为非饱和区、饱和区和击穿区。在非饱和区,沟道电流 I_{DS} 与 U_{DS} 成线性关系,此时对应图 6-3(a)中的情形;饱和区的特点是当 U_{DS} 增加时 I_{DS} 基本不变,曲线接近水平,图 6-3(b)所表示的情形是刚刚进入饱和区的情形。特性曲线的击穿区则表示栅结发生雪崩击穿。不同的 U_{GS} 对应不同的 BU_{DS}。

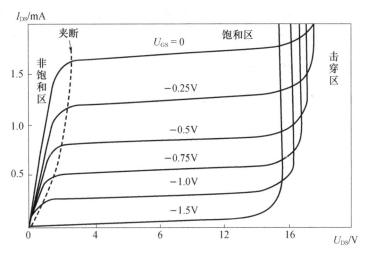

图 6-5 N 沟 JFET 输出特性曲线

2. JFET 的转移特性

JFET 的转移特性说的是漏极电流 I_{DS} 随栅极电压变化的特性。图 6-6 所示为 N 沟耗尽型 JFET 的转移特性曲线。

从图 6-6 中可以看到,当 $U_{GS}=0$ 时,漏极电流 $I_{DS}>0$,而当 $U_{GS}<0$,且负到一定值时,漏极电流才等于零。此时整个沟道被夹断。

JFET 的输出特性曲线和转移特性曲线不是互相独立,而是密切相关的。事实上,只要在输出特性曲线上某一 U_{DS} 值下作垂线与各条 U_{GS} 线相交,将对应的 U_{GS} 值与对应的 I_{DS} 值连接成一条曲线,即得到图 6-6 所示的转移特性曲线。所以说,JFET 某一条转移特性曲线是在一定的 U_{DS} 值下作出来的。

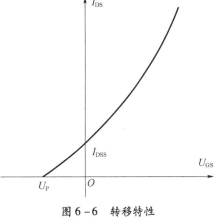

图 6-6 转移特性

6.1.4 肖特基栅场效应晶体管(MESFET)

MESFET 是用金—半导体代替了 JFET 的 PN 结做栅电极,它的工作原理与 JFET 相同,而且其电学性质与 JFET 相仿。所以把它与 JFET 归为一类讨论。MESFET 是在半绝缘衬底上的外延层上制成的,用以减小寄生电容。将金属栅直接做在半导体表面上可以避免表面态的影响。由于一般半导体材料的电子迁移率 μ_n 均大于空穴迁移率 μ_p,所以高频场效应晶体管都采用 N 沟,又由于 GaAs 与 Si 相比,电子迁移率大 5 倍。峰值漂移速度大 1 倍,所以 GaAs – MESFET 在高频领域内得到广泛的应用。它在工作频率、低噪声、高饱和电平、高可靠性等方面大大超过了 Si 微波双极晶体管,最高频率可达 60GHz。

6.1.5 器件的类型和代表符号

场效应器件除了有 N 沟和 P 沟的区分外,按零栅压时器件的工作状态,又可分为耗尽型(常开)和增强型(常关)两大类。栅压为零时已存在导电沟道的器件,称为耗尽型器件;相反则为增强型器件。譬如,若沟道为高阻材料,当栅压为零时,栅结扩散电势 U_D 已使沟道完全耗尽而夹断,因而栅压为零时不存在导电沟道。这种只有当施加一定的正向栅压才能形成导电沟道的器件,称为增强型器件。增强型器件在高速低功耗电路中有很大的使用前途。

因此,JFET 和 MESFET 总共可分成 N 沟耗尽层、N 沟增强型、P 沟耗尽型、P 沟增强四大类,代表符号如图 6-7 所示,其中箭头的方向代表空穴流的方向。JFET 一般都是耗尽型的。

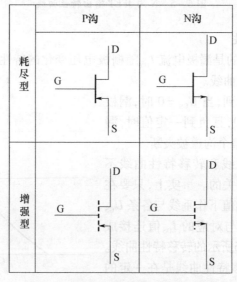

图 6-7 JFET 与 MESFET 的电路符号

6.2 JFET 的直流参数和低频小信号交流参数

6.2.1 JFET 的直流电流—电压特性

JFET 在工作时,栅源电压和漏源电压同时起作用,故沟道中电场、电位、电流分布均为二维分布。因此用方程求解电流与电压的关系则比较复杂,自肖克莱提出缓变沟道近似模型后,问题变得十分简单。

该模型的核心是:栅结耗尽区中沿垂直结平面方向的电场分量 E_x 与沿沟道长度方向使载流子漂移的电场分量 E_y 无关,且满足 $\frac{\partial E_x}{\partial x} \gg \frac{\partial E_y}{\partial y}$。此即为缓变沟道近似理论。下面推导电流与电压的关系都是以此理论为基础的。

这种缓变沟道近似理论是有一定局限性的。它对于导电沟道夹断之后就不适用了。总括起来,肖克莱模型理论主要假设如下:

① 忽略源接触电极与沟道源端之间、漏接触电极与沟道漏端之间的电压降。

② P^+ 栅区与 N 型沟道区杂质分布都是均匀的,并且 P^+ 栅区浓度 N_A 远远大于 N 型沟道区浓度 N_D,即栅结为单边突变结。

③ 沟道中载流子迁移率为常数。

④ 忽略沟道边缘扩展开的耗尽区,源极和漏极之间的电流只有 y 分量。

⑤ 在栅结空间电荷区中 $\frac{\partial^2 U}{\partial x^2} \gg \frac{\partial^2 U}{\partial y^2}$。

假定③排除了载流子速度饱和的可能,说明沟道夹断是造成电流饱和的原因。当然,只有对于沟道中场强很低的长沟道器件,这一假定才是合理的。假定⑤使得在求栅 PN 结耗尽层宽度时,二维泊松方程化为一维的。假定④使求解 JFET 的电流—电压方程时更加简单明了。

由于器件栅区结构的对称性,可以只讨论器件的上半部,如图 6-8 所示。正常工作时,源极接地,栅极接负电位 U_{GS},漏极接正电位 U_{DS}。坐标取向如图 6-8 所示。图中 h_1、h_2 分别是沟道源端和漏端处耗尽区的厚度。

由于沟道中不存在载流子浓度梯度,所以沟道中 y 方向的电流只是漂移流。y 方向的电流密度为

$$J_N(y) = \sigma_N(y) E_y \tag{6-3}$$

式中 $\sigma_N(y)$——电导率;

E_y——沿 y 方向的电场强度。

故式(6-3)又可写成

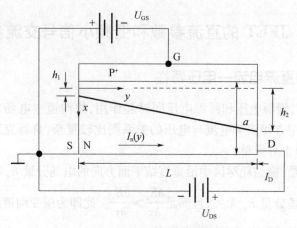

图 6-8 JFET 上半部截面图

$$I_N(y) = -A(y)q\mu_n N_D \frac{\partial U(y)}{\partial y} \tag{6-4}$$

式中 $A(y) = 2[a-h(y)] \cdot W$——y 处的沟道横截面积；

$h(y)$——该处的耗尽层厚度。

根据上述假设条件，有

$$h(y) = \left\{\frac{2\varepsilon\varepsilon_0[U_D - U_{GS} + U(y)]}{qN_D}\right\}^{\frac{1}{2}} \tag{6-5}$$

式中 U_D——结接触电势差；

$U(y)$——y 处漏源电压。

由此，式(6-4)又可表示为

$$I_N(y) = -2Wq\mu_n N_D[a-h(y)]\frac{\partial U(y)}{\partial y} \tag{6-6a}$$

或

$$I_N(y)dy = -2Wq\mu_n qN_D[a-h(y)]\frac{\partial U(y)}{\partial x_n} \cdot dx_n \tag{6-6b}$$

$I_N(y)$ 与 y 方向一致，而与漏源电流 I_D 方向相反，即

$$I_N(y) = -I_D$$

根据 PN 结耗尽区加反向偏置电压，耗尽区宽度主要向低掺杂沟道区扩展理论，其宽度 $X(y)$ 与电压之间关系为

$$U(y) = \frac{qN_D}{2\varepsilon\varepsilon_0}x_n^2(y) \tag{6-7}$$

对式(6-7)求导，得到

$$\frac{\mathrm{d}U(y)}{\mathrm{d}x_n(y)} = \frac{qN_\mathrm{D}}{\varepsilon\varepsilon_0}x_n(y) \tag{6-8}$$

将式(6-8)代入式(6-6b)中,并积分,利用边界条件:$y=0$ 处,$x_n = h_1$,$y=L$ 处,$x_n = h_2$,可得 N 沟 JFET 基本电流—电压方程,即

$$I_\mathrm{D} = \frac{\partial W\mu_\mathrm{n}q^2N_\mathrm{D}^2}{\varepsilon\varepsilon_0 L}\left[\frac{a}{2}(h_2^2 - h_1^2) - \frac{1}{3}(h_2^3 - h_1^3)\right] \tag{6-9}$$

由式(6-7)得知

$$h_1 = h(0) = [2\varepsilon\varepsilon_0(U_\mathrm{D} - U_\mathrm{GS})/qN_\mathrm{D}]^{\frac{1}{2}} \tag{6-10a}$$

$$h_2 = h(L) = [2\varepsilon\varepsilon_0(U_\mathrm{D} - U_\mathrm{GS} + U_\mathrm{DS})/qN_\mathrm{D}]^{\frac{1}{2}} \tag{6-10b}$$

将式(6-10a)、式(6-10b)代入式(6-9),经整理化简后得到

$$I_\mathrm{D} = G_\mathrm{o}\left\{U_\mathrm{DS} - \frac{2}{3a}\sqrt{\frac{2\varepsilon\varepsilon_0}{qN_\mathrm{D}}}\left[(U_\mathrm{DS} + U_\mathrm{D} - U_\mathrm{GS})^{\frac{3}{2}} - (U_\mathrm{D} - U_\mathrm{GS})^{\frac{3}{2}}\right]\right\} \tag{6-11}$$

其中

$$G_\mathrm{o} = \frac{2aWq\mu_\mathrm{n}N_\mathrm{D}}{L} \tag{6-12}$$

即两个冶金结之间形成的导电沟道的电导。式(6-11)是在沟道被夹断之前,在非饱和区(即 $0 < U_\mathrm{DS} < U_\mathrm{Dsat}$ 工作情况下,根据参考文献[1]提出的缓变沟道近似理论推导出来的电流—电压关系式,当 $U_\mathrm{D} > U_\mathrm{Dsat}$,沟道被夹断,缓变沟道近似理论不再适用(因为在夹断区 y 方向的电场分量不再缓变,$\frac{\partial E_y}{\partial y} \ll \frac{\partial E_x}{\partial x}$ 不再成立),因而式(6-11)也不再适用。

但饱和区中的漏源电流 I_DS 是基本不变的。所以,只要求出沟道刚夹断时漏源电流 I_DS,也就求出饱和区漏源电流表达式。只要令式(6-10b)所表示的 $h_2 = a$ 代入式(6-9)中,即可得到

$$I_\mathrm{Dsat} = \frac{2a^3W\mu_\mathrm{n}q^2N_\mathrm{D}^2}{6\varepsilon\varepsilon_0 L}\left[1 - \frac{3h_1^2}{a^2} + \frac{2h_1^3}{a^3}\right] = I_\mathrm{DSS}\left[1 - 3\left(\frac{U_\mathrm{D} - U_\mathrm{GS}}{U_\mathrm{P0}}\right) + 2\left(\frac{U_\mathrm{D} - U_\mathrm{GS}}{U_\mathrm{P0}}\right)^{\frac{1}{2}}\right]$$

$$\tag{6-13}$$

其中

$$I_\mathrm{DSS} = \frac{2a^3W\mu_\mathrm{n}q^2N_\mathrm{D}^2}{6\varepsilon\varepsilon_0 L} \tag{6-14}$$

$$U_\mathrm{P0} = \frac{qN_\mathrm{D}a^2}{2\varepsilon\varepsilon_0} \tag{6-15}$$

前者称为最大饱和漏极电流,后者表示当漏源电压等于零时栅结耗尽层穿通整个沟道所需的栅源电位差。由于此时中性沟道已被夹断,故称其为夹断电压。

6.2.2 JFET 的直流参数

1. 夹断电压 U_P

夹断电压是指使导电沟道消失所需加的栅源电压。JFET 沟道厚度随 P^+N 结耗尽层厚度扩展而变薄,当栅结上的外加反向偏压使 P^+N 结耗尽层厚度等于沟道厚度一半($h=a$)时,整个沟道被夹断,即

$$x_n = x_m = \left[\frac{2\varepsilon\varepsilon_0(U_D - U_P)}{qN_D}\right]^{\frac{1}{2}} = a$$

令

$$U_{P0} = U_D - U_P = \frac{qN_D a^2}{2\varepsilon\varepsilon_0} \tag{6-16}$$

U_{P0} 表示沟道夹断时栅结上的电压降,亦称为本征夹断电压,而 U_P 则为沟道夹断时所需加的栅源电压,称为夹断电压。由式(6-16)可知两者关系为

$$U_P = U_D - U_{P0} = U_D - \frac{qN_D a^2}{2\varepsilon\varepsilon_0} \approx -\frac{qN_D a^2}{2\varepsilon\varepsilon_0} \tag{6-17}$$

此处的负号表示栅结为反向偏置。对于 N 沟 JFET,$U_P < 0$,对 P 沟 JFET,$U_P > 0$。由式(6-17)可见,沟道中杂质浓度越高及原始沟道越厚,夹断电压也越高。

2. 最大饱和漏极电流 I_{DSS}

由式(6-13)可见,I_{DSS} 是 $U_D - U_{GS} = 0$ 时的漏源饱和电流,又称最大漏源饱和电流。由式(6-14)可得 $I_{DSS} = \frac{1}{3} \cdot \frac{qN_D a^2}{2\varepsilon\varepsilon_0} \cdot \frac{2aWq\mu_n N_D}{L}$,结合式(6-15)、式(6-12)可以得到

$$I_{DSS} = \frac{1}{3} U_{P0} G_o \tag{6-18}$$

若再将沟道电阻率 $\rho = \frac{1}{q\mu_n N_D}$ 代入 G_o 关系中,式(6-18)变成

$$I_{DSS} = \frac{2}{3} \cdot \frac{a}{\rho} \cdot \frac{W}{L} \cdot U_{P0} \tag{6-19}$$

由此可见,增大沟道厚度以及增加沟道的宽长比,可以增大 JFET 的最大漏极电流。

3. 最小沟道电阻 R_{min}

R_{min} 表示 $U_{GS} = 0$ 且 U_{DS} 足够小,即器件工作在线性区时,漏源之间的沟道电阻,也称为导通电阻。对于耗尽型器件,此时沟道电阻最小。因而将 $U_{GS} = 0$、U_{DS} 足够小时的导通电阻称为最小沟道电阻。R_{min} 已由式(6-1)给出

$$R_{min} = \frac{L}{2q\mu_n N_D(a - x_D)W} \approx \frac{L}{2q\mu_n N_D aW} = \frac{1}{G_o} \tag{6-20}$$

由于存在沟道体电阻,漏电流将在沟道电阻上产生压降,漏极电流在 R_{min} 上产生的压降称为导通沟道压降, R_{min} 越大,此导通压降越大,器件的耗散功率也越大。实际的 JFET 沟道导通电阻还应包括源、漏区及其欧姆接触电极所产生的串联电阻 R_S 和 R_D。它们的存在也将增大器件的耗散功率,所以功率 JFET 应设法减小 R_{min}、R_S 和 R_D,以改善器件的功率特性。

4. 栅极截止电流 I_{GSS} 和栅源输入电阻 R_{GS}

由于 JFET 的栅结总是处于反向偏置状态,因此,栅极截止电流就是 PN 结少子反向扩散电流、势垒区产生电流及表面漏电流的总和。在平面型 JFET 中,一般表面漏电流较小,截止电流主要由反向扩散电流和势垒区产生电流构成。其值在 $10^{-9} \sim 10^{-12}$ A 之间。因此,栅源输入电阻相当高,其值在 $10^8 \Omega$ 以上。

但对功率器件而言,栅极截止电流将大大增加。这是因为功率器件漏源电压较高,沟道的电场强度较大,强电场将使漂移通过沟道的载流子获得足够高的能量去碰撞电离产生新的电子-空穴对,新产生的电子继续流向漏极使漏极电流倍增,而空穴则被负偏置的栅电极所收集,使栅极电流很快增长。漏极电压越高,漏端沟道电场越强,沟道载流子在漏端产生碰撞电离的电离率 a 越大,碰撞电离产生出来的电子-空穴对越多。因此,在高漏源偏置的功率 JFET 中,栅极截止电流往往是很高的。例如,当漏源电压 $U_{DS} = 10V$ 时,栅电流维持在 10^{-10} A 数量级;而当 $U_{DS} = 50V$ 时,栅电流将增大 6 个数量级而上升到 10^{-4} A[2]。在短沟道器件中,由于沟道电场更强,更容易出现载流子倍增效应。

5. 漏源击穿电压 BU_{DS}

在 JFET 中,漏端栅结所承受的反向电压最大。在沟道较长器件中,当漏端栅结电压增加到 PN 结反向击穿电压时,漏端所加电压即为漏源击穿电压 BU_{DS}。

根据定义, $BU_{DS} - U_{GS} = BU_B$,因此,漏源击穿电压为

$$BU_{DS} = BU_B + U_{GS} \quad (6-21)$$

式中 BU_B——栅 PN 结反向击穿电压;

U_{GS}——栅源电压。

N 沟, $U_{GS} < 0$,所以,从上式可以得知,随着 $|U_{GS}|$ 的增大, BU_{DS} 下降。

6. 输出功率 P_o

JFET 的最大输出功率 P_o 正比于器件所能允许的最大漏极电流 I_{Dmax} 和器件所能允许的最高漏源峰值电压 $(BU_{DS} - U_{Dsat})$,即

对于输出功率,有

$$P_o \propto I_{Dmax}(BU_{DS} - U_{Dsat}) \quad (6-22)$$

式中 BU_{DS}——漏源击穿电压;

U_{Dsat}——沟道夹断时漏源电压。

可见,对于功率 JFET 来说,不仅要求其电流容量大、击穿电压高,且在最高工作电流下具有小的漏源饱和电压 U_{Dsat}。

6.2.3 JFET 交流小信号参数

1. 跨导

跨导是场效应晶体管的一个重要参数。它标志着栅极电压对漏极电流的控制能力。跨导定义为漏源电压 U_{DS} 一定时,漏极电流的微分增量与栅极电压的微分增量之比,即

$$g_m = \frac{\partial I_{DS}}{\partial U_{GS}}\bigg|_{U_{DS}=常数} \quad (6-23)$$

将式(6-11)所表示的 I_{DS} 代入式(6-23)求导,经整理后可得非饱和区跨导为

$$g_m = G_o \left(\frac{1}{U_{P0}}\right)^{\frac{1}{2}} \left[(U_{DS} + U_D - U_{GS})^{\frac{1}{2}} - (U_D - U_{GS})^{\frac{1}{2}} \right] \quad (6-24)$$

若用饱和漏源电压 $U_{Dsat}(=U_{P0}-U_D+U_{GS})$ 代替式(6-24)中的 U_{DS},可得饱和区跨导为

$$g_m = G_o \left[1 - \left(\frac{U_D - U_{GS}}{U_{P0}}\right)^{\frac{1}{2}} \right] \quad (6-25)$$

可见,饱和区的跨导随栅压 U_{GS} 上升而增大。当 $U_{GS}=U_D$ 时,跨导达其最大值,即

$$g_{mmax} = G_o = 2a\mu_n q N_D \frac{W}{L} \quad (6-26)$$

跨导的单位是西门子 S(1S=1A/V)。由式(6-26)可见,器件的跨导与沟道的宽长比 W/L 成正比,所以在设计器件时通常都是依靠调节沟道的宽长比来达到所需要的跨导值。

由于实际器件中总存在漏源串联电阻,漏电流在漏源串联电阻上产生压降,使加在栅源间的有效栅压下降到 U'_{GS}。因此,栅源电压为

$$U_{GS} = U'_{GS} + I_D R_S$$

考虑串联电阻的影响后,有效跨导为

$$g_{meff} = \frac{\partial I_D}{\partial U_{GS}} = \frac{\frac{\partial I_D}{\partial U'_{GS}}}{\frac{\partial U_{GS}}{\partial U'_{GS}}} = \frac{g_m}{1+g_m R_S} \quad (6-27)$$

显然,有效跨导随串联电阻的增加而下降,串联电阻越大,栅控能力越弱。

2. 漏电导 g_D

漏电导表示漏源电压 U_{DS} 对漏电流的控制能力。定义为栅压一定时,微分漏电流与微分漏电压之比,即漏电导为

$$g_\mathrm{D} = \frac{\partial I_\mathrm{D}}{\partial U_\mathrm{DS}}\bigg|_{U_\mathrm{GS}=C} \qquad (6-28)$$

由于在不同区域内,漏电流与漏源电压间具有不同的变化关系,故它们的漏电导表达形式也是不一样的。

在非饱和区,将式(6-11)对 U_DS 求导,可得非饱和区的漏电导为

$$g_\mathrm{D} = G_0\left[1 - \left(\frac{U_\mathrm{D} - U_\mathrm{GS} + U_\mathrm{DS}}{U_\mathrm{P0}}\right)^{\frac{1}{2}}\right] \qquad (6-29)$$

当 U_DS 足够小时,可忽略 U_DS 对 g_D 的影响,从式(6-29)可得线性区漏电导为

$$g_\mathrm{DL} = G_0\left[1 - \left(\frac{U_\mathrm{D} - U_\mathrm{GS}}{U_\mathrm{P0}}\right)^{\frac{1}{2}}\right] \qquad (6-30)$$

对照式(6-30)与式(6-25)发现

$$g_\mathrm{ms} = g_\mathrm{DL} \qquad (6-31)$$

式(6-31)说明 JFET 饱和区的跨导等于线性区的漏极电导。

在饱和区,由式(6-13)看出,理想情况下的漏电流与漏源电压 U_DS 无关,饱和区的漏电导应等于零。但实际上,JFET 工作在饱和区时,夹断区长度随 U_DS 的增大而扩展,有效沟道长度则随 U_DS 的增大而缩短,而沟道长度缩短,必然使沟道电阻减小,因而漏电流将随漏源电压的增大而略有上升。因此,实际 JFET 的漏电导并不为零。沟道夹断后,若将漏区—夹断区—沟道区用单边突变结近似,其上压降为 $U_\mathrm{DS} - U_\mathrm{Dsat}$,因而夹断区长度为

$$\Delta L \approx \left[\frac{2\varepsilon_0\varepsilon_\mathrm{s}(U_\mathrm{D} + U_\mathrm{GS} + U_\mathrm{DS} - U_\mathrm{Dsat})}{qN_\mathrm{D}}\right]^{\frac{1}{2}} = \left[\frac{2\varepsilon_0\varepsilon_\mathrm{s}(U_\mathrm{DS} - |U_\mathrm{P}|)}{qN_\mathrm{D}}\right]^{\frac{1}{2}} \qquad (6-32)$$

实际上夹断区随 U_DS 增大而向漏源两边扩展,如图 6-9 所示,若近似认为向源端扩展的长度为 $\frac{1}{2}\Delta L$,则有效沟道长度[3]为

$$L' = L - \frac{1}{2}\Delta L = L - \frac{1}{2}\left[\frac{2\varepsilon_0\varepsilon_\mathrm{s}(U_\mathrm{DS} - |U_\mathrm{P}|)}{qN_\mathrm{D}}\right]^{\frac{1}{2}} \qquad (6-33)$$

漏电流

$$I'_\mathrm{Dsat} = I_\mathrm{Dsat}\frac{L}{L'} = \frac{I_\mathrm{Dsat}}{\left(1 - \frac{\Delta L}{2L}\right)} \qquad (6-34)$$

由此看出,L' 随 U_DS 的增大而减小,使漏电流 I'_Dsat 随 U_DS 增大而上升,小信号漏电导为

$$g_\mathrm{DS} = \frac{\partial I_\mathrm{D}}{\partial U_\mathrm{DS}} \approx \frac{\Delta I_\mathrm{D}}{\Delta U_\mathrm{DS}} = \frac{I'_\mathrm{Dsat} - I_\mathrm{Dsat}}{U_\mathrm{DS} - |U_\mathrm{P}|} = \frac{I_\mathrm{Dsat}\left(\frac{L}{L'} - 1\right)}{U_\mathrm{DS} - |U_\mathrm{P}|} \qquad (6-35)$$

可见,在饱和区漏电导 g_DS 不等于零,而是一有限值。

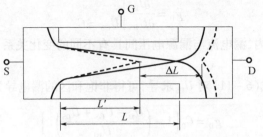

图 6-9 沟道长度调变效应示意图

3. 有效漏电导 g_{Deff}

实际 JFET 还存在漏源串联电阻 R_S 和 R_D,漏电流通过漏源串联电阻时,将产生电压降 $I_D(R_S+R_D)$,使真正加到沟道上的有效漏源电压减小到 U'_{DS}。因此漏源电压为

$$U_{DS} = U'_{DS} + I_D(R_S+R_D) \tag{6-36}$$

有效漏电导为

$$g_{Deff} = \frac{\partial I_D}{\partial U_{DS}} = \frac{\partial I_D}{\partial U'_{DS}} \cdot \frac{\partial U'_{DS}}{\partial U_{DS}} = \frac{g_D}{[1+g_D(R_S+R_D)]} \tag{6-37}$$

可见,有效漏电导随串联电阻的增加而下降。

6.2.4 沟道杂质任意分布时器件的伏安特性

实际 JFET 的栅结通常用扩散法或离子注入法形成,因此,沟道杂质分布一般都不是均匀的。即使薄层外延沟道的 MESFET,其沟道掺杂也不完全是均匀的。下面将用电荷控制法[4]分析杂质分布对漏特性的影响,并导出沟道杂质非均匀分布时电流—电压方程的近似表达式。

设沟道中总的导电电荷为 Q_C,沟道载流子通过沟道的平均传输时间为 τ_{tr},则沟道电流为

$$I = Q_C/\tau_{tr} \tag{6-38}$$

设沟道载流子的迁移率为 μ_n,沟道平均电场 $\overline{E}=U_{DS}/L$,则载流子渡越沟道的平均传输时间为

$$\tau_{tr} = \int_0^L \frac{dy}{\mu E(y)} \approx \frac{L^2}{\mu_0 U_{DS}} \tag{6-39}$$

沟道内的总传输电荷 Q_C,实际上就是沟道内参与导电的多数载流子的带电总量。当栅极电压等于零时,沟道中的可动电荷 Q_{C0} 等于平衡时沟道内的导电电子电荷总量,也等于外加电压使沟道全部耗尽时耗尽区空间电荷带的总电荷,也就等于此时栅极板上总电荷。若栅电容为 C_G,沟道耗尽栅上所加电压为 U_{P0},则栅极电荷为

$$Q_{CO} = -C_G U_{P0} \tag{6-40}$$

实际 JFET 加上一定的漏源电压 U_{DS} 后,栅结上的偏置电压由源端的 U_{GS} 逐渐上升到漏端的 $U_{GS} - U_{DS}$,栅结耗尽层宽度由源端到漏端逐渐变宽。这时,可近似认为整个栅结都加上了 $\frac{1}{2}U_{DS}$ 的平均漏源电压。因而栅结的平均结压降为

$$U_D - U_{GS} + \frac{1}{2}U_{DS}$$

栅结耗尽区内的空间电荷为

$$Q_{NG} = C_G \left(U_D - U_{GS} + \frac{1}{2}U_{DS} \right) \tag{6-41}$$

可见,当施加电压 U_{DS} 和 U_{GS} 时,沟道中的传输电荷由 Q_{CO} 减少到 $Q_{CO} - (-Q_{NG})$,这时,沟道中的导电电荷为

$$Q_C = Q_{CO}\left(1 + \frac{Q_{NG}}{Q_{CO}}\right) = Q_{CO}\left(1 - \frac{U_D - U_{GS} + \frac{1}{2}U_{DS}}{U_{P0}}\right) \tag{6-42}$$

将式(6-39)和式(6-42)代入式(6-38)中,可得漏电流为

$$I_D = \frac{\mu Q_{CO}}{L^2}\left(1 - \frac{U_D - U_{GS} + \frac{1}{2}U_{DS}}{U_{P0}}\right)U_{DS} = G_0\left(1 - \frac{U_D - U_{GS} + \frac{1}{2}U_{DS}}{U_{P0}}\right)U_{DS} \tag{6-43}$$

其中

$$G_0 = \frac{\mu Q_{CO}}{L^2} \tag{6-44}$$

由式(6-44)看出,当 U_{DS} 很小,$U_D - U_{GS} = 0$ 时,$I_D \approx G_0 U_{DS}$,因而 G_0 为原始沟道电导。

将式(6-43)中 $U_{DS} = U_{P0} - U_D + U_{GS}$ 代替,可得饱和区漏电流为

$$I_{Dsat} = G_0 \left[1 - \frac{U_D - U_{GS} + \frac{1}{2}(U_{P0} - U_D + U_{GS})}{U_{P0}} \right](U_{P0} - U_D + U_{GS}) \tag{6-45}$$

$$= \frac{G_0 U_{P0}}{2}\left(1 - \frac{U_D - U_{GS}}{U_{P0}}\right)^2 = I_{DSS}\left(1 - \frac{U_D - U_{GS}}{U_{P0}}\right)^2$$

式中,$I_{DSS} = \frac{G_0 U_{P0}}{2}$,$I_{DSS}$ 同样表示 $U_D - U_{GS} = 0$ 时的漏源饱和电流。式(6-45)即为沟道杂质非均匀分布时漏电流的近似表示式。图 6-10 表示式(6-45)和式(6-13)的差别。由图 6-10 看出,两者之间只存在一个很窄的用斜线所表示的区域,此区的伏安特性可以表示为

$$\frac{I_{Dsat}}{I_{DSS}} = \left(1 - \frac{U_D - U_{GS}}{U_{P0}}\right)^n \tag{6-46}$$

式中,n 在 $2 \sim 2.25$ 之间变化。[5]

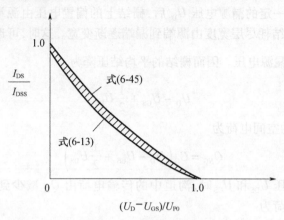

图 6-10　JFET 的转移特性

6.2.5　高场迁移率的影响

以上讨论均认为沟道中载流子迁移率为常数。然而在短沟道器件中,这个条件并不成立。在现代 JFET 和 MESFET 中,沟道长度仅为 $1 \sim 2\mu m$,甚至更短,即使在只有几伏的漏源电压下,沟道中的平均场强也可达 $10 kV/cm$ 以上,靠近漏端的沟道中场强还远高于此值。短沟道器件中的这种沟道电场将使器件的特性偏离肖克莱模型的结论。下面主要讨论漂移速度随电场的变化对漏极电流和跨导的影响。

图 6-11 给出了 Si、GaAs 和 InP 中电子的漂移速度随电场的变化曲线。

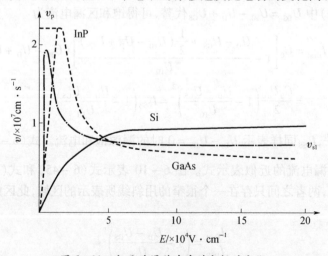

图 6-11　电子的漂移速度随电场的变化

对于 Si,当场强很小时,载流子的漂移速度随电场的增强而线性增大;电场继续增强,漂移速度的上升速度变慢;当电场增至约 $5\times10^4\mathrm{V/cm}$ 时,漂移速度达饱和值 $v_{\mathrm{sl}}(\approx 8.5\times 10^6\mathrm{cm/s})$。而在 GaAs 和 InP 中,随着电场的增强,电子的漂移速度首先上升到一个峰值速度 v_{p},然后再下降并逐渐趋于一饱和值 $v_{\mathrm{sl}}[\approx(6\sim8)\times 10^6\mathrm{cm/s}]$。漂移速度的这种变化正说明载流子的迁移率在强电场下是一个与电场强度有关的变量。

根据文献[6]提供的简单表达式,可近似描述 N 型沟道中电子迁移率随电场变化的规律,即

$$\mu_{\mathrm{n}} = \frac{\mu_{\mathrm{NC}}}{1+\left(\dfrac{E}{E_{\mathrm{C}}}\right)} \tag{6-47}$$

式中 μ_{NC}——低场迁移率;

E_{C}——临界场强。

将式(6-47)代入式(6-12)后再代入式(6-11),便可得到考虑迁移率随电场变化的漏极电流表达式为

$$I'_{\mathrm{D}} = \frac{G_0}{1+\dfrac{U_{\mathrm{DS}}}{L}\cdot\dfrac{\mu}{v_{\mathrm{sl}}}} \cdot \left\{ U_{\mathrm{DS}} - \frac{2}{3a}\sqrt{\frac{2\varepsilon\varepsilon_0}{qN_{\mathrm{D}}}}\left[(U_{\mathrm{D}}-U_{\mathrm{GS}}+U_{\mathrm{DS}})^{\frac{3}{2}} - (U_{\mathrm{D}}-U_{\mathrm{GS}})^{\frac{3}{2}}\right] \right\} \tag{6-48}$$

对比式(6-48)与式(6-11),临界场强 $E_{\mathrm{C}}=v_{\mathrm{sl}}/\mu_{\mathrm{n}}$ 代入式(6-48),则有

$$I'_{\mathrm{D}} = \frac{I_{\mathrm{D}}}{1+\left(\dfrac{U_{\mathrm{DS}}}{LE_{\mathrm{C}}}\right)} \tag{6-49}$$

式(6-49)说明,强场使迁移率减小,导致漏极电流降至低场值 I_{D} 的 $\left(1+\dfrac{U_{\mathrm{DS}}}{LE_{\mathrm{C}}}\right)$ 分之一。另外,从式(6-49)还可以看出,沟道长度越短,器件的饱和漏极电流下降的幅度越大。

6.3 结型场效应晶体管的频率特性

6.3.1 交流小信号等效电路

目前,JFET,特别是 GaAs MESFET 已广泛用于高频低噪声放大器、高速逻辑电路中,因此,了解场效应晶体管频率特性是十分重要的。本节将从等效电路入手,分析场效应晶体管的频率特性。

在交流工作情况下,器件的栅源输入端除了加有直流偏置电压 U_{GS} 外,还叠加上交变信号 u_{gs}。因此,交流状态下的栅源电压为

$$u_{GS} = U_{GS} + u_{gs} \qquad (6-50)$$

同样,漏电流 i_D 也分解为直流分量 I_D 和交流分量 i_d

$$i_D = I_D + i_d \qquad (6-51)$$

若将漏电流 i_D 在静态工作点 Q 附近进行级数展开,可得

$$i_D = i_D\bigg|_Q + \frac{di_D}{du_{GS}}\bigg|_Q (u_{GS} - U_{GS}) + \frac{1}{2}\frac{d^2 u_D}{du_{GS}^2}(u_{GS} - U_{GS})^2 + \cdots = I_D + g_m u_{gs} + \cdots$$

$$= I_D + g_m u_{gs} + \cdots$$

$$(6-52)$$

忽略式中 u_{gs} 的高次项,即可得漏极电流的交流分量。但实际器件的漏电导 g_D 是一个不为零的有限值,在交流工作状态下,此漏电导将在输出端产生附加交流电压 u_{ds},从而产生一附加漏极电流。因而交流漏极电流为

$$i_d = g_m u_{gs} + \frac{u_{ds}}{R_{ds}} \qquad (6-53)$$

此式说明,加在栅结上的信号电压 u_{gs},通过改变栅结耗尽层宽度的变化来控制沟道厚度,从而控制沟道的导电能力,使漏极电流 i_d 随 u_{gs} 的变化而变化。

我们知道,栅结上电压的变化引起栅结耗尽层宽度的变化是由于耗尽区空间电荷数量的变化来实现的,亦即在栅极回路中需要有栅电流分量 ΔI_G 来对栅源电容 C_{gs} 充、放电,即

$$\Delta I_G = i_g = \frac{dQ(t)}{dt} = C_{gs}\frac{du_{gs}}{dt} \qquad (6-54)$$

同时,由于在沟道的漏侧还存在栅漏电容 C_{gd},因此当栅压变化时,交变栅压也要对 C_{gd} 充放电而产生栅电流,即

$$i_{gd} = C_{gd}\frac{du_{gd}}{dt} \qquad (6-55)$$

综上分析,当计入栅源电容 C_{gs} 和栅漏电容 C_{gd} 的影响时,交流状态下场效应晶体管的端电流可表示为

对于输入电流,有

$$i_g = C_{gs}\frac{du_{gs}}{dt} + C_{gd}\frac{du_{gd}}{dt} \qquad (6-56)$$

对于输出电流,有

$$i_d = g_m u_{gs} + \frac{u_{gd}}{R_{ds}} - C_{gd}\frac{du_{gd}}{dt} \qquad (6-57)$$

由此可得 FET 的小信号等效电路如图 6-12(b)所示。

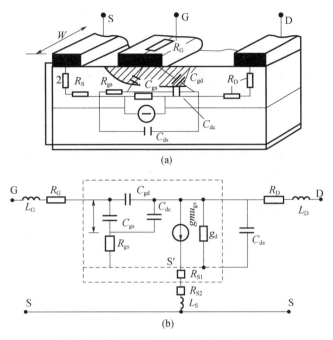

图 6-12 MESFET 的物理模型及等效电路
(a)物理模型;(b)等效电路。

图 6-12(b)中虚线框内为本征 FET 小信号等效电路。$C_{gd} + C_{gs}$ 代表栅极下面总电容;C_{dc} 为饱和时速度饱和区的静电偶极层电容,对于普通的 JFET,$C_{dc}=0$;R_{gs} 为对栅源电容 C_{gs} 充电时的等效沟道串联电阻。虚线框外为本征参数,包括源、栅、漏串联电阻 R_S、R_G、R_D 以及由引线和封装引入的寄生电容 C_{ds}、引线电感等。

C_{gs} 和 C_{gd} 均来源于栅结(PN 结或肖特基结)势垒。C_{gs} 是栅极下面耗尽层电容,C_{gd} 是漏端栅漏间的耗尽层电容。C_{gs} 和 C_{gd} 构成同一个栅电容 C_g。位于输入回路的 C_{gs} 和 R_{gs} 组成的 RC 电路的充、放电作用决定了 FET 的频率特性;而 C_{gd} 的作用是反映漏极与栅极之间的反馈作用,这个负反馈作用将影响 FET 的高频增益。

根据定义,有

$$C_{gs} = \frac{\partial Q_1}{\partial U_{GS}}\bigg|_{U_{DS}-U_{GS}=C}$$

$$C_{gd} = \frac{\partial Q_1}{\partial U_{DS}}\bigg|_{U_{GS}=C}$$

可以证明,在线性区,有

$$C_{gs} \approx \frac{1}{2}\frac{\varepsilon\varepsilon_0}{h(o)}WL \tag{6-58}$$

式中 $h(o)$——栅结直流偏置电压为 U_{GS} 时的源端耗尽层厚度;

$\frac{\varepsilon\varepsilon_0}{h(o)}WL$——耗尽层宽度为 $h(o)$ 的栅结耗尽层电容。

由此看出,线性区中栅源输入电容 C_{gs} 等于耗尽层宽度为 $h(o)$ 时栅结电容的一半。总栅电容应为栅源电容与栅漏电容之和,即 $C_{gs}+C_{gd}=C_g$。由此可得,在线性区中栅漏电容为

$$C_{gd}\approx C_{gs}\approx \frac{1}{2}\frac{\varepsilon\varepsilon_0}{h(o)}WL \tag{6-59}$$

饱和区的栅源电容与沟道被夹断的情况有关。而栅漏电容还与两电极之间的尺寸有关。有时,式(6-58)和式(6-59)也可用来估算饱和区的电容。

6.3.2 JFET 的频率参数

JFET 的频率参数主要有两个。一个是特征频率 f_T,另一个是最高振荡频率 f_m。

1. 特征频率 f_T

f_T 的定义为在共源等效电路中,在输出端短路条件下,通过输入电容的电流等于输出漏极电流时的频率。也就是电流放大系数等于 1 时所对应的频率。因此,f_T 也称为共源组态下的增益-带宽乘积。

由图 6-12(b)可得

$$\omega_T C_{gs} u_{gs} = g_m u_{gs}$$

所以

$$f_T = \frac{g_m}{2\pi C_{gs}} \tag{6-60}$$

由于 g_m 和 C_{gs} 都随栅压变化,使得 f_T 也随栅压改变。当跨导达到最大值 $g_{mmax}=G_0$,栅源输入电容达到最小值 C_{gsmin} 时,特征频率 f_T 达到最大值,即

$$f_{Tmax} = \frac{G_0}{2\pi C_{gsmin}} \tag{6-61}$$

栅源电容随栅结耗尽层宽度的展宽而下降。在长沟道器件中,当耗尽层宽度扩展到漏端沟道被夹断时 C_{gs} 达到最小值。对应图 6-1 所示的对称栅结构,为简化起见,可用耗尽层宽度为 $\frac{a}{2}$ 的栅电容来表示漏端被夹断时的电容,则 $C_{gs}=\frac{4}{a}\varepsilon\varepsilon_0 WL$,将此式与 G_0 的表达式同时代入式(6-61),可得

$$f_{Tmax} = \frac{\mu}{2\pi}\cdot\frac{1}{L^2}U_{P0} \tag{6-62}$$

可见,迁移率 μ 越大,沟道长度越短,则 f_T 越高。但特征频率随沟道长度的缩短而提高并不是没有限制的。一是渡越时间限制,因为载流子以源端到漏端需要一定的渡越时

间,在弱场情况下,μ 为常数,渡越时间为

$$\tau = \frac{L}{\mu E_y} \approx \frac{L^2}{\mu U_{DS}} \tag{6-63}$$

因此,由渡越时间 τ 大小决定的 JFET 的工作频率为渡越时间截止频率,即

$$f_0 = \frac{1}{2\pi\tau} = \frac{\mu U_{DS}}{2\pi L^2} \tag{6-64}$$

二是短沟道器件中载流子漂移速度达到饱和时的限制。此时,$\tau \approx \frac{L}{v_{sL}}$,由此,得到

$$f_0 = \frac{1}{2\pi} \cdot \frac{L}{v_{sL}} \tag{6-65}$$

2. 最高振荡频率 f_m

f_m 的定义为当 JFET 输入和输出均共轭匹配时,共源功率增益为 1 时的频率。可以证明[7]

$$f_m = \frac{f_T}{2\sqrt{r_1 + f_T \tau_3}} \tag{6-66}$$

其中,$r_1 = \frac{R_G + R_{gs} + R_s}{R_{ds}}$,$\tau_3 = 2\pi R_G C_{gd}$。

由上面分析可见,器件的特征频率越高,最高振荡频率也越高。而器件的频率特性由它自身的几何尺寸和材料参数决定。另外,由于电子迁移率大于空穴迁移率,因此,不论是 Si 还是 GaAs 材料,微波器件都采用 N 沟 FET 的结构。再由于 GaAs 材料中低场电子迁移率又比 Si 的低场迁移率大约高 5 倍,所以,GaAs 器件的频率特性又优于 Si 器件。要想得到高的 f_m,除了提高 f_T 外,还必须使电阻比值 r_1 达到最佳值,将寄生电阻 R_G、R_s 和反馈电容 C_{gd} 减到最小。

6.4 结型场效应晶体管结构举例

6.4.1 MESFET

1. MESFET 结构的发展过程

MESFET 的结构是逐步完善的,因而它的特性也是逐步提高的。图 6-13 给出了肖特基栅微波场效应晶体管的结构演变示意图。图 6-13(a)是 MESFET 的最初结构形式,器件的有源层直接生长在掺 Cr 的半绝缘 GaAs 衬底上,然后在有源层上分别制作肖特基结和欧姆接触。由于有源层直接做在半绝缘 GaAs 衬底上,衬底上的缺陷直接影响器件特性,因此这种结构的噪声特性较差。为克服这一缺点,后来就在有源层和衬底之间加入一层不掺杂的缓冲层,如图 6-13(b)所示。由于缓冲层减小了衬底缺陷对有源层的影响,所以器件噪声特性与增益均有所改善。图 6-13(c)所示结构中在金属与有源层

之间插入重掺杂的 N^+ 层,其目的是减小串联电阻 R_S、R_D。此 N^+ 层可采用外延生长或离子注入掺杂而成。图 6-13(d)则为近年来发展起来的一种凹槽结构,这种结构可以降低漏接触处电场,从而提高击穿电压、增加器件的输出功率。

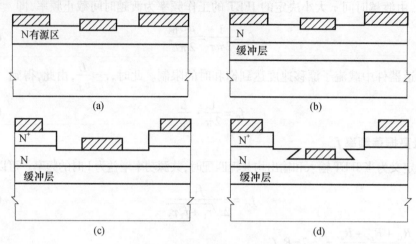

图 6-13 MESFET 的结构演变
(a)最初结构;(b)添加一缓冲层;(c)插入重掺杂的 N^+ 层;(d)凹槽结构。

对于普通的 MESFET,当栅下杂质浓度达到 10^{17}cm^{-3} 时,肖特基势垒结的泄漏电流增大,器件特性将变坏。因此,要减小栅结漏电流,必须降低栅下半导体层的杂质浓度。图 6-14 是为此目的而设计的各种栅结构。

图 6-14(a)是用 Ar^+ 轰击形成的半绝缘栅;图 6-14(b)是在栅金属与有源层间插入一低浓度的缓冲层。采用这种结构,可以减小器件的栅电容,降低栅结漏电容,降低栅结漏电流,提高栅结击穿电压,改善器件微波特性,对提高 f_T 和 f_M 有利。图 6-14(c)是利用 Pt 在热处理时掺入 GaAs 中形成的埋栅结构,与凹形栅作用相似。图 6-14(d)是在栅电极掩蔽下进行离子注入自对准结构,栅以外是高浓度区,因而可减少表面能级的影响。图 6-14(e)是双栅结构,栅极 G_1、G_2 互相独立,靠近源侧的 G_1 为信号栅,靠近漏侧的 G_2 为控制栅。双栅与单栅相比有两个明显的优点:一是可分别对两个栅极进行控制,使电路功能增加;二是第二栅极 G_2 可以减弱器件内部反馈,从而可提高器件增益,增加器件的稳定性。一般情况下,G_1 作为信号栅,G_2 为控制栅。

2. GaAs MESFET 结构

由于 GaAs 材料与 Si 材料相比,有以下几个优点:一是电子迁移率约高 5 倍;二是约两倍于 Si 饱和速度的峰值速度;三是衬底的半绝缘性以及可制作良好的肖特基结等。所以,长期以来 GaAs MESFET 在高频高速器件中占据着重要地位。

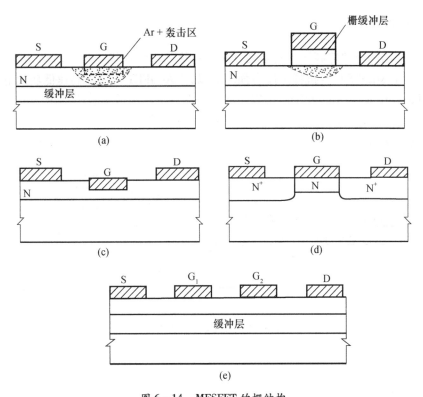

图 6-14 MESFET 的栅结构

(a)半绝缘栅结构;(b)缓冲层结构;(c)埋栅结构;(d)自对准结构;(e)双栅结构。

图 6-15 给出的是日本富士通公司[8]制作的普通的和带凹槽的 GaAs MESFET 结构。制作此种器件是先在掺 Cr 的半绝缘衬底上依次生长半绝缘缓冲层和掺 S 的 N 型有源层,有源层厚 $0.3 \sim 0.35 \mu m$,电子密度为 $(5.5 \sim 6.5) \times 10^{16} cm^{-3}$。图 6-15(b) 的栅下凹槽深 $0.1 \sim 0.15 \mu m$,在 $U_{GS} = -2V$ 时击穿电压为 26V,而图 6-15(a)所示结构仅为 13V。

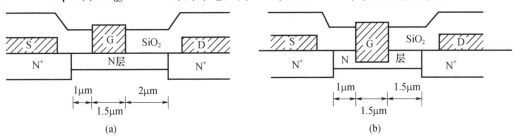

图 6-15 普通的和有凹栅的 GaAs MESFET 结构

(a)普通栅;(b)凹形栅。

6.4.2 JFET

因为 PN 结的自建势高于肖特基结,PN 结的热稳定性也优于肖特基结,因而 JFET 的逻辑摆幅大于 MESFET,且抗噪声能力强。所以,GaAs JFET 可用于高速低功耗电路中,其结构如图 6-16(a)所示。此结构可以用选择性双离子注入或扩散法制作。

图 6-16(b)是由 P-AlGaAs-NGaAs 组成的异质结 HJFET。其扩散电位大于 1.4V,漏电流低于肖特基结。

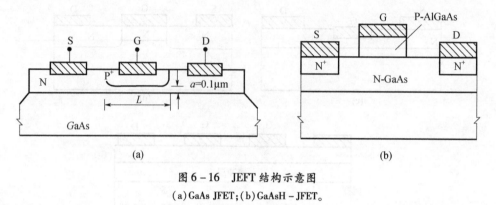

图 6-16 JEFT 结构示意图
(a) GaAs JFET;(b) GaAsH-JFET。

6.4.3 V 形槽 JFET

V 形槽 JFET 是一种非平面结构的场效应器件。图 6-17 表示了 V 形槽 JFET 的单沟道结构。首先在 P^+ 衬底上外延生长(100)的 N 型外延层,以形成 P^+N 结;接着在 N 型层上扩散一薄 N^+ 层,形成漏源接触区。然后采用各向异性腐蚀法,腐蚀出 V 形槽。槽边与水平面成 54.7°。因此,腐蚀深度随槽宽的不同而自动停止在不同的深度上。两边的 V 形槽是用于沟道间相互隔离的隔离槽,中间的 V 形槽是沟道槽。

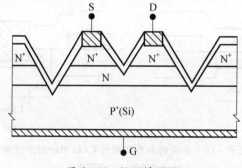

图 6-17 V 形槽 JFET

由图 6-17 可看出,由于 V 形槽 JFET 的有效沟道长度远小于栅长 L,因而其导通电阻变小,跨导增大。器件工作在饱和区时,JFET 的夹断点在靠近沟道的中点,而不在漏端,因此,V 形槽 JFET 的器件性能优于平面 JFET。

习 题

6-1 有一图 6-1 所示的突变结结构硅场效应晶体管,其参数如下:$N_A = 10^{17} \text{cm}^{-3}$,$N_D = 10^{14} \text{cm}^{-3}$,沟道长度 $L = 20\mu m$,宽度 $W = 100\mu m$,沟道半厚度 $a = 5\mu m$,$\mu_n = 10^3 \text{cm/V} \cdot \text{s}$,$\mu_p = 500 \text{cm/V} \cdot \text{s}$,$\varepsilon\varepsilon_0 = 10^{-12} \text{F/cm}$。计算该器件的:(a)夹断电压;(b)最大跨导;(c)最大饱和漏电流。

6-2 有一硅对称栅 N 沟 JFET,其有关参数如下:栅区掺杂 $N_A = 10^{18} \text{cm}^{-3}$,沟道区 $N_D = 10^{15} \text{cm}^{-3}$,沟道长度 $L = 20\mu m$,宽度 $W = 500\mu m$,厚度 $2a = 4\mu m$,$\mu_n = 10^3 \text{cm}^2/\text{V} \cdot \text{s}$。试计算:①夹断电压 U_p;U_{p0};②$U_{GS} = 0$ 时的沟道电导 ③$U_{GS} = -2V$ 时的饱和漏源电压。

6-3 有一 P 沟 JFET,$N_D = 10^{18} \text{cm}^{-3}$,$N_A = 5 \times 10^{15} \text{cm}^{-3}$,其余参数均与 6-2 题相同。试计算 6-2 题中所要求的同样参量,并对两题结果进行比较。

6-4 如果对称栅 N 沟 JFET 的两个栅上分别加以栅压 U_{G1} 和 U_{G2},试导出此时器件工作在非饱和时的电流—电压方程。(两个栅结均为单边突变结)。

6-5 比较结型场效应晶体管在非饱和区和饱和区电压放大倍数的大小,并说明理由。

参 考 文 献

[1] Shockly W. A Unipolar Field-Effect Transistor,Proc. IEEE,1952(40):1365.
[2] Yamaguchi K,Asai. Excess Gate Current Analysis of Junction Gate FET's by Two-Dimensional Computer Simulation, IEEE Trans. Electron Devices,1978(25):362.
[3] Edward S Yang. Fundamentals of Semiconductor Devices,1978:193.
[4] Richards CCobbold. Theory and Applications of Field-Effect Transistors,1970:132.
[5] Sze S M. Physics of Semiconductor Devices. New York:Wiley. 1981.
[6] Trofimenkoff F N. Field-Dependent Mobility Analysis of the Field-Effect Transistor. Proc. IEEE(Corresp),1965(53):1765.
[7] 杨祥林. 微波器件原理. 北京:电子工业出版社,1985.
[8] Fukuta M. 4 GHz 15W Power GaAs MESFET. IEEE Trans. Electron Devices,1978(25):559.
[9] 武世香. 双极型和场效应型晶体管. 北京:电子工业出版社,1995.
[10] 张屏英,周佑谟. 晶体管原理. 上海:上海科学技术出版社,1985.

第7章 MOS 场效应晶体管

MOSFET 是一种表面场效应器件,是靠多数载流子传输电流的单极器件。由于栅极和沟道间是绝缘的,这种器件又记为 MISFET(Metal - Insulator - Semiconductor FET)。绝缘栅场效应晶体管可以以元素半导体 Ge、Si 为材料,也可用化合物半导体 GaAs、InP 等材料制作。目前以使用 Si 材料最多。MIS 器件栅下的绝缘层可以选用 SiO_2、Si_3N_4 和 Al_2O_3 等绝缘材料,但以使用 SiO_2 最为普遍。本章以 M - SiO_2 - Si 作为 MISFET 的代表结构,分别讨论 MOSFET 的基本工作原理、直流特性、交流特性、功率特性、开关特性和温度特性等;最后,在分析长沟道 MOSFET 基本特性的基础上,介绍短沟道 MOS 管的特点。

7.1 MOSFET 的基本工作原理和分类

7.1.1 MOSFET 的基本结构

图 7 - 1 所示为 N 沟 MOSFET 结构示意图。MOSFET 一般为四端器件,除了有与 JFET 相同的 S、G、D 这 3 个电极外,还有一个衬底电极 B。在单管应用时,往往也将源极 S 与衬底短接,形成一个三端器件。

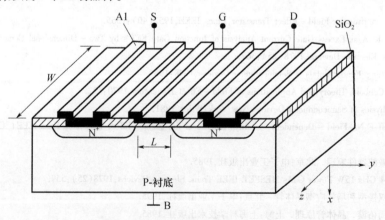

图 7 - 1 N 沟 MOSFET 结构示意图

如图 7-1 所示,在轻掺杂的 P 型衬底上,用扩散或离子注入工艺形成两个源、漏 N^+ 区,然后在漏源之间的区域上,用氧化或淀积的办法,生长一薄层优质的栅绝缘层(如 100nm 的优质 SiO_2 层);再在此绝缘层上用高电导材料,如用金属或掺杂多晶硅制作栅电极,并在漏源区上用蒸发、合金等工艺制成欧姆接触电极而形成 MOS 器件的管芯。若用离子注入法制作漏源区,也可以先生长栅氧化层,制作好栅电极,然后在栅的掩蔽下进行选择注入。

两个 N^+ 区中间部分称为沟道区,两个冶金结之间的距离称为沟道长度 L。MOSFET 管芯的基本结构参数除沟道长度 L 外,还有沟道宽度 W、栅氧化层厚度 t_{ox}、源区和漏区的结深 x_j 和沟道区的杂质浓度 N 等。

7.1.2 MOSFET 的基本工作原理

以图 7-1 所示器件为例,当栅电压 $U_G=0$ 时,源漏之间无论加以何种极性的电压,两个背靠背的 PN 结中总有一个处于反偏状态,S、D 之间只能有微小的 PN 结反向漏电流流过。当栅压 $U_G>0$ 时,此电压将在栅氧化层中建立自上而下的电场,其电力线方向从栅电极指向半导体表面,如图 7-2 所示,从而在半导体表面将感应产生负电荷。随着 U_G 的增大,P 型半导体表面的多数载流子——空穴逐渐减少直到耗尽,而电子逐渐积累直到反型。当表面达到强反型时,电子积累层将在 N^+ 源、漏区之间形成导电沟道。此时若在漏源之间加上偏置电压 U_{DS},载流子就会通过导电沟道,从源端流向漏端,由漏极收集形成漏电流。

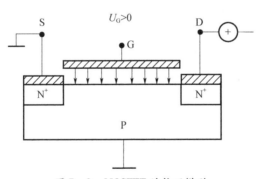

图 7-2 MOSFET 的物理模型

由此看来,MOSFET 能够工作的关键是半导体表面必须有导电沟道,而表面达到强反型才有沟道。使半导体表面达到强反型时所需加的栅-源电压,称为阈值电压,记为 U_T。当取 $U_{GS}>U_T$ 并逐渐增大,反型层的厚度将逐渐增厚,导电电子数目将逐渐增多,即反型层的导电能力将增加,也就是 I_{DS} 会提高,实现了电压对电流的控制。而漏源电压保证载流子由源区进入沟道,再由漏区流出。

7.1.3 MOSFET 的分类

上述 N 沟 MOSFET,在 $U_{GS}=0$ 时漏区和源区之间不存在导电沟道,只有当 $U_{GS}>U_T$ ($U_T>0$)时在栅极下面硅表面才感应生成导电沟道,这种 MOSFET 通常称为 N 沟增强型(常闭型)。

而实际 MOSFET 中,由于栅金属和半导体间存在功函数差,SiO_2 层中存在表面态电荷 Q_{ss} 等,而且 Q_{ss} 一般均为正电荷。如果在 N 沟 MOSFET 中 Q_{ss} 足够大,那么,在 $U_{GS}=0$ 时,表面就会形成反型导电沟道,器件处于导通状态。这种在零栅压下就处于导通状态的 MOSFET 称为 N 沟耗尽型(常开型)。要想使 N 沟耗尽型 MOSFET 的沟道消失,必须在栅极上施加一定的负电压。

若在 N 型衬底上制作 P^+ 源、漏区就可形成 P 沟道器件。P 沟道 MOSFET 也有增强型和耗尽型之分。显然,P 沟 MOSFET 工作电流是由空穴形成的。因此,其电压的极性与电流的方向均与 N 沟 MOS 晶体管相反。

综上所述,MOSFET 共可分为四类。表 7-1 将这四类器件归纳在一起,给出它们各自的特点与电路符号。

表 7-1 MOSFET 的 4 种类型

类型	N 沟 MOSFET		P 沟 MOSFET	
	耗尽型	增强型	耗尽型	增强型
衬底	P 型		N 型	
S、D 区	N^+ 区		P^+ 区	
沟道载流子	电子		空穴	
U_{DS}	>0		<0	
I_{DS} 方向	由 D→S		由 S→D	
阈值电压	$U_T<0$	$U_T>0$	$U_T>0$	$U_T<0$
电路符号				

7.2 MOSFET 的阈值电压

MOSFET 阈值电压 U_T 是金属栅下面的半导体表面呈现强反型,从而出现导电沟道时所需加的栅源电压。由于刚出现强反型时,表面沟道中的导电电子很少,反型层的导电能

力较弱,因此漏电流也比较小。在实际应用中往往规定漏电流达到某一值(如50μA)时的栅源电压为阈值电压。同时,从使用角度讲,希望阈值电压$|U_T|$小一些好。由于阈值电压是决定MOSFET能否导通的临界栅源电压,因此,它是MOSFET的非常重要的参数。

7.2.1 MOSFET阈值电压表达式

1. MOS结构中的电荷分布

图7-3给出了强反型条件下MOS结构的能带图及各部分电荷的分布情况。

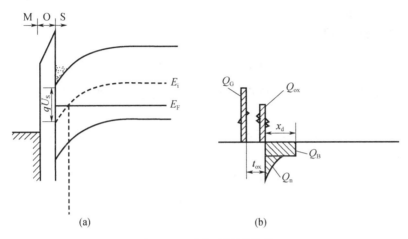

图7-3 强反型MOS结构
(a)能带图;(b)电荷分布。
Q_G——金属栅上产生的面电荷密度;Q_{ox}——栅绝缘层中的面电荷密度。

其中包含界面态约$10^{11} \sim 10^{12} cm^{-2}$;可动离子电荷有$K^+$、$Na^+$、$H^+$等,约$10^{12} cm^{-2}$;固定表面电荷有过剩Si、氧空位等,约$10^{11} cm^{-2}$;电离陷阱电荷由辐射诱发而引起,此电荷在300℃以上退火可消失;一般由热氧化生长的SiO_2中含的是正电荷。

定义:

Q_n为反型层中导电电子电荷面密度。

Q_B为半导体表面耗尽层中空间电荷面密度。

$Q_n + Q_B = Q_s$为半导体表面的总面电荷密度。由电中性条件,有

$$Q_G + Q_{ox} + Q_n + Q_B = 0 \tag{7-1}$$

2. 理想MOS结构的阈值电压

理想MOS结构是指忽略氧化层中的表面态电荷密度,且不考虑金属—半导体功函数差的一种结构。在这种结构下,栅下半导体表面出现强反型时所加的栅源电压称为理想MOS结构的阈值电压。

由半导体物理得知,图 7-3 所示 MOS 结构中半导体表面电子浓度 $n_s = n_i e^{(E_F - E_i)/kT}$;体内空穴浓度 $p_P^0 = n_i e^{(E_i - E_F)/kT}$;强反型就是指表面积累的少子浓度等于甚至超过体内多数载流子浓度的状态。也就是说,强反型时,$n_s = p_P^0$。由此得到,表面处 $(E_F - E_i)$ = 体内 $(E_i - E_F)$。由图 7-3 看出,强反型状态下,$U_S = 2 \dfrac{(E_i - E_F)体内}{q}$。定义

$$\varphi_F = \frac{(E_i - E_F)体内}{q} \tag{7-2}$$

式中 φ_F——费米势。

则可以得到强反型时,有

$$U_S = 2\varphi_F = \frac{2kT}{q} \ln \frac{N_A}{n_i} \tag{7-3}$$

式(7-3)说明当半导体表面能带弯曲至表面势等于两倍费米势时,半导体表面呈现强反型。

刚达到强反型时,电子仅积累在表面极薄层内,故可将 N^+ 反型层与 P 型衬底近似地看作 N^+P 结,而结上所加偏压为 U_S,耗尽层宽度为

$$x_{dmax} = \left(\frac{2\varepsilon\varepsilon_0 U_S}{qN_A} \right)^{\frac{1}{2}} = \left(\frac{4\varepsilon\varepsilon_0 kT}{q^2 N_A} \ln \frac{N_A}{n_i} \right)^{\frac{1}{2}} \tag{7-4}$$

此时耗尽区中电荷量为

$$Q_{Bmax} = -qN_A x_{dmax} = -(2\varepsilon\varepsilon_0 qN_A U_S)^{\frac{1}{2}} \tag{7-5}$$

刚刚达到强反型时,沟道反型层中的电子浓度刚好等于 P 型衬底内的空穴浓度,而且反型层仅限于表面极薄的一层,随着离开表面距离的增大,电子浓度急剧下降。因此刚反型时 $Q_n \ll Q_{Bmax}$,Q_n 可以忽略,另外,根据理想 MOS 结构的定义,$Q_{ox} = 0$,故式(7-1)可简化为

$$Q_G = -Q_{Bmax} = (2\varepsilon\varepsilon_0 qN_B U_S)^{\frac{1}{2}} \tag{7-6}$$

在理想情况下,半导体表面能带弯曲完全是由于外加栅压造成的,即半导体表面势完全取决于外加栅压。此时,外加栅压为

$$U_G = U_{ox} + U_S \tag{7-7}$$

式中 U_{ox}——在栅氧化层上的压降。

故式(7-7)表明外加栅压的一部分降落在氧化层上,从而在 MOS 结构中产生感应电荷;另一部分电压降在半导体表面,使表面能带弯曲,产生表面势 U_S,以提供相应的感应电荷。

如果栅氧化层单位面积电容为 C_{ox},则其与栅氧化层上的压降之间的关系可表示为

$$U_{ox} = \frac{Q_G}{C_{ox}} = -\frac{Q_{Bmax}}{C_{ox}} \tag{7-8}$$

将式(7-8)和式(7-2)同时代入式(7-6),则得到理想 MOS 结构的阈值电压为

$$U_T = -\frac{Q_{Bmax}}{C_{ox}} + 2\varphi_F \qquad (7-9)$$

3. 实际 MOS 结构的阈值电压

在实际的 MOS 结构中,$Q_{ox} \neq 0$,金属－半导体功函数差 φ_{ms} 也不等于零,当 $U_G = 0$ 时半导体表面能带已经发生弯曲。为使能带平直,需加一定的外加栅压去补偿上述两种因素的影响,这个外加栅压值称为平带电压,记为 U_{FB}。很显然

$$U_{FB} = -U_{ms} - \frac{Q_{ox}}{C_{ox}} \qquad (7-10)$$

式中,第一项用于抵消 φ_{ms},第二项则用于抵消表面电荷影响所需的栅源电压。所以,为使半导体表面强反型,实际所需的栅源电压应为

$$U_G = U_{FB} + U_{ox} + U_S \qquad (7-11)$$

即实际 MOS 结构的阈值电压为

$$U_T = -U_{ms} - \frac{Q_{ox}}{C_{ox}} - \frac{Q_{Bmax}}{C_{ox}} + 2\varphi_F \qquad (7-12)$$

对于 N 沟 MOS 器件,有

$$U_T = -U_{ms} - \frac{Q_{ox}}{C_{ox}} + \frac{qN_A x_{dmax}}{C_{ox}} + \frac{2kT}{q}\ln\frac{N_A}{n_i} \qquad (7-13)$$

对于 P 沟 MOS 器件,有

$$U_T = -U_{ms} - \frac{Q_{ox}}{C_{ox}} - \frac{qN_D x_{dmax}}{C_{ox}} - \frac{2kT}{q}\ln\frac{N_D}{n_i} \qquad (7-14)$$

N 沟和 P 沟阈值电压差别是在 P 型半导体与 N 型半导体表面耗尽层空间电荷符号相反,以及 N 沟 MOS 与 P 沟 MOS 中费米势也具有相反的符号。

7.2.2 影响 MOSFET 阈值电压的诸因素分析

1. 偏置电压的影响

1) U_{DS} 的作用

在 MOS 结构中,当半导体表面形成反型层时,该反型层与衬底之间即形成 PN 结,此结与普通 PN 结具有完全相似的特性。由于它是由半导体的表面电场引起的,故称之为场感应结。

当漏源电压 $U_{DS} = 0$ 时,表面反型层中的费米能级和体内费米能级处在同一水平,场感应结的状态相当于普通 PN 结的平衡状态。因此,式(7-13)和式(7-14)均为场感应结处于平衡状态时阈值电压表达式。

当 $U_{DS} \neq 0$ 时,反型层中载流子在沟道电场作用下沿沟道流动并在反型层中产生压

降,造成反型层各处电位不等。若将源极与衬底短接,并令其电位为零,则沟道中 y 处的电位 $U(y)$ 将作用在场感应结上,使其偏离平衡状态,能带弯曲程度增加,表面势增加为 $U_s + U(y)$,表面耗尽层的宽度则为

$$x'_{\text{dmax}} = \left\{ \frac{2\varepsilon\varepsilon_0 [U_S + U(y)]}{qN_A} \right\}^{\frac{1}{2}} \tag{7-15}$$

式(7-15)说明,随着离开源的距离 y 的增加,沟道电位升高(对 N 沟器件),表面耗尽层的宽度也在逐渐增宽。由此看来,表面耗尽层中电荷量也将由源端到漏端逐渐增多

$$Q'_{\text{Bmax}} = -\{2\varepsilon\varepsilon_0 qN_A [U_S + U(y)]\}^{\frac{1}{2}} \tag{7-16}$$

2) 衬底偏置的影响

若在施加 U_{DS} 并保持源极接地的同时,再在 P 型衬底上加一负电压 U_{BS},其结果将使耗尽层随着衬底偏置电压的增大而展宽,空间电荷面密度 Q_B 也随之增大,由此引起阈值电压的漂移。

施加衬底偏置电压后,式(7-16)则变为

$$Q''_{\text{Bmax}} = -\{2\varepsilon\varepsilon_0 qN_A [U_S + U(y) + |U_{\text{BS}}|]\}^{\frac{1}{2}} \tag{7-17}$$

将式(7-17)代入式(7-12)即可得到阈值电压的通用表达式为

$$U_{\text{Tn}} = -\frac{Q_{\text{ox}}}{C_{\text{ox}}} + \frac{1}{C_{\text{ox}}} \{2\varepsilon\varepsilon_0 qN_A [U_S + U(y) + |U_{\text{BS}}|]\}^{\frac{1}{2}} + \frac{2kT}{q} \ln \frac{N_A}{n_i} - U_{\text{ms}} \tag{7-18}$$

由上述分析可见,由于沟道压降和衬底偏置的影响,空间电荷区中负空间电荷增加,而反型层电子减少,只有增加栅压才得以恢复强反型条件,因而阈值电压将随 U_{DS} 和 $|-U_{\text{BS}}|$ 的增加而增加。对于 P 沟 MOS,Q_{Bmax} 是正值,因此阈值电压将向负值方向漂移。

2. 栅电容 C_{ox} 的影响

栅电容 C_{ox} 即 MOSFET 栅电极下 MOS 结构的电容值。$C_{\text{ox}} = \frac{\varepsilon_0 \varepsilon_{\text{ox}}}{t_{\text{ox}}}$。从阈值电压公式看,$C_{\text{ox}}$ 越大,$|U_T|$ 越小。因此,提高 C_{ox},即设法减小 t_{ox} 及增大 ε_{ox},即可达到减小 $|U_T|$ 的目的。

一般 MOSFET 的栅氧化层厚度大约为 100nm,若太薄而又不够致密,易因出现针孔而栅穿;提高氧化层致密度也有利于提高介电常数。因此,增大栅电容的关键是制作薄而致密的优质栅氧化层。此外,也可选用大介电常数的材料作栅介质膜。例如,Si_3N_4 和 Al_2O_3 的介电系数分别约为 6.4 和 >7.5,均远高于 SiO_2 的 $\varepsilon_{\text{ox}} = 3.8$,因此,若选用 Si_3N_4 或 Al_2O_3 作栅介质膜将增大电容。但 Si_3N_4 和 Al_2O_3 有个共性的问题:它们与 Si 直接接触时会因晶格失配而产生缺陷,导致表面态电荷密度增加。因此,在选用 Si_3N_4 或 Al_2O_3 作栅绝缘材料时,必须先在 Si 层上生长 50~60nm 的 SiO_2 层作过渡层,然后再生长 Si_3N_4 或 Al_2O_3 层,以减少界面缺陷,降低表面态电荷密度。在栅绝缘层中加入 Si_3N_4 的场效应晶体管称为

MNOFET,加入 Al_2O_3 的称为 MAOFET。

3. 功函数差 φ_{ms} 的影响

一种材料的功函数就是把一个电子由该材料的费米能级移到真空中去成为自由电子所需要的能量。在 MOS 系统中,要考虑的相应能量分别是从金属和半导体中费米能级到 SiO_2 导带边缘的修正功函数 φ_m' 和 φ_s'。表7-2列出了几种金属独立时的功函数 φ_m 与形成 MOS 系统后的金属功函数 φ_m'。$\varphi_m' = \varphi_m - qx_{ox}$($SiO_2$ 的电子亲和势等于 0.9V)。

表7-2 金属功函数

金属	φ_m/eV	φ_m'/eV
Mg	3.35	2.45
Al	4.1	3.2
Ni	4.55	3.65
Cu	4.7	3.8
Au	5.0	4.1
Ag	5.1	4.2

对于半导体材料,其修正功函数 φ_s' 则为

$$\varphi_s' = x' + (E_C - E_F) \tag{7-19}$$

式中 x'——该材料的修正电子亲和势;

$E_C - E_F$——半导体材料导带底与费米能级的能量差。

由此看来,半导体功函数与材料的杂质浓度有关。表7-3给出了不同掺杂浓度的 Si、Ge 及 GaAs 的功函数值,同时给出了各自的修正功函数值(斜线下方)。

表7-3 半导体功函数(φ_s/φ_s')与杂质浓度的关系

材料	N 型/eV			P 型/eV		
	N_D/cm^{-3}			N_A/cm^{-3}		
	10^{14}	10^{15}	10^{16}	10^{14}	10^{15}	10^{16}
Si	4.32/3.42	4.26/3.36	4.20/3.30	4.82/3.92	4.88/3.98	4.49/4.04
Ge	4.43/3.53	4.38/3.48	4.33/3.43	4.51/3.61	4.56/3.66	4.61/3.71
GaAs	4.44/3.54	4.37/3.47	4.31/3.41	5.14/4.24	5.21/4.31	5.27/4.37

对比表7-2和表7-3,如果金属采用铝,半导体材料采用Si,显然它们的修正功函数各不相同,当它们形成 MOS 结构时,为满足热平衡时费米能级处处相等的要求,将在半导体表面处出现能带弯曲。为消除能带弯曲,显然就得在栅极加一负压,其大小等于金属与半导体功函数的差,即

$$U_G = \varphi'_{ms} = \varphi'_m - \varphi'_s = \varphi_{ms} \quad (7-20)$$

式(7-19)又可写成

$$\varphi'_s = x' + \frac{E_g}{2} + [E_i - (E_F)_s] = x' + \frac{E_g}{2} + q\varphi_F \quad (7-21)$$

$$\varphi_{ms} = \varphi'_m - \varphi'_s = -\left[\left(x + \frac{E_g}{2}\right) - \varphi'_m\right] - q\varphi_F = -\left[\left(x + \frac{E_g}{2}\right) - \varphi'_m\right] - kT\frac{N_A}{n_i} \quad \text{eV}$$
$$(7-22)$$

同理可得 N-Si 的功函数差为

$$\varphi_{ms} = -\left[\left(x' + \frac{E_g}{2}\right) - \varphi'_m\right] - kT\frac{N_A}{n_i} \quad \text{eV} \quad (7-23)$$

或者写成电压的形式,即

$$U_{ms} = \frac{1}{q}\left[\left(x' + \frac{E_g}{2}\right) - \varphi'_m\right] + \frac{kT}{q}\ln\frac{N_A}{n_i} \quad \text{V} \quad (\text{P-Si}) \quad (7-24)$$

$$U_{ms} = \frac{1}{q}\left[\left(x' + \frac{E_g}{2}\right) - \varphi'_m\right] + \frac{kT}{q}\ln\frac{N_D}{n_i} \quad \text{V} \quad (\text{N-Si}) \quad (7-25)$$

从式(7-22)和式(7-23)可见,功函数差也随衬底杂质浓度缓慢地变化。图 7-4 表示多晶硅、Au 和 Al 与半导体间功函数差随硅衬底杂质浓度的变化关系。由图可见,当杂质浓度变化两个数量级时,U_{ms} 变化约 0.1V 且与栅电极材料密切相关。显然,选用掺杂多晶硅作栅电极有利于减小阈值电压。

4. 衬底掺杂浓度的影响

衬底浓度既影响费米势的大小,也影响耗尽层空间电荷的多少,进而影响阈值电压 V_T 的数值,根据定义有

$$\psi_{FP} = \frac{kT}{q}\ln\frac{N_A}{n_i} \quad (\text{P-Si})$$

$$\psi_{Fn} = \frac{kT}{q}\ln\frac{N_D}{n_i} \quad (\text{N-Si})$$

在对数坐标上,费米势随衬底浓度呈线性关系增大,如图 7-5 所示。由图可见,衬底杂质浓度增加将近两个数量

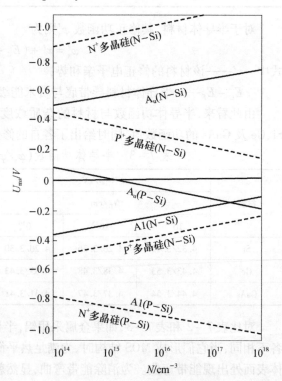

图 7-4 U_{ms} 随衬底杂质浓度的变化

级时,费米势才增大约 0.1V。因此,当衬底浓度稍作改变时,由于其对费米势的影响所产生的对器件阈值电压的影响是很微弱的。

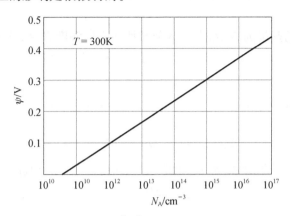

图 7-5 费米势 $|\psi|$ 随衬底杂质浓度的关系

由阈值电压 U_T 的公式可知,强反型时表面耗尽层中空间电荷面密度 Q_{Bmax} 随衬底杂质浓度的增大而增大,阈值电压也随之变化。图 7-6 表示了衬底偏压 $U_{BS}=0$ 时,阈值电压随衬底杂质浓度和栅氧化层厚度变化的关系。由图可见,杂质浓度的改变对阈值电压 U_T 的影响还是很可观的。同时,也可以看出,同样的杂质浓度变化量并不能引起同样的阈值电压 U_T 的变化量。例如,当杂质浓度由 $10^{13}\,cm^{-3}$ 增大到 $10^{15}\,cm^{-3}$,及由 $10^{15}\,cm^{-3}$ 增大到 $10^{17}\,cm^{-3}$,浓度同样改变两个数量级,但前者引起的 ΔU_T 要远远小于后者。这是由于衬底杂质浓度低,表面就容易反型,U_T 的变化量就不会很大。

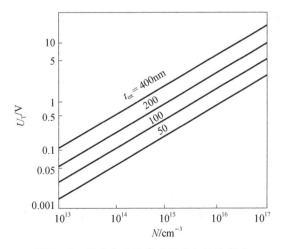

图 7-6 衬底杂质浓度对阈值电压的影响

综上所述，ψ_F、U_{ms}及Q_{Bmax}均与衬底杂质浓度有关。三者之中，影响最大者首推Q_{Bmax}。所以在实际 MOS 器件工艺中，往往采用离子注入技术调整沟道区局部的杂质浓度以满足阈值电压的要求。

如果注入离子的剂量为N_s，控制注入能量使注入层深度$R_p + \Delta R_p \ll x_{dmax}$，则可以认为注入杂质活化后形成的$N_I(x)$分布全在$x_{dmax}$范围内。因此，离子注入后总的空间电荷密度为

$$Q'_{Bmax} = \int_0^{x_{dmax}} q[N_A + N_I(x)]dx = Q_{Bmax} + \Delta Q_{Bmax} \tag{7-26}$$

其中
$$\Delta Q_{Bmax} = \int_0^{x_{dmax}} qN_I(x)dx \propto qN_s$$

当忽略杂质浓度变化对ψ_F和U_{ms}的影响时，仅由离子注入引起的阈值电压变化量为

$$\Delta U_T \approx \frac{\Delta Q_{Bmax}}{C_{ox}} \propto \frac{qN_s}{C_{ox}} \tag{7-27}$$

可见，改变沟道掺杂的注入剂量就能控制和调整 MOS 器件的阈值电压。

5. 表面态电荷密度Q_{SS}的影响

在使用SiO_2作栅绝缘材料的$Si-SiO_2$系统中，表面态电荷Q_{SS}总是正的，而且主要由界面态、固定电荷、可动离子和电离陷阱等组成。在一般工艺条件下，表面态电荷密度在$10^{11} \sim 10^{12} cm^{-2}$范围内。图 7-7 表示$t_{ox} = 100nm$时，$Q_{SS}$和衬底杂质浓度分别对 N 沟 MOS 与 P 沟 MOS 结构阈值电压的综合影响。

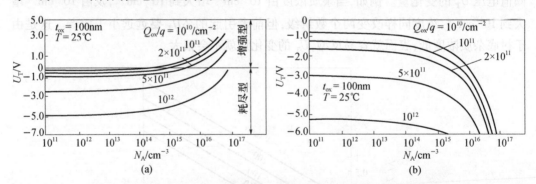

图 7-7　室温下 Al 栅 MOS 结构U_T随N、Q_{ox}变化的理论曲线（$U_{BS} = 0$）
(a) N 沟 MOS；(b) P 沟 MOS。

由图 7-7(a)可见，对于 N 沟 MOS，当Q_{SS}高到$10^{12} cm^{-2}$时，即使衬底杂质浓度提高到$10^{17} cm^{-3}$，阈值电压仍为负值。这就意味着，如果Q_{SS}较高，很难制得增强型 N 沟 MOS。当衬底杂质浓度$N_A < 10^{15} cm^{-3}$，U_T基本与N_A无关，而由Q_{SS}决定；当$N_A > 10^{15} cm^{-3}$以后，U_T随N_A明显上升，且逐渐由负变正，转变点随着Q_{SS}的增大向N_A增加方向移动。因此，欲

制得 N 沟增强型 MOS 器件,可采取适当提高杂质浓度 N_A 的办法来实现。但衬底杂质浓度越高,其表面耗尽层中的空间电荷引起的阈值电压漂移 ΔU_T 也将越大(图 7-6)。因此,严格控制氧化层中的电荷量 Q_{SS},以降低栅电压的补偿量,才是获得 N 沟增强型 MOS 器件的有效措施。

由于栅氧化层中 Q_{SS} 总是正的,所以对于 P 沟 MOS,无论衬底掺杂浓度如何变化,阈值电压 U_T 总是负值(图 7-7(b))。所以,一般的 MOS 器件工艺只能制得增强型 P 沟 MOS。因此欲制 P 沟耗尽层器件,必须采取特殊工艺或结构。如在 N-Si 衬底表面用浅结扩散或离子注入技术先制作一层 P 型预反型层,或者用 Al_2O_3 作栅绝缘材料,利用 Al_2O_3 膜的负电荷效应,制作 Al_2O_3/SiO_2 复合栅等。

7.3 MOSFET 的直流特性

7.3.1 MOSFET 的电流—电压特性

下面以 N 沟 MOSFET 为例,推导其电流—电压特性。为便于分析,首先作以下假设:
① 源接触电极与沟道源端之间、漏接触电极与沟道漏端之间的压降可忽略不计。
② 沟道电流为漂移电流。
③ 反型层中电子迁移率 μ_n 为常数。
④ 沟道与衬底 PN 结反向截止电流为零。
⑤ 沟道中任意一点 y 处的横向电场 E_y 远小于该处的纵向电场 E_x,即满足缓变沟道近似。

根据以上假设,在强反型的情况下,离开源端 y 处,在半导体表面感应产生的单位面积上总电荷 $Q_s(y)$ 应包含反型层电荷 $Q_n(y)$ 及耗尽层电荷 $Q_B(y)$ 两部分,即

$$Q_s(y) = Q_n(y) + Q_B(y)$$

显然,它们都是位置 y 的函数。图 7-8 给出了 N 沟 MOSFET 结构示意图及沟道区局部放大图。

设在栅源电压作用下,沟道中任一点 (x,y) 所形成的电子电荷密度为 $qn(x,y)$,沟道载流子的迁移率是 μ_n,沟道横向电场为 $E_y = \left(-\dfrac{dU(y)}{dy}\right)$,则由此而产生的沟道漂移电流密度为

$$J_n(x,y) = -qn(x,y)\mu_n \frac{dU(y)}{dy} \tag{7-28}$$

将式(7-28)在整个沟道横截面上进行积分,并设沟道宽度为 W,反型层厚度为 x_c,则

$$I_y = \int_0^W \int_0^{x_c} qn(x,y)\mu_n \frac{dU(y)}{dy} dx dz \tag{7-29}$$

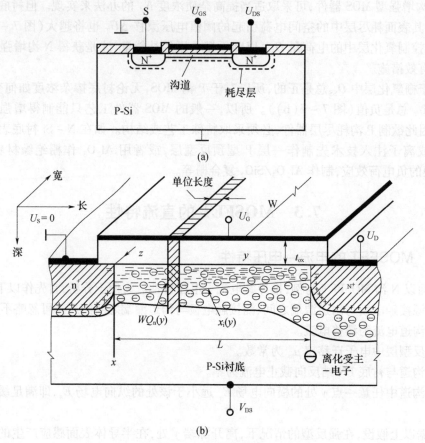

图7-8 N型沟道 MOSFET 结构
(a)结构;(b)结构放大图。

令 $Q_n(y) = \int_0^{x_c} qn(x,y) dx$,从而得到沟道载流子漂移电流为

$$I_y = WQ_n(y)\mu_n \frac{dU(y)}{dy} \tag{7-30}$$

式中 $Q_n(y)$——反型沟道中导电电荷密度。

前面已经讲到 $Q_n(y) = Q_S(y) - Q_B(y)$。当半导体表面出现强反型时,$Q_S(y)$ 应由氧化层上的压降 $U_{ox}(y)$ 和 C_{ox} 乘积共同决定,即 $Q_S(y) = -U_{ox}C_{ox}$。当 MOSFET 强反型时,栅压 $U_{GS} = U_{ox} + U_s + U_{FB}$。其中 U_s 等于表面势,它等于 $U(y) + 2\psi_F$。而 U_{FB} 为平带电压,则

$$U_{ox} = U_{GS} - U(g) - 2\psi_F - U_{FB} \tag{7-31}$$

那么

$$Q_n(y) = Q_S(y) - Q_B(y) = -U_{ox}C_{ox} - Q_B(y)$$
$$= -C_{ox}\left[U_{GS} - U(y) - 2\psi_F - U_{FB} + \frac{Q_{Bmax}}{C_{ox}}\right] \quad (7-32)$$
$$= -C_{ox}[U_{GS} - U_T - U(y)]$$

将式(7-32)代入式(7-30)即可得沟道 y 方向电流表示式。因为 N 沟 MOSFET 中沟道电流方向与 y 方向相反,所以漏电流为

$$I_D = -I_y = W \cdot \mu_n \cdot C_{ox}[U_{GS} - U_T - U(y)]\frac{dU(y)}{dy} \quad (7-33)$$

将式(7-33)在整个沟道内进行积分,即得到 MOSFET 的伏安特性方程。下面分 3 个区域进行讨论:

(1) 线性区。当漏源电压比较小,即 $U_{DS} \ll U_{GS} - U_T$,故沟道压降 $U(y)$ 很小,所以可以忽略不计,从式(7-33)得到线性区的漏电流表达式为

$$I_D = W\mu_n C_{ox}(U_{GS} - U_T)\frac{dU(y)}{dy} \quad (7-34)$$

将式(7-34)在整个沟道内积分,即从 $y=0, U(0)=0$ 到 $y=L, U(L)=U_{DS}$ 进行积分,即可得到线性区漏电流为

$$I_D = \frac{W\mu_n C_{ox}}{L}(U_{GS} - U_T)U_{DS} = \beta(U_{GS} - U_T)U_{DS} \quad (7-35)$$

其中 $\beta = \frac{W\mu_n C_{ox}}{L}$,显然 β 因子决定于材料及器件结构参数。

从式(7-35)可以看出,在栅源电压 U_{GS} 一定时,漏电流随漏源电压的增大而线性上升。这是由于 U_{DS} 很小时,沟道各处压降对栅结电压影响可忽略,沟道各处电子浓度相等,导电沟道近似为一阻值恒定的欧姆电阻。其阻值可方便地由式(7-35)求得,即

$$R = \frac{U_{DS}}{I_{DS}} = \frac{1}{\beta(U_{GS} - U_T)} = \frac{t_{ox}L}{\varepsilon\varepsilon_0\mu_n W} \cdot \frac{1}{U_{GS} - U_T} \quad (7-36)$$

此时对应图 7-9 所示的 I_{DS}-U_{DS} 曲线上直线段①。

式中,$C_{ox} = \frac{\varepsilon\varepsilon_0}{t_{ox}}$。

(2) 非饱和区。当 U_{DS} 逐渐增大,沟道压降 $U(y)$ 也上升,其结果是使栅绝缘层上的压降从源端到漏端逐渐下降致使反型沟道逐渐减薄。考虑沟道压降的影响后,式(7-34)在整个沟道内积分,可得

$$I_D = \beta\left[(U_{GS} - U_T)U_{DS} - \frac{1}{2}U_{DS}^2\right] \quad (7-37)$$

可见，当 U_{DS} 较大时，漏电流 I_D 仍然随 U_{DS} 的增大而上升，但上升的速率却随 U_{DS} 的增大而逐渐变慢。式(7-37)所表示的漏电流的关系对应于图 7-9 中曲线段②。

（3）饱和区。当漏源电压 U_{DS} 增加到 $U_{DS} = U_{GS} - U_T$ 时，由式(7-32)得到 $Q_n(L) = 0$，即半导体表面的电荷全部由空间电荷区提供。这意味着此时漏端栅绝缘层中的电场全部由空间电荷区所屏蔽，绝缘层上的压降变为 Q_{Bmax}/C_{ox}。此时漏端场感应沟道消失，即沟道被夹断。漏极电流为

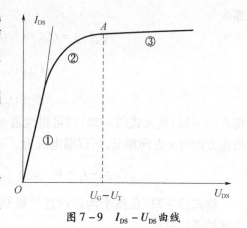

图 7-9 $I_{DS} - U_{DS}$ 曲线

$$I_{Dsat} = \frac{\mu_n W C_{ox}}{2L}(U_{GS} - U_T)^2 \tag{7-38}$$

在漏端 $y = L$ 处出现夹断点时所对应的 U_{DS} 称为饱和漏源电压，记为 U_{Dsat}。

当 $U_{DS} > U_{GS} - U_T$ 时，夹断区的电场增大，缓变沟道近似的假设不再成立。夹断后漏电流表示式就不能用非饱和区漏电流表示式(7-37)。当 $U_{DS} > U_{GS} - U_T$ 时，漏端栅绝缘层中用来产生沟道电荷 Q_n 的电压 $(U_{GS} - U_T - U_{DS})$ 变为负值，此电压降在栅绝缘层中将产生由漏极指向栅极的电场 $(E_{ox} < 0)$。而在源端该电场是从栅极指向半导体表面的 $(E_{ox} > 0)$，如图 7-10(d)所示。当 $E_{ox} = 0$ 时，沟道压降等于 $U_{GS} - U_T$，此点正是夹断点。因而，夹断点相对于源端的沟道压降始终等于 $U_{GS} - U_T$，超过此数值的漏源电压将降在夹断区。随着 U_{DS} 的增大，夹断区随之增宽，夹断点将向源端移动距离加大，使有效沟道长度缩短。若夹断区的长度为 ΔL，则有效沟道长度 $L_{eff} = L\left(1 - \frac{\Delta L}{L}\right)$，当沟道较长，$\Delta L$ 较短，即 $\frac{\Delta L}{L} \ll 1$ 时，有效沟道长度随漏源电压的变化就可以忽略。因此，在长沟道器件中，可以近似认为 $U_{DS} > U_{GS} - U_T$ 以后，有效沟道长度基本不变，加之从源到夹断点间的沟道压降也维持在 $U_{GS} - U_T$ 上而不变，因而导电沟道中的漂移电流也不随 U_{DS} 变化。当载流子在沟道电场的作用下从源端漂移到夹断点时，高阻夹断区中的强电场将载流子扫入漏极而形成漏电流。可见，沟道夹断以后，器件的电特性仍由导电沟道部分的电特性决定。即沟道夹断后漏电流仍等于刚开始夹断时的漏电流，并基本保持不变，称为饱和漏极电流，它对应于图 7-9 中线段③。

注意，上述所讨论的沟道局部夹断与栅极加有负偏压而造成整个沟道的夹断是截然不同的，必须严加区别。

图 7-10 表示了 MOS 管各个区沟道和耗尽层的变化。

第7章 MOS 场效应晶体管

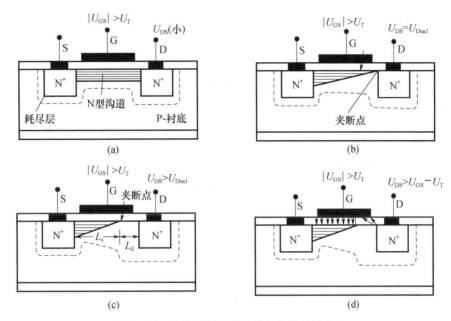

图 7-10 N 沟 MOSFET 沟道和耗尽层的变化

(a) U_{DS} 很小，因而远低于夹断电压；(b) 刚开始饱和；(c) 在饱和区沟道长度缩短；(d) 饱和时沟道电场分布。

7.3.2 弱反型（亚阈值）区的伏安特性

弱反型是指表面能带也发生弯曲，但还未到强反型地步，即 $\varphi_F < U_S < 2\psi_F$。比如 U_T 较低增强型 N 沟 MOS 器件中，当 $U_{GS} < U_T$ 或 $U_{GS} = 0$ 时，器件应处于截止状态，无漏电流通过。但在栅氧化层中正电荷的作用下，表面可能处于弱反型状态，因而沟道中仍有很小的漏电流通过。一般将栅源电压低于阈值电压，器件处于弱反型区的漏电流称为"亚阈值"电流。亚阈值电流的存在，使器件的截止漏电流大大增加，器件的开关特性恶化，电路的静态功耗增大。因此，有必要对弱反型区的漏特性作一简单的分析。

弱反型时，栅下 P 型半导体表面的电子尽管多于表面空穴，但表面电子数远小于体内空穴数。而且，源端和漏端的电子数相差甚多。若沟道中源端的半导体表面势是 U_s，则加上漏源电压 U_{DS} 后，漏端的表面势将减小到 $U_s - U_{DS}$。因而表面的反型情况将由源端到漏端逐渐变弱，也就是说，源端电子数目比漏端多，结果使沟道弱反型层中的电子则由源端到漏端形成一定的分布梯度。电子顺着分布梯度从源端向漏端扩散，并由偏置电压为正的漏极收集，从而形成弱反型区的漏电流 I_D。根据上述分析可得[2]

$$I_D = A_n \cdot q \cdot D_n \frac{dn}{dx} \approx A_n \cdot q \cdot D_n \frac{n(L) - n(0)}{L} \tag{7-39}$$

其中,源端电子浓度为

$$n(0) = n_{po}e^{qU_s/kT} \tag{7-40}$$

漏端电子浓度为

$$n(L) = n_{po}e^{\frac{q}{kT}(U_s - U_{DS})} \tag{7-41}$$

式中,A_n 是弱反型导电沟道的面积,它主要由弱反型时导电沟道的厚度 d_{eff} 决定。定义反型层内表面势下降 $\frac{kT}{q}$ 时的距离为有效沟道厚度 d_{eff}。当忽略反型沟道中的少量电子电荷时,根据高斯定理可得弱反型时的表面电场为

$$E_S = -\frac{Q_B}{\varepsilon_0 \varepsilon_S} = \left(\frac{2qN_AU_s}{\varepsilon_0 \varepsilon_S}\right)^{\frac{1}{2}} \tag{7-42}$$

式中

$$Q_B = qN_Ax_d = (2\varepsilon_0\varepsilon_S qN_AU_s)^{\frac{1}{2}}$$

x_d 为弱反型时表面耗尽层宽度。因此,有

$$d_{eff} = \frac{kT}{qE_S}$$

由此可得反型导电沟道的有效面积为

$$A_n = Wd_{eff} = \frac{WkT}{qE_S} \tag{7-43}$$

将式(7-43)代入式(7-39),可得弱反型时的亚阈值电流为

$$I_D = q\frac{WkT}{qE_S}D_n\frac{1}{L}n_p^0 e^{qU_s/kT}\left(1 - e^{\frac{-qU_{DS}}{kT}}\right) = \frac{W\mu_n}{L}\left(\frac{kT}{q}\right)^2 q\left(\frac{\varepsilon_0\varepsilon_S}{2qN_AU_s}\right)^{\frac{1}{2}}\frac{n_i^2}{N_A}e^{\frac{qU_s}{kT}}\left(1 - e^{\frac{-qU_{DS}}{kT}}\right) \tag{7-44}$$

由式(7-44)看出,在弱反型区内,漏电流随表面势 U_s 的增大而指数上升,且当 $U_{DS} > 3\frac{kT}{q}$ 时,指数项 $e^{\frac{-qU_{DS}}{kT}}$ 很快趋近于零。因而,当漏源电压 $U_{DS} > 3\frac{kT}{q}$ 以后,弱反型区的漏电流几乎与漏压无关。

当然,在 MOSFET 处于弱反型区时,其漏电流除了来源于弱反型沟道中载流子的扩散电流外,反偏漏结的反向电流也是其组成部分。但漏结的反向电流通常只有 10^{-12} A 的数量级,而弱反型区的沟道电流却可以达到 10^{-8} A 的数量级。

7.3.3 MOSFET 的特性曲线

1. 输出特性曲线

MOSFET 的输出特性是指输出端电流 I_{DS} 和输出端电压 U_{DS} 之间的关系曲线。前面图 7-9 已导出在一定栅压下,$I_{DS} - U_{DS}$ 之间曲线,现将不同栅压下的 $I_{DS} - U_{DS}$ 的曲线组合

在一起,即得到 MOSFET 的输出特性曲线簇,如图 7-11 所示。

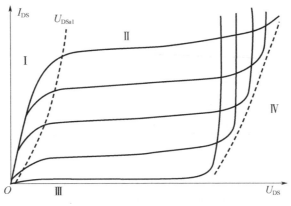

图 7-11 MOSFET 的输出特性

为了分析明确起见,把输出特性曲线分成 4 个区域来描述。

Ⅰ区——非饱和区。$U_{DS} < U_{Dsat}$,开始段 $I_{DS} - U_{DS}$ 呈直线关系,以后逐渐向饱和区过渡,为可调电阻区。

Ⅱ区——饱和区。$U_{Dsat} < U_{DS} < BU_{DS}$。这个区的特点是漏端沟道因被夹断而消失,$I_{DS}$ 达到饱和值 I_{Dsat}。不同的栅压对应不同的 I_{Dsat} 和 U_{Dsat}。

Ⅲ区——截止区。此时半导体表面不存在强反型层构成的导电沟道,电流主要由 PN 结反向漏电流构成。

Ⅳ区——雪崩区。由于反向偏置的漏—衬结雪崩倍增而击穿,致使 I_{DS} 剧烈增大。

衬底偏置电压 U_{SB} 对输出特性曲线的影响如图 7-12 所示。从图中可以看出,相同的 U_{GS},衬底偏置电压 U_{SB} 越大,I_{DS} 愈小。此现象是由于衬底偏压越大,U_T 越高,从而造成漏源电流 I_{DS} 愈小的结果。

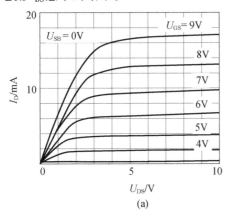
(a)

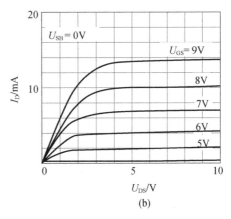
(b)

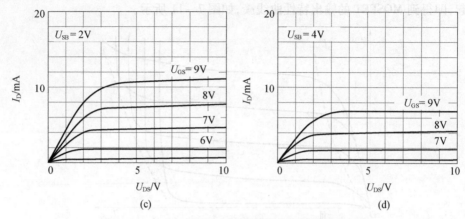

图 7-12 4 个不同 U_{SB} 值下的 MOSFET 输出特性曲线
(a) $U_{SB}=0V$; (b) $U_{SB}=1V$; (c) $U_{SB}=2V$; (d) $U_{SB}=4V$。

2. 转移特性曲线

MOSFET 为电压控制器件，转移特性曲线即表征了器件栅源输入电压 U_{GS} 对漏源输出电流 I_{DS} 的控制能力。

与 JFET 类似，MOSFET 的转移特性曲线也可由其输出特性曲线得到。表 7-4 给出了 4 种类型 MOSFET 的输出特性及转移特性曲线，以便于比较、识别。这些曲线均可以从晶体管特性图示仪上直接观测到。

表 7-4 MOSFET 的特性曲线

	N 沟		P 沟	
	增强型	耗尽型	增强型	耗尽型
输出特性				
转移特性				

7.3.4 MOSFET 的直流参数

1. 阈值电压 U_T

对增强型器件称为开启电压,而对耗尽型器件来说则为夹断电压。它的表达式在式(7-13)和式(7-14)中已经给出。

2. 饱和漏源电流 I_{DSS}

对于耗尽型 MOSFET 来说,当 $U_{GS}=0$ 时,所对应的漏源电流,即为饱和漏源电流 I_{DSS}。此电流既可以从公式中得出,也可以从输出特性曲线和转移特性曲线中得出。在输出特性曲线中查找 $U_{GS}=0$ 时,饱和区中的 I_{DS} 值,即 I_{DSS}。在转移曲线上,查找该曲线与纵轴上交点值即为 I_{DSS}。

由式(7-38)可得到耗尽型 MOSFET 的 I_{DSS} 为

$$I_{DSS} = \pm \frac{\mu W C_{ox}}{2L} U_T^2 = \pm \frac{\varepsilon_0 \varepsilon_S}{2 t_{ox}} \cdot \frac{W}{L} \cdot U_T^2 \qquad (7-44a)$$

式(7-44a)对于 N 沟器件取正值,对于 P 沟器件取负值。

3. 截止漏电流

对于增强型 MOSFET,当 $U_{GS}=0$ 时源扩散区与衬底、漏扩散区与衬底形成两个独立的互不相通的背靠背的 PN 结。因此,漏源之间只存在反向 PN 结截止电流。对于 Si PN 结,此反向截止电流为势垒区产生电流、少子反向扩散电流和漏电流之和。

4. 导通电阻

若漏源电压 U_{DS} 很小时,MOSFET 工作在非饱和区,此时输出特性曲线是直线,即此时晶体管相当于一个电阻。定义:漏源电压 U_{DS} 很小时,漏源电压 U_{DS} 与漏源电流 I_{DS} 之比值为导通电阻,记为 R_{on}。由式(7-35)可得

$$R_{on} = \frac{1}{\beta(U_{GS}-U_T)} = \frac{1}{\mu C_{ox} W} \cdot \frac{1}{U_{GS}-U_T} \qquad (7-44b)$$

可见,导通电阻与沟道长度成正比,与沟道宽度成反比。若计及源区及漏区的串联电阻 R_S、R_D,实际导通电阻应为

$$R_{on}^* = R_{on} + R_S + R_D \qquad (7-45)$$

5. 栅源直流输入阻抗 R_{GS}

栅、源两极为 MOSFET 的输入端电极,因而 MOSFET 直流输入阻抗就是栅源直流绝缘电阻 R_{GS}。由于金属栅与半导体层是由 SiO_2 绝缘层隔离开来,所以 R_{GS} 主要就是栅极下面 SiO_2 层的绝缘电阻值。只要栅氧化层上没有严重的缺陷,R_{GS} 一般可达到 $10^9 \Omega$ 以上。

6. 最大耗散功率 P_{Cm}

MOSFET 的耗散功率 P_C 等于其漏源电压和漏源电流的乘积,即

$$P_C = U_{DS}I_{DS} \qquad (7-46)$$

与双极型晶体管一样,耗散功率将转变为热能使器件温度上升,从而使其性能变坏,甚至不能正常工作。为保证 MOSFET 正常工作而允许耗散的最大功率即称为 MOSFET 的最大耗散功率(或称最大功耗)P_{Cm}。

MOSFET 的功率主要耗散在沟道区(特别是沟道夹断区),因而要提高 P_{Cm},应重点放在改善沟道到衬底、到底座、到管壳间的热传导及管壳的散热条件上。

7.4 MOSFET 的频率特性

7.4.1 低频小信号参数

1. MOSFET 的栅跨导 g_m

跨导 g_m 被定义为漏源电压 U_{DS} 一定时,漏电流的微分增量与栅源电压微分增量之比,即

$$g_m = \left.\frac{\partial I_D}{\partial U_{GS}}\right|_{U_{DS}=C} \qquad (7-47)$$

由此可见,跨导 g_m 表示栅源电压 U_{GS} 对漏电流的控制能力。将式(7-36)对 U_{GS} 求导,则得器件工作在非饱和区时的跨导为

$$g_m = \beta U_{DS} \qquad (7-48)$$

这说明,器件工作在非饱和区时,跨导 g_m 随漏源电压的增大而线性上升。将式(7-38)对 U_{GS} 求导,则得器件工作在饱和区时的跨导为

$$g_{ms} = \beta(U_{GS} - U_T) \qquad (7-49)$$

显然,器件工作在饱和区时,其跨导与漏源电压无关,且随栅源电压增大而上升。

综上分析,当栅源电压 U_{GS} 一定时,跨导首先随漏源电压上升而线性增大;当漏源电压升至饱和值 U_{Dsat} 时,跨导也达到最大值 βU_{Dsat},其后跨导将不再随 U_{DS} 改变。而在饱和区中,g_m 则随 U_{GS} 上升而增大。但在实际 MOSFET 中,上述结论与试验并不完全一致。其原因如下:

(1) 栅源电压对跨导的影响。试验发现,饱和区跨导 g_{ms} 随栅压上升而增加,但栅压升到一定值时,g_{ms} 反而会下降。这是由于在栅压较低时,μ_n 可看作常数。当栅压升高,跨导随栅压增大而上升速率变慢。这是由于载流子迁移率随栅电场增强而下降对 U_{GS} 的增大起补偿作用的结果。当栅源电压增加到载流子迁移率下降使 β 因子的减小同 U_{GS} 增大的作用完全抵消时,g_m 达到其最大值。其后,栅压增加,迁移率下降将起主要作用。因此,实际 MOSFET,在栅压比较高时,跨导 g_m 反而随栅压增大而下降。

(2) 漏源电压对跨导的影响。当漏源电压较高,漏电场较强时,强场使载流子的迁移

率下降,漏电流减小。

已知漂移速度 v 随电场的变化关系可以表示为

$$v = \frac{\mu_n \dfrac{dU}{dv}}{1 + \dfrac{\mu_n}{v_{sL}} E_y} \tag{7-50}$$

式(7-50)表明,当电场较弱时,漂移速度 v 随电场线性上升;当电场较强时,漂移速度上升的速率逐渐变慢而脱离线性段,当电场增大到临界场强 E_C 时,漂移速度即达到其饱和值 v_{sL}。将式(7-50)代入漏电流表达式中,可得

$$I_D = -Q_n v = WC_{ox}[U_{GS} - U_T - U(y)]\frac{\mu_n \dfrac{dU}{dv}}{1 + \dfrac{\mu_n}{v_{sL}} E_y} \tag{7-51}$$

将式(7-51)在整个沟道区进行积分可得

$$I_D \approx \frac{1}{1 + \dfrac{\mu_n}{v_{sL}}\dfrac{U_{DS}}{L}} \beta \left[(U_{GS} - U_T)U_{DS} - \frac{1}{2}U_{DS}^2 \right] \tag{7-52}$$

将式(7-52)对 U_{GS} 求导,可得

$$g_m = \frac{\beta U_{DS}}{1 + \dfrac{\mu_n}{v_{sL}}\dfrac{U_{DS}}{L}} \tag{7-53}$$

可见,由于高场迁移率的影响,跨导下降到弱场的 $\left(1 + \dfrac{\mu_n}{v_{sL}}\dfrac{U_{DS}}{L}\right)$ 分之一。当漏源电压增大到沟道电场达到临界场强 E_C 时,载流子的漂移速度达到极限值 v_{sL},跨导也达到其最大值。这时,利用 $\dfrac{\mu_n}{v_{sL}} \cdot \dfrac{U_{DS}}{L} \gg 1$,可将式(7-53)简化而得跨导的极限值为

$$g_{mv} = WC_{ox}v_{sL} \tag{7-54}$$

显然,当沟道载流子达到速度饱和时,跨导变成与外加电压无关只与器件本身结构有关的数量值。

(3) 串联电阻 R_S 和 R_D 对跨导的影响。在实际 MOSFET 中,漏区和源区都存在体串联电阻,电极处存在欧姆接触电阻等。漏电流在串联电阻上产生电压降,使实际加在沟道区的栅源电压和漏源电压低于外端电极上所施加的电压。由此导致实际晶体管的跨导低于理论值。

设源区和漏区的串联电阻分别为 R_S 和 R_D,则外加栅源电压 U_{GS} 时,实际加在沟道区的有效栅源电压为

$$U'_{GS} = U_{GS} - I_D R_S \tag{7-55}$$

同样,当外加漏源电压 U_{DS} 时,实际加在沟道区上的有效漏源电压将降低到

$$U'_{GS} = U_{GS} - I_D (R_S + R_D) \tag{7-56}$$

将式(7-37)和式(7-38)中的 U_{GS} 和 U_{DS} 分别以式(7-55)和式(7-56)代入,可求得非饱和区的有效跨导为

$$g_m^* = \frac{g_m}{1 + g_m R_S + g_{dl}(R_S + R_D)} \tag{7-57}$$

式中 $g_{dl} = \beta(U_{GS} - U_T)$——线性区的漏电导。

而饱和区的有效跨导则为

$$g_m^* = \frac{g_m}{1 + g_m R_S} \tag{7-58}$$

显然,串联电阻越大,有效跨导越小。

由公式可见,提高跨导的关键是增大 β 因子。提高 β 因子可以从以下几个方面着手:
① 提高载流子沟道迁移率,即选用高迁移率材料,并用表面迁移率高的晶面。
② 制作高质量的、尽可能薄的栅氧化层,以增大栅电容 C_{ox}。
③ 尽可能采用沟道宽长比大的版图。
④ 减小源、漏区体电阻和欧姆接触电阻等,以减小串联电阻。

2. 小信号衬底跨导 g_{mb}

当在 MOSFET 的衬底上施加反向偏置电压 U_{BS} 时,表面势随着衬底偏置电压的增大而上升,表面最大耗尽层宽度也随之展宽,表面空间电荷面密度也增大。只要将式(7-38)中空间电荷有关项中的 U_S 代之以 $(U_S + |U_{BS}|)$,即可得到考虑衬底偏压 U_{BS} 后的漏电流表达式,即

$$I_{DS} = \beta \left\{ \left[(U_{GS} - U_{FB} - U_S) U_{DS} - \frac{1}{2} U_{DS}^2 \right] - \frac{2}{3} \left[(U_{DS} + U_S + |U_{BS}|)^{\frac{2}{3}} - (U_S + |U_{BS}|)^{\frac{2}{3}} \right] \right\} \tag{7-59}$$

小信号衬底跨导 g_{mb} 定义为

$$g_{mb} = \frac{\partial I_D}{\partial U_{BS}} \bigg|_{U_{GS}, U_{DS} = C}$$

只要将式(7-59)对 U_{BS} 求导,即可得到

$$g_{mb} = \frac{-\mu_n W}{L} \sqrt{2\varepsilon\varepsilon_0 q N_A} \left[(U_{DS} + U_S + |U_{BS}|)^{\frac{1}{2}} - (U_S + |U_{BS}|)^{\frac{1}{2}} \right] \tag{7-60}$$

负号说明随着衬底偏压绝对值的上升,漏电流在减小。若以 U_{Dsat} 取代式(7-60)中的 U_{DS},即可得到饱和区衬底跨导表达式。

显然,衬底跨导表示衬底偏置电压对漏电流的控制能力。因此,衬底的作用可称为另

一个栅,故也称为"背栅"。

3. MOSFET 的非饱和区漏电导

MOSFET 的漏电导表示漏源电压对漏电流的控制能力,并定义为栅源电压 U_{GS} 等于常数时,微分漏电流与微分漏源电压之比,即

$$g_d = \frac{\partial I_D}{\partial U_{DS}} \bigg|_{U_{GS} = c} \tag{7-61}$$

将式(7-37)对 U_{DS} 求导,即可得 MOSFET 非饱和区的漏电导为

$$g_d = \beta(U_{GS} - U_T - U_{DS}) \tag{7-62}$$

由式(7-62)可以看出,漏电导 g_d 随漏源电压 U_{DS} 的增大而线性地减小。当 U_{DS} 很小时,略去式(7-62)中的 U_{DS},可得器件工作在线性区时的漏电导为

$$g_{dL} = \beta(U_{GS} - U_T) \tag{7-63}$$

对比式(7-49)和式(7-63)可以得出结论,MOSFET 线性区的漏电导等于饱和区的跨导。

对比式(7-44)和式(7-63)发现,线性区的漏电导正是导通电阻的倒数。

4. 饱和区的漏电导

在理想情况下,正如式(7-38)所示,饱和区漏电流 I_{Dsat} 与漏源电压 U_{DS} 无关,因而,饱和区漏电导的理论值必然为零,动态电阻为无限大。但实际的 MOSFET 的动态电阻都是有限值,其原因有以下两种影响[2]。

(1) 沟道长度调制效应。当漏源电压增大到饱和漏源电压 U_{Dsat} 时,漏端反型层消失而出现沟道被夹断,漏电流达到其饱和值。随着 U_{DS} 的继续升高,夹断点向源端移动,使沟道有效长度随之缩短,沟道长度 L 的缩短,使沟道电阻减小,从而导致漏电流 I_{Dsat} 增大。MOSFET 这种饱和漏电流随漏源电压增大而上升的效应与双极晶体管中的基区宽度效应十分相似。在衬底掺杂浓度较低或沟道本身长度较短的情况下,这种影响更为明显。

由于沟道夹断后,器件的电特性仍由导电沟道部分的电特性决定,因此,只要将式(7-38)中的 L 用有效沟道长度 L_{eff}($= L - \Delta L$,ΔL 为高阻夹断区的长度)代替,就可得考虑沟道长度调制效应后的漏电流表达式,即

$$I_{Dsat}^* = \frac{\mu_n W C_{ox}}{2 L_{eff}}(U_{GS} - U_T)^2 = I_{Dsat}\left(1 - \frac{\Delta L}{L}\right)^{-1} \tag{7-64}$$

将式(7-64)对 U_{DS} 求导,得到考虑沟道长度调制效应的饱和区漏电导,即

$$g_{Dsat}^* = \frac{dI_{Dsat}^*}{dU_{DS}} = \frac{dI_{Dsat}^*}{d(\Delta L)} \cdot d(\Delta L)/dU_{DS} = \frac{I_{Dsat}}{L\left(1 - \frac{\Delta L}{L}\right)^2} \cdot \frac{d(\Delta L)}{dU_{DS}} \tag{7-65}$$

ΔL 除与 U_{DS} 有关外,还与衬底杂质浓度、栅氧化层厚度以及漏端栅电场的分布有关。

上述讨论只适用于 $\Delta L < L$ 的情况,当由于漏源穿通而 $\Delta L = L$ 时,漏电导的表达式即失去意义。

(2) 漏区电场静电反馈效应。当 MOSFET 的衬底掺杂浓度较低时,漏 – 衬结和沟道 – 衬底结的耗尽层随着漏源电压的增大而很快展宽。当沟道长度比较短时,即使漏源电压不是很高,耗尽层宽度也可能与沟道长度相接近。这时,发自漏极的电力线将不再全部终止于扩展到衬底中的耗尽层空间电荷上,而是有一大部分通过耗尽区终止在沟道区的可动电荷上,如图 7 – 13 所示;结果导致 N 型沟道区中电子浓度的增大,从而引起沟道电导的增大,且随 U_{DS} 的增大而增大。这一现象称为漏极对沟道的静电反馈作用。

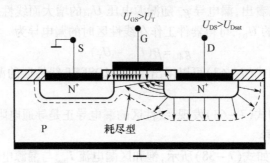

图 7 – 13　饱和情况下漏区电场对沟道静电反馈示意图

此效应说明,沟道中的导电电子数量,亦即沟道的导电能力不仅受栅压的控制,也随漏源电压的改变而变化。漏极实际起到了"第二栅极"的作用。

可见,如果源、漏区距离较近,而衬底杂质浓度又较低,导电沟道的较大一部分就会处在漏电场的影响之下,使漏电流随 U_{DS} 的增大而出现不饱和特性。

7.4.2　交流小信号等效电路

在交流工作状态下,栅源电压即等于直流偏置电压 U_{GS} 和交流信号电压 u_{gs} 的叠加,输出漏电流也必然包括直流分量 I_D 和交流分量 i_D。

由于输出漏电流是栅源电压 U_{GS} 和漏源电压 U_{DS} 的函数,$I_D = f(U_{GS}, U_{DS})$。因此,对 I_D 进行全微分可得

$$dI_D = \frac{\partial I_D}{\partial U_{GS}}\bigg|_{U_{DS}=C} dU_{GS} + \frac{\partial I_D}{\partial U_{DS}}\bigg|_{U_{GS}=C} dU_{DS} = g_m dU_{GS} + g_d dU_{DS}$$

在小信号工作状态下,式中的微分增量可近似用交流信号电流和电压代替。因此,交流漏电流为

$$i_d = g_m u_{gs} + g_d u_{gd} \tag{7-66}$$

实际 MOS 器件中,由于栅 – 源和栅 – 漏之间分别存在电容 C_{gs} 和 C_{gd},如图 7 – 14 所

示。当栅压随输入交流信号改变时,通过沟道电阻形成对等效栅电容的充电电流,由此而产生输入回路中的交流栅电流为

$$i_g = C_{gs}\frac{du_{gs}}{dt} + C_{gd}\frac{du_{gd}}{dt} \tag{7-67}$$

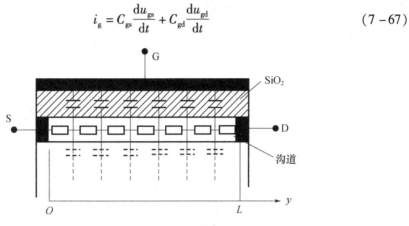

图 7-14 MOSFET 的 R、C 分布参数模型

同时,栅漏电容的充、放电效应也将在漏端产生增量电流。那么,交流漏极电流的表达式应改为

$$i_d = g_m u_{gs} + g_d u_{ds} - C_{gd}\frac{du_{gd}}{dt} \tag{7-68}$$

式(7-68)的物理意义:当栅极电位随输入的交流信号改变时,半导体表面的反型层厚度将随之改变,从而使沟道导电能力跟随输入信号而改变,由此产生漏极电流的交流分量 $g_m u_{gs}$;同时,栅电位的变化使栅-漏间电容上的电压降也跟着改变,从而产生对 C_{gd} 的充、放电电流;在输入交流信号时,输出端也将产生交流电压 u_{ds},从而使得在漏极电导上产生交流漏极电流 $g_d u_{ds}$;当器件工作在饱和区时,漏电导很小,$g_d u_{ds}$ 一般可忽略。

根据端电流 i_g 和 i_d 的表示式,可得到 MOSFET 本征等效电路,如图 7-15(b)所示。图中 C_{gs} 和 R_{gs} 分别是图 7-14 所示 R、C 分布参数的等效集中参数。C_{gs} 是等效栅源电容,它表示栅电压变化时,由栅源电压增量与所产生的沟道电荷增量 ΔQ_{ch} 之比。而漏源电压一定时,沟道电荷增量与栅极电荷增量相等,$\Delta Q_{ch} = \Delta Q_G$。$Q_G$ 则由栅-沟道上的电压 $U_{GS} - U(y)$ 决定,即

$$Q_G = WC_{ox}\int_0^L [U_{GS} - U(y)]dy \tag{7-69}$$

式中,dy 可以通过漏电流表示式(7-33)转换为 dU,即

$$dy = \frac{\mu_n C_{ox} W}{I_D}[U_{GS} - U_T - U(y)]dU$$

将 dy 代入式(7-69),并从 $U(0) = 0$ 到 $U(L) = U_{DS}$ 进行积分,则得

$$Q_G = WLC_{ox}\left[U_{GS} - \frac{1}{3}\cdot\frac{3(U_{GS}-U_T)U_{DS}-2U_{DS}^2}{2(U_{GS}-U_T)-U_{DS}}\right] \tag{7-70}$$

将式(7-70)对 U_{GS} 求导,即可得栅源电容为

$$C_G = WLC_{ox}\left[1-\frac{1}{3}\cdot\frac{U_{DS}^2}{[2(U_{GS}-U_T)-U_{DS}]^2}\right] = C_G\left[1-\frac{1}{3}\cdot\frac{U_{DS}^2}{[2(U_{GS}-U_T)-U_{DS}]^2}\right]$$
$$\tag{7-71}$$

式中,$C_G = WLC_{ox}$,它表示栅绝缘层的总电容。当 MOS 器件工作在线性区时,利用漏源电压 $U_{DS}\to 0$ 可得 $C_{gs}\approx C_G$。当 MOS 器件工作在饱和区时,利用式中 $U_{DS}=U_{Dsat}=U_{GS}-U_T$,可得饱和区的栅源电容为

$$C_{gs} = \frac{2}{3}C_G \tag{7-72}$$

同样,图 7-15 中的 C_{gd} 也是用集中参数来表示的等效栅漏电容。它表示栅源电压一定时,由于漏源电压增大,沟道电荷减少的微变量与漏源电压微变量之比,即

$$C_{gd} = -\frac{\partial Q_{ch}}{\partial U_{DS}}\bigg|_{U_{GS}=C} \tag{7-73}$$

其中

$$Q_{ch} = W\int_0^L Q_n(y)\mathrm{d}y = WC_{ox}\int_0^L [U_{GS}-U_T-U(y)]\mathrm{d}y \tag{7-74}$$

同样,利用漏电流 I_D 的表示式,将式中 $\mathrm{d}y$ 转换为 $\mathrm{d}U$ 并进行积分,可得

$$Q_{ch} = C_G\left[(U_{GS}-U_T)-\frac{1}{3}\cdot\frac{3(U_{GS}-U_T)U_{DS}-2U_{DS}^2}{2(U_{GS}-U_T)-U_{DS}}\right] \tag{7-75}$$

将式(7-75)对 U_{DS} 微分,即可得栅漏电容为

$$C_{gd} = \frac{2}{3}C_G\left[1-\frac{(U_{GS}-U_T)^2}{[2(U_{GS}-U_T)-U_{DS}]^2}\right] \tag{7-76}$$

当 MOS 器件工作在线性区时,$U_{DS}\to 0$,因而 $C_{gd}\approx\frac{1}{2}C_G$。当 MOS 器件工作在饱和区时,用 $U_{Dsat}=U_{GS}-U_T$ 代入,可得 $C_{gd}=0$。这是因为器件工作在饱和区时,漏端沟道已夹断,因而 U_{DS} 改变不能使 Q_{ch} 产生相应的变化。

图 7-15(b)中的 R_{gs} 是栅源电容充电的等效沟道串联电阻。它是输入回路中的有效串联电阻,因此,它必然小于器件的沟道电阻。可以证明[3]它等于沟道导通电阻的 $\frac{2}{5}$ 倍,即

$$R_{gs} = \frac{2}{5}\frac{1}{\beta(U_{GS}-U_T)} \tag{7-77}$$

实际 MOSFET 中,除了存在上述微分增量参数,即本征参数外,还存在图 7-15(b)所

表示的其他非本征参数,如漏、源串联电阻 R_D 和 R_S,栅-源、栅-漏寄生电容 C'_{gs} 和 C'_{gd} 等。考虑寄生参数后,可以得到图 7-15(b)所示的较完整的等效电路。其中串联电阻主要来源于漏区和源区的体电阻和欧姆接触电阻。寄生电容 C'_{gs} 和 C'_{gd} 主要来源于栅-源和栅-漏间的交叠覆盖电容。

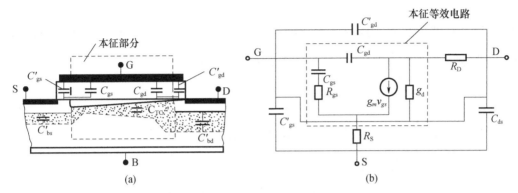

图 7-15 MOSFET 小信号参数
(a)物理模型;(b)等效电路。

7.4.3 MOSFET 的高频特性

从交流等效电路看出,MOS 器件存在本征电容和寄生电容。在高频情况下,对这些电容充放电存在一定延迟时间。此外,载流子渡越沟道也需要一定的时间,这些延迟时间决定MOSFET存在使用频率的限制。

1. 跨导截止频率 ω_{gm}

根据跨导的定义可得

$$g_m = \frac{\partial I_D}{\partial U_{GS}}\bigg|_{U_{DS}} = \frac{\Delta I_D}{\Delta U_{GS}}$$

式中 ΔU_{GS}——栅源电压的变化量。

从图 7-15(b)可看出,在器件的输入端存在等效沟道电阻 R_{gs} 和阻抗随频率变化的栅源电容 C_{gs}。在低频时,输入电容的阻抗很大,C_{gs} 近似开路,因而输入信号大部降落在 C_{gs} 上,输入信号将在栅源电容 C_{gs} 两端感应出符号相反的等量电荷,使沟道电荷随着输入信号改变而变化,从而产生漏电流增量 ΔI_D。在高频情况下,由于栅-源电容 C_{gs} 的输入阻抗随着频率的增加而下降,使栅电流随频率增加而上升。此时栅电流在 R_{gs} 上压降上升,而使 C_{gs} 上的分压随着频率增高而下降。结果造成沟道电荷改变量变少,从而使漏电流增量 ΔI_D 变小。因此,要想使高频时漏电流改变量 ΔI_D 与低频时相等,外加栅源电压 $\Delta U'_{GS}$ 必须大于低频时 C_{gs} 两端的电压 ΔU_{GS};否则是得不到相同的电流增量。由等效电路

可得

$$\Delta U'_{GS} = (1 + j\omega C_{gs} R_{gs}) \Delta U_{GS} \tag{7-78}$$

若用跨导$g_m(\omega)$表示高频下栅源电压对漏源电流的控制能力，则

$$g_m(\omega) = \frac{\Delta I_D}{\Delta U'_{GS}} = \frac{\Delta I_D}{\Delta U_{GS}} \cdot \frac{\Delta U_{GS}}{\Delta U'_{GS}} = \frac{g_m}{1 + j\omega C_{gs} R_{gs}} \tag{7-79}$$

由式(7-79)可看出，高频跨导$g_m(\omega)$随频率的升高而下降。当$\omega = 1/(C_{gs}R_{gs})$时，高频跨导下降到低频值的$\frac{1}{\sqrt{2}}$，此时的$\omega$即为跨导截止频率$\omega_{gm}$，即

$$\omega_{gm} = \frac{1}{(C_{gs} R_{gs})} \tag{7-80}$$

由式(7-72)和式(7-79)得出的C_{gs}和R_{gs}代入式(7-80)，可得

$$\omega_{gm} = \frac{1}{C_{gs} R_{gs}} = \left[\frac{2}{5} \cdot \frac{1}{\beta(U_{GS} - U_T)} \cdot \frac{2}{3} C_G \right]^{-1} = \frac{15}{4} \cdot \frac{\mu_n (U_{GS} - U_T)}{L^2} \tag{7-81}$$

由式(7-81)可见，跨导截止频率实际上来源于通过等效沟道电阻R_{gs}对栅-源电容C_{gs}充电的延迟时间。当外加栅-源电压改变时，必须经过充电延迟时间$\tau_g (= R_{gs} C_{gs})$之后，栅-源电容C_{gs}上的端电压才会跟上外加栅-源电压的变化，从而产生沟道电流的增量。由式(7-81)可以看出，提高跨导截止频率，应选用μ_n大的P型材料作衬底，缩短沟道长度和减小U_T；从使用角度，则应提高栅-源电压U_{GS}。

2. 截止频率f_T

在等效电路的输入端，由于C_{gs}的阻抗随频率增加而下降，使流过栅源电容的电流随频率增高而上升。通常，把流过C_{gs}的电流上升到正好等于交流短路输出电流i_d时的频率定义为f_T。$i_d = g_m u_{gs}$，而流过C_{gs}上电流等于$U_{gs}/\omega C_{gs}$，由定义可得

$$\omega_T C_{gs} u_{gs} = g_m u_{gs}$$

$$\omega_T = \frac{g_m}{C_{gs}} \tag{7-82}$$

将式(7-48)和式(7-72)代入式(7-82)，则得到饱和区的截止频率为

$$f_T = \frac{3}{4\pi} \cdot \frac{\mu_n (U_{GS} - U_T)}{L^2} \tag{7-83}$$

因为通过C_{gs}的电流就是输入电流i_g，而电流源$g_m u_{gs}$则是共源等效电路中输出端短路时的输出电流，所以，截止频率f_T也表示共源电路中，输出短路电流等于输入电流时的频率。这一点与双极型晶体管的特征频率f_T很相似。因此，MOSFET的截止频率f_T同样也称为增益-带宽乘积。

此外，MOS器件的沟道载流子通过沟道需要一定的渡越时间，若沟道平均漂移电场

用 $\overline{E}_y$ 表示，则器件工作在饱和区时，沟道平均电场 $\overline{E}_y = \dfrac{U_{\text{Dsat}}}{L} = \dfrac{U_{\text{GS}} - U_{\text{T}}}{L}$，由此可得到载流子在沟道中的平均渡越时间为

$$\overline{\tau} = \frac{L}{\mu \overline{E}_y} = \frac{L^2}{(U_{\text{GS}} - U_{\text{T}})\mu} \tag{7-84}$$

实际器件的沟道电场并不是均匀分布的。由饱和时沟道电位分布 $U(y)$ 可以求出沟道电场为

$$E(y) = \frac{1}{2L}(U_{\text{GS}} - U_{\text{T}})\left(1 - \frac{y}{L}\right)^{\frac{1}{2}} \tag{7-85}$$

因此，沟道渡越时间为

$$\tau = \int_0^L \frac{\mathrm{d}y}{\mathrm{d}\tau} = \int_0^L \frac{\mathrm{d}y}{\mu_n E_y} = \frac{4}{3} \cdot \frac{L^2}{(U_{\text{GS}} - U_{\text{T}})\mu_n} \tag{7-86}$$

由于沟道中源端电场远低于平均电场，式(7-86)所求出的渡越时间大于平均渡越时间。若用渡越时间来表示截止频率，可得

$$\omega_{\text{T}} = \frac{2}{\tau} \tag{7-87}$$

$$\omega_{\text{gm}} = \frac{5}{\tau} \tag{7-88}$$

由此看来，提高截止频率的关键是减小渡越时间 τ，即缩短沟道长度 L，提高载流子的迁移率。另外，在上述推导过程中，忽略了载流子通过耗尽夹断区的渡越时间。在一般 MOS 器件中，由于夹断区很窄，通过夹断区的渡越时间可以忽略。但在功率 MOS 器件中，为了提高漏耐压，一般都设计了高阻漂移区，因而在漏压较高时，载流子在耗尽区内的渡越时间就不能忽略。参照双极型晶体管中，求载流子渡越集电结空间电荷区所需延迟时间的方法，可得 MOS 器件沟道载流子渡越耗尽夹断区的延迟时间为

$$\tau_{\text{d}} = \frac{1}{2} \cdot \frac{L_{\text{d}}}{v_{\text{sL}}}$$

式中　L_{d}——耗尽区的总宽度；

v_{sL}——载流子通过耗尽区时的极限速度。

因此，考虑载流子通过耗尽区的延迟时间后，载流子从源到漏的总延迟时间变为 $\tau + \tau_{\text{d}}$。如果漏源电压增加到沟道中未夹断区段 L_{S}。内载流子也达到饱和速度，则总的渡越时间为

$$\tau = \frac{1}{v_{\text{sL}}}\left(L_{\text{s}} + \frac{1}{2}L_{\text{d}}\right) = \frac{1}{v_{\text{sL}}}\left(L - \frac{1}{2}L_{\text{d}}\right) \tag{7-89}$$

由式(7-89)看出，由于沟道被夹断，载流子的沟道渡越时间相对缩短了。

7.4.4 提高 MOSFET 频率特性的途径

由上节讨论得知,为提高 MOS 器件频率特性,应采取提高迁移率、缩短沟道长度以及减小寄生参量等措施。

(1) 提高迁移率。提高迁移率除了用(100)方向的 P 型硅制作 N 沟 MOS 外,还可增加表面工艺、改善表面迁移率。例如,在生长栅氧化层时通入 HF 蒸气,不仅可在低温(800℃)下快速生长优质栅氧化层,且可将表面迁移率提高 1 倍左右。近年来,采用离子注入法获得高迁移率的埋沟结构。器件的导电沟道被埋在体内,载流子在体内传输,不受表面散射的影响,所以迁移率可以大为提高。

(2) 缩短沟道长度 L。通过上节讨论得知,缩短沟道长度 L 后,沟道渡越时间 τ 减小,从而使截止频率和跨导截止频率提高。

(3) 减小寄生电容。减小寄生电容,即减小 C'_{gs} 和 C'_{gd}。图 7-16 给出了减小上述两个电容的 4 种方法。

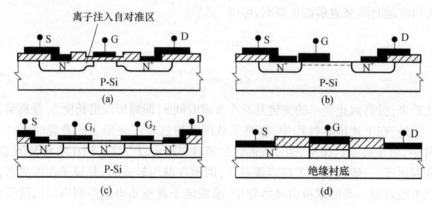

图 7-16 减小寄生电容的 MOSFET 结构简图
(a)自对准结构;(b)偏置栅结构;(c)双栅结构;(d)蓝宝石衬底结构。

图 7-16(a)所示为离子注入自对准高频 MOS 晶体管结构示意图。图 7-16(b)是耗尽型 MOS 器件的偏置栅结构,栅电极偏置于源端,使栅漏交叠电容减到最小。未受栅压控制的沟道只引进很小的串联电阻。此电阻远小于饱和区动态电阻,对增益影响不大。图 7-16(c)所示为双栅结构,利用栅极 2 交流接地,在栅极 1 和漏极之间起到有效的静电屏蔽作用,从而大大减小栅-漏之间的反馈电容。图 7-16(d)所示为 SOI(Silicon-On-Insulator)型结构此结构中源、漏扩散区下面很厚的绝缘层大大减小了寄生电容,从而提高了频率特性。绝缘衬底可以是蓝宝石(Al_2O_3)、尖晶石、氮化物或氰化物。SOS(Silicon-On-Sapphire)即以蓝宝石为衬底的结构。

7.5 MOSFET 的击穿特性

MOSFET 中产生击穿的机构有漏源击穿和栅绝缘层击穿。漏源击穿又可分为漏源雪崩击穿和漏源势垒穿通两种。

7.5.1 漏源击穿

1. 漏源雪崩击穿

漏源雪崩击穿有以下两种。

1) 漏 - 衬底 PN 结雪崩击穿

MOSFET 正常工作时,源与衬底相连并接地,所以漏源击穿实际上就是高掺杂的漏区与低掺杂的衬底所形成的单边突变结雪崩击穿。由已讲过的 PN 结击穿理论得知,上述雪崩击穿电压值主要由低掺杂衬底浓度决定。然而实测结果表明,在扩散结深为 $1 \sim 3 \mu m$ 的典型 MOSFET 中,其漏源击穿电压 BU_{DS} 远低于由衬底掺杂浓度决定的计算值,一般仅为 $25 \sim 40V$。其原因是在 MOSFET 中,金属栅极的边缘总是有一部分覆盖在漏区上,而栅电位又低于漏区电位,于是在栅下覆盖区产生了附加电场,如图 7-17 所示。最终结果是增大了栅下覆盖区 PN 结耗尽区中的总电场,降低了漏 - 衬底即漏 - 源击穿电压。试验证明,一个 $BU_{DS} = 30V$ 的 MOSFET,在用化学腐蚀方法除去金属栅之后,BU_{DS} 可以升高到 $70V$。进一步研究表明,当衬底电阻率 $\rho > 1\Omega \cdot cm$ 时,BU_{DS} 将与衬底浓度无关,而是决定于结深、栅极电位的极性大小、栅介质膜厚度及电极覆盖情况等。

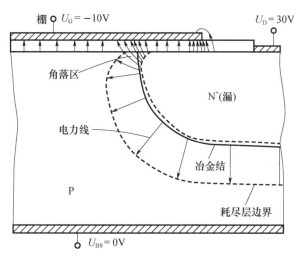

图 7-17 MOSFET 中漏衬 PN 结与表面相交处附近强电场角落区的形成

2) 沟道雪崩击穿(沟道击穿)

这种击穿多发生在短沟道 MOSFET 中。在短沟道器件中,漏源电压将在沟道中建立起较强的横向电场。当器件导通后,沟道中快速运动的载流子通过碰撞电离和雪崩倍增效应产生大量电子-空穴对。在沟道漏端夹断区这一现象更为明显。对于 N 沟 MOS 管来说,雪崩倍增产生的电子被漏极吸收,导致漏极电流剧增而击穿,空穴则被衬底所吸收,并成为寄生衬底电流的一部分。而 P 沟则正相反。

(1) 雪崩注入现象。测量 MOSFET 漏源击穿特性时,往往出现雪崩击穿后,$I_{DS}-U_{DS}$ 曲线向高电压方向蜕变的现象,如图 7-18(b)中由①移至②。这个过程仅需 1s。在①处时 I_D 越大,转移越迅速,这一现象称为 Walk-out 现象。若曲线在②位置时,将 U_D 降低后再重新升高,将直接显现曲线②;而若将器件在 500℃ 左右高温下退火后重新加电压测试,将显现①并重复①→②的转移。这种现象叫雪崩注入现象。下面来解释这种现象。

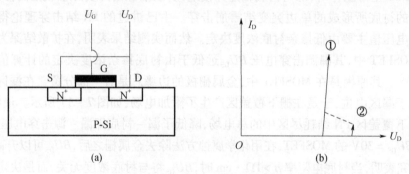

图 7-18 MOST 漏源击穿特性
(a)测量电路;(b)Walk-out 现象。

众所周知,无论是漏 PN 结击穿还是沟道击穿,其雪崩过程都是发生在栅介质(SiO_2)膜下面的半导体表面层中。雪崩过程中产生出来的电子、空穴将在空间电荷区电场或沟道电场作用下做漂移运动并积累能量。如果两次碰撞之间积累起来的能量足以跨过 Si-SiO_2 界面势垒,这些高能载流子就有可能越过势垒注入到栅氧化层中去。

载流子的注入将使栅氧化层带电,反过来栅氧化层电荷又屏蔽了栅电场而使漏电场减弱。这时若使漏电场维持临界击穿场强,就必须提高漏电压。因而导致了漏发生雪崩击穿后,击穿电压向更高处移动。击穿时电流越大,注入栅氧化层的载流子电荷越多,击穿电压向更高方向移动也越快。

由图 7-19 可以看出,Si 中电子要进入 SiO_2 层中,必须越过 3.15eV 的势垒,而空穴要进入 SiO_2 层,则需要越过

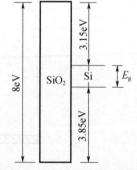

图 7-19 Si-SiO_2 体系能带

3.8eV 的势垒。如果耗尽区电场为 $5 \times 10^6 \text{V/cm}$,要获得上述能量,电子必须在强场作用下,运动 63nm 而不受散射,空穴则必须运动 76nm 而不受散射。根据电子和空穴的平均自由程分别为 6nm 和 4.5nm 可以算出,雪崩倍增过程中,电子和空穴能越过 $\text{Si}-\text{SiO}_2$ 势垒的概率分别是 2.8×10^{-5} 和 4.6×10^{-8}。由此看出,电子获得高能注入栅氧化层的概率比空穴高 3 个数量级。当然,在雪崩注入时,到底是电子注入栅氧化层还是空穴注入栅氧化层,与栅漏间的电场方向有关。如 N 沟器件,在雪崩击穿时,由于栅电位低于漏电位,电场方向由半导体表面指向栅氧结构化层,电场方向对电子注入起抑制作用,而对空穴注入起促进作用。而对于 P 沟 MOS,当漏结雪崩击穿时,栅电位高于漏电位,因而电场方向对空穴注入起抑制作用,对电子注入却起促进作用。因此,P 沟器件中的雪崩注入现象比 N 沟器件更加显著。

(2) 雪崩注入现象的应用。利用雪崩注入现象制作浮置栅雪崩注入 MOS 器件,已被广泛应用于 MOS 存储器中。图 7-20 所示为浮置栅雪崩注入 MOS 器件(FAMOS)和叠栅注入 MOS 器件(SAMOS)的结构简图。

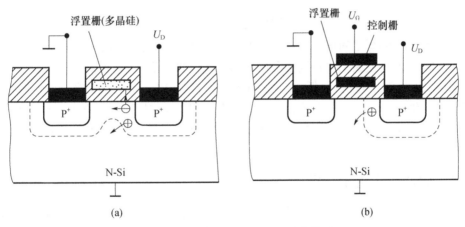

图 7-20 雪崩注入 MOS 器件结构简图
(a)FAMOS 结构简图;(b)SAMOS 结构简图。

FAMOS 中多晶硅栅被包围在优质 SiO_2 中,并不引出连线,形成浮置栅电极。在一般情况下,栅下漏源之间不存在反型沟道,器件截止。当 U_{DS} 足够大(如 -30V)时,漏结发生雪崩倍增。倍增中产生的空穴进入衬底,部分高能电子越过势垒注入浮置栅电极中。由于浮置栅被优质 SiO_2 所包围,没有释放电荷的通路,因而雪崩注入的电子将作为栅电荷保持在多晶硅栅中,随着注入栅中电子的增加,栅上所带负电荷也逐渐增加,从而使半导体表面逐渐反型而形成导电沟道,漏源之间导通。所以,FAMOS 在平常状态下处于截止状态,而在漏结上施加雪崩电压产生载流子注入后,器件处于导通状态。

若在 FAMOS 浮置栅上的 SiO₂ 层上再配置一外栅作为控制栅极,而将浮置栅作为存储栅,就构成了图 7-20(b)所示的叠栅结构。当漏结发生雪崩倍增时,可在控制栅上加正电压,此电压加强了电子向浮置栅的注入。因而可在较低的漏电压下,浮置栅上即能存储数量较多的电荷。

注入浮置栅的电子可用紫外光照射进行释放。因为原保持在栅上的电子吸收光子后可以再一次越过势垒进入 SiO₂ 层,然后进入衬底而释放。在叠栅结构中还可在控制栅加较大偏压,迫使浮置栅上的电子通过外栅释放出来。

利用雪崩注入现象制成的浮置栅 MOS 已用于 MOS 存储器中并制成了可擦除、可编程的只读存储器 EPROM 等。

2. 漏源势垒穿通

当沟道长度较短且衬底杂质浓度足够低时,漏源电压还未达到雪崩击穿电压,漏结耗尽区已经扩展到整个沟道区且漏结耗尽区与源结耗尽区相连而出现漏源穿通,此时漏源电压为穿通电压,即

$$U_{PT} = \frac{qN_A L^2}{2\varepsilon_0 \varepsilon_s} - U_D \tag{7-90}$$

漏源穿通后,漏源之间或者出现空间电荷限制电流,使漏电流随漏源电压的增加而按平方关系上升,或者使漏结电场随漏源电压增加而很快增强,并达到击穿临界场强而导致雪崩击穿。因此,对于短沟道、低掺杂的 MOS 器件,其使用电压往往受穿通电压限制。例如,$N_A = 1 \times 10^{15} cm^{-3}$ 时,若沟道长度 $L = 4 \mu m$,$U_{PT} \approx 12V$。对于功率 MOS 器件,为了提高耐压,往往在沟道与漏高掺杂区之间引入高阻漂移区。此时的漏击穿电压主要由高阻漂移区决定。

7.5.2 MOSFET 的栅击穿

MOSFET 的栅极和衬底之间所加电压超过一定限度 BU_{GS} 时,栅极下面的绝缘层将被击穿,栅绝缘层一旦击穿,器件的栅极和衬底就会短路而永久失效。

SiO₂ 膜的击穿场强为 $(5 \sim 10) \times 10^6 V/cm$。一般 MOS 器件栅氧化层厚度 $t_{ox} = 1000 \sim 2000 Å$,因而栅耐压 $BU_{GS} = 100 \sim 200V$,如图 7-21 所示。如果氧化层质量欠佳,BU_{GS} 将大大降低。当发生击穿时,通过击穿点的电流密度可高达 $10^6 \sim 10^{10} A/cm^2$,而击穿时的峰值温度可高达 4000K,击穿点附近的材料瞬间将被熔化烧毁。

在实际 MOS 器件中,由于栅氧化层具有很高的绝缘电阻,极易感应产生静电荷;又由于栅氧化层 t_{ox} 很薄、栅电容 C_{ox} 很小(通常只有几个 pF),一旦栅上感应有静电荷 Q,将在栅氧化层中产生较强的栅电场 $E = \frac{Q}{t_{ox} C_{ox}}$。例如,当 $C_{ox} = 1 pF$,时的 $t_{ox} = 1000 Å$ 时的 MOS 器件,只要栅上感应 $Q = 5 \times 10^{-11} C$ 的电荷,就会形成 $5 \times 10^6 V/cm$ 的强电场而导致栅击穿。

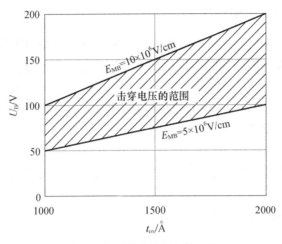

图 7-21 SiO₂ 膜的击穿电压

因此,在存放和使用中,力戒将电荷引入栅极。在存放时最好用金属片将管腿包住,使各电极之间短路;焊接时,烙铁必须有接地端;测试和使用时所用设备应接地良好。

此外,在设计器件时可引入栅保护器件。图 7-22 所示为一种用齐纳二极管进行栅保护的结构简图。当然,二极管的击穿电压应低于栅击穿电压,这样才能借助二极管击穿释放栅电荷,从而实现对栅绝缘层的保护。

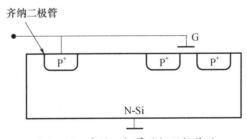

图 7-22 齐纳二极管的栅保护作用

7.6 MOSFET 的功率特性和功率 MOSFET 的结构

功率 MOS 管与功率双极型晶体管有相似的输出伏安特性,但在频率响应、非线性失真和耗散功率方面优于双极型功率晶体管,同时它还可以和双极型晶体管及晶闸管相复合,组成新的特性更优的复合功率器件。因此,MOS 功率器件在功率半导体器件中占有越来越重要的地位。

7.6.1 MOSFET 的功率特性

功率 MOS 管属于多数载流子单极器件,当它作开关使用时,因为没有少子存储效应,所以工作频率高,开关速度快,开关损耗小;MOS 管是电压控制器件,输入阻抗高,作功率开关使用时,所需驱动电流小,驱动功率小,驱动电路简单,功率增益大且稳定性好。

由于 MOS 管是多子器件,其沟道迁移率随温度的上升而下降,因而在大电流下有负电流温度系数,所以无电流集中和二次击穿现象,安全工作区范围宽,热稳定性好。

再有功率短沟道 MOS 管,跨导线性好,放大失真小。

但功率 MOS 管的不足在于饱和压降及导通电阻都较双极型器件大。但可以采取改善 MOS 功率管的结构和组成复合器件来改变。

1. MOSFET 的高频功率增益

高频功率增益 K_{Pm},定义为器件工作在高频状态下,器件的输入及输出端各自共轭匹配时,输出功率与输入功率之比。也是最佳高频功率增益。

由图 7-15(b)得知输入功率为

$$P_i = \left(\frac{u_s}{R_{gs} + R_s + \frac{1}{j\omega C_{gs}}}\right)^2 R_{gs} \tag{7-91}$$

当输出端接负载 R_L 后,输出功率为

$$P_o = i_o^2 R_L = \left(\frac{1}{2}g_m u_{gs}\right)^2 R_L \tag{7-92}$$

式中,$u_{gs} = u_s$ 在 C_{gs} 上的分压。显然有

$$u_{gs} = \frac{u_s}{1 + j\omega C_{gs}(R_{gs} + R_s)} \tag{7-93}$$

当输出端接匹配负载时,$i_o = \frac{1}{2}g_m u_{gs}$。由此可得最佳高频功率增益为

$$K_{Pm} = \frac{P_o}{P_i} = \frac{g_m^2 R_L}{4\omega^2 C_{gs}^2 R_{gs}} = \frac{1}{4R_{gs}g_d}\left(\frac{\omega_T}{\omega}\right)^2 \tag{7-94}$$

可见,高频功率增益是 K_{Pm} 与截止频率 ω_T^2 成正比,而与工作频率 ω 的平方成反比。

2. 输出功率和耗散功率

由图 7-23 表示的输出特性可以看出,当 MOSFET 运用在甲类状态时,输出电压的最大幅度值为 $\frac{1}{2}(BU_{DS} - U_{Dsat})$,电流的最大摆幅约为 $\frac{1}{2}I_{Dmax}$。所以,器件的最大输出功率为

$$P_{oM} = \frac{1}{8}I_{Dmax}(BU_{DS} - U_{Dsat}) \tag{7-95}$$

式中 U_{Dsat}——器件工作在最大漏源电流下的饱和压降。

由此可见,欲提高 MOS 器件的输出功率,应提高漏源击穿电压、漏极电流,并降低饱和压降。

与双极型器件一样,MOS 器件的最大输出功率也受到器件散热能力的限制。MOS 器件的发热中心在漏结附近的沟道表面处。MOSFET 最大耗散功率 $P_{\text{om}} = \dfrac{T_{\text{jm}} - T_{\text{a}}}{R_{\text{T0}}}$,MOSFET 最高结温仍定为 175℃,RT 包括芯片热阻、焊料和过渡材料热阻及管壳热阻等。其中最主要的仍是芯片热阻。MOS 器件求热阻的方法与双极型器件不同,此时的热源是漏结附近一细长薄线状区,所以不能像双极型器件那样简单地计算矩形截面体的热阻,而需要用计算传输线特征阻抗的方法才能求出。由于 MOS 管不存在二次击穿效应,所以 MOSFET 的安全工作区大于双极型器件(图 7-24)。

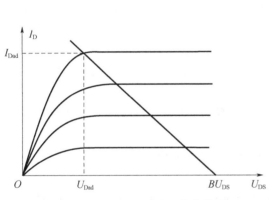

图 7-23 MOSFET 的共源输出特性

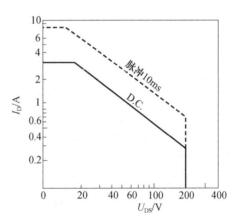

图 7-24 MOSFET 的安全工作区

7.6.2 功率 MOSFET 的结构介绍

功率 MOS 管既要工作在高电压、大电流下,有时还要处于高频状态下,所以,巧妙地设计其结构,设法解决上述参数矛盾就很重要。

1. 横向双扩散 MOSFET(又称 LD-MOSFET)

LD-MOSFET(简称 LD-MOS)是用平面工艺,双扩散法或双离子注入法制作的 MOS 器件。图 7-25 所示为 N 沟 LD-MOS 的结构示意图。首先,在 N^- 硅片或 N^- 外延层上进行 P 型硼扩散或硼注入,形成沟道区。然后用磷扩散,或用磷、砷离子注入形成 N^+ 型的漏源区,并同时控制沟道长度 L。由于沟道长度由两次扩散的横向结深之差决定,因而沟道长度可以控制到 1μm 以下。所以 LD-MOS 具有高增益、高跨导、频率响应好的特点。

由于沟道长度缩小,使宽长比$\frac{W}{L}$增加,电流容量大,又由于在漏区和沟道间引入了承受电压的N^-漂移区,所以这种结构的 MOS 可以承受较高电压而不会产生击穿或穿通。而且,它的各个极都从表面引出,便于在集成时与其他元器件相连,但管芯占用面积太大,硅片表面利用率不高,器件的频率特性也受影响。

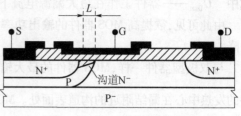

图 7-25 LD-MOS 结构简图

2. 垂直功率 MOS(又称 VVMOS)

为了解决 LD-MOS 的不足,又推出 VVMOS。这是一种非平面型的 DMOS 器件。其结构由图 7-26 给出。比较垂直 MOS 与横向 MOS 的最大区别是将漏区、漂移区和沟道区从硅片表面分别转移到硅片的底部和体内,而且对应每个 V 形槽有两条沟道,因此管芯占用的硅片面积大大缩小。这不仅大大提高了硅片表面的利用率,而且器件的频率特性也得到了很大的改善。

但进一步的研究发现,上述垂直 MOS 结构存在以下缺点:

① 在 V 形槽的顶端存在很强的电场,这会严重地影响器件击穿电压的提高。

② 器件导通电阻较大。

③ V 形槽的腐蚀不容易控制,而且栅氧化层暴露,易受离子沾污,造成阈值电压不稳,可靠性下降。

为了克服这些缺点,后来又推出垂直 U 形槽结构(又称 VUMOS)。

3. 垂直漏 U-MOS(VUMOS)

在制作 VVMOS 时,若令槽两侧边未相遇之前即停止腐蚀,即得到 U 形槽器件,如图 7-27 所示。这种器件除具有 VVMOS 的优点外,其平顶结构使 N^-漂移区中的电流能更好地展开,因而比 V 形结构具有更低的导通电阻,因而有利于增大电流容量,降低导通电阻。

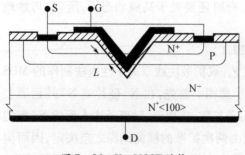

图 7-26 V-MOST 结构

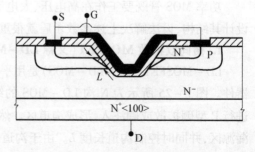

图 7-27 VU-MOST 结构

但U形槽的腐蚀同V形槽一样难以控制,栅氧化层也一样暴露。后来出现的垂直双扩散MOS(又称VDMOS),较好地克服了这种弊端。

4. 垂直双扩散MOS(VDMOS)

其结构如图7-28所示。其中多晶硅栅被埋藏在源极金属的下面,源极电流、穿过水平沟道,经过栅极下面的积累层再通过垂直N-漂移区流到漏极。这种结构的功率MOS,工艺上与现在高度发展的超大规模集成电路工艺相容,因此发展很快。

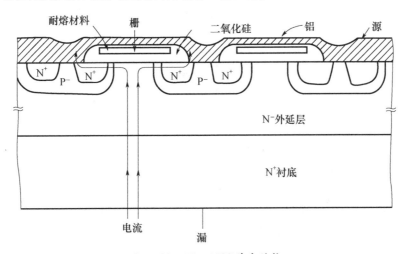

图7-28 VD-MOS基本结构

VDMOS虽然较好地克服了VVMOS和VUMOS的缺点,使器件耐压水平、可靠性和制造工艺水平前进了一步,但其导通电阻仍然较高,导通电阻高,MOS管在开态时电阻上功率损耗将影响输出功率,绝缘栅晶体管(IGBT)能较好地解决VDMOS导通电阻大的缺点,是目前普遍为人们接受的新型半导体功率器件。

5. 绝缘栅晶体管(IGBT)

绝缘栅晶体管的结构如图7-29(a)所示。从结构上看,IGBT与VDMOS十分相似,不同的只是将N+衬底换成P+衬底,但这一换却形成了一个MOS栅控的P+NPN+4层可控硅(晶闸管)结构。其等效电路如图7-29(b)所示。

这里的寄生可控硅效应可通过短路发射结来消除。当该器件导通时,由于P+衬底向N-区注入了少数载流子,使N-区发生电导调制效应,因而其导通电阻低,并且受N-区的电阻率和厚度影响小,这样适当选取N-区的电阻率和厚度,器件的耐压可以作得很高,又不明显增加导通电阻和管芯面积。它的不足之处是引入了少子存储效应,故器件的关断时间较长,开关速度受到影响;其次是它的最大工作电流受寄生晶闸管闭锁效应的限制。

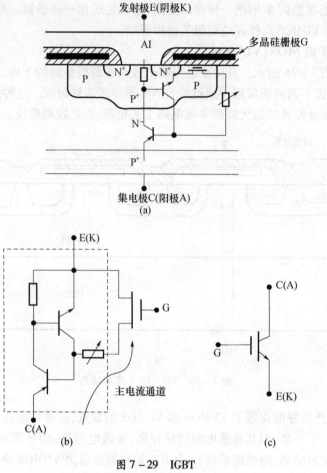

图 7-29 IGBT
(a)基本结构;(b)等效电路;(c)电路符号

7.7 MOSFET 的开关特性

与双极型晶体管一样,MOSFET 不仅可以起放大作用,而且具有良好的开关特性。下面以集成电路中倒相器为例,讨论 MOSFET 的开关作用和开关时间。

7.7.1 开关作用

倒相器是 MOS 集成电路常用的一种标准单元电路。其常用电路如图 7-30(a)所示。其工作原理如下,当 $|U_{GS}| > |U_T|$(输入为高电平"1")时,PMOS 管导通,

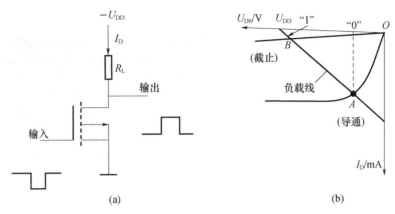

图 7-30 电阻负载的 P 沟道 MOS 倒相器
(a)电路；(b)工作点。

其导通电阻 $R_{on} \ll R_L$，电源电压主要降在 R_L 上，因此，输出电压近似为零（低电平"0"）；当 $U_{GS}=0$（输入低电平"0"）时，PMOS 管截止，电源电压主要降在 S、D 之间，输出电压近似为（$-U_{DD}$）（高电平"1"）。当输入信号在高、低电平范围内跳变时，PMOS 管的工作状态将随之在导通-截止（图 7-30（b）中的 $A-B$ 点）之间跳变。可见，MOSFET 具有双极型晶体管同样的开关作用，同样可作倒相器使用。其输入、输出电压波形如图 7-31 所示。

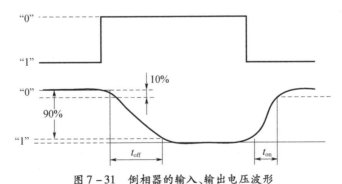

图 7-31 倒相器的输入、输出电压波形

在实际 MOS 集成电路中，倒相器是用 MOS 晶体管作为负载元件，如图 7-32 所示。U_2 作为负载管，且工作在饱和状态，故称此类倒相器为饱和负载增强-增强型倒相器（E/E 倒相器）U_2 由于 G、D 短接，实际起到二极管作用。图 7-33 则表示 U_2 的 $I-U$ 特性。其中各条曲线上的圆点即表示 $U_{GS}=U_{DS}$ 的点，这些点的连线就是此两端器件的伏安特性曲线。

269

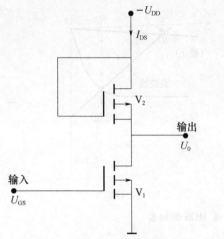
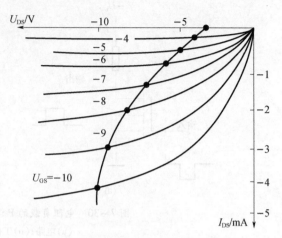

图7-32 增强-增强型倒相器

图7-33 G、D相连后的 $I-U$ 特性

可以利用图7-34来分析图7-32所示倒相器的静态工作情况。根据负载管 U_2 的伏安特性曲线斜率画出倒相管 U_1 的负载线 AB。当 U_1 的 $U_{GS}=0$(即输入"0"电平)时,U_1 截止,$I_{DS} \approx 0$,其输出电压近似等于电源电压,此时 U_1 的工作点与电压轴重合,与负载线交于 A 点。定义为"1"电平输出。当 U_1 的 $|U_{GS}| > |U_T|$(输入高电平"1")时,器件导通,有较大的电流流过 U_1 和 U_2,若 $U_{GS}=-10V$,U_1 的输出特性曲线与负载线交于 B 点,输出电压很小("0"电平)。

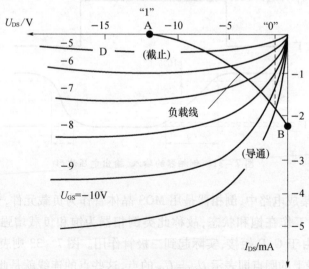

图7-34 饱和负载倒相管的工作点("0"电平)

7.7.2 开关时间

对于一个理想的倒相器,当输入端有一矩形脉冲电压时,输出端应立即响应输出——极性相反的矩形脉冲,但实际上得到的却是图(7-31)所示的输出波形。之所以有这样的波形,其原因主要在于倒相器的输出端存在对地电容 C_{GND}。电容 C_{GND} 主要是由下一级的输入电容、V_1 漏与衬底间 PN 结电容、V_2 源扩散区与衬底间 PN 结电容以及引线电容组成。

当 V_1 处于导通状态时,输出端电压近似为零,C_{GND} 上设有存储电荷。当输入由"1"→"0"电平时,V_1 由导通→截止,电源通过 V_2 管给电容 C_{GND} 进行充电,因为 C_{GND} 充电需要一定时间,故输出电压也需经一段时间后才能从"0"过渡到"1"电平。到此 C_{GND} 上存储着一定量的电荷。当 V_1 又由截止→导通时,输出端高电位也将随着电容 C_L 的放电而降低。由于此时 V_1 处于低阻状态,故电容 C_{GND} 通过 V_1 放电,放电结束后输出电压才能达到"0"电平。MOS 管整个开关过程如图 7-35 所示。

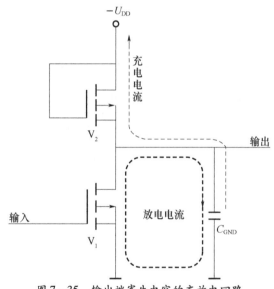

图 7-35 输出端寄生电容的充放电回路

MOS 管的开关时间包括截止(关闭)时间和导通(开启)时间。下面分别讨论这两个时间。为了简化分析,作以下假设:

① 阶跃输入。
② MOS 管本身没有电荷存储效应,倒相器的瞬态性质只决定于 C_{GND}。
③ 倒相器处于导通态时,输出电压为零。
④ 充电只通过负载管。
⑤ 放电只通过倒相管。

1. 截止或关闭时间 t_{off}

当输入由"1"→"0"电平时,倒相管 V_1 截止,电容 C_{GND} 充电。根据假设④,有图 7-36 所示充电路径。此时负载管的栅源电压 $|U_{GS}|_2 = U_{DD} - u_0(t)$,根据 MOS 处于饱和区电流表达式,通过 V_2 的饱和电流为

$$i_L = -\frac{\beta_2}{2}[U_{DD} - U_T - u_0(t)]^2 \quad (7-96)$$

式中 β_2 —— V_2 管的 β 因子。同时,电容 C_{GND} 的充电电流

$$i_C = -C_{GND}\frac{du_0(t)}{dt} \quad (7-97)$$

根据电流连续性原理,$i_L = i_C$,则有

$$C_{GND}\frac{du_0(t)}{dt} = \frac{\beta_2}{2}[U_{DD} - U_T - u_0(t)]^2$$

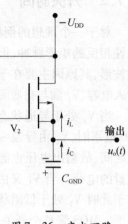

图 7-36 充电回路

或

$$\frac{du_0(t)}{[U_1 - u_0(t)]^2} = \frac{1}{2} \cdot \frac{\beta_2}{C_{GND}} \cdot dt$$

式中,$U_1 = U_{DD} - U_T$ 为常数,将上式两端乘以 U_1 并积分,得到

$$\frac{U_1}{U_1 - u_0(t)} = \frac{1}{2} \cdot \frac{\beta_2 U_1}{C_{GND}}t + a_1 \quad (7-98)$$

根据假设③,初始条件为 $t = 0$ 时,$u_0(0) = 0$,可得积分常数以 $a_1 = 1$。再令

$$\tau_{off} = \frac{C_{GND}}{\beta_2 U_1} = \frac{C_{GND}}{\beta_2|U_{DD} - U_T|} \quad (7-99)$$

则由式(7-98)可得

$$\frac{u_0(t)}{U_1} = \frac{t}{t + 2\tau_{off}} = \frac{\frac{t}{\tau_{off}}}{\frac{t}{\tau_{off}} + 2} \quad (7-100)$$

由式(7-100)可知,当 $t \to \infty$ 时,$u_0(\infty) \to U_1 = U_{DD} - U_T$。图 7-37 给出了 $u_0(t)$ 随 A 变化的曲线。定义倒相管 V_1 由导通变到截止时关闭时间 t_{off} 为输出电压由最终稳定值 $0.1\frac{u_0(t)}{U_1}$ 上升到 $0.9\frac{u_0(t)}{U_1}$ 所需的时间。显然,从输出电压上升角度而言,t_{off} 又可称上升时间。由图 7-37 可以看出,$\frac{u_0(t)}{U_1} = 10\%$ 到 $\frac{u_0(t)}{U_1} = 90\%$ 所对应的 t/τ_{off} 间距约为 18,这说明 $t_{off} = 18\tau_{off}$。由式(7-99)可得

$$t_{\text{off}} = 18\tau_{\text{off}} = \frac{18C_{\text{GND}}}{\beta_2 |U_{\text{DD}} - U_{\text{T}}|} \tag{7-101}$$

由此可见,缩短关闭时间一是减小 C_{GND},特别要减小寄生电容的影响;二是增大 β_2 即增大 V_2 管导通电流。使充电速度加快。

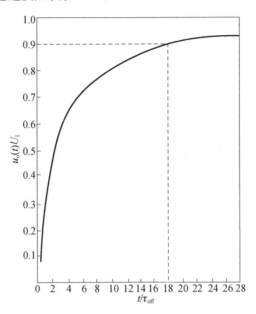

图 7-37 饱和负载 MOST 的开关时间响应

2. 导通或开启时间 t_{on}

当输入信号由"0"变到"1"时,倒相管 V_1 导通,电容 C_{GND} 将通过 U_1 放电,根据假设⑤可得图 7-38 所示放电回路。由于在放电过程中,$u_0(t)$ 在不断下降,即 V_1 的 $|U_{\text{DS}}|$ 不断下降,故 V_1 就由刚开始工作在饱和区而逐渐进入非饱和区。导通后 V_1 瞬态工作点变化的轨迹如图 7-39 所示。

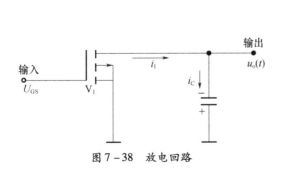

图 7-38 放电回路

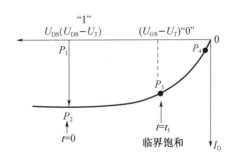

图 7-39 导通后的瞬态工作点

若 V_1 截止时 C_{GND} 充电至 $U_1 = U_{DD} - U_T$,如图 7-39 中 P_1 点。当 V_1 的栅源电压跃变到 $|U_{GS}| > |U_T|$ 时,根据假设②,V_1 本身没有电荷存储效应,工作点应立即由 P_1 点跃变到 P_2。P_2 至 P_3 曲线表明 V_1 工作在饱和区,P_3 至 P_4,工作在非饱和区,P_3 是饱和与非饱和区的分界点。与点 P_3 对应的漏源电压为 $U_{GS} - U_T$,即 $|U_{GS} - U_T| = |u_0(t_1)|$。

在饱和区,流经 V_1 的电流 $i_1 = -\frac{\beta}{2}(U_{GS} - U_T)^2$,$\beta_1$ 为 V_1 管的 β 因子,根据电流连续性原理,$i_1 = i_c$,则

$$-C_{GND} \cdot \frac{dU_o(t)}{dt} = -\frac{\beta_1}{2}(U_{GS} - U_T)^2$$

可见,$\frac{dU_o(t)}{dt}$ = 常数。说明饱和区输出电压 $u_0(t)$ 与时间 t 成线性关系。由此可计算出电容 C_{GND} 从 $0.9U_1$ 放电到 $(U_{GS} - U_T)$(见图 7-39 中 P_3 点)所用时间为

$$t_s = \frac{2C_{GND}}{\beta_1(U_{GS}-U_T)^2} \int_{0.9U_1}^{U_{GS}-U_T} du_0(t) = -\frac{2C_{GND}}{\beta_1(U_{GS}-U_T)^2}[0.9U_1 - (U_{GS} - U_T)]$$

(7-102)

在非饱和区,流经 V_1 的电流 i_1 为

$$i_1 = -\beta_1 \left[(U_{GS} - U_T)u_0(t) - \frac{1}{2}u_0^2(t) \right]$$

又有

$$-C_{GND}\frac{du_o(t)}{dt} = -\beta_1 \left[(U_{GS} - U_T)u_0(t) - \frac{1}{2}u_0^2(t) \right]$$

或

$$\frac{C_{GND}}{\beta_1} \cdot \frac{du_0(t)}{\left[(U_{GS}-U_T)u_0(t) - \frac{1}{2}u_0^2(t)\right]} = dt$$

由此可计算电容 C_{GND} 从 $(U_{GS} - U_T) \to 0.1U_1$ 的放电时间为

$$t_{NS} = \frac{C_{GND}}{\beta_1} \int_{(U_{GS}-U_T)}^{0.1U_1} \frac{du_0(t)}{\left[(U_{GS}-U_T)u_0(t) - \frac{1}{2}u_0^2(t)\right]}$$

应用关系式

$$\int \frac{dx}{x(a+bx)} = -\frac{1}{a}\ln\left(\frac{a+bx}{x}\right)$$

可得

$$t_{NS} = \frac{-C_{GND}}{\beta_1(U_{GS}-U_T)} \ln\left[\frac{(U_{GS}-U_T)-\frac{1}{2}u_0(t)}{u_0(t)}\right]\bigg|_{U_{GS}-U_T}^{0.1U_1} = -\frac{C_{GND}}{\beta_1(U_{GS}-U_T)}\ln\left[\frac{2(U_{GS}-U_T)-0.1U_1}{0.1U_1}\right]$$

(7-103)

开启时间(或称输出电压从起始值 $u_0(0)$ 的 90% 下降到 10% 所需时间为式(7-102)和式(7-103)两式之和,即

$$t_{on} = t_s + t_{NS} = -\frac{C_{GND}}{\beta_1(U_{GS}-U_T)}\left\{\frac{2[0.9U_1-(U_{GS}-U_T)]}{U_{GS}-U_T}+\ln\left[\frac{2(U_{GS}-U_T)-0.1U_1}{0.1U_1}\right]\right\}$$

(7-104)

或

$$t_{on} = \frac{C_{GND}}{(g_m)_1}\left\{\frac{2[0.9U_1-(U_{GS}-U_T)]}{(U_{GS}-U_T)}+\ln\left[\frac{2(U_{GS}-U_T)-0.1U_1}{0.1U_1}\right]\right\} \quad (7-105)$$

此处 $(g_m)_1 = -\beta_1(U_{GS}-U_T)$ 为倒相管的跨导。由此可见,为减小 t_{on} 应采取:

① 减小输出端对地的等效电容。
② 增大倒相管的跨导,即增大 β_1。

7.8 MOSFET 的温度特性

在 MOS 功率管使用过程中,它的电学参数要随温度的升高而发生变化。观察漏电流、跨导、电导表达式,发现这些表达式均包含迁移率 μ 和阈值电压 U_T 两项,而这两项与温度的关系密切,因此导致电学参数也随温度变化。

7.8.1 迁移率随温度的变化

试验发现[3],在 MOSFET 的反型层中,当表面感生电荷密度 $|Q_S/q| < 10^{12} cm^{-2}$(相当于 $E_S = Q_S/\varepsilon\varepsilon_0 \approx 10^5 V/cm$)条件下,电子和空穴的有效迁移率实际是常数,其数值等于半导体体内迁移率的一半。试验还发现,此时迁移率随温度上升而呈下降趋势。在较高温度下,反型层中的电子与空穴的迁移率 $\mu_{eff} \propto T^{-\frac{3}{2}}$;而在 -55 ~ +150℃ 的较低温度范围 $\mu_{eff} \propto T^{-1}$,所以,器件 β 因子则具有负温度系数。

7.8.2 阈值电压与温度的关系

试验发现,氧化膜中电荷 Q_{ox} 及金属-半导体功函数差,在很宽的温度范围内与温度无关,所以将 U_T 对温度 T 求导,可得

$$\frac{dU_T}{dT} \approx -\frac{1}{C_{ox}}\left(\frac{dQ_B}{dT}\right)+2\left(\frac{d\psi_F}{dT}\right) \quad (7-106)$$

275

对于N沟器件 $Q_B = -[4\varepsilon\varepsilon_0 qN_A\psi_F]^{\frac{1}{2}}$ 将 Q_B 代入上式,可得

$$\frac{dU_T}{dT} \approx -\frac{1}{C_{ox}}(\psi\varepsilon\varepsilon_0 qN_A)^{\frac{1}{2}}\frac{d\psi_F^{\frac{1}{2}}}{dT} + 2\frac{d\psi_F}{dT} \tag{7-107}$$

可见,阈值电压的温度系数与 $d\psi_F/dT$ 有相同的符号。对于P型硅, $\psi_F = \frac{kT}{q}\ln\frac{N_A}{n_i}$

$$\frac{d\psi_F}{dT} = \frac{k}{q}\ln\frac{N_A}{n_i} + \frac{kT}{q}\ln\frac{d}{dT}\left(\ln\frac{N_A}{n_i}\right)$$

由"半导体物理"已知 $n_i \approx 3.86 \times 10^{16} T^{\frac{3}{2}}\exp\left(-\frac{E_{g0}}{2kT}\right)$ 代入上式,可得

$$\frac{d\psi_F}{dT} \approx \frac{k}{q}\left[\ln\frac{N_A}{n_i} - \frac{E_{g0}}{2kT} - \frac{3}{2}\right] \tag{7-108}$$

在通常的温度范围内, $\frac{E_{g0}}{2kT} \gg \frac{3}{2}$。

故式(7-108)又可近似为

$$\frac{d\psi_F}{dT} \approx \frac{1}{T}\left(\psi_F - \frac{E_{g0}}{2q}\right) \approx \frac{1}{T}(0.6 - \psi_F) \tag{7-109}$$

由于在MOSFET的沟道掺杂范围内 ψ_F 始终小于 $E_{g0}/2q$,即 $\psi_F < 0.6V$,因此,在P型硅中, $\frac{d\psi_F}{dT} < 0$。这表明,在P型硅中, $E_F < E_i$,但随着温度的升高逐渐移向 E_i,所以 ψ_F 随温度升高而减小。将式(7-109)代入式(7-107),可得N沟MOS阈电压随温度的变化关系为

$$\frac{dU_{Tn}}{dT} = -\left(\frac{0.6-\psi_F}{T}\right)\left(\frac{-Q_B}{2C_{ox}\psi_F} + 2\right) \tag{7-110}$$

由于 $\frac{dU_T}{dT}$ 与 $\frac{d\psi_F}{dT}$ 同号,因而N沟MOS器件的 $dU_{Tn}/dT < 0$。而对于N-Si,其 $E_F > E_i$,且随着温度升高 E_F 从 E_i 的上方逐渐移向 E_i,使 $|E_i - E_F|$ 随温度增加而减小。根据费米势表达式,即

$$\psi_F = -\frac{kT}{q}\ln\frac{N_D}{n_i}$$

$$\frac{d\psi_F}{dT} \approx \frac{0.6 + \psi_F}{T}$$

可以看出, $d\psi_F/dT > 0$。所以,P沟MOS的阈值电压随着温度升高而增大,即 $dU_{Tp}/dT > 0$。试验表明,在 $-55 \sim +125$℃范围内,N沟及P沟MOS器件的阈值电压都随温度呈线性变化。图7-40所示为P沟 U_T 随温度变化的曲线。

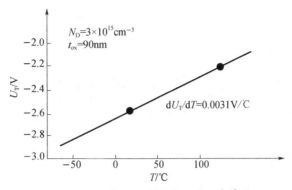

图 7-40 P 沟 MOS 阈值电压的温度特性

7.8.3 MOSFET 几个主要参数的温度关系

1. 非饱和区

1) 漏电流的温度特性

将漏极电流表达式(7-37)对温度求导,可得

$$\frac{dI_{DS}}{dT} = \left[(U_{GS} - U_T) - \frac{U_{DS}}{2}\right] U_{DS} \cdot \frac{d\beta}{dT} + \beta \frac{d}{dT}\left[(U_{GS} - U_T) - \frac{U_{DS}}{2}\right] U_{DS}$$

$$= \frac{I_{DS}}{\beta} \cdot \frac{d\beta}{dT} + \frac{I_{DS}}{\left[(U_{GS} - U_T) - \frac{U_{DS}}{2}\right]} \cdot \left(-\frac{dU_T}{dT}\right)$$

由此得漏极电流的温度系数为

$$\alpha = \frac{1}{I_D} \cdot \frac{dI_{DS}}{dT} = \frac{1}{\mu} \cdot \frac{d\mu}{dT} + \frac{1}{(U_{GS} - U_T) - \frac{U_{DS}}{2}} \cdot \left(-\frac{dU_T}{dT}\right) \tag{7-111}$$

可见,漏极电流随温度的变化受迁移率和阈值电压两个温度系数支配。式(7-111)中第一项为负,第二项为正。当 $U_{GS} - U_T$ 较大时,第二项作用减弱,漏电流温度特性主要受迁移率支配,即漏电流温度系数为负;当 $U_{GS} - U_T$ 较小时,第二项起主要作用,对于 N 沟 MOS,$dU_T/dT < 0$,漏电流的温度系数为正。可见,选择合适的 $U_{GS} - U_T$ 值,可使 N 沟漏电流的温度系数为零。令 $\alpha = 0$,可得零温度系数的工作条件为

$$U_{GS} - U_T - \frac{U_{DS}}{2} = \mu \frac{\dfrac{dU_T}{dT}}{\dfrac{d\mu}{dT}} \tag{7-112}$$

2) 跨导的温度特性

将式(7-48)对温度求导,可得

$$\frac{dg_m}{dT} = U_{DS}\frac{d\beta}{dT} = g_m \frac{1}{\beta} \cdot \frac{d\beta}{dT}$$

所以,跨导的温度系数为

$$\gamma = \frac{1}{g_m} \cdot \frac{dg_m}{dT} = \frac{1}{\beta} \cdot \frac{d\beta}{dT} = \frac{1}{\mu} \cdot \frac{d\mu}{dT} \tag{7-113}$$

可见,在非饱和区,跨导随温度的变化仅与迁移率的温度特性有关,因而跨导的温度系数为负值。

3) 漏电导的温度特性

将式(7-62)对温度求导可得

$$\eta = \frac{1}{g_{dL}} \cdot \frac{dg_{dL}}{dT} = \frac{1}{\mu} \cdot \frac{d\mu}{dT} + \frac{1}{(U_{GS}-U_T)-U_{DS}} \cdot \left(-\frac{dU_T}{dT}\right) \tag{7-114}$$

可见,在非饱和区内,漏极电导的温度特性与漏电极相似。它也是由迁移率与阈值电压两个因素决定的。亦即在适当的条件下,其温度系数可减小到零。

2. 饱和区

将式(7-38)对温度求导可得

$$\alpha_s = \frac{1}{I_{Dsat}} \cdot \frac{dI_{Dsat}}{dT} = \frac{1}{\mu} \cdot \frac{d\mu}{dT} + \frac{2}{(U_{GS}-U_T)} \cdot \left(-\frac{dU_T}{dT}\right) \tag{7-115}$$

另外,饱和区跨导 g_{ms} 等于线性区漏导,故其温度系数有与式(7-114)相同的形式,即

$$\gamma_s = \frac{1}{\mu} \cdot \frac{d\mu}{dT} + \frac{1}{U_{GS}-U_T} \cdot \left(-\frac{dU_T}{dT}\right) \tag{7-116}$$

由此可见,饱和区漏电流与跨导两者的温度系数均受迁移率和阈值电压的温度特性制约。因而也都存在着零温度系数工作点。图 7-41 给出了漏电流温度系数随栅压变化的曲线。由图可见,该器件在 $U_{GS}-U_T \approx 2V$ 时,漏极电流的温度系数接近于零。

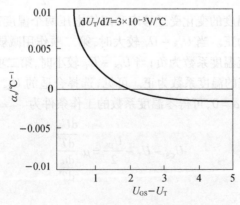

图 7-41 N 沟 MOS α_s 随栅压的变化

7.9 MOSFET 的噪声特性

MOSFET 的主要噪声源是热噪声,其次是 $1/f$ 噪声。由于 PN 结反向电流很小,故其散粒噪声可以忽略。

7.9.1 沟道热噪声

MOS 器件的导电沟道都存在一定的电阻。沟道内载流子的无规则热运动将在沟道中产生噪声电压,该电压将使沟道电势分布产生起伏,致使有效栅压发生波动,从而导致漏极电流出现涨落。由此产生的噪声称为沟道热噪声。图 7-42 表示了热噪声对沟道电位分布的影响。设在沟道中 y_0 处边长为 dy 的小体积元的微分电阻为 dR,在微分电阻上产生热噪声电压 ΔU_{th} 的均方值,即

$$\overline{\Delta U_{th}^2} = 4kTdR\Delta f \approx 4kT\frac{\Delta U(y_0)}{I_D}\Delta f$$

此热噪声电压使沟道中电位分布由图 7-42 中的实线变成虚线分布,沟道漏电流产生起伏。

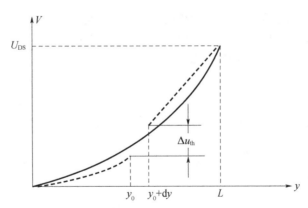

图 7-42 热噪声对沟道电位分布的影响

可以证明,由此产生的热噪声电流均方值为

$$\overline{i_{nd}^2} = 4kT\Delta f g_d \cdot \frac{2}{3}F(\eta) \tag{7-117}$$

式中 $F = \dfrac{1-(1-\eta)^2}{\eta(2-\eta)(1-\eta)}$;

$\eta = \dfrac{U_{DS}}{U_{GS} - U_T}$

从式(7-117)可以看出,沟道热噪声来源于沟道电阻($1/g_d$),但同时也是器件工作状态的函数。

当 U_{DS} 很小时,$\eta \to 0$,$F(\eta) \to \dfrac{3}{2}$,由此得器件工作在线性区时的热噪声电流为

$$\overline{i_{ndL}^2} = 4kT\Delta f g_{dL} \qquad (7-118)$$

式(7-118)说明,当 MOS 器件工作在线性区时,其噪声电流确实产生于线性区沟道电阻。

若将沟道电导 g_d 的表达式(7-62)代入式(7-117),可得

$$\overline{i_{nd}^2} = 4kT\beta(U_{GS} - U_T)\Delta f H(\eta) = 4kT g_{ms}\Delta f H(\eta) \qquad (7-119)$$

式中,$H(\eta) = \dfrac{2}{3} \cdot \dfrac{1-(1-\eta)^2}{\eta(2-\eta)}$。

当 $U_{DS} = U_{GS} - U_T$(器件进入饱和态)时,$\eta = 1$,$H(\eta) = \dfrac{2}{3}$,故饱和区的沟道热噪声电流为

$$\overline{i_{nds}^2} = 4kT\Delta f \cdot \dfrac{2}{3}g_{ms} \qquad (7-120)$$

7.9.2 诱生栅极噪声

在高频情况下,沟道载流子无规则热运动除了产生沟道热噪声外,还将通过栅电容的耦合,将沟道内电势分布的起伏耦合到栅极上,从而使栅极电压随着沟道内电势分布的变化而产生起伏,并在栅极回路中产生栅噪声电流 $\overline{i_{ng}^2}$。这种通过栅电容耦合而诱生的噪声,称为诱生栅极噪声。

若沟道内的热噪声电压在整个沟道内产生了 $\Delta Q_总$ 的电荷增量,则通过栅电容的耦合,必然在栅极上也感应出电量相等而符号相反的变化电荷,即在栅源输入回路产生对栅电容充电的起伏电流。因此,诱生栅极噪声电流为

$$\overline{i_{ng}^2} = (j\omega\Delta Q_总)^2 = \omega^2(\overline{\Delta Q_总^2})$$

求出沟道增量电荷 $\Delta Q_总$,即可得

$$\overline{i_{ng}^2} = 0.12 \times 4kT\Delta f \dfrac{\omega^2 C_{ch}^2}{g_{ms}} \qquad (7-121)$$

式中,$C_{ch} = LC_{ox}$,它表示单位沟道宽度上的栅—沟道电容。式(7-121)是忽略 $\overline{i_{ng}^2}$ 和 $\overline{i_{nd}^2}$ 两个噪声源的相关性而得出的一个简单表达式。由式(7-121)可见,栅噪声电流随频率增加而按 ω^2 关系上升,栅噪声电流是栅极输入回路中的噪声源。

7.9.3 $\dfrac{1}{f}$ 噪声

$\dfrac{1}{f}$ 噪声的大小主要与表面状态有关。由于在 MOS 器件中,栅下 $Si-SiO_2$ 界面存在高

密度的界面态。载流子在沟道运动中,时而被界面态俘获,时而又被释放。由于载流子在表面产生复合的起伏,从而使通过沟道的载流子发生起伏而产生低频噪声。此噪声电压随着频率升高而很快下降,近似与频率 f 成反比,因而称为 $\frac{1}{f}$ 噪声。

试验发现,$\frac{1}{f}$ 噪声电压正比于界面态电荷密度 Q_{SS}。硅的(100)面具有较低的界面态密度,因而用(100)面制作器件可以得到最小的噪声系数。与此同时,尽量减少缺陷,将表面态电荷密度控制到最低,可以进一步减小低频噪声。

7.9.4 MOSFET 的高频噪声系数

MOSFET 使用在高频时,噪声主要来源于热噪声和诱生栅极噪声。因二者均产生于沟道,故它们是相关的噪声源。但因其相关性不大,往往又将其忽略而视作两个独立的噪声源。当忽略其相关性时,MOSFET 在高频时的最小噪声系数[04]为

$$F_{\min} = 1 + 0.053\left(\frac{f}{f_T}\right)^2 + \left[2.316\left(\frac{f}{f_T}\right)^2 + 0.284\left(\frac{f}{f_T}\right)^4\right]^{\frac{1}{2}} \approx 1 + 0.053\left(\frac{f}{f_T}\right)^2$$

(7-122)

式中,f_T 与输入电容 C_I 的关系为 $f_T = \frac{g_m}{2\pi C_I}$。显然,最小噪声系数 $F_{\min}$ 主要由 f_T 决定。由于一些寄生因素的影响,实际 MOS 器件的噪声大于上述理论计算值。

7.10 MOSFET 的短沟道和窄沟道效应

在前面讨论中,都认为 MOSFET 的沟道较长且足够宽,这样沟道的"边缘"效应忽略不计,且用缓变沟道近似理论对器件进行一维分析。然而当器件的沟道长度减小到可以与源结和漏结的耗尽层宽度相比拟时,或沟道宽度窄到与栅下耗尽层深度差不多时,器件特性就不能用一维理论来分析。由"一维"理论所得出的结论在短沟道或窄沟道器件中将不再适用。随着集成电路的规模越来越大,要求器件尺寸越来越小,所以很有必要对小尺寸器件,即短沟道、窄沟道器件的特性加以研究。

器件沟道长度缩短后,将出现一系列问题:
① 阈值电压随沟道长度的减小而下降。
② 沟道长度缩短后,漏源间高电场使迁移率减小,载流子速度达到饱和,跨导下降,或者沟道穿通出现空间电荷限制电流。
③ 弱反型漏电流将随沟道长度缩小而增加,并出现夹不断情况。
这些偏离长沟道器件特性的种种现象总称为短沟道效应[5]。

7.10.1 阈值电压的变化

1. 短沟道效应(SCE)

图 7-43 所示为分析短沟道器件中阈值电压漂移的几何模型(Poon-Yan 模型)。

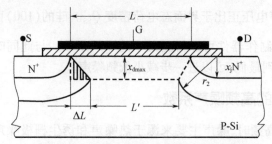

图 7-43 分析短沟道效应的器件几何模型

由图 7-43 可见,在沟道缩短后(对普通掺杂的 MOS 器件,L 短到几微米以下)时,由于漏-衬结和源-衬结的耗尽区靠得很近,受栅压控制的空间电荷区将由原来的矩形区($L x_{dmax}$)变为以 L、L' 为底边、x_{dmax} 为高的梯形区。梯形区以外的空间电荷区不受栅极控制,受栅极控制的栅下空间电荷总量减为

$$Q'_B = q N_d x_{dmax} \cdot \frac{L+L'}{2} W = Q_{Bmax} \cdot \frac{L+L'}{2} W$$

栅下单位面积上的平均电荷面密度减至

$$\overline{Q}_{Bmax} = \frac{Q'_B}{WL} = Q_{Bmax} \cdot \left(1 - \frac{\Delta L}{L}\right) \tag{7-123}$$

式中,$\Delta L = \frac{1}{2}(L - L')$。

由此可见,当考虑源端和漏端耗尽层的影响时,栅下空间电荷减少,其减少量为图 7-43 中栅下阴影线三角形面积所对应的电荷量的 2 倍,与之相应的单位面积上的平均空间电荷密度比长沟道器件减少了 $Q_{Bmax} \cdot \frac{\Delta L}{L}$。由图 7-43 得出

$$\Delta L = (r_2^2 - x_{dmax}^2)^{\frac{1}{2}} - x_j \approx [(x_j + x_{dmax})^2 - x_{dmax}^2]^{\frac{1}{2}} - x_j = x_j \left[\left(1 + \frac{2 x_{dmax}}{x_j}\right)^{\frac{1}{2}} - 1\right] \tag{7-124}$$

将式(7-124)代入式(7-123),得

$$\overline{Q}_{Bmax} = Q_{Bmax} \left\{1 - \frac{x_j}{L}\left[\left(1 + \frac{2 x_{dmax}}{x_j}\right)^{\frac{1}{2}} - 1\right]\right\} \tag{7-125}$$

从式(7-125)可以看出,当 $L \gg x_j$ 时,源、漏端耗尽层影响可忽略, $\overline{Q}_{Bmax} = Q_{Bmax}$;而当 L 接近于 x_j 时, $\overline{Q}_{Bmax}$ 随 L 的缩短而减小。将式(7-125)代入 U_T 电压表达式中,可得考虑漏源边缘效应时,短沟道器件阈值电压表达式为

$$U_T = U_{FB} + 2\psi_F - \frac{Q_{Bmax}}{C_{ox}} \left\{ 1 - \frac{x_j}{L} \left[\left(1 + \frac{2x_{dmax}}{x_j}\right)^{\frac{1}{2}} - 1 \right] \right\} \quad (7-126)$$

由此得到由于漏源边缘效应引起的阈值电压漂移量为

$$\Delta U_T = \frac{-Q_{Bmax}}{C_{ox}} \left[\left(1 + \frac{2x_{dmax}}{x_j}\right)^{\frac{1}{2}} - 1 \right] \cdot \frac{x_j}{L} \quad (7-127)$$

图7-44表示某N沟器件 ΔU_T 随 L 的变化关系。器件参数:衬底 $\rho_B = 1\Omega \cdot cm, t_{ox} = 100nm, x_j = 0.3\mu m$。图中除给出了 $U_{DS} = 0.05V, U_{BS} = 0V$ 和 $-4V$ 时的 ΔU_T 试验结果外,同时还给出了用Poon-Yau模型理论计算的结果。由图看出,当衬底偏压 $U_{BS} = 0V$ 时,理论与试验较符合。$U_{BS} = -4V$ 时,二者偏离较大。这是因为当衬底上加偏压时,表面耗尽层宽度展宽,源漏端的耗尽层对栅下电荷的影响增大,短沟道效应更显著所致。表明Poon-Yau模型适用于沟道效应较弱情况,而在沟道效应较显著时应采用二维方法求解。

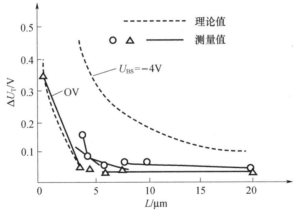

图7-44 阈值电压漂移量 ΔU_T 随沟道长度 L 的变化

2. 窄沟道效应(NWE)[6]

在实际MOS器件中,在沟道宽度方向的两端耗尽层将向两侧延伸,如图7-45所示。延伸部分所包含的电荷量 Q_{d2},在沟道宽度 W 较宽时,可忽略不计。但当 W 只有几个微米时,就必须考虑 Q_{d2} 的影响了。

当考虑了 Q_{d2} 后,表面耗尽层的总电荷量为

$$\sum Q_d = Q_{d1} + Q_{d2} = Q_{d1}\left(1 + \frac{\alpha x_d}{W}\right) \quad (7-128)$$

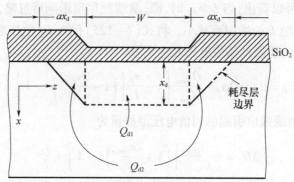

图 7-45 窄沟道边缘的侧面耗尽层

设在强反型开始时($U_G = U_T$),单位表面积下耗尽层中有效固定电荷量的平均值为 $\overline{Q'_B}$,则

$$\overline{Q'}_{Bmax} = \frac{\sum Q_d}{WL}\bigg|_{U_G = U_T} = Q_{Bmax}\left(1 + \frac{\alpha x_{dmax}}{W}\right) \tag{7-129}$$

将式(7-129)代入阈值电压 U_T 的表达式中,可得考虑沟道宽度方向的边缘效应后的阈值电压表达式为

$$U_T = U_{FB} + 2\psi_F - \frac{Q_{Bmax}}{C_{ox}}\left(1 + \frac{\alpha x_{dmax}}{W}\right) \tag{7-130}$$

由于沟道变窄后,使栅下可控空间电荷增多,平均电荷面密度增大,因而阈值电压上升。

7.10.2 漏特性及跨导的变化

长沟道器件漏电流及跨导均与沟道长度成反比,即 $I_{DS} \propto \dfrac{1}{L}$、$g_m \propto \dfrac{1}{L}$。而当沟道缩短后,这些特性将发生变化。

1. 速度饱和效应

在短沟道器件中,由于 L 很短,沟道内的漂移电场 E_y 将随漏源电压 U_{DS} 的增加而迅速上升,当 U_{DS} 增加到漏端电场达到载流子速度饱和临界场强 E_C($\approx 2 \times 10^4$ V/cm)时,漏端载流子速度饱和,从而使漏极电流达到饱和值。

若在漏源电压为 U_{DS} 时,沟道中 y_1 点的漂移场强达到 E_C,则沟道将以 y_1 为界分为速度饱和区($y_1 \sim L$)和速度不饱和区($0 \sim y_1$)两部分。在 $0 \sim y_1$ 区内,漏电流由式(7-36)可得

$$I_{DS} = \frac{\mu_n C_{ox} W}{y_1}\left[(U_{GS} - U_T)U_{DS1} - \frac{1}{2}U_{DS1}^2\right] \tag{7-131}$$

其中,U_{DS1} 为 y_1 点对源端电压,且 $U_{DS1} < U_{GS} - U_T$。在($y_1 \sim L$)区内,载流子速度达到饱和,

但沟道并未夹断。其漂移电流为

$$I_{DS}(y_1) = Q_n \mu_N E_C \cdot W = W \mu_N E_C C_{oX} (U_G - U_T - U_{DS1}) \tag{7-132}$$

根据电流连续性原理,式(7-131)、式(7-132)应相等,同时解出 y_1 点对源的电压为

$$U_{DS1} = (U_G - U_T) + E_C y_1 - [(U_G - U_T)^2 + (E_C y_1)^2]^{\frac{1}{2}}$$

若速度饱和点出现在漏端,$y_1 = L$,则漏端达到速度饱和时的漏源电压为

$$U_{DSV} = (U_G - U_T) + E_C L - [(U_G - U_T)^2 + (E_C L)^2]^{\frac{1}{2}} \tag{7-133}$$

根据式(7-131),则可得漏端速度饱和时的漏电流为

$$I_{DSV} = \beta (E_C L)^2 \left\{ \left[\left(\frac{U_{GS} - U_T}{E_C L} \right)^2 + 1 \right]^{\frac{1}{2}} - 1 \right\} \tag{7-134}$$

由此可见,当漏端达到速度饱和时,漏电流同样达到饱和值而与漏源电压无关。但此饱和值是由载流子速度饱和引起,而不是由于沟道夹断引起,因而漏电流饱和时的漏源电压 $U_{DSV} < U_{Dsat}$。反映在输出特性曲线上,漏电流在 $U_{DS} < U_{Dsat}$ 处提前拐弯。因而速度饱和决定的漏电流饱和值 I_{DSV} 小于漏端沟道夹断时饱和电流 I_{Dsat},图7-46给出了这种变化。从式(7-134)看出,此时漏电流也不和 $\frac{1}{L}$ 成正比。

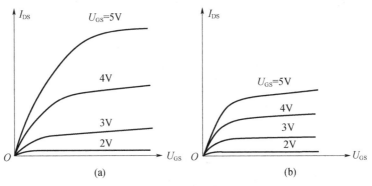

图7-46 速度饱和效应对器件特性的影响
(a)不存在速度饱和效应;(b)存在速度饱和效应。

2. 跨导特性的变化

将式(7-134)对 U_{GS} 求导,则可得速度饱和时的跨导值为

$$g_{mV} = \frac{\partial I_{DSV}}{\partial U_{GS}} = \beta (U_{GS} - U_T) \left[\left(\frac{U_{GS} - U_T}{E_C L} \right)^2 + 1 \right]^{-\frac{1}{2}} \tag{7-135}$$

因速度饱和时 $E_C L < (U_{GS} - U_T)$,上式方括号因子小于1,即当 L 短到漏端出现速度饱和时,器件跨导 g_{mV} 将低于长沟道跨导 g_m,且随 L 缩短而降低。如果此时漏源电压满足 $E_C L \ll$

$U_{GS} - U_T$,式(7-135)简化为

$$g_{mV} = \beta E_C L = C_{ox} W v_{sL} \tag{7-136}$$

可见,当 L 很短时,漏端载流子达到速度饱和,漏电流饱和,跨导也达到与 U_{DS}、U_{GS}、L 均无关的饱和值。

当 L 更小时,可能出现沟道穿通。如对于沟道掺杂 $N_A = 5 \times 10^{16} \text{cm}^{-3}$ 的 MOS 器件,若 $L = 0.3 \mu m$,$U_{DS} = 0V$ 时,漏结和源结的耗尽层宽度($x_{mD} + x_{mS}$)就已经大于 $0.3 \mu m$,此时两空间电荷区已穿通。

7.10.3 弱反型区的亚阈值电流

在长沟道器件中,弱反型区中的亚阈值电流随栅压增加而呈指数上升;当 $U_{DS} > 3\dfrac{kT}{q}$ 之后,弱反型漏电流几乎与漏压 U_{DS} 无关。但随着沟道长度的减小,沟道两端源、漏的边缘效应逐渐起作用,栅控制灵敏度下降,因此,弱反型漏电流随 U_{DS} 增加而明显增加。图 7-47 所给出的曲线说明了这一问题。从图中可以看出,当 $L = 7 \mu m$ 时,U_{DS} 的影响已开始显现,但尚不明显;当 $L = 3 \mu m$ 时,$U_{DS} = 0.5V$ 和 $U_{DS} = 1V$ 时弱反型区的特性曲线差别已很大,且后者对应的电流大;当 $L = 1.5 \mu m$ 时,沟道已夹不断了。当沟道缩短到漏源区耗尽层相碰时,并互相重叠,沟道中电位的最低点不再出现在半导体表面,而移至离开表面一定深度的衬底内部。电流密度的最高点也由表面移入半导体内部,如图 7-48 所示。图中所示器件为 $N_A = 10^{14} \text{cm}^{-3}$、$L = 1 \mu m$,$x_j = 1.5 \mu m$,$t_{ox} = 80 \text{nm}$,$U_{DS} = 0.1V$,$U_{BS} = 0V$ 的 N 沟 MOS 器件。因为此电流通路不在半导体表面。所以,栅压对漏电流的控制作用减弱,形成了栅压不能完全控制的漏极电流,甚至会出现夹不断的现象。

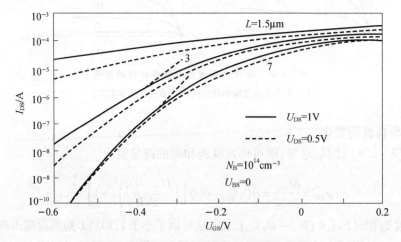

图 7-47 弱反型区漏特性随沟道长度的变化

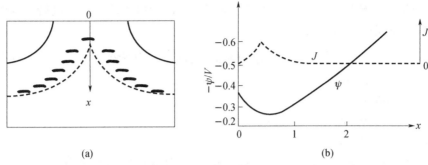

图 7-48 穿通后沟道中点向衬底方向的电流、电位分布
(a)夹不断现象;(b)电流、电位分布。

7.10.4 长沟道器件的最小沟道长度限制

为了实现 MOS 器件的小型化,提高 MOS 器件的性能,必须尽量缩短沟道长度,同时又要防止出现短沟道效应,为此,应对沟道长度的缩短加以限制。那么,沟道缩到多短为合适呢?一般规定以沟道缩短到仍保持长沟道特性为标准。标志长沟道特性有两方面,一是当 $U_{DS} > 3\dfrac{kT}{q}$ 后,弱反型漏电流 I_{DS} 与 U_{DS} 无关;二是漏电流 I_{DS} 与 $\dfrac{1}{L}$ 成正比。按上述标准,确定在漏电流 I_D 随 $\dfrac{1}{L}$ 增加而上升的过程中,当 I_D 增大到偏离 $I_D \propto \dfrac{1}{L}$ 的线性关系 10% 的沟道长度为最小沟道长度 L_{min};或规定 $\Delta I_D/I_D$ 增加 10% 时的沟道长度为 L_{min},如图 7-49 所示。

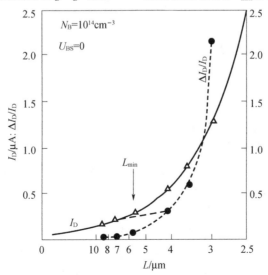

图 7-49 漏极电流随 L 的变化

其中 ΔI_D 是在栅压 $U_G = U_T$ 时,两个不同 U_{DS} 下漏极电流之差。经过研究表明[7],具有长沟道特性的最小沟道长度为

$$L_{\min} = 0.4\left[x_j t_{oX}(x_{mD}+x_{mS})^2\right]^{\frac{1}{3}} = 0.4\gamma^{\frac{1}{3}} \qquad (7-137)$$

式中 $\gamma = x_j t_{oX}(x_{mD}+x_{mS})^2$;

x_j——漏源结深;

$x_{mD}+x_{mS}$——漏源耗尽层总宽度,μm;

t_{oX}氧化层厚度,Å。

图 7-50 给出了按式(7-137)计算所得最小沟道长度与 γ 的变化规律及试验结果,同时还给出了用二维分析模拟、使用计算机进行计算的结果。由图可见,三者基本一致。故式(7-137)可作为 MOS 器件小型化的指南。器件沟道长度只要处于斜线上方非阴影线区,就不会出现短沟道效应。设法减小 γ 值,可获得小 $L_{\min}$。

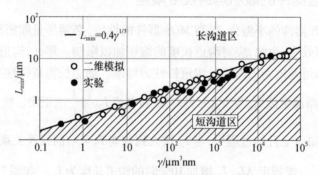

图 7-50 最小沟道长度随 γ 的变化

7.10.5 短沟道高性能器件结构举例

从式(7-137)可看到,缩短沟道尺寸涉及的因素很多,而这些因素的确定就是 MOSFET 结构的确定。也就是说,要想作成具有长沟道特性的短沟道器件,必须有特定的结构。不能随意减小沟道长度。下面介绍几种保持长沟道特性的短沟道器件结构。

1. 按比例缩小 MOSFET

按比例缩小 MOSFET,可以有 CE(保持沟道电场不变)和 CV(保持电压不变)两种不同原则。下面以 CE 原则为例来分析此结构的特点。

1) 缩小后的结构尺寸及电压变化

为了避免短沟道效应,这种结构不仅缩小沟道长度,其他部位尺寸均缩小。若缩小后沟道长度 $L' = L/K(K>1)$;沟道宽度 $W' = W/K$;氧化层 $t'_{oX} = t_{oX}/K$;结深 $x'_j = x_j/K$。为了保证表面最大耗尽层宽度缩小 K 倍,需将衬底浓度提高 K 倍,并加上适当的衬底偏压 U_{BS},

使器件强反型时的表面势也缩小 K 倍，即 $2\psi_F' - U_{BS}' = \frac{1}{K}(2\psi_F - U_{BS})$，经过这样缩小之后，MOSFET 表面最大耗尽层厚度为

$$x_{dmax}' = \left[\frac{2\varepsilon\varepsilon_0(2\psi_F' - U_{BS}')}{qN_A'}\right]^{\frac{1}{2}} = \frac{1}{K}x_{dmax}$$

同时，为了保证沟道电场不变，那么其漏源电压应随沟道长度缩小 K 倍；而栅源电压应随栅氧化层厚度缩小 K 倍，即 $U_{DS}' = U_{DS}/K$，$U_{GS}' = U_{GS}/K$。

2）缩小后 MOSFET 的电特性

（1）阈值电压。长沟道的阈值电压 U_T 为

$$U_T = -U_{mS} + 2\psi_F - \frac{t_{ox}}{\varepsilon\varepsilon_0}qN_Ax_{dmax} - \frac{t_{ox}}{\varepsilon\varepsilon_0}Q_{ox}$$

缩小后的 MOS 器件中，上式第一、二两项随杂质浓度增加而变化，但二者的变化量基本相互抵消。第三、四项均缩小了 K 倍，因而 $U_T' = U_T/K$，即按比例缩小的 MOS 器件的阈值电压也缩小了 K 倍。

（2）漏电流。长沟道器件漏电流表达式为

$$I_{DS} = \frac{\mu_n\varepsilon\varepsilon_0 w}{t_{ox}L}\left[(U_{GS} - U_T)U_{DS} - \frac{1}{2}U_{DS}^2\right](非饱和区)$$

$$I_{DS} = \frac{1}{2}\frac{\mu_n\varepsilon\varepsilon_0 w}{t_{ox}L}(U_{GS} - U_T)^2 (饱和区)$$

把按比例缩小的原则应用到上二式，其结果是缩小后的漏电流 $I_D' = \frac{I_{DS}}{K}$。

按比例缩小器件尺寸后，不仅阈值电压和漏电流发生了变化，还有许多参数也发生了变化，变化情况如表 7-5 所列。

表 7-5 器件参数的缩小比率

器件参数	缩小比率	器件参数	缩小比率
沟道长度 L	$1/K$	电压 U_{DS}、U_{GS}、U_T	$1/K$
沟道宽度 W	$1/K$	电流 I	$1/K$
氧化膜厚度 t_{ox}	$1/K$	电容 C	$1/K$
扩散结深 x_j	$1/K$	电流密度 I/A	K
耗尽层宽度 x_{dmax}	$1/K$	电场 E	1
衬底掺杂浓度 N_B	K	功耗 W	$1/K^2$

这种按比例缩小器件尺寸中 K 的取值也是受限制的。如果 K 取得过大，即 x_j 过浅，

将使寄生漏源电阻增大,影响沟道电阻及跨导、电导等参数;K 值过大,要保持源、漏耗尽区宽度不变,必然 N_A 要高,N_A 过高,衬底偏压对阈值电压的影响增大;另外,K 值过大,线条必然很细,金属化电极上容易出现电迁徙现象。另外,阈值电压缩小后,抗干扰能力下降,与其他器件相容性降低。

2. 双注入 HMOSFET

图 7-51 是用双离子注入制作的高性能 MOS 结构示意图。器件是在低掺杂 P^- 衬底上进行两次离子注入制作的。浅注入 P_1 区的作用是控制阈值电压 U_T,深注入 P_2 区用来控制器件的穿通电压。由于离子注入的表面区足够浅,在工作状态下漏结耗尽层仍能深入到低掺杂衬底,因而可以减小漏电容。这种结构既做到短沟道,又可以减小短沟道效应。

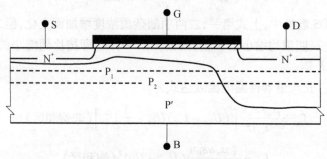

图 7-51 双注入 HMOS 结构

3. 四极 MOSFET[8]

四极 MOSFET 结构如图 7-52 所示。

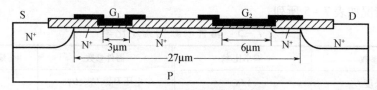

图 7-52 四极 MOS 晶体管结构

它实际上是由两个 MOS 晶体管串联而成。第一个 MOS 管的漏极又是第二个 MOS 管的源极。它们共用一个 N^+ 岛。该岛对外悬空,故构成了具有两个栅极的四极器件,故又称之为双栅 MOSFET。由于第一栅极下的沟道长度非常短,所以它的频率特性好,同时,第二个栅极 G_2 下的长度 L 用来提高击穿电压。

除了以上 3 种结构外,在功率 MOS 器件结构中介绍的各种高频功率器件也是短沟道高性能器件结构。

第 7 章 MOS 场效应晶体管

习 题

7-1 制作 N 沟增强 MOS 管衬底材料的电阻率与制作 N 沟耗尽型 MOS 管衬底材料的电阻率相比,哪个选得应高一些?为什么?

7-2 画出一个 N 沟增强型 MOSFET 在下列 3 种情况下沟道和耗尽层变化图,并分别写出这 3 种情况下,U_{DS}、U_{GS} 与 U_T 之间的关系。(1)非饱和区;(2)刚刚进入饱和区;(3)已经进入饱和区。

7-3 画出 P 型衬底的理想 MOS 结构在偏压条件下对应于载流子积累、耗尽以及强反型的能带及电荷分布示意图。

7-4 用推导 N 沟 MOS 器件漏电流表示式的方法,推导出 P 沟 MOS 器件漏电流表示式。

7-5 已知 P 沟 MOS 器件的衬底杂质浓度 $N_D = 5 \times 10^{15} \text{cm}^{-3}$,栅氧化层厚度 $t_{ox} = 100\text{nm}$,栅电极材料为金属铝,测得器件的阈值电压 $U_T = -2.5\text{V}$。(1)计算表面态电荷密度 Q_{SS};(2)若加上衬底偏置电压 $U_{BS} = 10\text{V}$,阈值电压漂移多少?(3)分别计算 $U_{BS} = 0\text{V}$,$U_{BS} = 10\text{V}$ 时最大耗尽层宽度。

7-6 已知 P 沟道 MOS 场效应管的沟道长度 $L = 10\mu\text{m}$,沟道宽度 $\omega = 400\mu\text{m}$,栅氧化层厚度 $T_{ox} = 150\text{nm}$,阈值电压 $U_T = -3\text{V}$,衬底杂质浓度 $N_D = 1 \times 10^{15} \text{cm}^{-3}$。求栅源电压 $U_{GS} = -7\text{V}$ 时该 MOS 晶体管的漏源饱和电流为多少?在上述条件下,当漏源电压 U_{DS} 等于多少伏时沟道开始夹断?

7-7 已知 N 沟 MOS 晶体管的衬底杂质浓度 $N_A = 1 \times 10^{15} \text{cm}^{-3}$,栅氧化层的厚度 $t_{ox} = 100\text{nm}$,在外加栅源电压 $U_{GS} - U_{FB} = 5\text{V}$ 的条件下,计算漏源饱和电压 V_{Dsat}。若 $t_{ox} = 200\text{nm}$,漏源饱和电压 U_{Dsat} 又为多少?将两个结果进行比较,并分析讨论。

7-8 已知 N 沟 MOSFET 具有下列参数。$N_A = 1 \times 10^{16} \text{cm}^{-3}$,$\mu_n = 500\text{cm}^2/\text{V}\cdot\text{s}$,$t_{ox} = 150\text{nm}$,$L = 4\mu\text{m}$,$w = 100\mu\text{m}$,$U_T = 0.5\text{V}$。

(1) 计算 $U_{GS} = 4\text{V}$ 时的跨导 g_{ms}。

(2) 若已知 $Q_{ox} = 5 \times 10^{10} \text{C/cm}^2$,计算 $U_{GS} = 4\text{V}$,$U_{DS} = 10\text{V}$ 时器件的饱和区漏电导 g_{Dsat}。

(3) 计算该器件截止频率 f_T 和跨导截止频率。

7-9 已知 N 沟 MOS 器件 $N_A = 1 \times 10^{15} \text{cm}^{-3}$,$t_{ox} = 150\text{nm}$,$L = 4\mu\text{m}$,计算 $U_{GS} = 0$ 时,器件的漏源击穿电压,并说明击穿受什么限制。

7-10 已知 N 沟 MOSFET 的衬底电阻率 $\rho_B = 2\Omega\cdot\text{cm}$,$t_{ox} = 100\text{nm}$,漏源扩散结深 $x_j = 0.5\mu\text{m}$,当 $U_{BS} = 0$,沟道长度减小到 $L = 3\mu\text{m}$ 时,按 Poon-Yan 模型计算 $\Delta U_T = ?$

参 考 文 献

[1] (美)保罗·里奇曼. MOS 场效应晶体管和集成电路. 北京:人民邮电出版社,1980.

[2] Sze S M. Physics of Semiconductor Devices. New York:Wiley,1981.

[3] Richards C Cobbold. Theory and Applications of Field – Effect Transistors,1970:248.

[4] 黄振岗译. MOS 场效应晶体管的应用. 北京:人民邮电出版社,1982.

[5] Poon H C,Yan L D,Jhonston R L et al. DC Model for Short – Channel IGFET's,Tech. Dig. Intern. Electron Devices Meeting,1973:156 – 159.

[6] Yan L D. A Simple Theory to Predict the Threshold Voltage of Short – Channel IGFET's. Solid – State Electronics,1974 (17):1059 – 1063.

[7] Noble W P,CottrellP E. Narrow – Channel Effect in Insulated Gate Field Effect Transistors, Tech. Dig. Intem. Electron Devices Meeting,1976:582 – 586.

[8] Brews J R,Fichtuer W,Nicollian E H,et al. Generalized Guide for MOSFET Miniaturization. IEEE Electron Devices Letter,EDL – 1,2 1980.

[9] 德山巍. MOSうドイス. 工业调查会,1973.

[10] 武世香. 双极型和场效应型晶体管. 北京:电子工业出版社,1995.

[11] 张屏英,周佑谟. 晶体管原理. 上海:上海科学技术出版社,1985.

[12] 陈星弼. 功率 MOSFET 与高压集成电路. 南京:东南大学出版社,1990.

第8章 石墨烯场效应晶体管

8.1 石墨烯场效应管

8.1.1 石墨烯材料

2004 年,英国曼彻斯特大学的安德烈·海姆教授和康斯坦丁·诺沃肖洛夫教授通过一种很简单的方法从石墨薄片中剥离出了石墨烯,为此他们荣获 2010 年诺贝尔物理学奖。

石墨烯(Graphene)是一种从石墨材料中剥离出的单层碳原子薄膜,是由单层六角元胞碳原子组成的蜂窝状二维晶体。换言之,它是单原子层的石墨晶体薄膜,其晶格是由碳原子构成的二维蜂窝结构。这种石墨晶体薄膜的厚度只有 0.335nm,将其 20 万片薄膜叠加到一起,也只相当 0.15mm 的厚度。1mm 厚的石墨晶体薄膜中将近有 150 万层左右的石墨烯。

石墨烯是已知的最薄的一种材料,并且具有极高的比表面积、超强的导电性和强度等优点。该材料具有许多新奇的物理特性,首先,石墨烯是一种零带隙半导体材料,因为其具有零禁带特性,即使在室温下载流子在石墨烯中的平均自由程和相干长度也可为 μm 级,所以它是一种性能优异的半导体材料。此外,根据石墨烯具有极高的比表面积、超强的导电性和强度的特性,可以制造复合材料、电池/超级电容、储氢材料、场发射材料、场效应晶体管、透明电极、触摸屏、超灵敏传感器等。

硅基的微型计算机处理器在室温条件下每秒钟只能执行一定数量的操作,然而电子穿过石墨烯几乎没有任何阻力,所产生的热量也非常少。此外,石墨烯本身就是一个良好的导热体,可以很快地散发热量。由于其具有优异的性能,由石墨烯制造的电子产品运行的速度要快得多。有关专家指出,"硅的运行速度是有极限的,只能达到现在这个地步,无法再提高了。"目前,硅器件的工作速度已达到 GHz 的量级。而石墨烯器件制成的计算机的运行速度可达到 THz 量级,即 1GHz 的 1000 倍。如果能进一步开发,其意义不言而喻。

除了让计算机运行得更快,石墨烯器件还能用于需要高速工作的通信技术和成像技术。有关专家认为,石墨烯很可能首先应用于高频领域,如 THz 波成像,其一个用途是用来探测隐藏的武器。然而,速度快还不是石墨烯的唯一优点。硅不能分割成小于 10nm 的小片;否则其将失去诱人的电子性能。与硅相比,石墨烯分割成 1nm 的小片时,其基本物理性能并不改变,而且其电子性能还有可能异常发挥。

硅材料的加工极限一般认为是 10nm 线宽。受物理原理的制约,小于 10nm 后不太可能生产出性能稳定、集成度更高的产品。然而新型石墨烯晶体管将延长摩尔定律的寿命。该晶体管有望为研制新型超高速计算机芯片带来突破。值得一提的是,世界最小晶体管的主要研制者也是于 2004 年开发出石墨烯的人(安德烈·海教授和康斯坦丁·诺沃肖洛夫教授),由上述两人率领的英国科学家开发出的世界最小晶体管仅 1 个原子厚 10 个原子宽,所采用的材料是由单原子层构成的石墨烯。

8.1.2 石墨烯场效应晶体管

石墨烯材料是一种零带隙半导体材料,具有远比硅高的载流子迁移率,并且从理论上说,它的电子迁移率和空穴迁移率两者相等,因此其 n 型场效应晶体管和 p 型场效应晶体管是对称的。还有,因为其具有零禁带特性,即使在室温下载流子在石墨烯中的平均自由程和相干长度也可为 μm 量级,所以它是一种性能优异半导体材料。石墨烯作为新型半导体材料,近年来以此研制的晶体管得到以下的突破。

1. 高效射频晶体管

IBM 为美国国防部高级研究规划局(Defense Advanced Research Projects Agency,DARPA)进行研究开发,新款石墨烯晶体管即为该研究项目的部分成果,美国军方希冀能藉 IBM 之力制成高效射频晶体管。2011 年 4 月,据 PhysOrg 报道,IBM 研究人员日前用石墨烯开发出新款晶体管,体积更小、速度胜过 2010 年 2 月成果。IBM 研究人员 Yu – ming Lin 与 Phaedon Avoris 开发的新款石墨烯晶体管,截止频率达 155GHz,沟道长度约为 40nm,超越 2010 年 2 月的截止频率达 100GHz、沟道长度为 240nm 的成果。相当于目前光刻技术制作最小尺寸(小于 34nm)的 8 倍。通过优化工艺、提高迁移率和缩短器件的栅长,下一目标将是实现 1THz 的石墨烯晶体管的制作。要特别指出的是,由于碳属于非极性介质,与电荷反应不如硅,因此,石墨烯晶体管对于温度变化反应较为稳定。

2. 单电子晶体管(SET)

2008 年,英国曼彻斯特大学采用单层石墨烯带,首次研制出了实际的单电子晶体管(SET),具有两个石墨烯窄纳米带的电极,包围中间隔离岛的石墨烯"量子点",即控制电子流动的势垒,并能在室温下精确控制器件的开关。目前,所研制的单电子晶体管(SET)芯片器件即使在室温下器件也能够完全夹断,具有良好的晶体管特性。制造这样石墨烯基单电子晶体管(SET)的思路之一,并不是将石墨烯作为一种新的场效应晶体管的沟道材料,而是将其作为导电晶片。人们采用石墨烯膜,制备成各种纳米尺寸结构和单电子晶体管(SET)电路。因为,即使是将石墨烯缩小至纳米尺寸,甚至到单个苯环,石墨烯纳米结构也是稳定的,其优点还包括导电沟道、量子点、势垒和互连线都能够采用石墨烯材料。

3. 金属场效应管

多年来,人们对实现金属场效应管抱有浓厚的兴趣,也尝到了失望的苦果。因为制造金属晶体管必须面临两个相互矛盾的困难:一方面,很难获得厚度为 10nm 以下的电气连续的金属膜;另一方面,场效应管的工作机理要求必须具有耗尽层,但是对于具有高迁移率的金属自由电子,其耗尽层的厚度却不能大于 1nm,即几个原子层的厚度。采用传统金属不能实现的场效应管却有可能采用石墨烯材料来实现。

4. 石墨烯基高电子迁移率晶体管

尽管石墨烯具有零带隙的能带结构,导致器件的开关比仅为 10~100,但是足以满足模拟电子应用的要求。高电子迁移率晶体管(HEMT)是一种非常重要的分立超高频晶体管,目前已广泛用于通信领域的 GaAs 基 HEMT 主要用于微波和毫米波,而石墨烯基 HEMT 则可能将工作频率拓展到 THz 频段。因为石墨烯具有室温下弹道传输的性质,沟道长度为 100nm 的 HEMT 器件,其源漏电极之间的电荷渡越时间就只有 0.1ps。对于石墨烯基 HEMT,栅电极紧靠石墨烯,相距只有几个 nm,其沟道长度更短,电荷渡越时间也更短。在石墨烯中的电子传输模拟结果表明,以石墨烯材料为沟道的高速和高频器件 FET,其渡越性能将优于 InP 基 HEMT。

5. 石墨烯分子开关、石墨烯基高电子迁移率晶体管

由于电子的量子限制效应的作用,纳米带和超窄带的石墨烯材料具有半导体带隙。从原理上讲,这种效应将可能使得石墨烯基晶体管与硅基晶体管一样工作。石墨烯膜窄带(GNR)技术可以用于控制其尺寸、半导体特性,或者贴装在电子电路上,或者刻制出包括体电极、量子势垒、分子开关和量子点的完整电路。这种分子开关包括 4 个苯环组成的量子点(中间)和通过窄带连接的石墨烯电极,共平面的边栅控制电荷的流动。

6. 石墨烯基 NEMS 石墨烯分子开关、石墨烯基高电子迁移率晶体管

由于石墨烯具有材料坚固和质量轻的特点,人们研究石墨烯基纳米电子机械系统(NEMS)传感器的兴趣日益增加。石墨烯谐振器具有低的惯性质量和超高频的特点,并且比碳纳米管更容易与外部电路匹配。试验表明,在 100MHz 频率下,石墨烯框架的品质因子(Q 值)达到约 100。

8.1.3 石墨烯场效应晶体管的结构

1. 石墨烯对场效应晶体管的适用特性

石墨烯具有许多独特的物理特性。针对石墨烯电子器件的研究,大部分都集中于场效应晶体管(Field-Effect Transistor,FET)领域。其中对于研制场效应晶体管有重要意义的特性有以下几个:

（1）双极性场效应。尽管石墨烯有半金属的性质，但和传统的金属不同，石墨烯具有明显的双极性电场效应，在电场的作用下能够从 n 型连续地变为 p 型。载流子浓度可以达到 $1 \times 10^{13} cm^{-2}$。

（2）超高的迁移率。石墨烯作为电子器件材料最受关注的特点就是拥有超高的电子迁移速率在室温时的亚微米尺寸下，它依然保持超高的电子迁移速率（$1.5 \times 10^4 cm/V \cdot s$）。

（3）带隙调控。由于二维的石墨烯片层没有带隙，呈金属性，因此限制了其应用领域。获得一种含带隙石墨烯的有效途径是破坏其对称性，这可以通过以下两种方法实现：将石墨烯片层切成窄条状制得石墨烯纳米带（Graphene Nano Ribbon，GNR），或者将两个石墨烯片层不对称地叠在一起。

（4）量子霍尔效应。之前报道的大多数材料只能在 30K 以下观察到量子霍尔效应，而石墨烯在室温下也可表现出量子霍尔效应，其原因可能是石墨烯中的载流子表现出异常性质，遵守相对论力学而没有质量，因而不发生散射。

（5）透光性。石墨烯高度透明，在可见光区的透过率达 98.8%，且与波长无关，因此在光电器件领域也有很大应用潜力。

2. 石墨烯场效应晶体管的结构

就目前研究和工艺实现看，石墨烯场效应晶体管的结构分为单层结构石墨烯场效应晶体管、石墨烯纳米带结构场效应晶体管、双层石墨烯结构场效应晶体管 3 种，第一种可作为高速射频器件，第二、三种可作为高速开关逻辑器件。

1）单层结构石墨烯场效应晶体管（GEFT）

由石墨烯制得的金属氧化物半导体场效晶体管元件不同于之前制得的晶体管器件，它具有一个顶栅，克服了之前晶体管的寄生电容大，且无法与其他器件集成的缺点。这类具有顶栅的 GFET 采用大面积的单层石墨烯，所用的石墨烯可以由化学气相沉积法或外延生长制得。而顶栅电介质可以采用 SiO_2、Al_2O_3 和 HfO_2 等金属氧化物。因为单层石墨烯没有带隙，夹断电压无法施加，极适用于射频电路领域。第一个运行速度达到 GHz 量级的 MOSFET 是由 Meric 等在 2008 年报道的，该器件截止频率（$<f_T$）为 14.8GHz。此后，相继出现了不少关于 GHz 量级石墨烯 MOSFET 的报道，IBM 的 Wu 等于 2012 年研究了在 SiC 基板上形成石墨烯 GFET，栅长 40nm 的该元件截止频率最高可提高至 350GHz，这一性能大大超过了同样条件下的硅晶体管（40GHz）。

这种场效应晶体管的结构：石墨烯层夹在两个 SiO_2 层之间，这两个 SiO_2 层分别作为顶栅的绝缘介质和底栅的绝缘介质，重掺杂 Si 晶片作为晶体管的底栅以电极从石墨烯沟道的上表面引出，源端电极、漏端电极、栅电极以金属电极和石墨烯之间的金属 - 半导体接触为欧姆接触方式，如图 8-1 所示。图 8-2 所示为石墨烯沟道和电极接触的电子扫描图。

第 8 章 石墨烯场效应晶体管

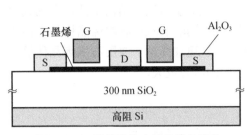

图 8-1 石墨烯场效应晶体管的结构

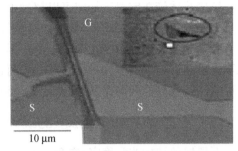

图 8-2 石墨烯沟道和电极接触的电子扫描图

2) 石墨烯纳米带结构场效应晶体管

对于场效应开关管来讲,必须实现沟道的夹断,需要在 FET 中引入半导体沟道;另外,带隙是半导体和绝缘体的固有性质,它在很大程度上决定了材料的电子输送能力。而与硅材料不同,石墨烯没有带隙,因此不能采用普通晶体管的制备方法来制备石墨烯场效应晶体管。研究表明,当石墨烯纳米带(GNR)宽度小于 10nm 时,无论是手椅型还是之字型,都具有带隙,呈半导体性质。为了满足主流逻辑电路应用的要求并保证晶体管在室温下工作,用于制作器件的石墨烯纳米带尺寸的宽度必须小于 10nm,石墨烯材料才具有足够的带隙。

石墨烯纳米带场效应晶体管(GNRFET)的制造方法较多,其关键工艺之一是腐蚀石墨烯片,如采用氢离子束刻蚀。X. R. Wang 等人研制了 GNRFETs,采用纳米带宽度小于 10nm 的所有 GNR 器件都具有半导体 FET 性能,晶体属 p 型肖特基型场效应晶体管,采用功函数高的金属铂 Pd 降低了空穴的势垒高度。由肖特基接触势垒调制载流子隧穿概率,即调制电流。该器件电流开关比达到 10^6,开态电流密度高达 $2000\mu A/\mu m$,跨导 $900\mu S/\mu m$。器件结构示意图如图 8-3 所示,它为在 10nm 厚的 SiO_2 上面制作 GNRFET,采用 Pd 作为源/漏电极,并以 p++Si 层作为背栅。

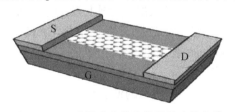

图 8-3 石墨烯纳米带结构场效应晶体管

3) 双层石墨烯结构场效应晶体管

McCann 提出,如果将两个石墨烯片层不对称地相叠加,并对其施加垂直的电场,可以使石墨烯产生带隙,并预测带隙与载流子浓度存在线性相关性。Ohta 等人将双层石墨烯置于 SiC 基质上,通过角分辨光电子能谱(ARPES)测定不同载流子浓度下带隙的变化,也证实了这一想法。Zhou 等用相似的方法对置于 SiC 上的石墨烯进行了带隙的测定,当只有一个石墨烯片层时,带隙为 260meV,随着片层数目的增加,带隙会逐渐减小。而带隙产生的原因在于 SiC 晶体和石墨烯之间插入了缓冲层,破坏了亚晶格对称。Xia 等报道的双层石墨烯晶体管在室温下带隙可以超过130meV,开关比可达到1000。总之,通过外加电场可以使得双层石墨烯产生带隙,但是其数值较小,而且双层石墨烯结构中载流子的迁移能力要低于无带隙的单层石墨烯。另外,与纳米带晶体管相比,双层石墨烯晶体管会因边缘不规整而影响到性能,但是影响较小,而且制备方法也更加简单。双层石墨烯晶体管更有可能达到较高的开关比,因此在未来得到实际应用的潜力更大。

8.1.4 石墨烯中载流子浓度的统计分布

石墨烯的结构非常稳定,迄今仍未发现石墨烯中有碳原子缺失的情况。在石墨烯中,每个碳原子之间的连接非常柔韧。碳原子面在受到外部机械作用力时,会弯曲变形,使得碳原子没有重新排列以适应外部机械力的必要,这就保持了石墨烯结构的稳定。这种稳定的晶格结构使得石墨烯具备优异的导电特性。石墨烯中的电子在其轨道中移动时,不会因为晶格缺陷或是引入的外来原子而发生散射现象。由于原子之间的作用力非常强,在常温时,即使周围的碳原子发生挤撞现象,石墨烯中的电子受到的干扰也非常小。

石墨(graphite)作为一种半金属性材料,能带的边界在布里渊区出现交叠,使电子能在带与带、层与层之间传输,当石墨的层数减少到仅有单层 graphene 时,能带变为单点交叠的方式,且由电子完全占据的价带和由空穴完全占据的导带关于这些交叠点(K 和 K′)完全对称。单层 graphene 中的电子在高对称性的晶格中运动,由于受到对称晶格势的影响,有效质量变为零(即无质量粒子)。这种无质量粒子的运动由狄拉克方程而非传统的薛定谔方程描述。由狄拉克方程给出新的准粒子形式(狄拉克费密子),能带的交叠点 K 和 K′ 点也被称为狄拉克点。在低能处(K 和 K′点附近),能带可以用锥形结构近似,具有线性色散关系。单层 Graphene 中能量 E 和波数 k 间为线性关系,使得单层 Graphene 表现出许多不同于其他传统二维材料的特性。由此推出石墨烯中载流子浓度的统计分布。

图 8-4 所示的低能量带,根据狄拉克方程,石墨烯在布里渊区的能量 E 与波数 k 有以下关系,即

$$E = s\hbar v_F |\overline{k}|$$

其中当能级位于导带中时 $s=1$,位于价带中时 $s=-1$。v_F 为石墨烯载流子的费米速度,约为 10^8 cm/s,$|k|$ 为二维石墨烯载流子的波矢,将 $|k|=0$ 的点定义为狄拉克点,此处能量值为零。每个 k 点的双重旋转退化 $g_s=2$,波谷数 g_v 为 2。此处忽略了偏离锥形能带结构的情况。为求得石墨烯本征载流子的面密度,分析线性态密度(Density Of States,DOS),表达式为

$$g_{2D}(E_F) = \frac{g_s g_v}{2\pi(\hbar v_F)} = \frac{2|E|}{\pi(\hbar v_F)^2}$$

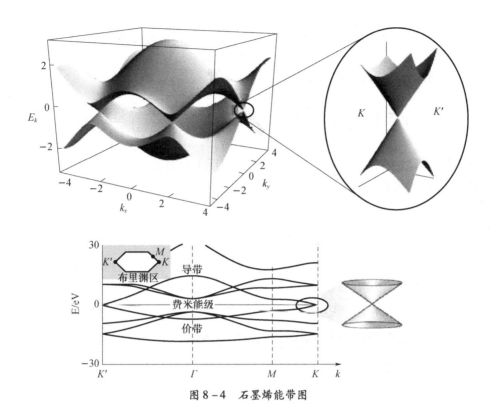

图 8-4 石墨烯能带图

费米分布函数为

$$f(E) = \frac{1}{1+e^{(E-E_F)/KT}}$$

式中 K——波耳兹曼常数；

T——热力学温度；

E_F——费米能级。

则石墨烯在热平衡状态时，载流子浓度表示为

$$n = \int_0^\infty g_{2D}(E)f(E)dE = \int_0^\infty \frac{2E}{\pi \hbar^2 v_F^2} \frac{1}{1+e^{(E-E_F)/KT}}dE$$

用 $\dfrac{E-E_F}{KT} = x$ 替换，推算出电子浓度为

$$n = \frac{\pi}{6}\left(\frac{KT}{\hbar v_F}\right)^2 + \frac{2KTE_F}{\pi(\hbar v_F)^2}\ln(1+e^{\frac{E_F}{KT}}) + \frac{2}{\pi}\left(\frac{KT}{\hbar v_F}\right)^2 \int_{\frac{E_F}{KT}}^0 \frac{x}{1+e^x}dx$$

$$p = \int_{\infty}^{0} g_{2D}(E) f(E) \mathrm{d}E = \int_{\infty}^{0} \frac{2E}{\pi \hbar^2 v_F^2} \frac{1}{1+\mathrm{e}^{(E-E_F)/KT}} \mathrm{d}E$$

用 $\frac{E-E_F}{KT} = x$ 替换，推算出空穴浓度为

$$p = \frac{\pi}{6}\left(\frac{KT}{\hbar v_F}\right)^2 - \frac{2KTE_F}{\pi(\hbar v_F)^2}\ln(1+\mathrm{e}^{\frac{E_F}{KT}}) + \frac{2}{\pi}\left(\frac{KT}{\hbar v_F}\right)^2 \int_{\frac{E_F}{KT}}^{0} \frac{x}{1+\mathrm{e}^x} \mathrm{d}x \quad (8-1)$$

费米分布函数为：在热平衡状态，没有施加偏压也没有光照的条件下，石墨烯费米能级是唯一的，且狄拉克点的费米能级满足 $E_F = 0\mathrm{eV}$，代入式(8-1)，则石墨烯本征载流子浓度为

$$n_i = \frac{\pi}{6}\left(\frac{KT}{\hbar v_F}\right)^2 \quad (8-2)$$

式(8-2)表明，石墨烯本征载流子浓度仅依赖于费米速度这一材料参数，忽略带隙和线性能量色散，石墨烯电子和空穴本征面密度与温度呈平方关系，而不是传统的指数关系，室温时($T=300\mathrm{K}$)，石墨烯本征载流子浓度为 $8 \times 10^{10}\mathrm{cm}^{-2}$。

8.1.5 石墨烯场效应晶体管的电流-电压特征

1. 假设条件和定义

1）对单栅石墨烯场效应晶体管建立电流-电压特征模型假设满足的条件
（1）仅考虑漂移电流。
（2）沟道中载流子的迁移率为固定值。
（3）无界面陷阱（固定氧化层电荷或功函数差）。
（4）忽略反向漏电流。
（5）沟道中由栅极所产生的横向(z)电场远大于漏极电压所产生的纵向(y)电场。
（6）缓变沟道近似；基于此种近似方法，石墨烯耗尽区所包含的电荷量仅由栅极电压产生的电场感应生成。

2）定义
设定：如图8-1所示，沟道区载流子的分布根据栅极施加的电压而变化，栅极电压用 U_G 表示，漏端电压用 U_D 表示，源极接地作为参考电压。石墨烯场效应管的主要参数有源漏间沟道长度 L、沟道宽度 W、栅氧化层的厚度 h 以及栅氧化层介质常数 C_{oX}。

2. 工作机理

1）工作过程

在栅极外加电压，会在源漏之间形成沟道，源极与漏极通过一个更好导电的表面沟道相互连接，并允许大电流流过。沟道区的载流子密度、载流子类型以及沟道电导由顶栅和

沟道间的电压差控制,可以通过改变栅极电压来加以调节。不同于常见的硅 MOS 管,石墨烯场效应晶体管的沟道区是石墨烯,晶体管中参与工作的载流子有可能出现电子和空穴共存的情况。

单层石墨烯场效应管有着独特的 $I-U$ 特性。当顶栅电极不施加偏压($U_G = 0$)时,从器件的源极到漏极可以视为一个由本征石墨烯构成的电阻,漏端施加正电压形成从漏极流向源极的电流。当顶栅电极施加负的偏压($U_G < 0$)时,石墨烯沟道区空穴积累,形成 p 型沟道。漏端施加正电压,沟道区的空穴从漏极向源极漂移形成电流。当顶栅电极施加大的正向偏压($U_G \gg 0$)时,石墨烯沟道区中电子积累,形成 n 型沟道。漏端施加正电压,沟道区的电子从源极向漏极漂移。当顶栅电极施加小的正向偏压时,石墨烯沟道区靠近源极处为电子积累,靠近漏极处为空穴积累,载流子出现电子和空穴共存的情况。漏端施加正电压,沟道区的电子从源极向漏极漂移,空穴从漏极向源极漂移,形成从漏端流向源端的电流。

2) 定性分析

漏端电极 U_D 施加正向电压,认为漏电流 I_D 的正方向为漏极指向源极。根据沟道区的载流子分布,可以得出单层石墨烯场效应管(GFET)工作过程的定性分析。

(1) 当栅极无外加偏压时,没有载流子积累,不形成沟道,源端电极到漏端电极之间可视作一个由本征构成的电阻。当漏端施加电压时,会有漂移电流从漏极流向源极。

(2) 当栅极施加正向电压,即 $U_G > 0$ 时,源漏之间成表面沟道。若满足 $U_G > U_D$,则沟道区主要为电子,漏极施加电压时,工作过程主要为电子传导。

(3) 当顶栅电压满足 $0 < U_G < U_D$ 时,则沟道区由两部分组成,靠近源极的一边为电子积累,从源极向漏极电子积累逐渐减小直至为 0,转为空穴积累,在靠近漏极的一边为空穴积累,则电流由电子和空穴传导叠加而成。

(4) 当栅极施加负电压时,$U_G < 0$,则沟道中载流子为空穴,工作机制主要为空穴传导。

3. 石墨烯结构场效应晶体管电流模型

如图 8-5 所示,X 轴垂直于纸面,Y 轴沿沟道方向,Z 轴为垂直沟道方向,石墨烯与 SiO_2 的界面为 $Z = 0$ 的平面,源处 $y = 0$,漏极处 $y = L$,并设 y 为沟道区石墨烯中距离源极的长度,在 y 处的每单位面积所感应的电荷为 $Q_S(y)$,表达式为

$$Q_S(y) = -[U - \psi_S(y)]C_0$$

式中 $\psi_S(y)$——位于 y 处的表面电势;

$C_0(=\varepsilon_{ox}/d)$——每单位面积的栅极电容。

当 $U_G > U_D$ 时,沟道区主要为电子,漏端施加电压时,工作机制主要为电子传导。$Q_n(y)$ 为沟道区中的单位面积电荷量,Q_S 为沟道中每单位面积电荷量 Q_n 与表面耗尽区中每

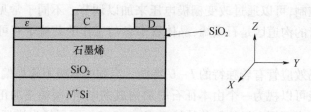

图 8-5 石墨烯结构场效应晶体管结构坐标图

单位面积的电荷量 Q_{SC} 的总和,由于石墨烯非常薄而仅够形成沟道区,所以,有

$$Q_n(y) = -[U_G - \psi_S(y)]C_0$$

表面电势 $\psi_S(y)$ 可以近似为 $2\psi_B + U(y)$,其中 $U(y)$ 为 y 点与源极电极(可视为接地)间的反向偏压。由于本书中石墨烯没有掺杂,对于本征石墨烯而言,费米能级 E_F 就是本征费米能级 E_{Fi}。

费米电势差 $\psi_B = (E_F - E_{Fi})/q$,即 $\psi_B = 0$,则有

$$Q_n(y) = -[U_G - U(y)]C \quad (8-3)$$

沟道中在 y 处的电导率可近似为

$$\sigma(y) = qn(y,z)\mu(z)\sigma(z) = qn(y,z)\mu(z) \quad (8-4)$$

则沟道中电导为

$$g = \frac{1}{r} = \frac{1}{\frac{\rho(z)L}{S(y,z)}} = \frac{\sigma(z)S(y,z)}{L} = \frac{W}{L}\int_0^{L_1}\sigma(z)\mathrm{d}z \quad (8-5)$$

式中 r——沟道中电阻;

$\rho(z)$——沟道中 y 处的电阻率;

$S(y,z)$——在 y 处垂直于电流方向的横截面积;

L, W——沟道的长度和宽度。

认为沟道区载流子的迁移率为定值,则沟道的电导表示为

$$g = \frac{W\mu_N}{L}\int_0^L qn(y,z)\mathrm{d}z = \frac{W\mu_N}{L}|Q_N(y)|$$

每一基本片段 $\mathrm{d}y$ 的沟道电阻为

$$\mathrm{d}R = \frac{\mathrm{d}y}{gL} = \frac{\mathrm{d}y}{W\mu_N|Q_N(y)|}$$

这个基本片段 $\mathrm{d}y$ 上的电压降为

$$\mathrm{d}U = I_D\mathrm{d}R = \frac{I_D\mathrm{d}y}{W\mu_N|Q_N(y)|}$$

式中,I_D是漏极电流,与 y 无关,由上式可得

$$W\mu_N |Q_N(y)| dU = I_D dy$$

对上式积分,从场效应管的源极($y=0, U(0)=0$)到漏极($y=L, U(L)=U_D$),得

$$W\mu_N \int_0^{U_D} |Q_N(y)| dU = I_D \int_0^L dy \tag{8-6}$$

将式(8-3)代入式(8-6)得到漏极电流 I_D 的表达式为

$$I_D = \frac{W\mu_N}{L} C_0 \int_0^{U_D} |U_G - U(y)| dU \tag{8-7}$$

下面分 3 种顶栅电压范围推导漏极电流 I_D。

① 当式(8-7)中的 $U_G \geq V_D$ 时,去绝对值后漏极电流 I_D 的计算式为

$$I_D = \frac{W\mu_N}{L} C_0 \int_0^{U_D} [U_G - U(y)] dy$$

$$= \frac{W\mu_N}{L} C_0 \left[U_G U(y) - \frac{U(y)^2}{2} \right]_0^{U_D}$$

$$= \frac{W\mu_N}{L} C_0 \left(U_G U_D - \frac{U_D^2}{2} \right)$$

则当 $U_G \geq U_D$ 时,沟道区由电子传输,根据上述推导,可得出漏极电流表达式为

$$I_D = \frac{W\mu_N}{L} C_0 \left(U_G U_D - \frac{U_D^2}{2} \right) \tag{8-8}$$

② 当式(8-7)中顶栅电压范围为 $0 \leq U_G < U_D$ 时,此时沟道由两部分组成,靠近源电极的一边为电子积累,靠近漏极的一边为空穴积累,此时的漏极电流是由电子和空穴在漏端电压的作用下漂移叠加而成,将式(8-7)去掉绝对值,分成两个定义域,即

$$I_D = \frac{W\mu_N}{L} C_0 \int_0^{U_D} |U_G - U(y)| dU$$

$$= \frac{W\mu_N}{L} C_0 \int_0^{U_D} |U_G - U(y)| dU + \frac{W\mu_P}{L} C_0 \int_0^{U_D} |U_G - U_0| dU$$

上式在 $0 \leq U_G < U_D$ 时,得

$$I_D = \frac{W\mu_N}{L} C_0 \left[U_G U(y) - \frac{U(y)^2}{2} \right]_0^{U_G} + \frac{W\mu_P}{L} C_0 \left[\frac{U(y)^2}{2} - U_G U(y) \right]_{U_G}^{U_D}$$

$$= \frac{W\mu_N}{L} C_0 \left[U_G U_G - \frac{U_G^2}{2} \right] + \frac{W\mu_P}{L} C_0 \left[\frac{U_G^2}{2} - U_G U_D + \frac{U_D^2}{2} \right]$$

$$= \frac{W}{2L} C_0 [\mu_N U_G^2 + \mu_P (U_G - U_D)^2]$$

则当 $0 \leq U_G < U_D$ 时,根据上式推导,漏极电流表达式为

$$I = \frac{W}{2L}C_0[\mu_N U_G^2 + \mu_P (U_G - U_D)^2] \quad 0 \leq U_G < U_D \quad (8-9)$$

③ 当式(8-7)中顶栅电极施加电压 $U_G < 0$,沟道中积累的载流子为空穴,工作机制为空穴传输,则沟道区中的单位面积电荷量为

$$Q_P(y) = -[U_G - U(y)]C_0 \quad (8-10)$$

认为沟道区载流子的迁移率为固定值,沟道电导表示为

$$g = \frac{W}{L}\int_0^{z_i}\sigma(z)\mathrm{d}z = \frac{W\mu_P}{L}\int_0^{z_i}qp(y,z)\mathrm{d}z = \frac{W\mu_P}{L}|Q_P(y)|$$

每一个基本片段 $\mathrm{d}y$ 的沟道电阻为

$$\mathrm{d}R = \frac{\mathrm{d}y}{gL} = \frac{\mathrm{d}y}{W\mu_P|Q_P(y)|}$$

电压降为

$$\mathrm{d}U = I_D\mathrm{d}R = \frac{I_D\mathrm{d}y}{W\mu_P(Q_P(y))}$$

其中,I_D 为与 y 无关的漏极电流,由上式可得

$$W\mu_P|Q_P(y)|\mathrm{d}U = I_D\mathrm{d}y$$

将式(8-10)代入上式,从场效应管的源极($y=0, U(0)=0$)到漏极($y=L, U(L)=U_D$),整理后,I_D 的表达式为

$$I_D = \frac{W\mu_P}{L}C_0\int_0^{U_D}|U_G - U(y)|\mathrm{d}V$$

考虑到顶栅 $U_D < 0$,去掉绝对值后 I_D 的计算式为

$$I_D = \frac{W\mu_P}{L}C_0\int_0^{V_D}[U(y) - U_G]\mathrm{d}V$$

$$= \frac{W\mu_P}{L}C_0\left[\frac{U(y)^2}{2} - U_G U(y)\right]_0^{U_D}$$

$$= \frac{W\mu_P}{L}C_0\left(\frac{U_d^2}{2} - U_G U_d\right)$$

当 $U_G < 0$ 时,沟道区为空穴传输,根据上面的推导,漏极电流的表达式为

$$I_D = \frac{W\mu_P}{L}C_0\left(\frac{U_D^2}{2} - U_G U_D\right) \quad (8-11)$$

3) 总结

通过上述分析,漏极电流表达式为

当 $U_G \geq U_D$，有

$$I_D = \frac{W\mu_N}{L}C_0\left(U_G U_D - \frac{U_D^2}{2}\right)$$

当 $0 \leq U_G < U_D$ 时，有

$$I_D = \frac{W\mu_N}{L}C_0(\mu_N U_G^2 + \mu_P(U_G + U_D)2$$

当 $U_G < 0$ 时，有

$$I_D = \frac{W\mu_P}{L}C_0\left(\frac{U_D^2}{2} - U_G U_D\right) \qquad (8-12)$$

4) 设定参数

$W = 1\mu m$，$L = 5\mu m$，$h_0 = 15nm$，$\mu_N = 800cm^2/(V \cdot s)$，$\mu_P = 1600cm^2/(V \cdot s)$，代入式(8-12)，计算出不同 U_G 时 U_D、I_D 的值，作出如图8-6和图8-7所示的电流-电压特性曲线。

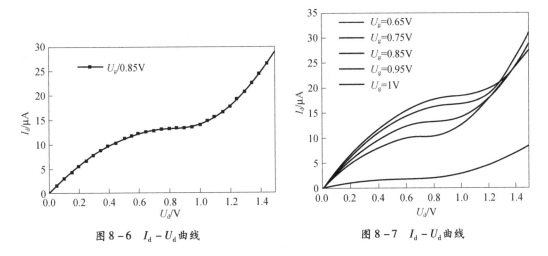

图 8-6 $I_d - U_d$ 曲线　　　　　图 8-7 $I_d - U_d$ 曲线

8.1.6 石墨烯场效应晶体管频率特性

通过以上器件的 N 型直流输出特性，如图 8-8 所示，给出漏电压 $U_D = 100mV$ 时的电流与顶栅电压 U_G 的关系。本质上石墨烯器件是双极型场效应管，其漏电流与栅电压($I_D - U_G$)关系呈现 V 形曲线，开关比小。从顶栅 GFET 的源漏电流与电压($I_D - U_G$)关系中发现，在漏电压 1.6V 前接近线性关系。

由于石墨烯是零带隙的半导体，导致电流不饱和。器件的小信号高频性能主要取决于跨导 $g_m = dI_D/dU_G$。在不同漏偏压下，GFET 的跨导与栅压 U_G 的关系如图 8-9 所示。

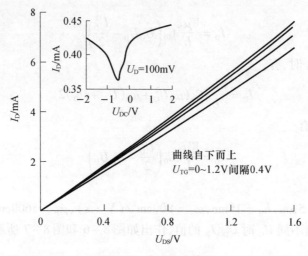

图 8-8 直流输出特性

其负 g_m 区间表示空穴主导的 P 型传输机理。g_m 的变化表明,随着栅压的增加,沟道变成 N 型,表明器件具有双极性传输机理,对于每个漏电压,其跨导数值分别表示在负的和正的栅电压下,峰值对应于载流子的 P 型和 N 型区间。器件的最大截止频率 f_T 与跨导 g_m 的关系为 $f_T = g_m/(2\pi C_G)$,器件的频率响应可以采用标准的 S 参数直接表征。

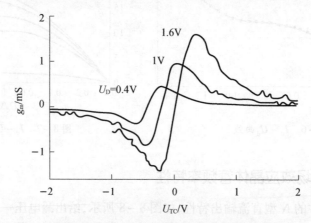

图 8-9　GFET 的跨导与栅压 U_G 的关系图

从图 8-10 可见,减少栅长可以提高最大截止频率 f_T,栅长 150nm 的 GFET 的最大截止频率 f_T 高达 26GHz。图中虚线表示理想的 $1/f$ 和 h_{21} 的关系,图 8-10 所示为最大截止频率 f_T 与栅长的关系曲线,U_D 的 = 1.6V。实线表示 $1/L_g^2$ 与 f_T 峰值的关系。

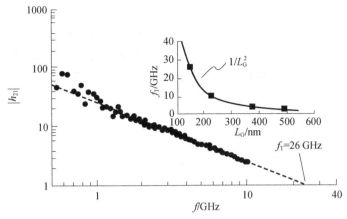

图 8-10 减少栅长可以提高最大截止频率 f_T

8.2 单电子晶体管

8.2.1 单电子晶体管概述

单电子晶体管(SET)是最有希望成为未来制造超高集成度和超低功耗的元器件之一。通常的晶体管在工作时电子数目每次在 10^6 个以上时才能动作,而单电子晶体管工作时每次动作只需一个电子,在其源极和漏极之间的电子是一个一个通过的,每个电子的传输都是可以由外加栅压控制的,如图 8-11 所示。

1989 年,斯科特(J. H. F. Scott - Thomas)等在试验中发现了库仑阻塞现象。在调制掺杂异质结界面形成的二维电子气上面,制作一个面积很小的金属电极,使得在二维电子气中形成一个量子点,它只能容纳少量的电子,也就是它的电容很小,小于 10^{-15} F。当外加电压时,如果电压变化引起量子点中电荷变化量不到一个电子的电荷,则将没有电流通过。直到电压增大到能引起一个电子电荷的变化时才有电流通过。因此电流 - 电压关系不是通常的直线关系,而是台阶形的。这个试验在历史上第一次实现了用人工控制一个电子的运动,为制造单电子晶体管

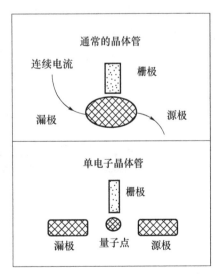

图 8-11 场效应管和单电子晶体管

提供了依据。

2008年，英国曼彻斯特大学采用单层石墨烯带，首次研制出了实际的单电子晶体管，具有两个石墨烯窄纳米带的电极，包围中间隔离岛的石墨烯"量子点"，即控制电子流动的势垒，特别重要的是，在室温条件下该器件也能够完全夹断，具有良好的场效应晶体管的特性。

8.2.2 单电子晶体管结构

单电子晶体管依耦合的类别不同可以分为电容耦合单电子晶体管和电阻耦合单电子晶体管。因为电容型耦合的单电子晶体管无论在应用方面还是研究方面都是关注比较多的，所以就以电容型耦合的单电子晶体管为例来讨论。

单电子晶体管是由两个串连的单电子结 Jn 和 Js 组成，两个单电子结分别与库仑岛连接，岛区和单电子结的尺寸处于同一数量级。当单电子晶体管工作时，隧穿电子从器件的源极 S 出发，流经两个单电子结后，到达漏极 D。为了控制流经器件的电流，栅极 G 的偏置电压通过栅极电容耦合到岛区，改变库仑岛的电子数和电压，影响电子隧穿率；同时岛区的电荷分布还受到衬底 B 的电压的影响。常常为了方便分析，假设单电子晶体管的衬底直接接地。

图 8-12 分别为 MOS 和 SET 的横截面结构示意图。SET 与 MOS 的结构有很多类似之处，因此也有人将 SET 称为类 MOS 管（Mos-llte）。然而，两者在结构上关键性的区别在于 SET 的漏源电极与库仑岛之间存在势垒，这种不同导致了两种器件工作物理机制的不同。

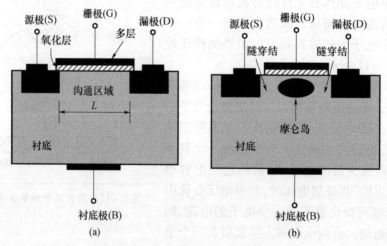

图 8-12 单电子晶体管结构
(a) MOS 的横截面结构示意图；(b) SET 的横截面结构示意图。

传统的半导体器件的工作原理是以 PN 结为基础的,电荷是连续的。而单电子晶体管在内的单电子器件是以单个金属隧穿结为基础的,基于库仑阻塞原理的单电子晶体管,它的电荷是量子化的,所以单个金属隧穿结的性质影响着单电子晶体管的性质。单电子结作为任何单电子电路系统的最基本单元,量子点和外界被两个电容器和两个隧穿结隔开。这种电路具有独特性质。以半经典理论对其作进一步的分析。

8.2.3 库仑阻塞现象

单电子结的量子效应是库仑阻塞效应:一个足够小的岛,一个电子进到这个岛里时,如果原来这个岛里有一个电子,新来的这个电子就会受到排斥,因为岛很小,两个电子靠得很近,相互排斥力很强,排斥能使系统能量升高,这就会阻止第二个电子的到来,称为库仑阻塞。只有当外加电压使系统释放出这个电子后,第二个电子才能再进入岛内。单电子这种输运的特殊性称为库仑阻塞现象。

在金属隧穿结中单电子现象主要来源于单个电子转移所引起的系统充电能量的变化 e^2/C。考虑单个金属隧穿结的情况。图 8-13 给出了其等效电路,其中 R_S 为分流电阻,C 和 R_T 分别为隧穿结的电容和电阻。为简单起见,假设隧穿结两端的偏压 $U = I_S R_S$,结电容上的电量为 $Q = CU$,存储的能量为 $Q^2/2C$,当电容很小时,充电能 $Q^2/2C$ 大于试验温度对应的热能 KT。这时,当隧穿结有电流通过时结电容的电量变化必须为电子电荷 e 的整数倍。因此,若结电压太小不足以提供结电容单个电子变化所需要的能量时,电子不能通过,电流为零,图 8-14 中,(1) 为被禁止的情况:只有当偏压足够大时 ($Q > e/2$),结电容上的电子数才能通过,(2) 为发生变化的情况。此时结电容的电子数由 $+e/2$ 变为 $-e/2$,因此有电流流过的阈值电压为 $U_T > e/2C$,偏压进一步增大,结电容的单电子充放电的过程都可以发生,通过隧穿结的电流按电阻线性增大,这就是单电子结的库仑阻塞效应。

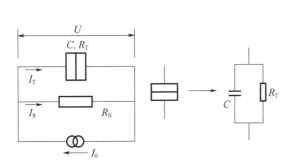

图 8-13 单金属隧穿结等效电路

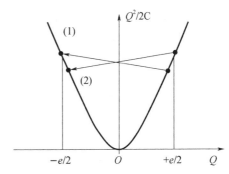

图 8-14 单金属隧穿结充电能和电量关系

8.2.4 遂穿概率的分析

在两块金属(或半导体、超导体)之间夹一层厚度约为 0.1nm 的极薄绝缘层,构成一个称为"结"的元件。设电子开始处在左边的金属中,可认为电子是自由的,在金属中的势能为零。由于电子不易通过绝缘层,因此绝缘层就像一个壁垒,将它称为势垒。一个高度为 U_0、宽为 a 的势垒,势垒右边有一个电子,电子能量为 E。

隧道效应无法用经典力学的观点来解释。因电子的能量小于右区域中的势能值 U_0,若电子进入右区,就必然出现"负动能",这是不可能发生的。但用量子力学的观点来看,电子具有波动性,其运动用波函数描述,而波函数遵循薛定谔方程,从薛定谔方程的解就可以知道电子在各个区域出现的概率密度,从而能进一步得出电子穿过势垒的概率。该概率随着势垒宽度的增加而呈指数衰减。

流经隧穿结的隧穿电流可以看作是离散电子的相关随机隧穿的结果,而单位时间内通过隧穿结的电子数即为电子的隧穿概率 Γ。它可以表示为

$$\Gamma(t) = \frac{\mathrm{d}N(t)}{\mathrm{d}t}$$

式中 $N(t)$ ——通过单电子结的电子数。

假如,电子的隧穿概率已知,流经单电子结的电流 I 可以写成

$$I = -e\Gamma$$

式中的负号表示电子的流动方向与电子隧穿的方向相反。对于单个电子隧穿事件的发生概率,可以将 I 代入泊松分布求得。假设前一次的单电子隧穿事件发生在时刻 $t=0$,则在时刻 $t>0$ 内发生单电子隧穿事件的概率 $P_\mathrm{T}(t)$ 为

$$P_\mathrm{T}(t) = 1 - \exp(\Gamma t)$$

另一个有用的结论:如果当前时刻 t_1 离前一次单电子隧穿事件的发生时刻 t_0 很近,即 $\Gamma \Delta t = \Gamma(t_1 - t_0)$,那么在 Δt 内发生单电子隧穿的概率为

$$P_\mathrm{T}(t) = 1 - \exp(-\Gamma \Delta t) = \Gamma \Delta t$$

通过上述几个公式可以看出,Γ 对于描述单电子隧道效应的静态特性和动态特性都有重要意义。研究单电子系统的特性,首先应当确定电子隧穿率 Γ 的解析表达式。下面根据半经典理论推导出对于单个隧穿结 Γ 的解析表达式。

对于包含有隧穿结的系统,隧穿概率 Γ 由费米黄金律(Fermi,s golden rule)可得,电子从 m 态到 n 态的隧穿概率 $\Gamma_{m \to n}$ 为

$$\Gamma_{m \to n} = \frac{2\pi}{\hbar} |T_{m,n}|^2 \delta(E_m - E_n - \Delta F) \tag{8-13}$$

式中 $T_{m,n}$ ——和电子的隧穿相关的因子,$|T_{m,n}|^2$ 可以理解为电子隧穿时的隧穿系数;

E_m, E_n ——电子在隧穿前后的能量;

ΔF——电子隧穿后的系统自由能 F,应该包括量子化约束能 E_K、费米能量的变化 ΔE_F、静电能 E_C 和外部电源做的功 W,忽略前面两项,近似可以得出自由能 F 关于隧穿电子数 N 的函数为

$$F(N) = E_C - W$$

$$\Delta F^* = F(N \pm 1) - F(N)$$

隧穿结极板上的电子可以从势垒的一边某个被填充的能级隧穿到势垒另一边某个空的能级,由正统理论:经过一个特定隧道势垒的单电子遂穿效应总是一个随机事件,其遂穿概率 Γ 仅仅依赖于隧穿引起的系统的自由能变化量 ΔF,即

$$\Gamma(\Delta F) = \frac{I(U)}{e} \frac{1}{1 - \exp\left(\frac{-\Delta F}{K_B T}\right)}$$

$$\approx \frac{\Delta F}{e^2 R_T} \frac{1}{1 - \exp\left(\frac{-\Delta F}{K_B T}\right)} \quad (8-14)$$

其中:
$$R_T = \frac{\hbar}{2\pi e^2 |T_{m,n}|^2 \rho_l \rho_r}$$

式中 ρ_l、ρ_r——电子在左、右两边电极的态密度。

8.2.5 单电子晶体管的 $I-U$ 特性

图 8-15 所示为单电子晶体管的等效电路。设两个单电子结电容分别为 C_D 和 C_S,结电阻分别是 R_D 和 R_S。栅极耦合电容为 C_G 衬底和岛区之间的等效电容为 C_B。加在器件的漏极、栅极和衬底上的偏置电压分别是 U_D、U_G 和 U_B。由于电子只能离散地隧穿进出岛区,所以岛区上的净电子数为整数 N。设岛区电压为 U_{dot},则有以下电荷方程组,即

$$Q_S = C_S(U_1 - U_S)$$
$$Q_D = C_D(U_D - U_1)$$
$$Q_G = C_G(U_G - U_1)$$
$$Q_B = C_B(U_B - U_1)$$
$$Q_S - Q_D - Q_G - Q_B = Q_0 - Ne$$

Q_0 为背景电荷,N 可正可负,令 $Q = Ne - Q_0$,从电压的基本公式

$$U = \frac{Q}{C_\Sigma}$$

可求出岛区的电压 U_{dot},它是岛区净电子的函数,即

$$U_{dot}(N) = \frac{1}{C_\Sigma}(C_S U_S + C_D U_D + C_G U_G + C_B U_B - Q) \quad (8-15)$$

其中,$C_\Sigma = C_S + C_D + C_G + C_B + C_P$ (C_P 为寄生电容)。

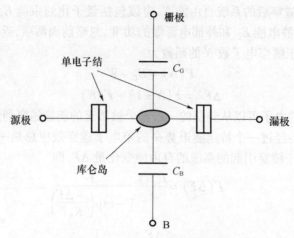

图 8-15 单电子晶体管的等效电路

在 SET 中,库仑岛的尺寸一般在 0.1~100nm 之间,此时岛上的能级已呈立状分布,不能再视为是连续能带,必须考虑到量子点的能级分布。考虑到这个因素,要对式(8-15)进行修正,修正后为

$$U' = U_n + U_{dot}$$

由量子力学可得出 U_n 的表达式为

$$U_n = \frac{E_n}{e}$$

同样,由量子力学可得出 E_n 的表达式为

$$E_n = \frac{\hbar^2 \pi^2 n^2}{2m^* a^2} \quad n = 1, 2, 3, \cdots$$

为了使计算简单,在计算自由能变化量时,先不考虑能级的不连续性,计算后再加上由于能级的分立而带来的额外的自由能的变化,则 U' 的最后表达式为

$$U' = \frac{1}{C_\Sigma}(C_S U_S + C_D U_D + C_G U_G + C_B U_B - Q) + \frac{\hbar^2 \pi^2 n^2}{2m^* a^2 e} \quad n = 1, 2, 3, \cdots \quad (8-16)$$

在岛电势为 F 的情况下,将一个无穷小的电荷 dq 移动到岛所需的能量为 U_{dq},一旦电荷进入岛,将会导致岛上的电压发生变化。对 U_{dq} 从 0 积分到 e 能够得到电荷 e 隧入岛所需的能量,即

$$\int_0^e U dq = \int_0^e \frac{1}{C_\Sigma}(C_S U_S + C_D U_D + C_G U_G + C_B U_B - Q) dq$$
$$= eU_{dot}(N) + \frac{e^2}{2C_\Sigma} \quad (8-17)$$

因此,电荷 e 从电势为 U_i 的点隧穿进入岛所引起能量的变化量 F_i 为

$$\Delta F_i = -eU_i + eU_{\text{dot}}(N) + \frac{e^2}{2C_\Sigma} \tag{8-18}$$

考虑到能级的分立,式(8-18)应修正为

$$\Delta F_i = -eU_i + eU_{\text{dot}}(N) + \frac{e^2}{2C_\Sigma} + eU_n$$

同理,电荷 e 隧穿进入电势为 U_0 的点所引起的能量变化 ΔF 为

$$\Delta F = eU_0 - U_{\text{dot}}(N) + \frac{e^2}{2C_\Sigma} + eU_n \tag{8-19}$$

将式(8-19)代入隧穿概率 Γ 的表达式(8-13),即可得到隧穿概率 Γ。
当电极加上电压后,单电子晶体管电势的分布如图 8-16 所示。

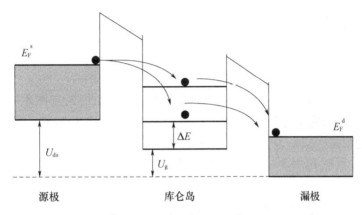

图 8-16 单电子晶体管形成通路时各个电极的电势

由正统理论可得出 $I-U$ 的关系为

$$\begin{cases} \Gamma(\Delta F) \approx \dfrac{\Delta F}{e^2 R_T} \dfrac{1}{1-\exp(-\Delta F/K_B T)} \\ I_D \approx e\Gamma(\Delta F_D) \\ I_S \approx e\Gamma(\Delta F_S) \\ I_{DS} \approx \dfrac{I_S \times I_D}{I_S + I_D} \end{cases} \tag{8-20}$$

从式(8-20)可看出,当外加电压时,如果电压变化引起量子点中电荷变化量不到一个电子的电荷,则将没有电流通过。直到电压增大到能引起一个电子电荷的变化时才有电流通过。因此电流-电压关系不是通常的直线关系,而是台阶型的,即电子输运形成的台阶型电流-电压曲线,如图 8-17 所示。

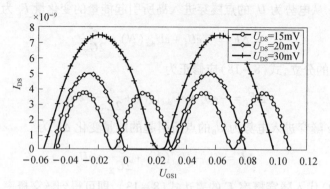

图 8-17　SET 电流-电压曲线

8.2.6　单电子晶体管的跨导

定义 SET 的跨导为

$$g_m = dI_{DS}/U_{GS} \tag{8-21}$$

并设 $U_{DS}=15\text{mV}$、20mV、30mV，得 SET 的跨导特性变化曲线，与图 8-17 的中流-电压 $I-U$ 的特性比较，它很好地反映 SET 的跨导变化情况：在库仑阻塞区，跨导为 0，且 U_{DS} 电压增大，库仑阻塞区减小，0 跨导区变窄；在隧穿区，跨导由最大降为最小，斜率为负值且为一条直线。反映在图 8-18 中表现为隧穿电流曲线对称。当仅改变隧穿电阻，使 $R_D > R_S$ 时，跨导区保持不变，跨导正值区减小而数值增大，跨导负值区增大而数值减小，斜率不再是直线。反映在图 8-18 中表现为曲线不再对称，发生向左偏转。当 $R_D < R_S$ 时反之。隧穿结电容只影响跨导值和跨导区范围，电容越大，跨导数值越小，0 跨导区越窄，但斜率为直线。反映在图 8-18 中表现为隧穿电流增大，库仑阻塞区减小甚至消失。

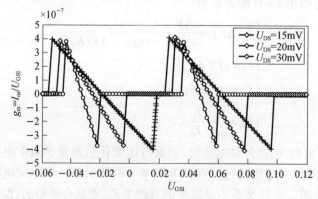

图 8-18　SET 跨导-电压曲线

8.2.7 单电子晶体管的频率特性

单电子晶体管的频率特性实际是取决于电子的隧穿时间,分析单电子晶体管频率特性,也是从时间这个参数开始,称为隧穿时间模型。确切地说,隧穿时间是一个电子隧穿单电子结达到新的平衡状态所需要的总的时间。隧穿时间 Δt 可以分为两部分:Δt_1,是电子在隧道中所需的时间;Δt_2,是电子从原来的费米能级跌入新的费米能级所用的时间,有

$$\Delta t = \Delta t_1 + \Delta t_2 \tag{8-22}$$

当一个金属 SET 结两端加上电压 U 时其费米能级及电隧穿时间,如图 8-19 所示。

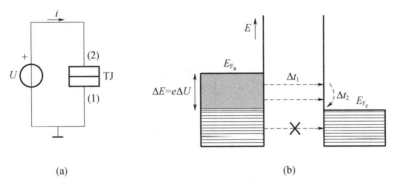

图 8-19 单电子晶体管电路及费米能级表示
(a)SETJ 两端加上电压 U;(b)$T=0$ 时费米能级及电子隧穿时间表示。

从图 8-19 中可以更容易和更直观地理解 Δt_1、Δt_2,Δt_1 大致为 10^{-15}s。而从一个费米能级跳到新的费米能级的时间 Δt_2 的大小取决于两个费米能级的差值,差值越大时间越长。当差值较大时,Δt_2 可以达到 10^{-13}s,而当两个费米能级很接近时,Δt_2 可以达到 10^{-15}s。由此可见,隧穿时间 Δt 非常小。在 SPICE 模型中,通过引入时钟信号来控制隧穿时间 Δt 的大小。当电子从较高的费米能级跳跃到较低的费米能级 SET 结将消耗能量,这也符合能量守恒定律。

以使用脉冲电路来模拟单个节点的 SET 结隧穿时间,并推算在隧穿时间 Δt 非常小的情况下,有相应的电流存在的数量。图 8-20(a)是脉冲电路模型。用一个比较器和一个时钟信号来模拟 δ 函数,如图 8-20(b)所示。

模型的工作原理可以从图 8-20(b)得出。当 SET 结两端的电压 U_{CTJ} 大于临界电压 U_{cr} 时,比较器处于高电平状态,则输出为高电流;当 SET 结两端的电压 U_{CTJ} 小于临界电压时,比较器处于低电平状态,则输出为低电流。而脉冲信号宽度用来控制高电流的时域。其中,临界电压 U_{cr} 就是允许电子隧穿通过 SET 结的最小电压。也就是当加在 SET 结的电压超过临界电压 U_{cr} 时才有隧穿事件的发生。输出如图 8-21 所示。

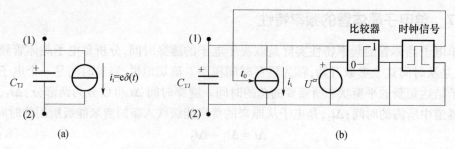

图 8-20 SET 隧穿时间模型等效电路

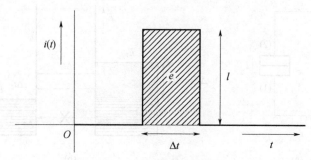

图 8-21 时钟信号输出

对应图 8-21 的面积,有

$$i \cdot \Delta t = e$$

则有

$$\begin{cases} U_{TJ} \geq U_{cr}; i = e\delta(t - t_0) & U_{TJ} \geq 0 \\ U_{TJ} < U_{cr}; i = 0 & U_{TJ} < 0 \end{cases} \quad (8-23)$$

脉冲信号的宽度 Δt 可以从 10^{-13}s 到 10^{-15}s 变化。而模型主要用来描述单个电子,取 $\Delta t = 10^{-15}$s,则

$$i_t = \frac{e}{\Delta t} = \frac{1.6 \times 10^{-19} \text{C}}{10^{-15} \text{s}} = 1.6 \times 10^{-4} \mu\text{A}$$

上面的模型证实了遂穿时间 Δt 非常小的情况下,单电子晶体管有相应的真实电流存在,证实了单电子晶体管具有极高的频率特征。

参考文献

[1] 王太宏. 纳米器件与单电子晶体管. 微纳电子技术,2002(2):28-32.
[2] 毛金海,等. 石墨烯的物理性质与器件应用. 物理,2009,38(6):38-8-386.

[3] 吴江滨. 2010年度诺贝尔物理学奖:有关石墨烯材料的开创性实验. 物理通报,2010,11:2-3.
[4] 袁明文. 石墨烯基电子学研究进展. 微纳电子技术,2010,48(10):589-594.
[5] 袁明文. 石墨烯基电子学研究进展(续). 微纳电子技术,2010,48(11):653-568.
[6] 陈智,王子欧,等. 表面粗糙对石墨烯场效应晶体管电流的影响. 微电子学与计算机,2012(29)12:154-156.
[7] 杨正龙,等. 石墨烯场效应晶体管研究进展. 固体电子学研究与进展,2014,34(4):346-349.
[8] Santanu Maha Patra A M. Ioneseu. Realization of Multiple Valued Logic and Memory by Hybrd SETMOS Arehiteeture. IEEET Transaetion on Nanotechnology,2005,4(6):8-05-8-14.
[9] Lemme M C,Echtermeyer T J,Baus M,et al. A Graphene Field-effect Device. IEEE Electron Device Letters,2008,28(4):19-26.
[10] Katsnelson Mikhail. Graphene:Carbon in Two Dimensions. Materialstoday,2008,10(1-2):20-28.
[11] Zebrev G. I. Electrostatics and Diffusion-drift Transport in Graphene Field Effect Transistors. International Conference on Microelectronics,2008:159-162.
[12] Tian Fang,Aniruddha Konar,Huili Xing,et al. Carrier Statics and Quantum Capacitance of Graphene Sheets and Ribbons. Applied Physics Letters,2008,91,issue:9,:092109-1-092109.
[13] Hoekstra J. Towards a circuit theory for metallic single-electren tunnelling device. International Journal of Circuit Theory & Applications,2007,35(3):213-238.
[14] Schwier F. Graphene Transistors. Nature notechnology,2010(5):488-496.
[15] Frank Schwierz Graphene Transistors. Nature Nanotechnology,2010,5:488-496.

第 9 章 新型半导体器件的仿真模型

9.1 仿真模型的研究

电路的仿真技术已广泛应用于各种电路的设计。特别是在电路初期设计和验证阶段,仿真技术的应用可以大大加快研发进展。电路仿真的关键在于器件模型和仿真算法。作为使用仿真软件的工程技术人员,在仿真功率电路时,常常会遇到这样的问题:因为仿真软件不可能把所有器件模型,尤其是新型半导体器件都包含进来,比如,通常的电路仿真工具(如 SPICE)的标准模型库里并没有新型器件(如功率 MOSFET、离子敏感 MOSFET)的模型,更应当注意的是,军品半导体器件优选目录中的大多是国产器件,国产半导体器件特别是军工器件普遍缺乏的仿真模型,在仿真软件中无法找到仿真模型,也就不可能对电路进行仿真。

根据计算机仿真的要求,"理想"的器件模型至少应满足下述几个条件:可以在较宽的电压、电流和温度范围内以足够的精度反映器件的性能;在器件的参数物理过程之间具有确定的对应关系,可以根据研究的问题做某些近似和简化处理,使其便于应用;其数学模型经过转换后可以成为适于计算机电路分析通用软件中的应用形式。在实际应用中,由于电子器件建模的工作涉及电学、热学、半导体物理等多个领域,所以描述其物理过程的数学模型将非常复杂,造成建模和计算的困难。目前,每一种电子 EDA 软件在提供了常用电子元器件模型的同时,也提供了较多的建模方法,这些方法建立的模型可粗略地分为两类:理想模型和精确模型。理想模型主要关注电子元器件的外在功能和特性,它可以是一个等效电路,也可以是一组数学方程,还可以是表达复杂电路的符号形式。理想模型的特点是在一定的精度范围内,完成电子元器件的功能,其端口特性和元器件的端口特性近似相同。对于集成芯片而言,理想模型的结构复杂程度明显下降,所含的电路元器件数和内部电路节点数大大减少,从而有效降低了计算时间以及对计算机的要求。精确模型关注的是电子元器件的内部构造,它可以是由内部构造推导出来精确的、正确的数学模型,也可以是内部电路复杂结构的描述。对这类模型的描述,绝大多数 EDA 软件都是以 SPICE 算法为核心,并提供比较丰富的器件模型库。

国外各大集成电路制造厂商通常会在推出器件产品一段时间之后发布其器件的 SPICE 语言模型。这类模型更为真实、细致地反映了元器件的功能和特性,模型相对复杂,运算时间相对较长。遗憾的是,我国的电子元器件生产厂商并没有提供任何的 SPICE 模型。在民用电路仿真过程中,通常采用查找替代器件的 SPICE 模型来解决这个问题。在军用电路仿真中,会发现军品电子元器件虽能找到替代器件,但国外厂商也不提供它的 SPICE 的仿真模型,如何准确建立这些器件的仿真模型成为电路仿真首要解决的问题。为了解决这个问题,通常采用标准模型库中已有的元件来构建一个等效电路,即宏模型。国际上很多著名的公司和研究机构一直致力于跟进性宏模型的研究工作,并提出了一系列各具特色的宏模型结构。我国在器件建模方面的研究成果很少,与国际上存在较大的差距。为使仿真技术在新型半导体器件的研究过程中得以应用,所以需要使用者自己能够建立诸如此类的新型器件模型(宏模型)。本章将对上述问题作应用性讨论。

9.2 半导体器件的 SPICE 模型

SPICE 是 1972 年伯克利大学开发的一个电路分析工具,但实际上它只是一个内核,提供核心的算法 SPICE。要使用其各种各样的功能,需要跟它的各种壳(如 PSPICE)进行对话,PSPICE 使用比较简单,常用的有 Cadence 公司的 OrCAD,用的是图形界面。在处理大工程的时候图形界面很容易出错且效率低下,PSPICE 主要用于系统级仿真,一般用于单板设计,HSPICE 主要用于 IC 设计,模型较为精确,特别与 IC 工艺参数相关,PSPICE 和 HSPICE 都是基于 SPICE 核心算法,所使用的器件模型也相同,HSPICE 是 Avarntil(现在被 Synopsys 公司收购)推出的,主要是基于 UNIX 工作站平台的,这时就要用到网单文件 (netlist)进行输入,因其功能齐全且强大,是 IC 设计业内使用最为广泛的 EDA 工具之一,PSPICE 是微机版的 SPICE 仿真工具,总体功能与 HSPICE 差不多,许多语句和用法基本相同。

SPICE 算法主导电路仿真 20 余年,也被很多仿真软件作为仿真内核。注意到随着集成电路的发展,CMOS 集成电路所占的市场份额越来越大,MOSFET 器件的重要性更显突出。这里重点介绍 MOSFET 的模型建立的相关基础。

9.2.1 SPICE 的 MOSEFT 器件模型

精确的晶体管模型是电路设计的先决条件,为了在电路仿真中描述晶体管的特性,仿真 SPICE 软件为 MOSEFT 提供了表 9-1 所列的器件模型,用 Level 变量加以指定。

表 9-1　0.8μm SOI CMOS SPICE 器件模型参数的提取

层次类型	模型描述
LEVEL1	Shichman - Hodges
LEVEL2	Grove - Frohman

(续)

层次类型	模型描述
LEVEL3	半经验模型
LEVEL4	改进的
LEVEL5	Taylor – Huang
LEVEL6	MOSFET
LEVEL7	MOSFET
LEVEL8	LEVEL2
LEVEL13	BSIM
LEVEL27	SOSFET
LEVEL28	改进的
LEVEL39	BSIM2
LEVEL47	BSIM3,版本
LEVEL49	BSIM3,版本
LEVEL50	Philips
LEVEL54	BSIM4.0
LEVEL55	EPFL – EKV
LEVEL57	BSIM3 – SOI
LEVEL58	佛罗里达大学
LEVEL59	BSIM3 – SOI
LEVEL60	BSIM3 – SOI

(1) LEVEL1 即 MOS1 模型。通常应用于准确度相对计算时间处于次要地位的情况,是大型数字电路模拟中常用的模型。但由于模型中未涉及短沟道影响,因此对于很多电子器件不适于采用该模型,它主要用来检验手工分析的正确性。

(2) LEVEL2 即为 MOS2 模型,是一个基于几何构型的模型。它在定义模型方程过程中详细考虑了器件的物理参数,具有极高的复杂度,往往不可取。

(3) LEVEL3 即 MOS3 模型,是一个采用半经验方法开发出来的模型,主要用于解决短沟道和窄沟道效应,也是为了克服 LEVEL2 MOSFET 模型的缺点。该模型利用测量获得的器件数据建模,LEVEL3 模型大部分的公式均采用了经验公式。

(4) LEVEL4(BSIM)模型,是另一种短沟道模型,该模型是以小几何尺寸 MOS 晶体管的器件物理特性为基础,同时兼顾了弱反相和强反相这两种状态。BSIM 模型以其简便、准确、高效的优良特性而成为目前最受欢迎的 SPICE MOSFET 模型之一。在短沟道影响之中,BSIM 考虑了沟道表面和表面以下区域中非均匀掺杂的影响。

(5) BSIM2 模型。在 1990 年推出,是对 BSIM 模型的延伸。BSIM2 模型参数的数目多达 120 个。因此,需要一种参数数目居中的模拟,只有大约 38 个参数的 BSIM3 模型则成功地做到了这一点。

(6) BSIM3 模型。应用于短沟道器件的、最新的 SPICE 模型就是 BSIM3 第 3 版或 BSIM3v3 模型。它既考虑了各种短沟道和窄沟道效应,也考虑了横向和垂直方向非均匀掺杂对阈值电压的影响。MOS BSIM SPICE BSIM3 是基于准二维分析的物理模型,着重探讨和解决涉及器件工作的物理机制,并考虑了器件尺寸和工艺参数的影响,力求使每个模型参数与器件特性的关系可以预测。BSIM3 大约有 120 个参数,每一个都有其物理意义。在整个工作区域内,漏电流及其一阶导数都是连续的,这对解决电路仿真中的收敛问题很有帮助。在 HSPICE 或 SmartSPICE 仿真软件中,BSIM3 模型的 V3.1 版本对应于 LEVEL 49,模型中考虑的主要效应包括以下几个方面:

① 短沟和窄沟对阈值电压的影响。
② 横向和纵向的非均匀掺杂。
③ 垂直场引起的载流子迁移率下降。
④ 体效应。
⑤ 载流子速度饱和效应。
⑥ 漏感应引起位垒下降。
⑦ 沟道长度调制效应。
⑧ 衬底电流引起的体效应。
⑨ 次开启导电问题。
⑩ 漏/源寄生电阻。

(7) BSIM4.0 是 BSIM3 模型的进一步扩展。模型中考虑的主要效应包括表 9-2 所列的几个方面。

表 9-2 MOS 场效应晶体管模型参数表

序号	名称	含义	单位	隐含值	举例
1	LEVEL	模型标志	—	1	
2	VOT	零偏压阈值电压	V	0.0	1.0
3	KP	跨导参数	$A \cdot V^2$	2.0×10^{-5}	3.1×10^{-5}
4	GAMMA	体阈值参数	$V^{1/2}$	0.0	0.37

(续)

序号	名称	含义	单位	隐含值	举例
5	PHI	表面势	V	0.6	0.65
6	LAMBDA	沟道长度调制效应(仅对 MOS1 和 MOS2)	V^{-1}	0.0	0.02
7	RD	漏欧姆电阻	Ω	0.0	1.0
8	RS	源欧姆电阻	Ω	0.0	1.0
9	CBD	零偏压 B–D 结电容	F	0.0	20FF
10	CBS	零偏压 B–S 结电容	F	0.0	20FF
11	IS	衬底结饱和电流	A	1.0×10^{-22}	1.0×10^{-5}
12	PB	衬底结电势	V	0.8	0.87
13	CGSO	每米沟道宽度的栅–源覆盖电容	F/m	0.0	4.0×10^{-11}
14	CGDO	每米沟道宽度的栅–漏覆盖电容	F/m	0.0	4.0×10^{-11}
15	CGBO	每米沟道宽度的栅–衬底覆盖电容	F/m	0.0	2.0×10^{-10}
16	RSH	漏和源扩散区薄层电阻	Ω/方	0.0	10.0
17	CJ	每平方米结面积的零偏压衬底结底部电容	F/m^2	0.0	2.0×10^{-4}
18	MJ	衬底结底部梯度因子	—	0.5	0.5
19	CJSM	每米结周界的零偏压衬底结侧壁电容	F/m	0.0	1.0×10^{-3}
20	MJSM	衬底结侧壁梯度因子	—	0.33	
21	JS	每平方米结面积的零偏压衬底结饱和电流	A/m^2	0.0	
22	TOX	氧化层厚度	m	1.0×10^{-7}	1.0×10^{-7}
23	NSUB	衬底掺杂	cm^{-3}	0.0	4.0×10^{15}
24	NSS	表面态密度	cm^{-2}	0.0	1.0×10^{10}
25	NFS	表面快态密度	cm^{-2}	0.0	1.0×10^{10}
26	TPG	栅材料类型	—	1	
		0 铝栅			
		1 硅栅,掺杂和衬底相反			
		–1 硅栅,掺杂和衬底相同			
27	XJ	结深	m	0.0	1μm
28	LD	横向扩散	m	0.0	0.8μm
29	UO	表面迁移率	cm^2/V	600	700

(续)

序号	名称	含义	单位	隐含值	举例
30	UCRIT	迁移率下降的临界电场(对 MOS2)	s^{-1}	1.0×10^4	1.0×10^4
31	UEXP	迁移率下降的临界电场指数(对 MOS2)	V/cm	0.0	0.7
32	UTRA	横向电场系数(对迁移率)(MOS2 时删去)	—	0.0	0.3
33	VMAX	载流子的最大漂移速度	—	0.0	5.0×10^4
34	NEFF	总沟道电荷(固定的和可动的)(对 MOS2)	m/s	1.0	5.0
35	XQC	薄氧化层电容的模型标志和漏端沟道电荷		1.0	0.4
36	KF	分配系数(0~0.5)		0.0	1.0×10^{-26}
37	AF	闪烁噪声系数	—	1.0	1.2
38	FC	闪烁噪声指数		0.5	
39	DELTA	正偏时耗尽电容公式中的系数		0.0	1.0
40	THETA	阈值电压宽度效应(对 MOS2 和 MOS3)		0.0	0.1
41	ETA	迁移率调制系数(对 MOS3)	V^{-1}	0.0	1.0
42	KAPPA	静态反馈系数(对 MOS3)	—	0.2	0.5
		饱和场因子(对 MOS3)			

9.2.2 SPICE 的 MOS 器件的模型算法

在 SPICE 有 3 种 MOS 器件的模型算法。

1. MOS1 模型

MOS1 模型是一级模型。

当 $U_{DS} > 0$ 时：

$U_{GS} - U_{TH} < 0$ 为截止区,有

$$I_D = 0$$

$0 < U_{GS} - U_{TH} \leq U_{DS}$ 为饱和区,有

$$I_D = (\beta/2)(U_{GS} - U_{TH})^2 (1 + \lambda U_{DS}) \tag{9-1}$$

$0 < U_{DS} < U_{GS} - U_{TH}$ 为线性区,有

$$I_D = (\beta/2)[2(U_{GS} - U_{TH})U_{DS} - U_{DS}^2](1 + \lambda U_{DS}) \tag{9-2}$$

其中,

$$U_{TH} = U_{T0} + \gamma(\sqrt{2\phi_F - U_{BS}} - \sqrt{2\phi_S}) \tag{9-3}$$

$$\beta = K_P [W/(L - 2L_D)] \tag{9-4}$$

式中 U_{TH}——有效阈值电压；

L_D——横向扩散长度。

$U_{T0}, K_P, \lambda, \gamma, \phi_B$（即 $2\phi_F$）——直流分析的5个基本模型参数，前3个出现在饱和区 I_D 公式中，体现了沟道调制效应；后两个出现在 U_{TH} 式中，体现了衬底偏置效应。

所用关系式为

$$U_{T0} = U_{FB} + \phi_B + \gamma \sqrt{\phi_B} \tag{9-5}$$

$$K_P = \mu_0 C_{ox} \tag{9-6}$$

$$\gamma = \frac{\sqrt{2qN_{sub}\varepsilon_{si}}}{C_{ox}} \tag{9-7}$$

$$\phi_B = \left(\frac{2KT}{q}\right) \cdot \ln\left(\frac{N_{sub}}{n_i}\right) \tag{9-8}$$

$$U_{FB} = \frac{\phi_{GC} - qN_{ss}}{C_{ox}} \tag{9-9}$$

$$C_{ox} = \frac{\varepsilon_{ox}}{T_{ox}} \tag{9-10}$$

上述式中：T_{ox}（氧化膜厚度）、N_{ss}（表面态密度）、N_{sub}（衬底浓度）和 L_D 都是工艺参数，μ_0 是低表面电场下表面迁移率，ϕ_{GC} 为栅-衬底接触电势差，由 N_{sub} 和栅材料决定。

2. MOS2 模型

二级模型（MOS2 模型）是在 MOS1 的基础上进行修正得到的。

1) 阈值电压修正

$$U_{TH} = U_{FB} + \phi_B + \gamma_S \sqrt{\phi_B - U_{BS}} + \frac{\delta \pi \varepsilon_{si}}{4 C_{ox} W}(\phi_B - U_{BS}) \tag{9-11}$$

$$\gamma_S = \gamma \left[1 - \frac{X_J}{2L}\left(\sqrt{1 + \frac{2W_S}{X_J}} + \sqrt{1 + \frac{2W_D}{X_J}} - 2 \right) \right] \tag{9-12}$$

$$W_D = \left[\frac{2\varepsilon_{si}(\phi_B - U_{BS} + U_{DS})}{(qN_{sub})} \right]^{1/2} \tag{9-13}$$

$$W_S = \left[\frac{2\varepsilon_{si}(\phi_B - U_{BS})}{(qN_{sub})} \right]^{1/2} \tag{9-14}$$

式中 W_S, W_D, X_J——源、漏结耗尽宽度和扩散结层深；

δ——窄沟效应系数；

γ_S 体现了短沟效应和栅漏静电反馈效应。

2) 迁移率修正

$$\mu_S = \mu_0 \left[\frac{U_{\text{crlt}} \varepsilon_{\text{si}}}{C_{\text{ox}} (U_{\text{GS}} - U_{\text{TH}} - U_{\text{Tra}} U_{\text{DS}})} \right]^{U_{\exp}} \quad (9-15)$$

$$U_{\text{GS}} - U_{\text{TH}} - U_{\text{Tra}} U_{\text{DS}} > U_{\text{crlt}} \varepsilon_{\text{si}} / C_{\text{ox}}$$

引入了 U_{crlt}、U_{Tra}、$U_{\exp}$ 来修正未考虑表面场影响的 μ_0。

3) 漏源电流方程修正

(1) 强反型(线性区)电流公式。

$$I_D = \mu_S C_{\text{ox}} \frac{W}{L} \left\{ \left(U_{\text{GS}} - U_{\text{TH}} - \eta \frac{U_{\text{DS}}}{2} \right) U_{\text{DS}} - \frac{2}{3} \gamma_S \left[(U_{\text{DS}} + \phi_B - U_{\text{BS}})^{\delta/2} - (\phi_B - U_{\text{BS}})^{\delta/2} \right] \right\}$$
$$(9-16)$$

$$U_{\text{TH}} = U_{\text{FB}} + \phi_B + \frac{\delta}{4} \frac{\pi \varepsilon_{\text{si}}}{W C_{\text{ox}}} (\phi_B - U_{\text{BS}}) \quad (9-17)$$

$$\eta = 1 + \frac{\delta}{4} \frac{\pi \varepsilon_{\text{si}}}{W C_{\text{ox}}} \quad (9-18)$$

其中,U_{TN} 和 η 包含了短沟效应,μ_S 是因表面电场影响迁移率的修正。

(2) 弱反型(亚阈区)电流公式($U_{\text{GS}} < U_{\text{on}}$)。

$$I_D = I_D \exp\left[\frac{q(U_{\text{GS}} - U_{\text{on}})}{nKT} \right] \quad (9-19)$$

$$U_{\text{on}} = U_{\text{TH}} + \frac{nKT}{q} \quad (9-20)$$

$$n = 1 + n_{\text{FS}}(\text{表面快态密度}) \frac{q}{C_{\text{ox}}} + \frac{C_D}{C_{\text{ox}}} \quad (9-21)$$

$$C_D = \frac{\partial Q_B}{\partial U_{\text{BS}}} = \left[-\gamma_S \frac{\partial (\phi_B - U_{\text{BS}})^{1/2}}{\partial U_{\text{BS}}} - \frac{\partial \gamma_S}{\partial U_{\text{BS}}} (\phi_B - U_{\text{BS}})^{1/2} + \frac{\delta \pi \varepsilon_{\text{si}}}{4 W C_{\text{ox}}} \right] C_{\text{ox}} \phi^{1/2} (1 + U_{\text{BS}}/2\phi_B)^{-1}$$
$$(9-22)$$

(3) 饱和区电流公式。

$$I_D = I_D \cdot \frac{L}{L_{\text{eff}}}, U_{\text{GS}} > U_{\text{on}}, U_{\text{DS}} > U_{\text{DSat}} \quad (9-23)$$

L_{eff} 为有效沟道长度。MOS2 考虑了沟道夹断引起的和载流子极限漂移速度引起的两种沟道长度调制效应,有两种 U_{DSat} 值,值低的效应将起主导作用。

沟道夹断引起的沟道长度调制效应表达式为

$$U_{\text{DSat}} = \frac{U_{\text{GS}} - U_{\text{TH}}}{\eta} + \frac{1}{2} \left(\frac{\gamma_S}{\eta} \right)^2 \left\{ 1 - \left[1 + 4 \left(\frac{\eta}{\gamma_S} \right)^2 \left(\frac{U_{\text{GS}} - U_{\text{TH}}}{\eta} + \phi_B - U_{\text{BS}} \right) \right]^{1/2} \right\} \quad (9-24)$$

当 $L - 2L_D - \Delta L > X_d (\phi_{\text{js}})^{1/2}$ 时,有

$$L_{\text{eff}} = L - 2L_D - \Delta L \tag{9-25}$$

当 $L - 2L_D - \Delta L \leqslant X_d (\phi_{js})^{1/2}$ 时,有

$$L_{\text{eff}} = X_d (\phi_{js})^{1/2} \{ 2 - (L - 2L_D - \Delta L) [X_d (\phi_{js})^{1/2}]^{-1} \}^{-1} \tag{9-26}$$

式中　ϕ_{js}（即 PB）——衬底结电势；

$X_d = (2\varepsilon_{\text{si}}/qN_{\text{sub}})^{1/2}$。

当 λ 给出时,有

$$\Delta L = \lambda L U_{\text{DS}}$$

当 λ 未给出时,有

$$\Delta L = \left\{ \frac{U_{\text{DS}} - U_{\text{DSat}}}{4} + \left[1 + \left(\frac{U_{\text{DS}} - U_{\text{DSat}}}{4} \right)^2 \right]^{1/2} \right\}^{1/2} X_d \tag{9-27}$$

载流子极限漂移速度引起的沟道长度调制效应表达为

$$L_{\text{eff}} = L - 2L_D - X'_d \left[\left(\frac{X'_d v_{\max}}{2\mu_S} \right)^2 + (U_{\text{DS}} - U_{\text{DSat}}) \right]^{1/2} + \left(\frac{X'^2_d v_{\max}}{2\mu_S} \right) \tag{9-28}$$

$$v_{\max} = \mu_S \left\{ \left(U_{\text{GS}} - U_{\text{TN}} - \frac{\eta U_{\text{DSat}}}{2} \right) U_{\text{DSat}} - \frac{2}{3} \gamma_S [(U_{\text{DSat}} + \phi_B - U_{\text{BS}})^{3/2} - (\phi_B - U_{\text{BS}})^{3/2}] \right\}$$

$$\{ L_{\text{eff}} [U_{\text{GS}} - U_{\text{TN}} - \eta U_{\text{DSat}} - \gamma_S (U_{\text{DSat}} + \phi_B - U_{\text{BS}})^{1/2}] \}^{-1} \tag{9-29}$$

式中　$v_{\max}$——极限漂移速度；

U_{DSat}——近似值,因此引入了衬底浓度系数 N_{eff},体现在修正的耗尽层宽度系数上即

$$X'_d = [2\varepsilon_{\text{si}} q N_{\text{eff}} N_{\text{sub}})^{-1}]^{1/2} \tag{9-30}$$

3. MOS3 模型

MOS3 模型是三级模型。

1）阈电压修正公式

$$U_{\text{TH}} = U_{\text{FB}} + \phi_B + \gamma F_S (\phi_B - U_{\text{BS}})^{1/2} - \sigma U_{\text{DS}} + F_n (\phi_B - U_{\text{BS}}) \tag{9-31}$$

$$F_S = 1 - \frac{X_J}{L} \left\{ \frac{L_D + W_C}{X_J} \left[1 - \left(\frac{W_p}{W_p + X_J} \right)^2 \right]^{1/2} - \frac{L_D}{X_J} \right\} \tag{9-32}$$

式中　W_p, W_C——底面结和圆柱形结的耗尽层宽度,有

$$W_C = X_J [0.0631353 + 0.8013292(W_p/X_J) - 0.01110777(W_p/X_J)^2] \tag{9-33}$$

只要给出 X_J,软件会自动计算 W_p 和 W_C

$$F_n = \delta \pi \varepsilon_{\text{si}} (2W C_{\text{ox}})^{-1} \tag{9-34}$$

$$\sigma = 8.15 \times 10^{-22} \eta (C_{\text{ox}} L^3)^{-1} \tag{9-35}$$

2）表面迁移率修正公式

$$\mu_S = \mu_0 [1 + \theta (U_{\text{GS}} - U_{\text{TH}})]^{-1} \quad （含 U_{\text{GS}} 影响） \tag{9-36}$$

$$\mu_{eff} = \mu_S [1 + \mu_S U_{DS}(v_{max}L)^{-1}]^{-1} \quad (\text{含 } U_{GS}、U_{DS} \text{影响}) \tag{9-37}$$

3) 线性区漏电流方程的修正

$$I_D = \mu_{eff} C_{ox} [U_{GS} - U_{TH} - (F_b + 1)(2U_{DS})^{-1}] U_{DS} W L^{-1} \tag{9-38}$$

$$F_b = \gamma F_S [2(\phi_B - U_{BS})^{1/2}]^{-1} + F_n \tag{9-39}$$

4) 饱和区特性的经验修正

由载流子极限漂移速度决定的饱和电压为

$$U_{DSat} = \frac{U_{GS} - U_{TH}}{F_b + 1} + \frac{v_{max}L}{\mu_S} - \left[\left(\frac{U_{GS} - U_{TH}}{F_b + 1}\right)^2 \left(\frac{v_{max}L}{\mu_S}\right)^2\right]^{1/2} \tag{9-40}$$

沟长调制量为

$$\Delta L = X_d [(X_d E_p/2)^2 + k(U_{DS} - U_{DSat})]^{1/2} - X_d^2 E_p/2 \tag{9-41}$$

$$E_p = I_{DSat}(LG_{DSat})^{-1} \tag{9-42}$$

式中 I_{DSat}, G_{DSat}——饱和区的漏电流和漏电导。

4. MOSFET 的瞬态模型

源漏扩散结势垒电容由底面和侧面电容两部分组成，即

$$C_j(U) = C_j A \left(1 - \frac{U}{\phi_j}\right)^{-mj} + C_{jsw} P \left(1 - \frac{U}{\phi_j}\right)^{-m_{jsw}} \tag{9-43}$$

式中 C_j, C_{jsw}——单位底面积和侧面积周长的零偏电容；

P——侧面结周长；

A——底面结面积；

m_{jsw}——侧面积梯度因子。

栅电容含两部分：一是交叠电容 C_{GS}, C_{GD}, C_{GB}，正比于交叠面积；二是可变电容部分，三级均可用 Meyer 电容模型。

$$C_{GD} = \begin{cases} 0 & U_{DS} \leq U_{GST} \\ \frac{2}{3} WLC_{ox} \left\{1 - \frac{(U_{GS} - U_{on})^2}{[2(U_{GS} - U_{on}) - U_{DS}]^2}\right\} & U_{DS} \leq U_{GST} \end{cases} \tag{9-44}$$

$$C_{GS} = \begin{cases} 0 & U_{GST} < -\phi_B/2 \\ \frac{2}{3} WLC_{ox} \left(1 + \frac{U_{GS} - U_{on}}{\phi_B/2}\right) & -\phi_B/2 \leq U_{GST} < 0 \\ \frac{2}{3} WLC_{ox} & 0 \leq U_{GST} < U_{DS} \\ \frac{2}{3} WLC_{ox} \left\{1 - \frac{(U_{GS} - U_{on} - U_{DS})^2}{[2(U_{GS} - U_{on}) - U_{DS}]^2}\right\} & U_{DS} \leq U_{GST} \end{cases} \tag{9-45}$$

$$C_{GB} = \begin{cases} 0 & 0 < U_{GST} \\ -WLC_{ox}(U_{GS} - U_{on})\phi_B & -\phi_B \leq U_{GST} < 0 \\ WLC_{ox} & U_{GST} < -\phi_B \end{cases} \quad (9-46)$$

其中： $U_{GST} = U_{GS} - U_{on}(\text{MOS2}); U_{GST} = U_{GS} - U_{TH}(\text{MOS1})$

9.2.3 理想的 MOSFET 的模型

下面是一个理想的 MOSFET 的模型，以此为例对这个模型算法进行说明。

```
##########  Model Data Report  #################
= = = = = = = = SPICE Model = = = = = = = = = =
1..MODEL IDEAL_3TDN NMOS (
2. + LEVEL =    1
3. + VTO =      0.0
4. + KP =       2.0e-5
5. + GAMMA =    0.0
6. + PHI =      0.6
7. + LAMBDA =   0.0
8. + RS =       0.0
9. + RD =       0.0
10.+ CBD =      0.0
11.+ CBS =      0.0
12.+ IS =       1.0e-14
13.+ PB =       0.8
14.+ CGSO =     0.0
15.+ CGDO =     0.0
16.+ CGBO =     0.0
17.+ RSH =      0.0
18.+ CJ =       0.0
19.+ MJ =       0.5
20.+ CJSW =     0.0
21.+ MJSW =     0.5
22.+ JS =       0.0
23.+ TOX =      1.0e-7
```

```
24.+ TPG  =    1.0
25.+ LD   =    0.0
26.+ UO   =    600.0
27.+ KF   =    0.0
28.+ AF   =    1.0
29.+ FC   =    0.5
30.+ TNOM =    27
31.+ )
32. ======== Model template ==========
33. M%p %tD %tG %tS %tS %m L = #0 W = #1 AD = #2 AS = #3 PD = #4 PS = #
    5 NRD = #6 NRS = #7 M = #8
```

为了叙述方便,在模型语句中加入了行号,原文件是没有的。第 1 行,这个模型是一个理想 NMOS 模型,关键词 MODEL 后是自己起的名字。第 2 行是模型的版本 LEVEL1。第 3 行到第 30 行是定义了模型的各个参数,是关键部分,如果某个参数没有写,SPICE 会采用默认值。模型中比较重要的参数定义:VTO 零偏阈值电压 0V,KP 跨导 2×10^{-5},通过这两个参数可以绘制 $U_{BS} = 0$ 时 $\sqrt{I_D} \sim U_{GS}$ 曲线,求取曲线斜率以及曲线与横轴交点得到。GAMMA 体效应为 0,就是认为衬底电压 U_{BS} 的改变对阈值电压 U_{TH} 没有影响。表面势 PHI 取典型值 0.6V。忽略沟道长度调制效应 LAMBDA,一般理想器件都是如此。忽略漏极和源极欧姆电阻 RS 和 RD。忽略结电容 CBD 和 CBS。场效应管的衬底 PN 结饱和电流很小,模型的 IS 取 2×10^{-14} A。PN 结内建势取典型值 0.8V。单位宽度的栅源覆盖电容 CGDO、单位宽度的栅漏覆盖电容 CGSO、单位长度的栅–衬底覆盖电容 CGBO 都忽略不计。衬底 PN 结底面梯度系数 MJ 和衬底 PN 结侧壁梯度系数 MJSW 都是是 0.5,它们是用来确定源漏扩散结势垒电容的参数。氧化层厚度 TOX 和工艺有关,取典型值。栅极材料类型 TPG 与衬底相反。表面迁移率 UO 等于 600,体现了衬底偏置效应,确定了直流时的阀值电压 U_{TH}。闪烁噪声指数 AF 确定了噪声情况,正偏时耗尽层电容公式中的系数 FC 等于 0.5。TNOM 规定了仿真温度为 27°。

由上述分析可知,建立一个器件的模型是一件很繁复的事。各大半导体器件厂商都有各自产品的 SPICE 模型库。由于各个公司的技术人员编程习惯不同,各个 SPICE 仿真模型编程风格大相径庭,比如国际流行的另一个仿真软件 Multisim 中 2N6659 的 SPICE 模型和上面分析的理想 MOSFET 模型很不相同。这需要读者对照 SPICE 资料仔细分析。

9.3 新型半导体器件的建模

9.3.1 模型的建立

半导体器件的物理模型是从半导体的基本方程出发,并对器件的参数做一定的近似假设而得到的有解析表达式的数学模型。一般说来,随着器件集成度的提高而要求晶体管的结构、尺寸都在发生变化,MOS 管的结构尺寸不断缩小,已经到了深亚微米甚至纳米量级,多维的物理效应和寄生效应使得对 MOS 管的模型描述带来了困难。同时,为了使模型与试验结果符合得更好,显然模型更复杂,在物理模型中经常包含有一些经验因子,模型参数越多,其模拟的精度越高,但高精度与模拟的效率发生矛盾。一般说,模型中考虑的因素越多,与实际结果就符合得越好,但模型也就越复杂,在电路模拟中耗费的计算工作量就越大。

建立新器件模型的关键是正确提取新器件在特定的物理过程的各项相关参数,具体地说,建立新器件的等效电路模型,把器件所要表现的物理特性用一部分理想元件代替,这些元件支路方程表示了器件的各个物理模型,一般地说,同一半导体器件在不同的工作条件下,如一个器件将有不同的等效电路模型,直流特性、交流小信号、交流大信号、瞬态特征各不相同。在提取了等效电路中所有的元件所需要的参数后,写入 PSPICE 网表,就得到一个 PSPICE 宏模型,也就是建立了新半导体器件模型。

9.3.2 确定模型参数

模型参数的确定有以下 3 种方法。
（1）用仪器直接测量。这种方法物理概念明确,某些参数测量的精度较高,但所需的仪器较多,工作量比较大。
（2）从工艺参数获得模型参数。该方法的缺点是模型参数误差相对比较大。
（3）模型参数的计算优化提取。
比较上述方法,最好的办法是模型参数通过计算优化提取。

9.3.3 模型参数计算优化提取

模型参数计算优化提取的任务,是要从一组器件测量特性中得到与器件模型相对应的一套模型参数值。其办法是先给出一组模型参数初始值,代入元件模型公式得到一组模拟结果;然后比较模拟结果与测量特性,如两者不一致,就修改参数值,直到模拟结果能与测量特性很好地拟合。由于器件特性是非线性的,因而参数提取是一个非线性拟合问题,也是一个不断迭代改进的优化问题。在数学上,上述问题可归结为最小二乘法的曲线拟合。

模型参数计算优化提取流程如图 9-1 所示。

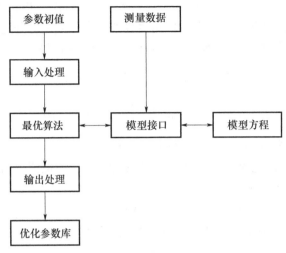

图 9-1 模型参数计算优化提取流程

9.3.4 MOS(FET)器件模型参数的提取

1. MOS(FET)模型参数的提取

K_P(KP)、U_{T0}(VTO)、γ(GAMMA)和 N_{sub}(NSUB)的提取如下:

1) U_{BS} 为零条件下,测大尺寸管的输出特性,略去二级效应,由式(9-1)得

$$I_D^{1/2} = \left[\frac{K_P W}{2L}\right]^{1/2}(U_{GS} - U_{T0})$$

测 $I_D - U_{GS}$,作 $I_D^{1/2} - U_{GS}$ 关系图,由斜率求出 K_P,由截距得 U_{T0}。

当加上不同的 U_{BS} 时,测取一组阈电压 U_{TH},先由式(9-8)算出 ϕ_B,作 $U_{TH} - (\phi_B - U_{BS})^{1/2}$ 关系线,由式(9-3)有

$$U_{TH} = U_{T0} + \gamma[(\phi_B - U_{BS})^{1/2} - \phi_B^{1/2}] \tag{9-47}$$

由关系线斜率求出 γ,再由截距求取 ϕ_B,若两个 ϕ_B 有差,可以后一 ϕ_B 取代前一个,重算 γ 和 ϕ_B,一直迭代到相差符合误差要求为止。

2) 沟道长度调制系数 λ(LAMBDA)的提取

饱和区工作的 MOS 管输出电导 G_{DS} 为

$$G_{DS} = dI_D/dU_{DS} = \lambda I_{DSat} \tag{9-48}$$

λ 值可直接从 $I_D - U_{DS}$ 输出特性线得到。不同 L 的 λ 应分别测取。

3) 电容参数 C_{GS0}(CGSO)、C_{GD0}(CGDO)的提取

测取 T_{ox} 求出 C_{ox},或由栅电容直接测出,也可测得截止区的栅-衬底电容,估算 C_{ox}。

由 $C_{GS0} = C_{GD0} = xC_{ox}$ 求出。X 为栅漏、栅源覆盖的版图交叠宽度及横向扩展宽度。

又由栅对衬底版图交叠宽度 y 和交叠区下膜厚(设为 mT_0)求出 $C_{GB0} = C_{ox}y/m$。测漏、源对衬底结的反偏 $C-U$ 特性,由关系线斜率和截距可分别求出 m 和 C_{BS}、C_{BD}。测矩形和曲线形结电容的反偏 $C-U$ 特性,由式(9-43)得

$$\begin{cases} \lg C_{\text{底}} = -m\lg\left(\dfrac{1-U}{\phi_j}\right) + \lg C_j + \lg A \\ \lg C = -m_{js\omega}\lg\left(\dfrac{1-U}{\phi_j}\right) + \lg C_{js\omega} + \lg P \end{cases} \quad (9-49)$$

关系线斜率可求得 m、$m_{js\omega}$,由其截距可求得 C_j 和 $C_{js\omega}$。

4) 漏源对衬底结漏电流参数 I_s 和 J_s 可直接测量结的漏电流得出

2. MOS2 模型参数的提取

1) 阈电压修正系数 γ_s(GAMMA)和 δ(DELTA)

从长沟宽沟大管测 U_{T0}、γ 和 ϕ_B,再测短沟宽沟管的 $U_{TH}-U_{BS}$ 的关系,利用作 $U_{TH}-(\phi_B-U_{BS})^{1/2}$ 图,关系线斜率即 γ_s。由长沟窄沟管测得相应关系线,近似以 $\gamma_s \approx \gamma$,再利用式(9-11)可以求取 δ。

2) 迁移率有关参数 U_{exp}(UEXP)和 U_{crit}(UCRIT)

由 K_P 求 μ_0,为求 μ 随场强变化的模型参量,由式(9-15)得

$$\lg(\mu_s/\mu_0) = U_{exp}\left[\lg\left(\dfrac{\varepsilon_{si}U_{crit}}{C_{ox}}\right) - \lg(U_{GS}-U_{TH})\right] \quad (9-50)$$

由 μ_S 随 U_{GS} 改变规律,作出 μ_S/μ_0 对 $U_{GS}-U_{TH}$ 的双对数关系线,即可从斜率和截距分别求出 U_{exp} 和 U_{crit}。

3) 亚阈特性参数 n_{FS}(NFS)

测量亚阈区 $I_D-U_{GS}-U_{on}$ 关系,作 $I_D-U_{GS}-U_{on}$ 关系线,由式(9-19)得

$$\lg I_D = q(U_{GS}-U_{on})(2.3nKT)^{-1} - \lg I_D \quad (9-51)$$

从斜率得到 n,再用式(9-21)求取 n_{FS}。

4) 饱和区参数 λ(LAMBSDA)

测出输出特性关系,将饱和电流 I_{DSat} 同理论计算值 I_D 比较,若二者相等,说明是沟道夹断的长度调制所引起的电流饱和,则饱和区的 $\Delta I_D/\Delta U_{DS} = \lambda$。

3. MOS3 模型参数的提取

1) 参数的测量

(1) 固定 U_{BS},测 $U_{TH}-U_{DS}$ 关系,该直线斜率即 σ 再经式(9-35)求取 η 值。

(2) 对比法取法。测出长沟宽沟管 U_{T0}、γ 和 ϕ_B,再测短沟宽沟管的 $U_{TH} \sim (\phi_B-U_{BS})^{1/2}$ 关系,由其斜率可求 F_s,再利用式(9-32)求得 X_J。然后,测取长沟宽沟管 $U_{TH}-\phi_B-U_{BS}$ 关系,由式(9-31)求 F_n,再由式(9-34)求取 δ。

2）迁移率修正经验参数

保持 U_{DE} 为较小值（线性区），测取 $I_D \sim U_{GS} \sim U_{TH}$ 关系。当 U_{GS} 也较小时，可忽略表面电场（横、纵）的影响，此时关系线为直线。其斜率可求出 K_P 和 μ_0；而当 U_{GS} 较大，纵向场将使关系偏离直线，这时测量并作 $\mu_0/\mu_S - U_{GS} - U_{TH}$ 关系图，利用式(9-36)可得 θ。

3）饱和特征的经验参数

保持 U_{GS} 为最高值，增大 U_{DS}，测出线性与饱和间的过度区，作出 $\mu_{eff}/\mu_S - U_{DS}$ 关系线，由式(9-37)可求出 v_{max}。测量输出特性，由饱和区电流及式(9-40)、式(9-41)定出 k。

（4）$R_S(RS)$、$R_D(RD)$ 和 $L_D(LD)$ 的提取用两个以上 W 同 L 不等的管

在 U_{DS} 很小的线性区，有

$$I_D^{-1} = \frac{L}{k_0 U_{DS}} + \left(\frac{R_D + R_S}{U_{DS}} - \frac{2L_D}{k_0 U_{DS}} \right) \tag{9-52}$$

$$k_0 = \mu_0 C_{ox} W (U_{GS} - U_{FB} - \phi_B) \times \left(1 + \frac{U_{GS} - U_{TH}}{U_{norm}}\right)^{-1} \tag{9-53}$$

对给定的 U_{GS}、k_0（常数），测量不同 L_1 管的 I_{Di}，得 $I_D^{-1} - L$ 的一条直线，在另一 U_{GS} 下，作同样的另一条直线，假定 $R_S = R_D$，则 L_D 为交点横坐标值之半，$R_S(RS)$ 为交点纵坐标乘 U_{DS} 之半。如考虑 $W_{OFF} = W - 2W_D$，则 W_D 的求取可用两个以上等长不同宽的管，在 U_{DS} 很小的线性区，有

$$I_D [U_{DS} - (R_S + R_D)I_D]^{-1} = k_0'(W - 2W_D) \tag{9-54}$$

$$k_0' = \mu_0 C_{ox} (U_{GS} - U_{FB} - \phi_B) \times \left[L_{eff} \left(1 + \frac{U_{GS} - U_{TH}}{U_{norm}}\right) \right]^{-1} \tag{9-55}$$

U_{GS} 给定，k_0' 为常数，由直线与横坐标的交点，得 W_D 为截距之半。以上测量用了较高的 $U_{GS}(6V)$。μ_S 修正可以利用

$$\mu_S = \mu_0 \left[1 + (U_{GS} - U_{TH}) U_{norm}^{-1} \right]^{-1} \tag{9-56}$$

在 U_{DS} 很小的线性区，测不同 U_{GS} 下的 I_D（U_{BS} 实用值），当 U_{GS} 较高时，I_D 为

$$I_D = k_P \frac{W_{eff}}{L_{eff}} \times U_{DS}(U_{GS} - U_{TH}) \times \left(1 + \frac{U_{GS} - U_{TH}}{U_{norm}}\right)^{-1} \tag{9-57}$$

作出 $\left(\left(\frac{k_P W_{eff}}{L_{eff}}\right) \times (U_{GS} - U_{TH}) \frac{U_{DS}}{I_D} - (1 - U_{GS}) \right)$ 关系线，其斜率的倒数即 U_{norm}。

9.4 砷化镓场效应管模型

9.4.1 砷化镓场效应管模型的建立

应用 9.2 节所述的原理，建立用于 n 沟道砷化镓场效应管（GaAsFET）的 PSPICE 模

型,如图9-2所示。

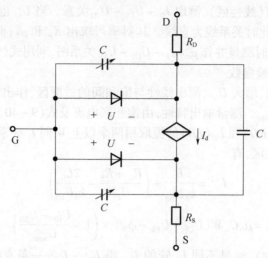

图9-2 n沟道砷化镓场效应管 PSPICE 模型

砷化镓FET器件的模型参数提取见表9-3。

表9-3 砷化镓FET器件的模型参数提取

名称	面积	模型参数	单位	默认值	典型值
VTO		阀值电压	V	−2.5	−2
ALPHA		tanh 常数	V	2	1.5
BETA		跨导系数		0.1	25U
LAMBDA		沟道长度调制系数	V	0	1.00×10^{-1}
RG	*	栅极欧姆电阻	Ω	0	1
RD	*	漏极欧姆电阻	Ω	0	1
RS	*	源极欧姆电阻	Ω	0	1
IS		栅极 PN 结饱和电流	A	1.00×10^{-1}	
M		栅极 PN 结梯度系数		0.5	
N		栅极 PN 结注入系数		1	
VBI		阀值电压	V	1	0.5
CGD		栅漏零偏压 PN 结电容	F	0	1pF
CGS		栅漏零偏压 PN 结电容	F	0	6pF
CDS		漏源电容	F	0	0.33pF

(续)

名称	面积	模型参数	单位	默认值	典型值
TAU		渡越时间	s	0	10ps
FC		正偏压耗尽电容系数		0.5	
VTOTC		VTO 温度系数	V/℃	0	
BETATCE		BETA 指数温度系数		0	
KF		闪烁噪声系数		0	
AF		闪烁噪声指数		1	

n 沟道砷化镓场效应管的模型语句的一般形式为：

.MODEL BNAME GASFET (P1 = V1   P2 = V2   P3 = V3   … PN = VN)

这里 GASFET 是 n 沟道砷化镓场效应管的类型代号，BNAME 是模型名。模型名可以用任意字符开头，长度通常限制在 8 以内，P1、P2、…和 V1、V2、…分别是模型参数及其值。

GaAsFET 被看作一个固有的场效应管（图 9 - 3）。它在漏极有欧姆电阻 R_D、在源极有欧姆电阻 R_S、在栅极有欧姆电阻 R_C。[(area) value] 是相对器件面积，默认值为 1.0。

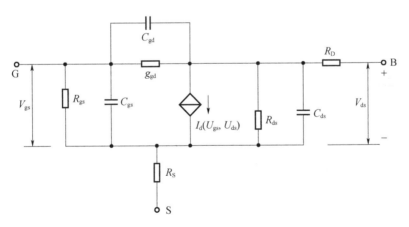

图 9 - 3   小信号 n 沟道 GaAsFET 模型

砷化镓 MESFET(GaAs MESFET 或 GaAs FET)的代号为 B。Gas MESFET 必须以 B 开头，且采用以下的一般格式：

B < name > ND NG NS BNAME   [(area) value]

其中,ND、NG、NS 分别是漏极、栅极和源极节点。模型名 BNAME 可以用任意字符开头,其长度通常限为 8 个字符,正向电流流入端点。

GaAs MESFET 语句举例:
```
BIX  2  5  7  NMOD
MODEL NMOD GASFET
BIM  15  1  0  GMOD
.MODEL  GMOD  GASFET (VTO = -2.5  BE -
+  TA =60U  VBI =0.5  ALPHA =
+ 1.5  TAU =10PS)
B5  7  9  3  MNOM 1.5
.MODEL  MNOM  GASFET  (VTO = -2.5
+  BETA - =32U  VBI =0.5  ALPHA =
+ 1.5)
```

9.4.2 砷化镓场效应管的仿真

带有有源负载的 GaAsFET 反相器如图 9-4(a)所示。输入电压是一脉冲波形,如图 9-4(b)所示。

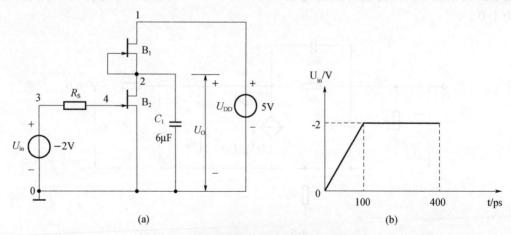

图 9-4 带有有源负载的 GaAsFET 反相器电路
(a)电路;(b)输入电压。

GaAsFET B1 的模型参数提取为:VTO = -2.5 V,BETA - 65 U,VBI =0.5 V,ALPHA = 1.5,TAU = 10 PS;B2 的参数为:VTO = -2.5 V,BETA = 32 U,VBI = 0.5 V,ALPHA =1.5。
电路文件清单如下:

第9章 新型半导体器件的仿真模型

```
Example9.9   A GaAsFET inverter with active load
VDD 1  0 5V
* Pulsedinput voltage
VIN  3  0  DC  -2V PWL (0  0  100PS  -2V 1NS  -2V)
* GaAsFET,which is connected to 1(drain),2(gate) and 2(source), has a model of
* GF1.
B1  1  2  2   GF1
B2  2  4  0   GF2
C1  2  0  6U  IC-0V
RS  3  4  50
*    Model for GF1
.MODEL GF1 GASFET (VTO=-2.5  BETA=65U  VBI=0.5  ALPHA=1.5
+ TAU=10PS) .
.MODEL GF2  GASFET  (VTO=-2.5  BETA-32U  VBI=0.5  ALPHA=1.5)
*   Transient analysis for0 to 240ps with 2ps increment
.TRAN 2PS 240PS UIC
.DC VIN -2.5  1   0.1
*   Plot the results of transient analysis.
.PLOT TRAN V(3) V(2)
.PLOT DC   V(2)
*   DC transfer characteristics
.TF  V(2)  VIN
*   Small-signal parameters for DC analysis
.OP
.PROBE
.END
```

分析结果如下：

```
* * * SMALL SIGNAL BIAS SOLUTION    TEMPERATURE =27.000 DEG C
* * * * * * * * * * * * * * * * * * * * * * * * * * * *
NODE VOLTAGE NODE VOLTAGE NODE VOLTAGE NODE VOLTAGE
(1) 5.0000  (2) 4.9869   (3)  -2.0000  (4)  -2.0000
VOLTAGE SOURCE CURRENTS
NAME   CURRENT
```

```
VDD  -9.000E-06
VIN  9.007E-12
TOTAL POWER DISSIPATION   4.00E-05   WATTS
***OPERATING POINT INFORMAJION TEMPERATURE =27.000 DEG C
*****************************
****      GASFETS
NAME    B1       B2
MODEL   GF1      GF2
ID      9.00E-06    9.00E-06
VGS     0.00E+00   -2.00E+00
VDS     1.31E-02    4.99E+00
GM      6.40E-06    3.20E-05
GDS     6.09E-04    1.53E-11
CGS     0.00E+00    0.00E+00
CGD     0.00E+00    0.00E+00
CDS     0.00E+00    0.00E+00
****   SMALL-SIGNAL CHARACTERISTICS
 V(2)/VIN = -5.253E-02
 INPUT RESISTANCE AT VIN =4.872E+11
 OUTPUT RESISTANCE AT V(2) =1.642E+03
```

瞬间响应和直流转移特性如图9-5所示。

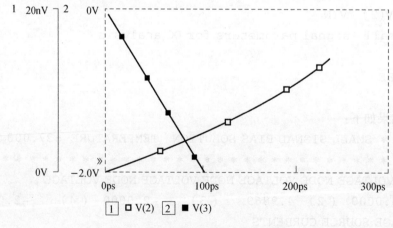

图9-5 瞬间响应和直流转移特性

9.5 离子敏感场效应管模型

离子敏感(ISFET)场效应器件结构(图9-6)近似于MOSFET器件结构,不同之处在于前者的栅极介质裸露或在其表面上覆盖对不同离子敏感的薄膜。把ISFET作为离子选择性电极,并与适当的参比电极组合,插入被测溶液后,就构成了电化学电池,进而影响ISFET阈值电压的变化,阈值电压变化引起ISFET器件输出特性发生变化,因此,ISFET器件与MOSFET器件特性的差异主要表现在阈值电压的表达式上。

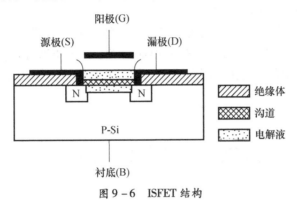

图9-6 ISFET结构

首先分析待测溶液与ISFET的敏感膜接触产生的界面电势,当ISFET工作时,这一电势被叠加到栅极敏感膜上。它的大小取决于待测溶液中的离子活度。可以用能斯特方程来描述这一界面电势,即

$$\Phi_i = \Phi_0 \pm \frac{RT}{z_i F}\ln a_i$$

式中　Φ_i——能斯特电位,其值取决于敏感膜性质和电解液中的离子活度(在稀溶液中,离子活度与浓度相等);

Φ_0——常数;

R——气体常数;

F——法拉第常数;

a_i——待测离子的活度;

z——离子的价数(对H^+而言,$z=1$);

T——热力学温度。

对于一价阳离子(如H^+),有

$$\Phi_i = \Phi_0 + \frac{0.303RT}{F}\ln a_{n^+}$$

则其中的 $\ln a_{n^+}$ 为溶液的 pH 值。阈值电压表达式为

$$U_T^+ = \Phi_0 + U_R - \left[\frac{Q_{SS}}{C_{ox}} - 2\Phi_F + \frac{Q_B}{C_{ox}}\right] + \frac{2.303}{F}RT\ln a_{n^+} \quad (9-58)$$

式中 U_T——阈值电压；

U_R——参比电极与电解液之间的结电势；

Q_{SS}——等效界面态和氧化层电荷；

C_{ox}——单位面积的栅极电容；

Φ_F——P 型半导体衬底内部的费米能级；

Q_B——耗尽区的单位面积电荷。

通过对 ISFET 敏感机理的分析，可将 ISFET 的特性分为两部分：一是电化学部分，其与溶液的 pH 值有关；二是电学部分，其与 pH 值无关。用 SPICE 建立模型时，电化学部分用等效电路代替，电学部分直接调用 MOSFET 的 SPICE 模型。等效电路如图 9-7 所示。

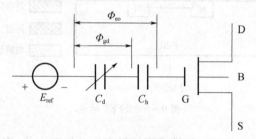

图 9-7 ISFET 等效电路

其中，由 ϕ_{eo} 为 $E-I$ 界面势，E_{ref} 为参考电极相对于标准氢电极电势，C_d 为电解液与敏感层界面所形成的扩散电容，C_h 为参比电极与电解液之间的 Helmholtz 层电容，ϕ_{gd} 为参比电极与电解液之间的电位差。与前述的不同之处在于，前者的栅极介质裸露或在其表面上覆盖对不同离子敏感的薄膜，进而影响 ISFET 阈值电压的变化，阈值电压变化引起 ISFET 器件输出特性发生变化，表达式为

$$U_{eo} = f(\text{pH})$$

根据图 9-6 所示的电路，在 SPICE 软件中用 SUBCKT 语句定义 ISFET 模型并采用 9.3 节所述的 LEVEL=2 的 MOSFET 模型，模型参数的提取由扩散层电容的表达式得到，即

$$C_d = \frac{\partial \sigma_d}{\partial \Phi_{gd}} = \frac{\partial \sqrt{8\varepsilon_W kTN_B \sin\left[\frac{\Phi_{gd}}{2U_T}\right]}}{\partial \Phi_{gd}} \quad (9-59)$$

$$= \frac{\sqrt{8\varepsilon_W kTN_B}}{2U_T}$$

式中　σ_d——扩散层中的电荷密度（C/m^2）；
　　　Φ_{gd}——参比电极与电解液之间的电位差（V）；
　　　ε_W——电解液的介电常数（F/m）；
　　　k——玻尔兹曼常数（J/K）；
　　　T——绝对温度（K）；
　　　N_B——电解液的离子浓度（cm^{-3}）；
　　　U_T——热电势，大小为 kT/q，q 为电子电量。

Helmholtz 电容的表达式为

$$C_H = \frac{\varepsilon_{IHP}\varepsilon_{OHP}}{\varepsilon_{IHP}d_{IHP} + \varepsilon_{OHP}d_{OHP}} \tag{9-60}$$

式中　$\varepsilon_{IHP},\varepsilon$——Helmholtz 内层和外层的介电常数（F/m），
　　　d_{IHP}——绝缘体 - 非水合离子的距离（nm）；
　　　d_{OHP}——绝缘体 - 非水合离子的距离（mm）。

用 SPICE 语言，建立 SIFET 的模型后仿真的结果如图 9-8 和图 9-9 所示。

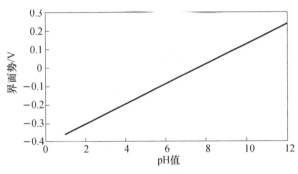

图 9-8　仿真结果（1）

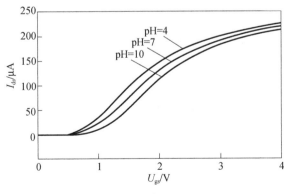

图 9-9　仿真结果（2）

使用所提出的 SPICE 模型，在常温($t=27℃$)的情况下，利用 HSPICE 对 ISFET 的静态特性进行仿真。得到 pH 值与界面势 Φ_{eo} 的变化关系曲线，如图 9-8 所示。仿真结果显示界面势 Φ_{eo} 与 pH 值成线性关系，pH 值 = 7 时，Φ_{eo} = 25.1mV，与试验结果基本吻合。

当漏源电压 U_{ds} = 0.5V 时，对 pH 值进行静态扫描分析，初值与终值分别设为 4、10，扫描步长设为 3，得到栅源电压 U_{gs} 与 I_{ds} 漏源电流特性曲线如图 9-9 所示。利用 HSPICE 仿真工具可以可以从仿真结果测得 ISFET 的灵敏度(栅源电压与 pH 值的比值)，便于与试验结果比较，取 I_{ds} = 100μA 时，ISFET 的灵敏度为 50.2mV/pH，与试验测量结果 47mV/pH 基本相符。从图 9-9 中可以看出，随着 U_{gs} 的增大，ISFET 的灵敏度减小，所以要选择合适的漏源电压和栅压才能使 ISFET 在正常工作时的灵敏度最大。

当 pH 值为 7，常温($t=27℃$)下对 U_{gs} 和 U_{ds} 进行静态扫描，结果如图 9-10 所示，从图 9-10 中可以看出，ISFET 的特性曲线与 MOSFET 的特性曲线类似，随着漏源电压的增加，漏电流由线性区变化到饱和区。

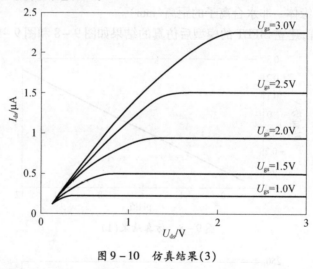

图 9-10　仿真结果(3)

可以将上述描述作为 SIFET 的模型；当利用 PSPICE 等仿真器模拟含 SIFET 器件电路时，可直接调用此模型。

9.6　功率 MOSFET 模型

9.6.1　等效电路结构

一个完整的功率 MOSFET 宏模型，必须准确模拟器件在静态和动态下的各种表现，通常应包括以下几个部分，即直流特性模型、寄生电容与栅电阻模型及体二极管模型。在等效电路中,调用 SPICE 模型库中已有的三级 MOS 模型,模拟功率 MOS 的直流特性,从而考虑了丰富的二阶效应。并且,在处理 JFET 电阻的时候,采用行为级描述的方式,兼顾了模型的精度和复杂度。提出图 9-11 所示的等效电路结构。

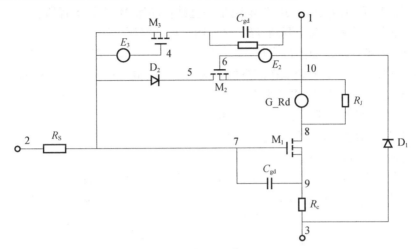

图 9-11 功率 MOS 等效电路结构

9.6.2 各部分的建模思路和参数提取

1. 直流特性模型

IC 技术的不断更新使器件尺寸按比例缩小,各种二阶效应的影响也越来越明显。传统功率 MOS 宏模型中,采用一级 MOS 模型来模拟直流特性,不能满足精度的要求。为了解决这个问题,采用的两种解决方法:

(1) 用 2~3 个一级 MOS 模型配合使用。

(2) 直接调用一个三级 MOS 模型。

前者主要的改进是亚阈值导电,模型相对来说比较简单;后者考虑的二阶效应更加丰富,包括沟道长度调制、亚阈值导电、载流子速度饱和、迁移率调制以及体效应等,复杂度更高。

本建模对象是具有超低导通电阻、中低电压和大电流特性的功率 VDMOS 器件,其元件的尺寸较小,二阶效应明显,所以采用第(2)种方法。

如图 9-10 所示,直流特性模型由三级 MOS 模型(M_1)、源电阻(R_s)和漏电阻(R_d,G_R_d)组成。三级 MOS 模型 M_1 体现了功率 MOSFET 最基本的压控电流特性,其漏源电流 I_{ds} 公式为

$$I_{ds} = u_{eff} C_{ox} \frac{W_{eff}}{L_{eff}} \left(U_{gs} - U_{th} - \frac{1+f_b}{2} v_{be} \right) v_{be} \tag{9-61}$$

用手工方式提取三级 MOS 模型中二阶效应对应的参数是很困难的。使用专业参数提取软件 IC-CAP,将测量的 I_d-U_g 和 I_d-U_d 数据导入 IC-CAP,调用其内部的参数提取引擎 MOS-LEVEL3,就能得到 M_1 模型中需要的直流特性参数,包括 U_{TO}、U_O、N_{SUB}、U_{MAX}、N_{FS}、θ、T_{OX}、L_D、X_J、k、η、R_S、R_D。JFET 电阻是垂直结构功率 MOS 晶体管所特有的,其漂移区的导电通路宽度受漏源电压调制,漂移区电阻也就随漏源电压变化。

随着功率 MOSFET 宏模型的发展,对其 JFET 电阻的处理已经由最初的直接引入一个标准 JFET 模型来模拟,发展到现在流行的直接采用常值电阻来模拟。对于现在工艺制造的功率 MOS 模型(中低压),采用常值电阻处理方法的误差一般在可以接受的范围之内,而且模型更加简单。但是,对于一个超低导通电阻(10mΩ 左右)的功率 MOS 晶体管,由于 JFET 电阻的微小变化都能对整个导通电阻产生很大的影响,采用常值电阻的方法不再能满足精度的要求。这里,采用一种行为级描述的方法,来模拟这个 JFET 电阻。这既比在宏模型中引入一个标准 JFET 模型更简单,又比仅仅采用一个常值电阻更精确。JFET 电阻通过在等效电路中(图 9-10)引入一个行为级模型 $G-R_d$ 来实现,$G-R_d$ 是一个压控电阻,其电阻随电压变化的表达式可以用多项式来表示,即

$$G-R_d \quad n+ \quad n- \quad U_{CR} \quad P_0 \quad P_1 \quad P_2 \cdots$$

从 $R_{JFET}-U_{ds}$ 的测量曲线中可提取出关系式

$$R_{JFET} = f(U_{ds})$$

用泰勒级数将 $R_{JFET}=f(U_{ds})$ 展开成多项式,用其系数替换 P_0、P_1、P_2 等,就完成了 JFET 电阻的行为级描述。需注意的是,JFET 电阻随 U_{ds} 的增加会趋于一个饱和值,因此,需在 $G-R_d$ 两端并联一个常值电阻 R_d。

2. 寄生电容及栅电阻模型

在动态特性中,最重要的参数是功率 MOS 晶体管的寄生电容,包括 C_{gd}、C_{gs} 和 C_{ds},其中最关键的是密勒电容 C_{gd} 模型。栅漏电容 C_{gd} 是 MIS 结构电容。当 $U_{dg}>0$ 时,C_{gd} 随 U_{dg} 的增大非线性减小,用二极管 D_2 来模拟;当 $U_{dg}<0$ 时,C_{gd} 基本维持在一个极大值,可用常值电容 C_{gdmax} 模拟。

如图 9-10 所示,M_2、M_3 是两个 MOS 开关,E_1、E_2 两个电压控制电压源将 M_1 漏源电压转移到开关 M_2、M_3 的栅上,控制密勒电容在 D_2 和 C_{gdmax} 两个部分之间的切换。C_{gdmax} 上并联的大电阻的作用是为支路建立直流通路。下面给出二极管 D_2 电容参数的提取方法。

二极管电容的公式为

$$C_j = C_{j0}\left(1-\frac{U_a}{U_j}\right)^{-M}$$

将其线性化,得到

$$\left|\frac{\mathrm{d}\ln C}{\mathrm{d}U_a}\right|^{-1} = \frac{U_j - U_a}{M} \rightarrow y = kx + b \tag{9-62}$$

根据测量数据,用最小二乘法能得到 k、b,就可以很容易地反解出 M 和 U_J。其中,$C = C_j$,C_{j0},斜率 $k = -1/M$,截距 $b = U_j/M$。栅源电容 C_{gs} 是交叠电容,可近似为常值,在等效电路中,用一个常值电容(C_{gs})来模拟。漏源电容 C_{ds} 是寄生体二极管的电容,其电容值随 U_{ds} 的变化呈现非线性变化,在等效电路中,用二极管 D_1 来模拟,其参数提取方法与 D_2 相同。在实际建模工作中,如何得到准确的寄生电容测量数据是关键所在。

栅电阻 R_g 显著影响功率 MOS 的开关时间,由于其为分散电阻,要直接提取有一定困难。一般采取的方法是在开关时间仿真中调整 R_g 的阻值,去拟合实测开关延迟时间,从而得到 R_g 参数。

3. 体二极管模型

正如前面提到的,对于 VDMOS 的垂直结构,在源漏之间会形成寄生体二极管结构,在等效电路中(图 9-10)用 D_1 表示。二极管模型 D_1 的等效电路如图 9-10 所示。前面已经为其寄生电容 C_{ds} 建立了模型。在某些应用(如同步整流电路)中,此二极管的正向导通特性和反向恢复特性也是很重要的。因此,有必要提取此二极管对应的直流特性参数和传输时间参数。

在 SPICE 中,二极管的直流特性方程为

$$I_d = I_{seff}(e^{\frac{U_d}{Nvt}} - 1)$$
$$U_d = U_{node1} - U_{node2}$$

将其线性化,得到

$$\ln I_d = \ln I_{seff} + \frac{U_d}{Nvt} \rightarrow y = kx + b \tag{9-63}$$

由最小二乘法得到 k、b,可以反解出需要的参数 I_{Seff} 和 N。

这里,选取 $0.2V < U_{sd} < 0.7V$ 的测量数据进行参数提取。条件 $U_{sd} > 0.2V$,是为了避免噪声的影响;而条件 $U_{sd} < 0.7V$,是要求在小电流情况下,二极管寄生电容 r_s 上的电压降可以忽略,有 $U_{sd} \approx U_d$。将提取的 I_{Seff} 和 N 代入测量数据中电流最大的那个点($U_{sd,max}$, $I_{d,max}$),可以求出寄生电阻 r_s 的压降,从而求得 r_s 的阻值。在 SPICE 中,体二极管的反向恢复特性由传输时间来体现。其提取思路:测出体二极管在正向导通状态下的反射系数 S_{11},然后换算出阻抗,分离二极管寄生电容中的扩散电容部分,最后根据 $TT = C_{diffusion}/g_D$,得到传输时间(TT)。

此外,利用此体二极管的击穿电压来表征整个功率 MOS 的漏源击穿电压。测量功率 MOS 反向电流达到 250μA 时对应的漏源击穿电压,作为此体二极管的击穿电压参数。

在提取了等效电路所有的元件所需要的参数后,写入 SPICE 网表,就得到一个功率 MOSFET 的宏模型。

9.7 单电子晶体管的模型

电容耦合单电子晶体管的等效电路是由两个单电子结 TJ_1、TJ_2 和电容 C_g、C_g 组成一个库仑岛,再加上两个电压源而构成的。如果不忽略背栅电容 C_b,电路如图 9-12 所示,但是在制作中为了工艺的简单,一般都会忽略背栅电容 C_b(图 9-12)。

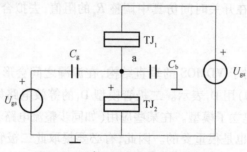

图 9-12 单电子晶体管的等效电路

根据上一章的内容,单电子晶体管模型参数提取如下:$C_0 = C_B = C_S = C_D = 1e^{-18}\mathrm{F}$,$R_S = 1e^6\Omega$,$R_D = 1e^8\Omega$,$Q = 0.5e$

单电子晶体管模型 $U_g - I_{ds}$ 曲线如图 9-13 所示,得到单电子晶体管 $I_{ds} - U_{gs}$ 的变化以准周期的形式呈现出来。

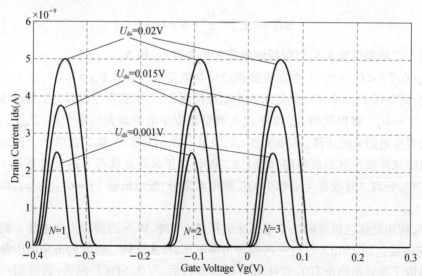

图 9-13 单电子晶体管不同栅压 $I_{ds} - U_{gs}$

第9章 新型半导体器件的仿真模型

```
% inPut contants
M0 = 9.11e-31;
Planc = 1.054e-34:
eV = 1.60e-9;
meNme = 1e-9;
Pi = 3.14;
k = 1.38e-23;
% initial data
R1 = 1e+6;
R2 = 1e+6;
a = 9.7167;
T = 4.2;
For Vd = 0.01:0.05:0.02
Meffect = 1;
Vg = -0.4:0.001:0.05;
Vb = 0;
% 器件参数
Cd = 1e = 18;
Cs = 1e = 18;
Cg = 1e = 18:
Cb = 1e = 18;
CP = 1e = 18:
Ctotal = Cd + Cs + Cg + Cb + CP:
Q = 0;
Vs = 0;
I = 0;
Vdot = (Cs * Vs + Cd * Vd + Cg. * Vg + Cb * Vb - Q)/Ctotal;
% 数学建模
For n = 1:1:3;
Vn = ((Planc^2) * (Pi^2) * (n^2))/(2 * Meffect * M0 * a^2 * ev):
Hold on
Fd = -0.9. * Vd + 0.01 * n^2 - 0.016 + 0.2. * Vg + Q * eV/Ctotal:
Fs = 0.016 - 0.2. * Vd - 0.01 * n^2 - 0.2. * Vg - Q * eV/(Ctotal):
td = Fd. /(eV * R1. * (exp(Fd. * eV/(k * T)) - 1));
```

347

```
ts = Fs./(ev*R2*(exp(Fs*eV/(K.*T)-1));
I = eV*(td.*ts)./(td+ts):
plot(vg,I)
end
end
Grid on
```

由正统理论可知,周期 T 可由式(9-63)得出,即

$$T = \frac{e}{C_g} \tag{9-64}$$

则可以求出 $T=0.16\text{V}$,与图 9-13 测到的值大致相当。由图 9-13 中可以看出,在给定偏压下,单电子晶体管漏源之间的电流受栅极电压控制,随栅极电压变化而出现准周期性振荡。这是因为随着单电子晶体管栅极电压的增加,使得库仑岛上的电子数周期性地增加,但相应的单个电子隧穿概率不变,所以形成的电流不变,只是库仑岛电子概率分布函数向左(或向右)移动了一段距离,同时,进一步模拟显示库仑岛上的电子数 N 因库仑阻塞效应要小于 11。

9.8　Multisim 器件模型向 PSPICE 的转化

从上述各节看出,提取器件参数,建立仿真模型的过程过于繁复,考虑到目前国际上最为流行的,并与建模有关的电路仿真软件 PSPICE 和 Multisim,都具有强大的仿真分析功能。Multisim(EW 的版本)和 PSPICE 在绘制原理图、仿真功能、仿真结果分析,特别是元器件模型二者存在很多差异,在实际仿真过程中存在各自的优、缺点。在比较 Multisim 和 PSPICE 元件库基础上,针对 PSPICE 提供的仿真元器件较少的问题,根据两种仿真软件元件模型均为 SPICE 模型的共同点,利用 Multisim 元件库仿真器件多、模型参数已知且可以提取的优点,提出一种基于 Multisim 扩展 PSPICE 元件库的方法,充分发挥 PSPICE 之长。

9.8.1　Multisim 与 PSPICE 元件库的比较

Multisim 提供 3 类元件库,即 Master Database、User Database 和 Corporate Database。其中 Master Database 是 Multisim 提供的所有元件,该库不允许用户修改。User Database 保存用户自己创建、导入和修改的元件。Corporate Database 保存团体创建、修改的元件。此处所指的 Multisim 元件库是指 Multisim 提供的 Master Database。

在 Multisim 中,所有元件被分成 16 个子库,包括电源库、基本元件库、二极管库、晶体管库、模拟元件库、TTL 元件库、CMOS 元件库、单片机元件库、先进的外围设备元件库、其他数字元件库、混合元件库、显示元件库、其他元件库、射频元件库、机电类元件库和梯度图元件库。库中元器件模型为 SPICE 模型,且库中所有元器件都可以进行仿真。模型描

述语句存在大量的解释语言,且模型参数能够被提取。

PSPICE 所提供的元件库文件都存放在安装文件的 Library 文件夹中,其元器件分为有仿真模型的元器件和无仿真模型的元器件。在 PSPICE 子文件夹中的元件都有仿真模型,包含元器件模型参数文件.lib 和元器件符号形状文件.olb,可以进行仿真;其他元器件没有仿真模型,只包含.olb 文件,只能够进行原理图的绘制。PSPICE 提供的元器件同样为 SPICE 模型,参数属性可以进行修改,并允许在 PSPICE 中建立新的模型器件。可见,Multisim 和 PSPICE 中的元器件都采用了 SPICE 模型,所采用的模型描述语句一致,这使得利用 Multisim 扩展 PSPICE 元件库成为可能。PSPICE 提供了许多可以仿真的元器件,但相对于 Multisim 而言,其仿真器件数量远远不够,所以扩展 PSPICE Multisim 元件库成为必然;而且 PSPICE 所提供的大量元器件没有仿真模型,所以建立这些无仿真模型器件的仿真模型有很大的必要性。

在实际使用 PSPICE 时,会出现所用的元器件在 PSPICE 提供的仿真库中不存在的情况,需要用户自己建立新的元器件模型。最为常见的方法是通过网络下载 SPICE 模型,通过这种方法可以找到几十万个器件模型,十分方便。但该方法也存在缺点,网络上的器件模型参数大多数来自各个厂家生产的真实器件,对于在仿真中所用到的虚拟器件及一些特殊器件,在网上很难查到。相对而言,Multisim 中有许多虚拟器件和声、光、机械类的特殊器件,可以弥补网络查询的不足,而且利用 Multisim 来扩展 PSPICE 元件库也是极为方便的。

9.8.2 利用 Multisim 扩展 PSPICE 元件模型库

在实际使用 PSPICE 时,会出现所用的元器件在 PSPICE 提供的仿真库中不存在的情况,需要用户自己建立新的元器件模型。最为常见的方法是通过网络下载 SPICE 模型,通过这种方法可以找到几十万个器件模型,十分方便。但该方法也存在缺点,网络上的器件模型参数大多数来自各个厂家生产的真实器件,对于在仿真中所用到的虚拟器件及一些特殊器件,在网上很难查到。相对而言,Multisim 中有许多虚拟器件和声、光、机械类的特殊器件,可以弥补网络查询的不足,而且利用 Multisim 来扩展 PSPICE 元件库是一种元件模型建立的便捷方法。

要在 PSPICE 中增加模型,必须首先知道 PSPICE 中元器件模型的描述方式。在 PSPICE 中元器件通过电路描述语句表示。电路描述语句由定义电路拓扑结构和元器件参数的元器件描述语句、模型描述语句和电源语句等组成。一般格式为:

```
name    +node    -node    <model...>    value
```

元器件描述语句由名称、节点编号和元件值组成。PSPICE 要求元器件名称必须以规定字母开头。其他器件的首字母统一用 X 表示;节点编号为 0~9999 间的整数,节点 0 规定为地节点;元件值用标准浮点形式书写,后可跟数值比率和单位。如一个简单的电阻描述语句:

```
R12   6   4   50K
```

许多元器件需用模型描述语句来定义参数值,因元件值依赖于其他参量,可通过元件模型给出。模型描述语句由关键字.MODEL、模型名称、模型类型和参数组成。如一个二极管的模型描述语句:

```
D2      7   10   DMOD
.MODEL  DMOD  D  IS=3E-14  RS=60    N=1
CJO=1.4PF  +M=0.35  VJ=0.75  TT=1E-7
```

电源语句由源名称、正节点、负节点、源值和参数组成,如正弦源:

```
VI1  6  0  SIN(0 2  10kHz)。
```

Multisim 中元器件描述方式与 PSPICE 非常相似,不同之处在于 Multisim 模型描述语句包含大量的解释语句,在向 PSPICE 转化的过程中应该删除。

9.8.3 Multisim 器件模型向 PSPICE 的转化

Multisim 元器件模型向 PSPICE 转化主要可以分为以下步骤:提取 Multisim 中的模型参数、在 PSPICE 中建立元器件仿真模型和外形、在库配置中添加自建模型库。完成这些步骤后,新的元器件模型建立成功,即可以用来仿真。由于在 PSPICE 可仿真器件中没有继电器库,将以继电器为典型器件来说明该过程。

1. 提取 Multisim 中的模型参数

打开 Multisim,在菜单栏选择 Place Component,在继电器库"RELAY"中选取 EMR011A03,弹出图 9-14 所示的对话框。

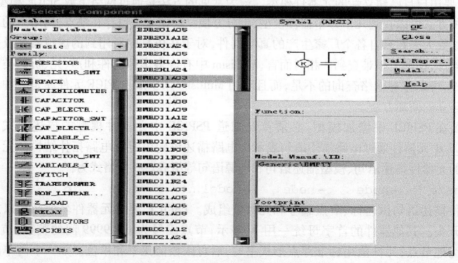

图 9-14 Multisim 元件对话框

第 9 章 新型半导体器件的仿真模型

单击"Model"按钮,弹出"Model Data Report"对话框,如图 9-15 所示,里面是 EMR011A03 的模型参数,单击上方"Save"按钮,在弹出的对话框中选择将模型参数存为文本文件的格式。文本文件格式的元器件描述语句如下:

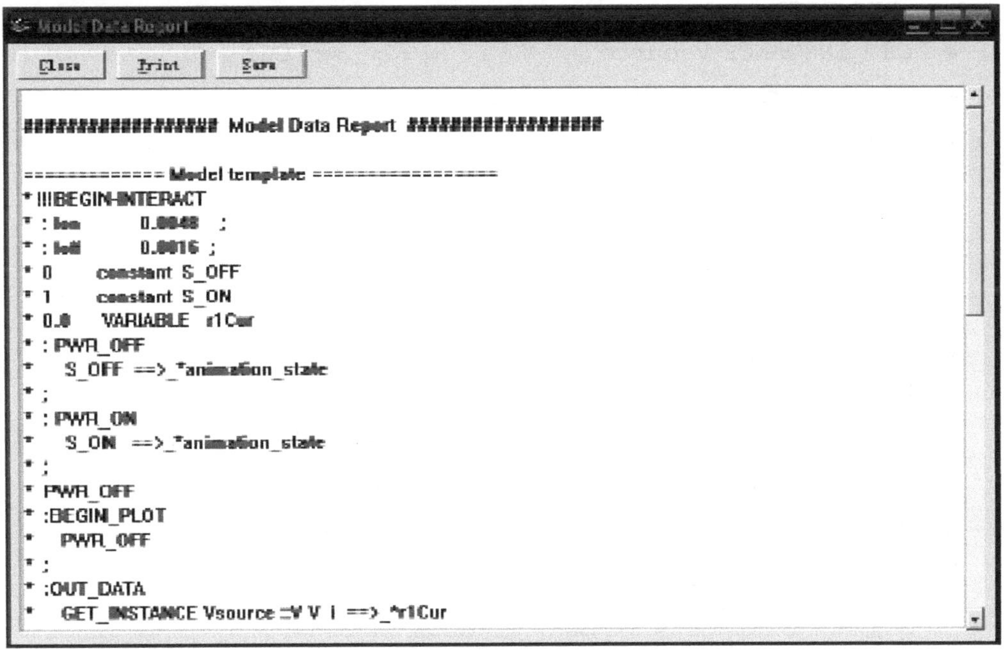

图 9-15 Multisim 元件模型参数对话框

```
*  !!! BEGIN - INTERACT
*   : Ion          0.0048    ;
*   : Ioff         0.0016    ;
*   0        constant   S_OFF
*   1        constant   S_ON
*   0.0      VARIABLE    r1Cur
*   : PWR_OFF
*   S_OFF    = = >_ * animation_state
*   ;
*   : PWR_ON
*      S_ON   = = >_ * animation_state
*   ;
*   PWR_OFF
```

```
*   :BEGIN_PLOT
*   PWR_OFF
*   ;
*   :OUT_DATA
*   GET_INSTANCE Vsource ::V V  i  = = >_*r1Cur
*   Ion    *r1Cur    f. < =    if
*   PWR_ON
*     else    Ioff *r1Cur  f. > =    if
*   PWR_OFF
*   endif endif
*   ;
*   : BEGIN_ANALYSIS UPDATE_SETTINGS ;
*   !!! END – INTERACT
*   x% p % tL1  % tL2  % tC1  % tC2    relay_EMR011A03% p
*   .SUBCKT relay_EMR011A03% p 1  2  3  4
*   EWB Version 6   – Relay Model  1   set of NO contacts
*   Lc = 0.048   RL = 500 Ion = 0.0048   Ioff = 0.0016
Lc    1   6   0.048
RL    6   7   500
V   7   2   DC 0
W0  3   4   V NO_contact
.MODEL NO_contact ISWITCH (Ion = 0.0048   Ioff = 0.0016
Ron = 1m Roff = 1e30)
.ENDS
```

其中带 * 号的语句为解释语句，表示了继电器在导通、断开、短路等情况下显示在电路图中的现象，提取参数时将其删去；PSPICE 中管脚名习惯上用数字或字母表示，因此，将上述描述语句中的 % 号删去；PSPICE 中规定导通电阻 Ron 与断开电阻 Roff 间差距不得超过 10^9，故将 Ron 改为 1，Roff 改为 10，则模型描述语句修改为：

```
x tL1   tL2   tC1   tC2    relay_EMR011A03
.SUBCKT relay_EMR011A03  1  2  3  4
Lc    1   6   0.048
RL    6   7   500
```

```
V   7   2   DC 0
W0  3   4   V NO_contact
.MODEL NO_contact ISWITCH (Ion=0.0048  Ioff=0.0016
Ron=1  Roff=1e6)
.ENDS
```

完成之后仍保存为文本文件格式,这就完成了模型参数的提取,其中.SUBCKT 为子电路标号。

2. 在 PSPICE 中建立元器件仿真模型和外形

首先,将修改好的文本文件保存为扩展名为".mod"文件。启动 PSPICE Model Editor 模型编辑器,在菜单栏中选择 File/New 建立一个新的.lib 文件,在菜单栏中选择"Model"→"Import..."菜单命令导入 mod 文件,如图 9-16 所示。

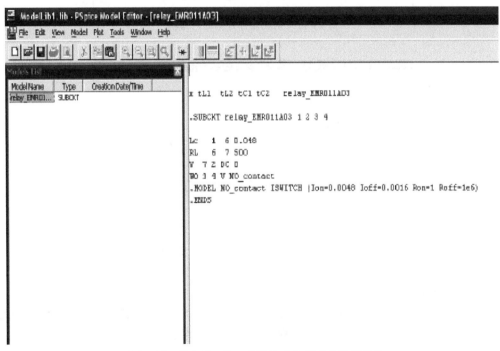

图 9-16 Multisim 导入元器件时的模型编辑器界面

在菜单栏选择"File"→"Save As"菜单命令,另存为.lib 文件,路径为..\Orcad\Capture\Library\Pspice\EMR011A03.lib;选择"File"→"Create Capture Parts..."菜单命令,在弹出的对话框中输入 lib 文件的路径,对话框显示对应的 olb 文件的路径,单击"确定"按钮则可生成该器件的外形,如图 9-17 所示。退出模型编辑器,启动 Capture CIS,在菜单栏中选择"File"→"Open/Library"菜单命令,打开 EMR011A03.olb,可以编辑元件外形,只给出 PSPICE 自己生成的元件外形,如图 9-18 所示。

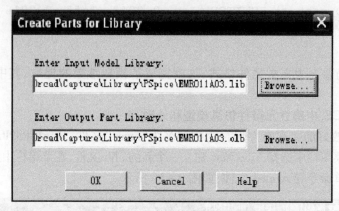

图 9-17 生成器件外形的对话框

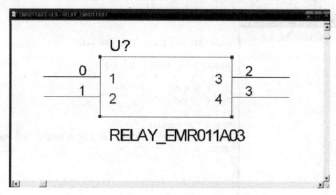

图 9-18 PSPICE 生成的 EMR01 1A03 外形

3. 在库配置中添加自建模型库

完成了上述步骤,元器件仍然不能进行仿真,因为 PSPICE 仿真时会搜索库配置,新建元件库没有添加到库配置中,仿真时会提示出现错误。库配置添加有两种方法。

(1) 用记事本开 .. \ Orcad \ Capture \ Library \ Pspice \ nom.lib,加入"EMR011A03.lib",保存修改的 nom.lib。

(2) 在菜单栏选择"PSpice"→"Edit Simulation Profile"→"Libraries"→"Browse"菜单命令,添加 EMR011A03.lib 路径,单击"Add as Global"按钮,将其在库配置中加为全局库,并上移为首选项。此种方法以导出方式建模完成,如图 9-19 所示。

以导出方式建模完成。

第 9 章 新型半导体器件的仿真模型

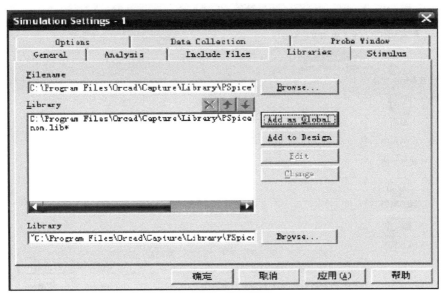

图 9—19 库配置中添加自建模型库

9.9 从生产厂下载相似 PSPICE 模型

建立 PSPICE 模型的另一个便捷的途径是从生产单位下载相似对应的 SPICE 模型,不同的公司提供的 SPICE 模型又都不尽相同。例如,TI 公司提供 MOD 文件或 TXT 文本,而 ADI 公司提供的是 CIR 格式的文件。下载相似 PSPICE 模型的关键问题是如何将这些不同类型的 SPICE 仿真模型转换成 PSPICE 可用的 lib 文件。下面的方法实现将不同类型的 SPICE Model（ ∗.mod/ ∗.txt/ ∗.cir 等文本文件）转换成 ∗.lib、∗.olb 文件。

(1) 打开 Model Editor(in PSPICE Accessories),如图 9—20 所示。

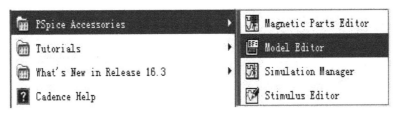

图 9—20 打开 Model Editor

(2) 执行"File"→"Open"菜单命令,打开 ∗.mod 或 ∗.txt 或 ∗.cir 文件,如图 9—21 所示。

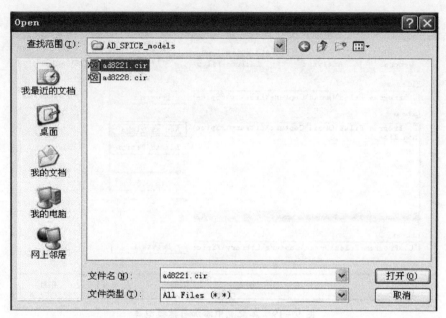

图 9-21　打开文件

(3) 执行"File"→"Save as"菜单命令,另存为 *.lib,即可得到 Simulation 用到的 lib 文件,如图 9-22 所示。

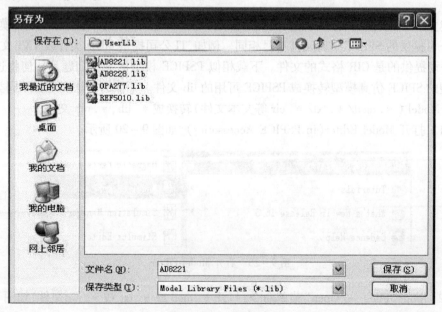

图 9-22　保存文件

(4) 执行"File"→"Export to Capture Part Library"菜单命令,得到 *.olb 文件,添加到 Capture 库中,即可在原理图中使用该器件,如图 9 – 23 至图 9 – 25 所示。

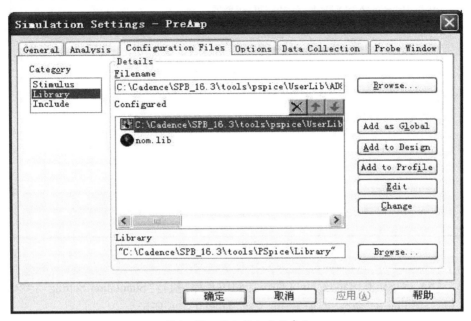

图 9 – 23　执行添加文件命令

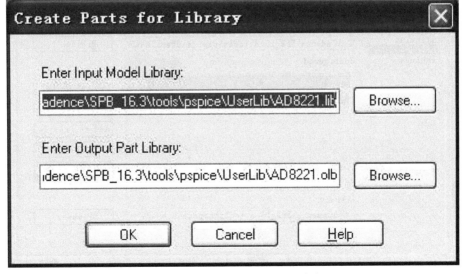

图 9 – 24　添加文件到 Capture 库中

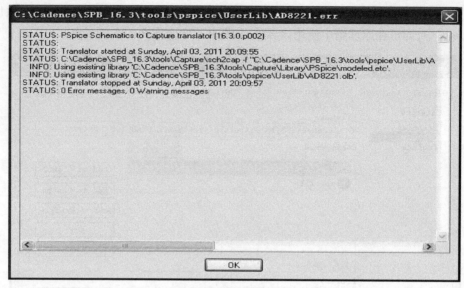

图 9-25　添加文件完毕

（5）运行仿真时将该 lib 文件添加到仿真库，执行"Simulation Setting"→"Configuration file"→"library"命令，添加 *.lib 文件，如图 9-26 所示。

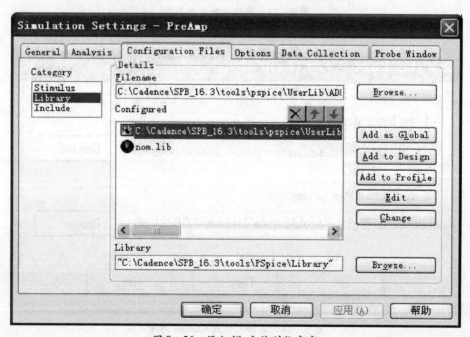

图 9-26　添加 lib 文件到仿真库

通过以上步骤实现了从生产单位下载相应的 PSPIC 可仿真的模型格式转换，经过改动，建立了新的器件模型。

9.10 国产军品半导体器件建模

9.10.1 软件机器人 ISIGHT

ISIGHT 最早是由 MIT 的博士 Siu S. Tong 在 20 世纪 80 年代左右提出并领导开发完成的，经过这些年的发展已经成为同类软件中的佼佼者。ISIGHT 自身并不会进行计算，但是它通过相应的方法调用其他软件（如 Abaqus、Ansys 等）进行计算；所以 ISIGHT 首先是一个"软件机器人"，可以在不用人工干预的情况下不断地调用相应的工程计算软件进行计算。但是，如果仅仅是不断地调用工程软件进行计算，那么使用一些批处理文件或者如 Abaqus 利用其 Python 语言就可以实现，为什么要专门的一个软件呢？因为 ISIGHTt 不仅仅是一个软件机器人，而且具有"多学科的优化平台"特征。表现在：第一，**多学科**。复杂的工程问题，不会仅仅涉及一种软件或者说一个软件所能处理的学科问题；比如设计飞行器时，首先要有飞行器的外形，需要 CAD 软件，如 Catia；有了外形需要计算其气动性能，需要流体计算软件，如 Xfoil、Fluent；有了外形需要设计内部结构，就需要用于结构计算的有限元软件，如 Nastran、Abaqus。虽然有的软件本身便有处理多种计算问题的能力，如 Abaqus 便可以计算 CFD 问题，但是这里涉及一个计算能力和认可度的问题。与长期在工程界得到运用相关领域学者广泛认可的软件相比，一些软件新增加的功能还要得到时间的检验。如此，ISIGHT 便为调用这些不同功能的软件提供一个公用的平台。第二，**优化**。如果仅仅如上述所言，那使用手工的方法也可以做到。当变量非常多、范围很大时，全部用手工提交就变得不可能。虽然利用 Python 实现参数化建模，也可以方便地实现参数分析，但是说到底这是一种"海选"（而不是进行优化。ISIGHT 便属于其中的一个通用优化软件，可以针对不同的问题选择相应的优化算法进行优化。

传统的设计通常是采用试算法，即在设计时根据要求，参考一些同类产品设计的成功经验，凭借一定的理论判断来选定设计参数，然后进行校核计算，检验其是否符合要求，不满意则调整设计参数再校核，如此反复多次直到满足设计要求为止。传统的算法已经不能满足高效、优质的设计生产任务要求，需要一种新的方法来适应现代化的高速发展。

基于上述数值分析软件的结构和工作过程，在进行数值分析的时候，可以通过修改模拟计算模块的输入文件来完成模型的修改，ISIGHT 正是基于这种原理工作的。ISIGHT 通过一种搭积木的方式快速集成和耦合各种仿真软件,将所有设计流程组织到一个统一、有机和富有逻辑性的框架中,自动运行仿真软件,并自动重启设计流程,从而消除了传统设计流程中的"瓶颈",使整个设计流程实现全数字化和全自动化。

9.10.2 军工半导体器件建模

军品电子元器件优选目录中的大多数是国产器件,国产器件特别是军工器件普遍缺乏仿真模型,在仿真软件中找不到仿真模型,也就无法对电路进行仿真。精确模型关注的是电子元器件的内部构造,它可以是由内部构造推导出来精确的、正确的数学模型,也可以是内部电路复杂结构的描述。对这类模型的描述,绝大多数 EDA 软件都是以 SPICE 语言为核心,并提供比较丰富的器件模型库。国外各大集成电路制造厂商通常会在推出器件产品一段时间之后发布其器件的 SPICE 语言模型。这类模型更为真实、细致地反映了元器件的功能和特性,在军用电路仿真中,会发现军品电子元器件虽能找到替代器件,但国外厂商不会提供它的 SPICE 的仿真模型,如何准确建立这些国产军品半导体器件的仿真模型成为该类电路仿真首要解决的问题。

在实际建立半导体模型中,由于电子器件建模的工作涉及电学、热学、半导体物理等多个领域,所以描述其物理过程的数学模型将非常复杂,造成建模和计算的困难。目前,每一种电子 EDA 软件在提供了常用电子元器件模型的同时,也提供了较多的建模方法,这些方法建立的模型可粗略地分为两类:理想模型和精确模型。理想模型主要关注电子元器件的外在功能和特性,它可以是一个等效电路,也可以是一组数学方程,还可以是表达复杂电路的符号形式。理想模型的特点是在一定的精度范围内,完成电子元器件的功能,其端口特性和元器件的端口特性近似相同。对于集成芯片而言,理想模型的结构复杂程度明显下降,所含的电路元器件数和内部电路节点数大大减少,从而有效降低了计算时间以及对计算机的要求。有的软件本身也提供了一些解决方案,如 ORCAD/PSPICE 也提供了理想建模和测试数据优化进行建模。这种建模方法通常需要按照软件给定的方式测量数据,而这些测量数据通常是生产厂商才有这些数据的精确测量仪器设备。作为电子元器件的使用者,没有测量这些数据的仪器设备,需要采用其他的方法。

为解决这一问题,一种基于 ISIGHT 的电子元器件建模方法,将集成优化引入对电子元器件进行建模,通过元件通常的测试(使用者的通用测量设备)、数据拟合和参数优化,以最优的参数准确表述电子元器件的特性(模型),使仿真结果能够真正指导实际电路的生产和调试成为可能。

ISIGHT 的电子元器件建模技术通过自动化的软件平台,将数字技术、推理技术、设计探索和参数优化技术有效融合,并把大量的需要人工完成的工作由软件实现自动化处理,好似一个软件机器人在代替工程设计人员进行重复性的、易出错的数字处理和设计处理工作。采用通常的测试手段,对待建模的电子元器件进行测试,获取器件在电路中各种条件下的性能特性。然后,通过 ISIGHT 集成测试电路仿真模型,以电子元器件模型的关键参数为变量、电路的测试数据为目标,选择合适的优化算法,求解出关键参数的确切值,确定了模型参数的提取,具体步骤如下(图 9-27):

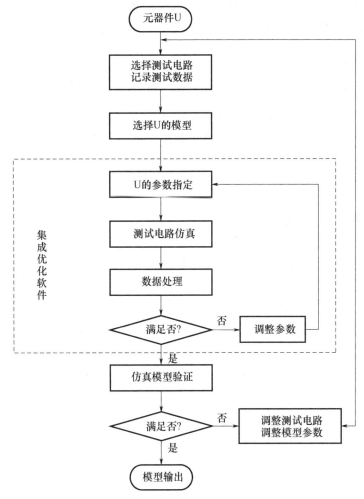

图 9-27 ISIGHT 的电子元器件建模过程

(1) 选择测试电路,记录测试数据。
(2) 根据器件所在单板电路实现的功能,选取合适的电路功能模块,搭面包板进行测试,并记录数据。

(3) 根据电路功能选择电子元器件合适的模型,以最能表现元器件在单板电路中的功能为原则。

(4) 根据模型参数的意义,选择与电路功能相关的那些参数作为优化的对象。

(5) 建立测试电路的仿真模型,将仿真结果与测试结果进行数据处理,形成目标函数,用 ISIGHT 软件对上述模型进行集成,选择合适优化方法,求解最优的模型参数。

(6) 将最优参数代入到单板电路的仿真模型中进行验证。如果没有达到预期功能,则调整测试电路和模型参数,进行下一次建立模型参数的探索。

9.10.3 建模实例

以建立某型号国产军用差分对管的模型来说明 ISIGHT 的电子元器件建模方法,该差分对管在其他电路送到基极的电压发生改变时,放大倍数随之变化,从而完成电路对增益的控制。数据手册提供的该类似器件相关的极限参数(P_{tot}、I_{cm}、T_{jm})、直流参数($U_{(BR)CBO}$、$U_{(BR)CEO}$、$U_{(BR)EBO}$、U_{CE}、U_{BE}、I_{CBO}、I_{CEO}、I_{EBO})、交流参数(f_T、C_{ob})、开关参数(t_{on}、t_{off})等参数并没有提供有价值的建模信息,为仿真这一特性,采用 ISIGHT 集成优化方法建立该对管的精确模型。

1. 电子元器件测试及模型选择

这个军品差分对管是由两个对称性很好的晶体管构成,考虑到,如果其中一个晶体管的模型建立了,整个差分对管的模型也就基本完成。单个晶体管的测试电路如图 9-28 所示,R1、R2 均为限流电阻,避免观测时间过长而烧毁。测试中对 3 个差分对管,共计 6 个晶体管进行,分别记录输入信号 Vin 从 0.45V 到 0.82V 之间变化时,基极电流 I_be、集电极电流 I_C 的变化,测试结果在 MATLAB 中进行求均值、平滑等处理,最终形成更为贴近真实的测试数据。

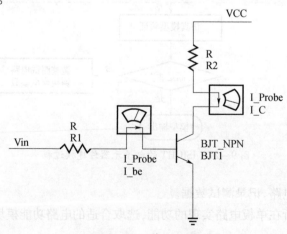

图 9-28 等效电路

第9章 新型半导体器件的仿真模型

为准确表征差分对管在电路中的电性能,对双极型晶体管的模型选择绝大多数中低频仿真软件所采用的模型,即基于 Gummel 和 Poon 的积分电荷控制模型,主要参数名称、中英文的含义以及默认值如表 9-4 所列。图中没有指定的参数,故使用软件的默认值,这里选用 ADS(Advance Design System)软件。

表 9-4 相似模型参数值

模型参数	英语原文	含义	默认值
AF	flicker noise exponent	噪声指数	1.0
BF	ideal maximum forward beta	最大正向放大倍数	100.0
BR	ideal maximum reverse beta	最大反向放大倍数	1.0
CJC	base – collector zero – bias p – m capacitance	集电结电容	0.0
CJE	base – emitter zero – bias p – m capacitance	发射结电容	0.0
IKF	corner for forward – beta high – current roll – off	正向 Beta 大电流下降点	imfinite
IS	transport saturation curent	PN 结饱和电流	1E – 16
ISC	base – collector leakage saturation corrent	集电结漏电流	0.0
ISE	base – emitter leakage saturation corrent	发射结漏电流	0.0
KF	flicker noise coefficient	噪声系数	0.0
NC	base – collector leakage emission coefficient	集电结漏电系数	2.0
NE	base – emitter leakage emission coefficient	发射结漏电系数	1.5
NF	forward cutre at emission coefficient	正向电流系数	1.0
RB	zero – bias(maximum)base resistance	最大基极电阻	0.0
RBM	minimum base resistance	最小基极电阻	RB
TF	ideal forward transit time	正向传递时间	0.0
TR	idealreverse transit time	反向传递时间	0.0

2. 模型的集成和优化

模型的集成和优化过程中选定了晶体管的仿真模型后,在 ADS 软件中搭建图 9-28 所示的电路,并研制数据转换软件,分析电路仿真输出和前面的测试数据之间的差异,形成基极电流、集电极电流和放大倍数的目标函数。采用 ISIGHT 集成 ADS 实现仿真和仿真结果的后处理的自制软件并进行优化,如图 9-29(a)所示。ISIGHT 软件首先送出需要改变的电路模型的 6 个主要变量(Is、Bf、Ikf、Ise、Ne 和 Br,如图 9-29(b)所示。

ISIGHT 驱动该模型在 ADS 环境下运行,得出的结果经过数据转换模块,将数据转换成优化目标计算模块可以识别的格式,再由 ISIGHT 调用优化目标的计算模块,并获取该模块的输出数据。ISIGHT 将输入变量和优化目标的具体值,形成一组向量保存。每一次驱动保存一组向量,下一次输入变量的具体值,根据前面的向量变化情况和选择的优化算法确定,如此反复不断迭代,最终找到最优值。

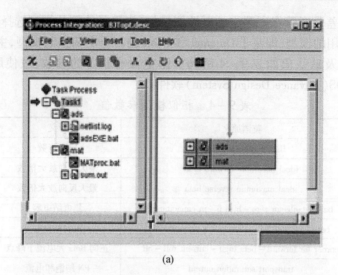

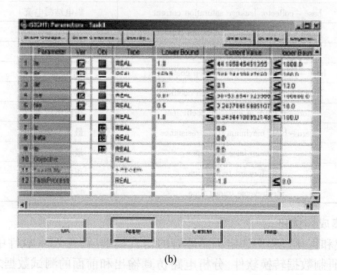

图 9-29　采用 ISIGHT 集成 ADS 实现仿真和后处理的自制软件
(a)晶体管模型集成；(b)优化参数和目标参数的指定。

3. 模型参数的优化结果

模型参数的优化结果在集成完成后,设置优化算法步骤如下:

(1) 可行方向法(COMMIN)。

(2) 连续二次系列规划法(DONLP)。

(3) 遗传算法(NCGA)。

第9章 新型半导体器件的仿真模型

ISIGHT 软件提供了非常丰富的优化算法,可以较为方便地解决优化问题,最终寻求到最优解,如图 9-30 所示。"*"为前面测试结果,实线是实际仿真的曲线,从图 9-30 中可以看出该晶体管的模型与实际电路的测试结果相差很小。

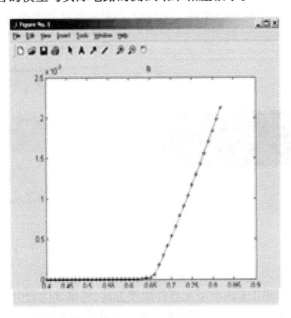

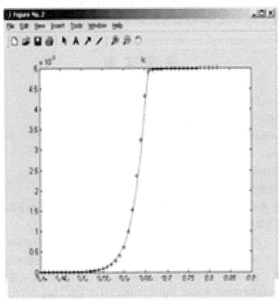

图 9-30 测量参数和仿真参数

4. 实验验证

为了验证该建模的有效性,建立了实际电路仿真模型,仿真结果如图9-31(a)所示;图9-31(b)是与之相对应的试验电路板测试波形。仿真结果表明,该差分对管的模型较好地表现了试验板在上电时刻会存在一个过冲,信号的形状和大小与实际基本一致。

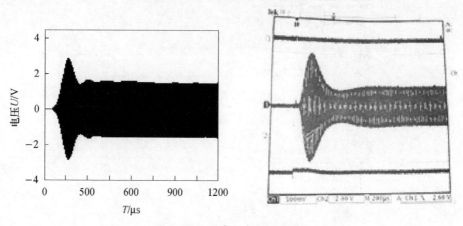

图9-31 仿真与实际波形对比

本节所述的基于 ISIGHT 的电子元器件建模方法,将集成优化引入对电子元器件进行建模,通过元件测试、数据拟合和模型参数优化,以最优的参数准确表述电子元器件的特性,使仿真结果能够真正指导实际电路的研究并使调试成为可能。

参 考 文 献

[1] Agilent Technologies. Circuit Simulation. USA. Agilent Technologies,2002.
[2] EngineousSoftware,Inc. iSIGHT papercollections. 2002 iSIGHT serconference,2005.
[3] Engineous software Company. iSIGHT User Manuel,2006.
[4] 王太宏. 纳米器件与单电子晶体管. 微纳电子技术,2002(2):29-32.
[5] 赵雅兴. Pspice 与电子器件模型. 北京:北京邮电大学出版社,2004.
[6] 李永平,储成伟. Pspice 电路仿真程序设计. 北京:国防工业出版社,2006.
[7] 庄小利,吴季. 仿真软件 Multisim 与 PSPICE 在电路设计中的功能比较. 现代电子技术,2006(2):103-105.
[8] 储成伟. PSPICE 电路仿真程序设计. 北京:国防工业出版社,2006.
[9] 曾天志,张波,罗萍,等. 一种新颖的功率 MOSFETSPICE 宏模型. 微电子学,2006 36(4):409-410.
[10] 高俊山,林国锋,孙真和. H^+ 离子敏场效应传感器的 SPICE 模型仿真分析. 自动化技术与应用,2007 26(1):106-108.
[11] 郭锁利,刘延飞,等. 基于 Multisim 9 的电子系统设计、仿真与综合应用. 北京:人民邮电出版社, 2009.
[12] 袁明文. 石墨烯基电子学研究进展. 微纳电子技术,2010 47(11):653-568.
[13] 贾新章. 电子线路 CAD 与优化设计——基于 Cadence/PSPICE. 北京:电子工业出版社,2014.